Matrizenrechnung in der Baumechanik

Matrizenrechnung in der Baumechanik

Matrizenrechnung in der Baumechanik

Dozent Ing. **Karel Chobot**, CSc.

1970

Springer-Verlag Wien · New York

SNTL · Verlag technischer Literatur · Prag

Titel der Originalausgabe:
Použití maticového počtu ve stavební mechanice
erschienen 1967 im SNTL, Verlag technischer Literatur, Prag
(© 1967 by Doc. Ing. Karel Chobot, CSc.)
Übersetzung aus dem Tschechischen: Prof. Dr. techn. Josef Wanke, Prag

Gemeinschaftsausgabe
des Springer-Verlages Wien · New York
und des SNTL, Verlag technischer Literatur, Prag
Vertriebsrechte für alle Staaten mit Ausnahme der sozialistischen Länder:
Springer-Verlag Wien · New York
Vertriebsrechte für die sozialistischen Länder:
SNTL, Prag

ISBN-13: 978-3-7091-5108-2   e-ISBN-13: 978-3-7091-5107-5
DOI: 10.1007/978-3-7091-5107-5

Titel Nr. 9264

Vorwort

In der heutigen Zeit sind wir Zeugen einer stürmischen Entwicklung von Rechenautomaten. Die Folgen dieser neuen Rechentechnik greifen in eine ganze Reihe von Fachgebieten ein, darunter natürlich auch in die Statik der Baukonstruktionen. Wo dem Ingenieur früher nur der logarithmische Rechenschieber und eine handbediente, bestenfalls elektrische Rechenmaschine zur Verfügung standen, kann er heute bei seinen Berechnungen einen Rechenautomaten verwenden. Um diese modernen, schnellen und hinsichtlich der Verwendungsmöglichkeit qualitativ andersartigen Rechenmaschinen am besten ausnützen zu können, müssen neue Wege mathematischer Formulierungen baumechanischer Probleme gesucht werden.

Man muß Berechnungsarten einführen, die die Verwendung von Rechenautomaten bei verschiedenen Operationen gestatten, nicht nur bei der Lösung eines vom Statiker aufgestellten Systems linearer algebraischer Gleichungen. Die Rechnung muß so gestaltet werden, daß der Automat aus einer kleinsten Anzahl von Eingaben nach einem vorbereiteten Programm selbst z.B. die Bedingungsgleichungen aufstellt, sie löst und alle erforderlichen statischen und Formänderungsgrößen berechnet, allenfalls auch weitere Rechnungen durchführt. Dann erst sind die durch den Automaten gegebenen Möglichkeiten tatsächlich ökonomisch ausgenützt. Es handelt sich also um eine Berechnungsart, bei der wir den Rechenautomaten nicht nur zur Mechanisierung der Berechnungen des Ingenieurs, sondern tatsächlich zur Automatisierung dieser Berechnungen verwenden.

Gerade die Matrizenrechnung ermöglicht durch knappe, allgemeine und übersichtliche mathematische Formulierungen der Probleme eine solche Berechnung. Außerdem erleichtert die Matrizenschreibweise die Rechnungen und verkürzt wesentlich ihr Programmieren. In Matrizenschreibweise sind verschiedene theoretische Ableitungen leicht ausführbar; auch können Zusammenhänge nachgewiesen werden, die auf andere Weise nicht nachweisbar sind. Die Anwendung der Matrizenrechnung hilft also auch bei verschiedenen theoretischen Überlegungen und Ableitungen, was ein weiterer Vorteil — und nicht der geringste — der Matrizenrechnung ist.

Es war das Bestreben des Autors, in diesem Buche die Möglichkeit der Matrizenformulierungen baumechanischer Berechnungen aufzuzeigen. Da es sich um eine Einführung in das Studium der Matrizenmethoden handelt, wurden die Grundrechenmethoden der Statik der Bauwerke in ihrer Gesamtheit annähernd in einem Umfange behandelt, wie sie an den Fakultäten für Bauingenieure der Technischen Hochschulen vorgetragen werden und in der Fachliteratur enthalten sind.

Unter den verschiedenen möglichen Ableitungen der Matrizenformulierungen der einzelnen Methoden wurde die von der Matrizenschreibweise der Formänderungsarbeit ausgehende Art gewählt. An dieser Ableitung ist die Methodik der Matrizenbehandlung baumechanischer Probleme gut zu erkennen. Außerdem ermöglicht sie auch die Ableitung der Zusammenhänge der einzelnen Methoden. Gleichzeitig wird gezeigt, daß die Matrizenformulierungen der Berechnungsmethoden nicht nur eine gute Grundlage für das Programmieren der statischen Berechnungen bilden, sondern auch ein unschätzbares Hilfsmittel bei der Behandlung theoretischer Fragen sind.

Die Bezeichnung der baumechanischen Größen entspricht den Gepflogenheiten. Bei der Einführung von Matrizensymbolen, für die bisher keine Regeln festgelegt sind, hat sich der Autor von dem Grundsatz leiten lassen, im ganzen Buch jeden Buchstaben — soweit das überhaupt möglich ist — nur einmal zu benützen, was jedoch zwangsweise zur Verwendung mehrerer Indizes führte. Um Schlußfolgerungen der verschiedenen Kapitel vergleichen zu können, war diese Art notwendig.

Im Grunde sind nur elementare Kenntnisse der Matrizenrechnung erforderlich, die der Leser sich aus einigen Hauptwerken über Matrizenrechnung, z.B. [18], [62], [65], aneignen kann. Im ersten Kapitel vermittelt die Zusammenfassung der Hauptsätze der Matrizenrechnung eine Übersicht über die notwendigen Kenntnisse.

Da es in diesem Buch vor allem um die Anwendung der Matrizenrechnung geht, werden einige Operationen ohne mathematischen Beweis angeführt. Diese Beweise sind in den im Literaturverzeichnis angeführten Schriften enthalten.

Auch in anderen Zweigen der Ingenieurwissenschaften wird die Matrizenrechnung angewandt. Wenn die vorliegende Behandlung der Grundfragen der Rahmenstatik in Matrizenform als Grundlage für das weitere Studium dieser Probleme dient, ist ihr Zweck erfüllt.

Prag, im Juni 1970 K. Chobot

Inhaltsverzeichnis

Übersicht der Bezeichnungen

$\mathbf{A}$ — Statische Matrix. [Deformationsmethode, Gl. (158).]

$\mathbf{B}$ — Geometrische Matrix. [Deformationsmethode, Gl. (158).]

$\mathbf{C}$ — Nachgiebigkeitsmatrix. (S. 47.)

$\mathbf{\overline{C}}$ — Steifigkeitsmatrix. [Gl. (132).]

$\mathbf{D}$ — Matrix der Beiwerte in den Bedingungsgleichungen der Deformationsmethode. [Gl. (125), (163).]

$\mathbf{E}$ — Nicht verwendet.

$\mathbf{F}$ — Matrix der Beiwerte in den Bedingungsgleichungen der Kraftgrößenmethode. [Gl. (289).]

$\mathbf{G}$ — Matrix aus der erweiterten Form der Kraftgrößenmethode. [Gl. (307).]

$\mathbf{H}$ — Matrix aus der erweiterten Form der Kraftgrößenmethode. [Gl. (307).]

$\mathbf{I}$ — Einheitsmatrix. [Gl. (8).]

$\mathbf{J}$ — Matrix der Anteile $\dfrac{1}{EJ_v}\dfrac{J_v}{J_j}$. [Gl. (550).]

$\mathbf{K}$ — Transformationsmatrix in der vereinfachten Deformationsmethode. [Gl. (230a).]

$\mathbf{L}$ — Transformationsmatrix in der erweiterten Kraftgrößenmethode. [Gl. (313).]

$\mathbf{M}$ — Matrix der Werte der Biegemomente beim frei aufliegenden Träger. [Gl. (550).]

$\mathbf{N}$ — Transformationsmatrix in der Deformationsmethode. [Gl. (109), (159).]

$\mathbf{O}$ — Nullmatrix. [Gl. (9).]

$\mathbf{P}$ — Matrix der Komponenten der Knotenbelastung. [Gl. (88).]

$\mathbf{Q}$ — Matrix aus der Verteilungsmethode. [Gl. (430).]

R — Matrix der Komponenten der äußeren Reaktionen. [Gl. (177a).]

S — Matrix der statischen Größen in den Endquerschnitten der Stäbe in der Konstruktion. (S. 47.)

T — Transformationsmatrix in der erweiterten Kraftgrößenmethode. [Gl. (308).]

U — Transformationsmatrix in der erweiterten Kraftgrößenmethode. [Gl. (308).]

V — Hilfsmatrix in der vereinfachten Deformationsmethode. [Gl. (245a).]

W — Transformationsmatrix in der erweiterten Kraftgrößenmethode. [Gl. (308).]

X — Matrix der statisch unbestimmten Größen. (S. 138.)

Z — Hilfsmatrix aus der Verteilungsmethode. [Gl. (454).]

a — Transformationsmatrix in der Berechnung der ideellen Lasten. [Gl. (549).]

b — Transformationsmatrix in der Verteilungsmethode. [Gl. (460).]

$\bar{\text{c}}$ — Matrix der Steifigkeiten der Teillängen beim frei aufliegenden Träger. [Gl. (511).]

$\left.\begin{array}{l}\mathbf{d} \\ \bar{\mathbf{e}} \\ \bar{\mathbf{f}}\end{array}\right\}$ — In der Berechnung eingespannter Träger benützte Matrizen. [Gl. (511), (544).]

g — Matrix der Werte der stetigen Belastung. [Gl. (549).]

h — Matrix in der Berechnung der Träger nach der Differenzenmethode. [Gl. (599).]

j — Transformationsmatrix in der Berechnung der ideellen Lasten. [Gl. (553).]

k — Transformationsmatrix in der vereinfachten Deformationsmethode. [Gl. (224).]

m — Matrix der Einflußwerte (frei aufliegender Träger). [Gl. (557).]

p — Gruppenbezeichnung der Matrizen **u, v**. [Gl. (216).]

q — Matrix der Verschiebungen in der vereinfachten Deformationsmethode. [Gl. (244).]

r — Matrix in der Methode der Fortleitung der Deformationen. (S. 213.)

t — Verbesserungsmatrix bei Änderung der Verbindungen. [Gl. (250).]

u — Matrix der waagrechten Verschiebungskomponenten der Knoten. [Gl. (212).]

v — Matrix der lotrechten Verschiebungskomponenten der Knoten. [Gl. (212).]

w   —   Matrix der ideellen Lasten. [Gl. (549).]

x   —   Transformationsmatrix in der Kraftgrößenmethode. [Gl. (334).]

Δ   —   Matrix der Stützensenkungskomponenten. [Gl. (177a).]

Θ   —   Matrix der Formänderungsgrößen in den Endquerschnitten der Stäbe. (S. 48.)

Φ   —   Matrix der Komponenten der verallgemeinerten Knotenverschiebungen. [Gl. (88).]

$\left.\begin{array}{l}\mathbf{\Lambda} \\ \mathbf{\Pi} \\ \mathbf{\Omega}\end{array}\right\}$ Matrix in der Berechnung der Träger nach der Differenzenmethode. [Gl. (572), (574), (588).]

Δl   —   Matrix der Längenänderungen der Stäbe. [Gl. (209).]

β   —   Transformationsmatrix bei der Berechnung der ideellen Lasten. (S. 256.)

δ   —   Matrix der Verschiebungen. (S. 49.)

τ   —   Matrix der Verdrehungswinkel der Endquerschnitte der Stäbe. [Gl. (209).]

φ   —   Matrix der Verdrehungskomponenten der Knoten. [Gl. (212).]

Buchstaben

A —   virtuelle Arbeit. [Gl. (116).]

H —   Bogenkraft. (S. 44.)

M —   Biegemoment. (S. 45.)

N —   Normalkraft. (S. 44.)

P —   Kraft. (S. 49.)

R —   Reaktion. (S. 79.)

Q —   Querkraft. (S. 45.)

U —   waagrechte Kraftkomponente. (S. 49.)

V —   lotrechte Kraftkomponente. (S. 49.)

$\left.\begin{array}{l}X \\ Y \\ Z\end{array}\right\}$ Koordinatenachsen.

Π —   Formänderungsarbeit. [Gl. (83).]

$\left.\begin{array}{l}a \\ b\end{array}\right\}$ Bezeichnung der Stabendquerschnitte. (S. 42.)

d —   Teilbreite bei Näherungsrechnungen. (S. 226.)

e —   Koeffizient $\bar{J}_i/\bar{J}_v$. [Gl. (507).]

f —   Koeffizient $\bar{F}/2J_v$. [Gl. (510).]

$\left.\begin{array}{l}g \\ k\end{array}\right\}$ Steifigkeit in der Deformationsmethode bei $EJ = $ konst. (S. 117.)

h —   Rang. (S. 28.)

l — Stablänge. (S. 42.)

m — Anzahl der Stäbe. (S. 40.)

n — Anzahl der Knoten. (S. 40.)

r — Anzahl der Einspannungen. (S. 40.)

s — Grad der statischen Unbestimmtheit. (S. 40.)

t — Typ der Matrix **k**. (S. 97.)

u —
v — $\Big\}$ Komponenten der Knotenverschiebungen. (S. 50.)
w —

x —
y — $\Big\}$ Koordinaten.
z —

α — Winkel zwischen der Verbindungslinie $\overline{ab}$ und der X'-Achse. (S. 66.)

δ — Verschiebung. (S. 49.)

ε —
ω —
ν — Elemente der Nachgiebigkeitsmatrix des geraden Stabes. [Gl. (71).]
γ —

$\bar\varepsilon$ —
$\bar\omega$ —
$\bar\nu$ — Elemente der Steifigkeitsmatrix des geraden Stabes. [Gl. (135), S. 61.]
$\bar\gamma$ —

ϑ — Tangentenwinkel der Mittellinie des gekrümmten Stabes. (S. 44.)

ζ — Ordinate der Biegelinie des eingespannten Stabes. (S. 83.)

σ — Einfluß von Q im Ausdruck der Formänderungsarbeit. [Gl. (71).]

τ — Verdrehung des Stabendquerschnittes. [Gl. (75).]

Indizes

c — Index der Steifigkeit. [Gl. (526).]

i — allgemeiner Index des Stabes. (S. 33.)

j — allgemeiner Index des Knotens. (S. 50.)

k — allgemeiner Index der Stütze. (S. 79.)

n — Index der Neuheit. (S. 96.)

o — Korrekturenindex.

t — allgemeiner Index der statisch unbestimmten Größen. (S. 138.)

z — Index der Änderung. (S. 108.)

κ — Index, der die resultierenden Größen bezeichnet, und Index der transformierten Matrix **A**. [S. 101, Gl. (237).]

ν — Index, der die an vollkommen eingespannten Stäben bestimmten Größen bezeichnet. (S. 84.)

(In Klammern sind die Gleichungs- oder Seitenzahlen angegeben, wo die Bezeichnung erstmals verwendet wird; gegebenenfalls wird ihre Bedeutung erläutert.)

1. Grundbeziehungen der Matrizenrechnung

1.1. Einleitung

Der Begriff Matrix wurde im Jahre 1850 durch J. J. Sylvester in die Mathematik eingeführt. Erstmalig verwendete ihn wahrscheinlich Hamilton in seiner Abhandlung über lineare und vektorielle Funktionen (1853). Die eigentlichen Grundlagen der Matrizenalgebra wurden erst von A. Cayley ausgearbeitet (1858). In dieser Zeit aber fand die Matrizenalgebra keine breitere Anwendung. Erst in den dreißiger Jahren dieses Jahrhunderts begann praktisch ihre verbreitete Anwendung. Heute wird die Matrizenrechnung bereits in einer Reihe von Gebieten technischer und anderer Wissenschaften benützt.

Die Matrizenalgebra mit ihren symbolischen Bezeichnungen macht auch sehr schwierige und komplizierte Berechnungen übersichtlich. Namentlich in der heutigen Zeit, da auch automatische Rechenmaschinen größtenteils bereits mit Unterprogrammen für Matrizenrechenoperationen ausgerüstet sind, bildet der Ausdruck verschiedener Beziehungen in Matrizenform einen Weg zur Beschleunigung sowohl der eigentlichen Rechnung als auch ihrer Vorbereitung, d.h. der Aufstellung des Programms.

Da über Matrizenrechnung eine Reihe selbständiger Monographien besteht, führen wir hier nur die Grundbegriffe und Hauptsätze der Matrizenrechnung an. Da weiters die Bezeichnung einiger Operationen (z.B. Transponieren) und einiger Grundmatrizen (z.B. Einheitsmatrix) nicht einheitlich ist, gibt dieses Kapitel auch eine Übersicht über die verwendeten Symbole. Die Verwendung von Buchstaben ist hier zufällig und steht in keiner Beziehung zur Bedeutung dieser Symbole in den weiteren Kapiteln.

1.2. Begriffsbestimmung der Matrix, Sondertypen, Determinanten

Unter einer Matrix **A** verstehen wir eine Gruppe von $m \cdot n$ Größen, die in m Zeilen und n Spalten angeordnet sind. Die einzelnen Größen nennen wir Elemente der Matrix und bezeichnen sie allgemein durch einen Buchstaben mit zwei Indizes, die ihre Stellung in der Matrix bestimmen, z.B. a_{ij}. Der erste Index i ist die Ordnungszahl der Zeile, der zweite j die Ordnungszahl der Spalte, in der das betreffende Element ist. Zum Unterschied von anderen Größen bezeichnen wir die Matrizen mit fetten Buchstaben.

$$\mathbf{A} = \begin{bmatrix} a_{11}; & a_{12}; & a_{13}; & \ldots & a_{1n} \\ a_{21}; & a_{22}; & a_{23}; & \ldots & a_{2n} \\ \vdots & & & & \vdots \\ a_{m1}; & a_{m2}; & a_{m3}; & \ldots & a_{mn} \end{bmatrix}. \tag{1}$$

Elemente der Matrix können nicht nur reelle Zahlen sein, allenfalls komplexe, sondern auch andere mathematische Größen, z.B. wieder Matrizen.

Eine Matrix mit m Zeilen und n Spalten, also mit $m \cdot n$ Elementen, nennen wir eine *rechteckige Matrix* vom Typ $(m \cdot n)$.

Eine Matrix mit gleich großer Zeilen- und Spaltenanzahl, d.i. $m = n$, nennen wir eine *quadratische Matrix* vom Typ $(m \cdot m)$.

$$\mathbf{B} = \begin{bmatrix} b_{11}; & b_{12}; & b_{13}; & \ldots & b_{1m} \\ b_{21}; & b_{22}; & b_{23}; & \ldots & b_{2m} \\ \vdots & & & & \vdots \\ b_{m1}; & b_{m2}; & b_{m3}; & \ldots & b_{mm} \end{bmatrix}. \tag{2}$$

Die Elemente b_{ii} der quadratischen Matrix werden als *Hauptelemente* bezeichnet. Sie liegen auf der sog. *Hauptdiagonale* der Matrix **B**. Die Nebendiagonale der Matrix **B** verbindet die Elemente $b_{1m}, \ldots, b_{m1}$.
Die Summe der Hauptelemente der Matrix wird Spur der Matrix genannt; wir bezeichnen sie mit

$$sp(\mathbf{B}) = \sum_{i=1}^{m} b_{ii}. \tag{3}$$

Die Matrix mit einer einzigen Zeile von n Elementen heißt *Zeilenmatrix*. Sie ist vom Typ $(1 \, . \, n)$.

$$\mathbf{C} = [c_{11}; \; c_{12}; \; c_{13}; \; \ldots \; c_{1n}] \, . \tag{4}$$

Die Matrix mit einer einzigen Spalte von m Elementen nennen wir *Spaltenmatrix*. Sie ist vom Typ $(m \, . \, 1)$. Eine derartige Matrix können wir auch als *Vektor* bezeichnen.

$$\mathbf{D} = \begin{bmatrix} d_{11} \\ d_{21} \\ d_{31} \\ \vdots \\ d_{m1} \end{bmatrix} = \begin{bmatrix} d_1 \\ d_2 \\ d_3 \\ \vdots \\ d_m \end{bmatrix} \, . \tag{5}$$

Wenn in einer quadratischen Matrix des Typs $(n \, . \, n)$ alle Elemente, die unter oder über der Hauptdiagonale stehen, gleich null sind, nennen wir eine solche Matrix *obere Dreiecksmatrix* (wenn die Nullelemente unter der Diagonale stehen, z.B. $\mathbf{F}$) oder *untere Dreiecksmatrix* (wenn die Nullelemente über der Diagonale liegen, z.B. $\mathbf{G}$).

$$\mathbf{F} = \begin{bmatrix} f_{11}; & f_{12}; & f_{13}; & \ldots & f_{1n} \\ 0; & f_{22}; & f_{23}; & \ldots & f_{2n} \\ & & f_{33}; & \ldots & f_{3n} \\ & & & \ddots & \vdots \\ 0 & \ldots & 0; & & f_{nn} \end{bmatrix},$$

$$\mathbf{G} = \begin{bmatrix} g_{11}; & 0; & \ldots & & 0 \\ g_{21}; & g_{22}; & & & \\ g_{31}; & g_{32}; & g_{33}; & & \\ & & & \ddots & 0 \\ g_{n1}; & \ldots & & & g_{nn} \end{bmatrix} \, . \tag{6}$$

Wenn in einer quadratischen Matrix vom Typ $(n \, . \, n)$ Elemente ungleich null nur in der Hauptdiagonale vorkommen, alle übrigen Elemente aber gleich null sind, nennen wir eine solche Matrix (z.B. $\mathbf{K}$) *Diagonalmatrix*.

Sind außerdem noch alle Werte k_{ii} der Diagonalmatrix gleich, also $k_{ii} = l_{11} = l_{22} = l_{33} = \ldots = l_{nn} = l$, dann bezeichnen wir eine solche Matrix (z.B. $\mathbf{L}$) als *skalare Matrix*.

$$\mathbf{K} = \begin{bmatrix} k_{11}; & 0; & \cdot & \ldots\ldots & 0; & 0 \\ 0; & k_{22}; & & & & \\ & & k_{33}; & & & \\ & & & & & 0 \\ & & & & & \\ 0; & 0; & 0; & \ldots & 0; & k_{nn} \end{bmatrix},$$

$$\mathbf{L} = \begin{bmatrix} l; & 0; & \ldots & 0; & 0 \\ 0; & l; & \ldots & 0; & 0 \\ \vdots & \vdots & & \vdots & \vdots \\ 0; & 0; & \ldots & l; & 0 \\ 0; & 0; & \ldots & 0; & l \end{bmatrix}. \tag{7}$$

Sind diese Elemente außerdem gleich eins, d.h. $l_{11} = l_{22} = l_{33} = \ldots = l_{ii} = l_{nn} = \ldots = 1$, dann bezeichnen wir eine solche Matrix als *Einheitsmatrix*; weiterhin werden wir sie immer mit dem Symbol $\mathbf{I}$ kennzeichnen.

$$\mathbf{I} = \begin{bmatrix} 1; & 0; & & \cdot\ \cdot\ \cdot\ \cdot & 0 \\ 0; & 1; & & & \cdot \\ \cdot & \cdot & 1 & \cdot & \cdot \\ & & & & \\ & & & & \\ \cdot & & & 1; & 0 \\ 0; & & \cdot\ \cdot\ \cdot\ \cdot & 0; & 1 \end{bmatrix}. \tag{8}$$

Die Einheitsmatrix hat in der Matrizenalgebra eine ähnliche Bedeutung wie die Einheit in der Algebra.

Sind sämtliche Elemente einer Matrix gleich null, also $a_{ij} = 0$, dann nennen wir eine solche Matrix *Nullmatrix*.

$$\mathbf{O} = \begin{bmatrix} 0; & 0; & 0; & \ldots & 0 \\ 0; & 0; & 0; & \ldots & \\ 0; & & & & \\ \vdots & & & & \\ 0; & 0; & 0; & \ldots & 0 \end{bmatrix}. \tag{9}$$

Diese Matrix hat in der Matrizenalgebra eine ähnliche Bedeutung wie die Null in der Algebra.

Aus jeder quadratischen Matrix können wir eine *Determinante* bilden. Die Determinante ist eine gewisse Zahl, die auf eine bestimmte Art der Matrix zugeordnet ist. Die Determinante der Matrix **A** vom Typ $(n \, . \, n)$ werden wir bezeichnen

$$\det \mathbf{A} = \det \begin{bmatrix} a_{11}; & a_{12}; & \ldots & a_{1n} \\ a_{21}; & a_{22}; & \ldots & a_{2n} \\ \vdots & & & \vdots \\ a_{n1}; & a_{n2}; & \ldots & a_{nn} \end{bmatrix} .$$

1.3. Grundoperationen der Matrizenrechnung

Addition von Matrizen

Wir nehmen die Matrizen **A** und **B** gleichen Typs $(m \, . \, n)$ an. Als Summe (Differenz) dieser Matrizen bezeichnen wir die Matrix

$$\mathbf{C} = \mathbf{A} \pm \mathbf{B} ,$$

wo

$$c_{ij} = a_{ij} \pm b_{ij} .$$

Die Matrix **C** ist vom gleichen Typ $(m \, . \, n)$. Nur Matrizen gleichen Typs können addiert werden.

Zwei Matrizen **A**, **B** gleichen Typs $(m \, . \, n)$ sind einander gleich, d.h. **A** = **B**, wenn sie an gleichen Stellen die gleichen Elemente haben, d.h. $a_{ij} = b_{ij}$ für alle i, j.

Die Addition von Matrizen ist ein kommutativer und assoziativer Vorgang.

$$\mathbf{A} + \mathbf{B} = \mathbf{B} + \mathbf{A} ,$$

$$\mathbf{A} + (\mathbf{B} + \mathbf{C}) = (\mathbf{A} + \mathbf{B}) + \mathbf{C} . \tag{10}$$

Weiters gilt

$$\mathbf{A} + \mathbf{O} = \mathbf{A} . \tag{11}$$

In einer Matrizengleichung kann man eine Matrix von einer Seite mit entgegengesetztem Vorzeichen auf die andere bringen:

$$\mathbf{A} + \mathbf{B} = \mathbf{C} ,$$

$$\mathbf{A} = \mathbf{C} - \mathbf{B} . \tag{12}$$

Multiplikation einer Matrix mit einer Zahl

Das Produkt $\alpha\mathbf{A}$ oder $\mathbf{A}\alpha$ der Matrix $\mathbf{A}$ vom Typ $(m \cdot n)$ mit einer Zahl (einem Skalar) α ist eine Matrix, deren jedes Element mit dieser Zahl multipliziert ist.

Folgerung: Haben alle Elemente einer Matrix einen gemeinsamen Multiplikator, z.B. α, kann diese Zahl vor die Matrix gestellt werden.

Eigenschaften der Multiplikation einer Matrix mit einem Skalar:

$$\alpha(\mathbf{A} + \mathbf{B}) = \alpha\mathbf{A} + \alpha\mathbf{B},$$

$$\alpha\mathbf{A} + \beta\mathbf{A} = (\alpha + \beta)\,\mathbf{A} \tag{13}$$

$$(\alpha, \beta \text{ sind Zahlen}),$$

$$\text{für}\quad \alpha = 1: \quad 1 \cdot \mathbf{A} = \mathbf{A},$$

$$\text{für}\quad \alpha = 0: \quad 0 \cdot \mathbf{A} = 0. \tag{14}$$

Multiplikation von Matrizen

Eine wichtige Operation der Matrizenrechnung ist die Multiplikation von Matrizen. Das Produkt zweier Matrizen wurde so definiert, daß das Ergebnis wieder eine Matrix war. Aus der Reihe möglicher Definitionen wurde die eingeführt, die am besten sowohl in der Theorie (z.B. bei der linearen Transformation) als auch bei der praktischen Anwendung entspricht.

Es seien zwei Matrizen $\mathbf{A}$, $\mathbf{B}$ gegeben, wobei die Spaltenanzahl der ersten Matrix $\mathbf{A}$ gleich der Zeilenanzahl der zweiten Matrix $\mathbf{B}$ sein muß. Ist also die Matrix $\mathbf{A}$ vom Typ $(m \cdot n)$, muß die Matrix $\mathbf{B}$ z.B. vom Typ $(n \cdot p)$ sein. Das Produkt der Matrizen $\mathbf{A}$, $\mathbf{B}$ ist bei dieser Reihung die Matrix $\mathbf{C}$ vom Typ $(m \cdot p)$, deren Element c_{ik} die algebraische Summe der Produkte aus den Elementen der i-ten Reihe der Matrix $\mathbf{A}$ mit den Elementen der k-ten Spalte der Matrix $\mathbf{B}$ ist. Dann ist

$$\mathbf{A} \cdot \mathbf{B} = \mathbf{C} \quad \text{oder} \quad \mathbf{A}\mathbf{B} = \mathbf{C} \tag{15}$$

(der die Multiplikation bezeichnende Punkt kann, muß aber nicht geschrieben werden), wobei

$$c_{ik} = \sum_{j=1}^{n} a_{ij}b_{jk} = a_{i1}b_{1k} + a_{i2}b_{2k} + a_{i3}b_{3k} + \ldots + a_{in}b_{nk}. \tag{16}$$

Dann sagen wir, die Matrix $\mathbf{A}$ ist mit der Matrix $\mathbf{B}$ von rechts multipliziert, oder die Matrix $\mathbf{B}$ ist mit der Matrix $\mathbf{A}$ von links multipliziert.

$$\mathbf{A} = \begin{bmatrix} a_{11}; & a_{12}; & \dots & a_{1n} \\ a_{21}; & a_{22}; & \dots & a_{2n} \\ \vdots & & & \vdots \\ a_{m1}; & a_{m2}; & \dots & a_{mn} \end{bmatrix}, \quad \mathbf{B} = \begin{bmatrix} b_{11}; & b_{12}; & \dots & b_{1p} \\ b_{21}; & b_{22}; & \dots & b_{2p} \\ \vdots & & & \vdots \\ b_{n1}; & b_{n2}; & \dots & b_{np} \end{bmatrix},$$

$$\mathbf{C} = \begin{bmatrix} \sum\limits_{j=1}^{n} a_{1j}b_{j1}; & \dots & \sum\limits_{j=1}^{n} a_{1j}b_{jp} \\ \vdots & & \vdots \\ \sum\limits_{j=1}^{n} a_{mj}b_{j1}; & \dots & \sum\limits_{j=1}^{n} a_{mj}b_{jp} \end{bmatrix}. \tag{17}$$

Die angeführte Definition kann auf das Produkt einer beliebigen endlichen Anzahl von Matrizen **ABCD ... M** verallgemeinert werden. Damit überhaupt das Produkt definiert ist, ist es notwendig und hinreichend, daß die Zeilenanzahl jeder weiteren Matrix gleich ist der Spaltenanzahl der vorangehenden Matrix. Für den Typ der einzelnen Matrizen und den der resultierenden muß demnach gelten

$$(a \cdot b) \cdot (b \cdot c) \cdot (c \cdot d) \cdot (d \cdot e) \dots (m \cdot n) = (a \cdot n).$$

Die mit der Algebra übereinstimmenden Eigenschaften der Multiplikation:

1. Es gilt das assoziative Gesetz (wenn die Produkte definiert sind).

$$\mathbf{A}(\mathbf{BC}) = (\mathbf{AB})\,\mathbf{C}. \tag{18}$$

2. Es gilt auch das distributive Gesetz — vorausgesetzt, daß addiert und multipliziert werden kann.

$$\mathbf{A}(\mathbf{B} + \mathbf{C}) = \mathbf{AB} + \mathbf{AC},$$
$$(\mathbf{A} + \mathbf{B})\,\mathbf{D} = \mathbf{AD} + \mathbf{BD}. \tag{19}$$

3. Die Einheitsmatrix **I** hat bei der Multiplikation die gleiche Eigenschaft wie die Einheit in der Algebra. Somit ist

$$\mathbf{AI} = \mathbf{A}, \tag{20}$$

und auch

$$\mathbf{IA} = \mathbf{AI} = \mathbf{A}.$$

Weiters gilt

$$(\mathbf{A} + \mathbf{B})(\mathbf{C} + \mathbf{D}) = \mathbf{AC} + \mathbf{AD} + \mathbf{BC} + \mathbf{BD}. \tag{21}$$

Die von der Algebra abweichenden Eigenschaften:

1. Im allgemeinen gilt nicht das kommutative Gesetz

$$\mathbf{AB} \neq \mathbf{BA} . \tag{22}$$

Es können zwei Fälle auftreten:

a) Die Spaltenanzahl der Matrix $\mathbf{B}$ ist gleich der Zeilenanzahl der Matrix $\mathbf{A}$, die Zeilenanzahl der Matrix $\mathbf{B}$ ist aber ungleich der Spaltenanzahl der Matrix $\mathbf{A}$. Dann ist das Produkt $\mathbf{BA}$ nicht definiert.

b) Die Spaltenanzahl n der Matrix $\mathbf{A}$ ist gleich der Zeilenanzahl der Matrix $\mathbf{B}$, die Zeilenanzahl m der Matrix $\mathbf{A}$ ist gleich der Spaltenanzahl der Matrix $\mathbf{B}$. Dann existieren zwar beide Produkte $\mathbf{AB}$ und $\mathbf{BA}$, haben aber verschiedene Ergebnisse. Für

$$\mathbf{AB} = \mathbf{C} ; \quad \mathbf{BA} = \mathbf{D}$$

ist

$$c_{ik} = \sum_{j=1}^{n} a_{ij} b_{jk} ; \quad d_{ik} = \sum_{j=1}^{m} b_{ij} a_{jk} ,$$

somit ist allgemein

$$c_{ik} \neq d_{ik} .$$

2. Zum Unterschied von der Algebra kann in der Matrizenalgebra der Fall auftreten, daß

$$\mathbf{PQ} = \mathbf{O} , \tag{23}$$

wobei

$$\mathbf{P} \neq \mathbf{O} , \quad \mathbf{Q} \neq \mathbf{O} .$$

Ein derartiges Produkt nennen wir *Nullprodukt* zweier Matrizen. Folgerung: Aus der Gleichung

$$\mathbf{AB} = \mathbf{AC} \tag{24}$$

folgt (bei $\mathbf{A} \neq \mathbf{O}$) nicht, daß $\mathbf{B} = \mathbf{C}$. (Es kann sein $\mathbf{B} \neq \mathbf{O}, \mathbf{C} = \mathbf{O}$.) Man kann also in der letzten Gleichung nicht mit der Matrix $\mathbf{A}$ kürzen.

3. Das Matrizenprodukt kann mit einer Zahl α in beliebiger Reihenfolge multipliziert werden (die Definiertheit des Matrizenprodukts vorausgesetzt).

$$\alpha\mathbf{ABC} = \mathbf{A}\alpha\mathbf{BC} = \mathbf{AB}\alpha\mathbf{C} = \mathbf{ABC}\alpha . \tag{25}$$

Wenn für zwei Matrizen **A**, **B** (vorausgesetzt, daß die Produkte definiert sind) gilt

$$AB = BA = C ,\tag{26}$$

bezeichnen wir die beiden Matrizen als *vertauschbar*.

Folgerung: Die Einheitsmatrix **I** ist mit jeder quadratischen Matrix der gleichen Ordnung vertauschbar.

Sonderfälle der Matrizenmultiplikation:

a) Multiplizieren wir die Matrix **A** vom Typ $(1 . n)$ mit der Matrix **B** vom Typ $(n . 1)$, d.h. eine Zeilenmatrix mit einer Spaltenmatrix, dann ist die Matrix **C** = **AB** vom Typ (1.1), d.h. eine Zahl, eine sogenannte *Punktmatrix*.

$$AB = C = [c_i] = \left(\sum_{i=1}^{n} a_i b_i \right) .\tag{27}$$

b) Multiplizieren wir die Matrix **D** vom Typ $(n . 1)$, d.h. eine Spaltenmatrix, mit der Matrix **E** vom Typ $(1 . m)$, d.h. einer Zeilenmatrix, ist das Produkt eine rechteckige Matrix **F** vom Typ $(n . m)$. Ist $m = n$, dann ist das Ergebnis eine quadratische Matrix.

c) Multiplizieren wir die Matrix **A** vom Typ $(m . n)$ mit der Spaltenmatrix **X** vom Typ $(n . 1)$, ist das Ergebnis eine Spaltenmatrix **Y** vom Typ $(m . 1)$.

$$Y = AX .\tag{28}$$

Eine solche Operation nennen wir eine lineare Transformation der Spaltenmatrix **X** in die Spaltenmatrix **Y**.

Das Produkt von k gleichen quadratischen Matrizen **A** bezeichnen wir als k-te Potenz der Matrix **A** und schreiben

$$\underbrace{AAA \ldots A}_{k\text{-mal}} = A^k .\tag{29}$$

Wenn $k = 0$, definieren wir

$$A^0 = I .\tag{30}$$

Bemerkung: Zu beachten! Sind die Matrizen **A** und **B** nicht vertauschbar, müssen wir schreiben

$$(A + B)^2 = (A + B)(A + B) = A^2 + AB + BA + B^2 .\tag{31}$$

1.4. Rang der Matrix

Neben „Determinante der Matrix" führen wir noch den Begriff „Unterdeterminante h-ten Grades" der gegebenen Matrix ein. Das ist die Unterdeterminante, die jene Elemente der Matrix enthält, die zugleich in beliebig ausgewählten h Zeilen und h Spalten der gegebenen Matrix stehen, z.B. ist

$$\det \begin{bmatrix} a_{11}; & a_{1n} \\ a_{21}; & a_{2n} \end{bmatrix}$$

eine der Unterdeterminanten 2. Grades der Matrix $\mathbf{A}$.

$$\mathbf{A} = \begin{bmatrix} a_{11}; & a_{12}; & a_{13}; & \dots & a_{1n} \\ a_{21}; & a_{22}; & a_{23}; & \dots & a_{2n} \\ \vdots & & & & \vdots \\ a_{m1}; & a_{m2}; & a_{m3}; & \dots & a_{mn} \end{bmatrix} .$$

Die Determinante der quadratischen Matrix vom Typ $(n \, . \, n)$ ist gerade ihre einzige Determinante n-ten Grades.

Die Matrix $\mathbf{A}$ des Typs $(m \, . \, n)$ hat den *Rang h*, wenn alle ihre Unterdeterminanten höheren als h-ten Grades (sofern sie existieren) gleich null sind, aber wenigstens eine des h-ten Grades ungleich null ist.

Der Rang der Matrix kann demnach mindestens gleich null (alle Elemente sind null), höchstens gleich der kleineren der Zahlen m, n sein.

Ist der Rang der quadratischen Matrix vom Typ $(n \, . \, n)$ gleich der Zahl $h = n$, wird die Matrix als *regulär* (auch nichtsingulär) bezeichnet. Ist $h < n$, nennt man die Matrix *singulär*.

Somit: Die quadratische Matrix ist regulär, wenn ihre Determinante von null verschieden, und singulär, wenn sie gleich null ist.

1.5. Inverse Matrix

Definition der inversen Matrix

Zu einer quadratischen Matrix $\mathbf{A}$ vom Typ $(n \, . \, n)$ ist die Matrix $\mathbf{A}^{-1}$ invers, wenn

$$\mathbf{A}\mathbf{A}^{-1} = \mathbf{A}^{-1}\mathbf{A} = \mathbf{I} . \tag{32}$$

Zur Matrix $\mathbf{A}$ existiert eine inverse Matrix $\mathbf{A}^{-1}$ gerade dann, wenn $\det \mathbf{A} \neq 0$, d.h. wenn die Matrix $\mathbf{A}$ regulär ist. Weiters gilt (falls $\det \mathbf{A} \neq 0$)

$$\det \mathbf{A} \det \mathbf{A}^{-1} = 1 . \tag{33}$$

Bestimmung der inversen Matrix

Soll zur gegebenen quadratischen Matrix **A** vom Typ $(n \cdot n)$ die inverse Matrix $\mathbf{A}^{-1}$ bestimmt werden, können wir aus der Bedingung

$$\mathbf{A}\mathbf{A}^{-1} = \mathbf{I} \tag{34}$$

durch Ausmultiplizieren n Systeme mit n Unbekannten (Elemente b_{ij}) aufstellen, aus denen wir diese Unbekannten berechnen. Z.B. für $n = 2$:

$$\mathbf{A}\mathbf{A}^{-1} = \begin{bmatrix} a_{11}; & a_{12} \\ a_{21}; & a_{22} \end{bmatrix} \begin{bmatrix} b_{11}; & b_{12} \\ b_{21}; & b_{22} \end{bmatrix} = \begin{bmatrix} 1; & 0 \\ 0; & 1 \end{bmatrix} = \mathbf{I},$$

$$\left. \begin{aligned} a_{11}b_{11} + a_{12}b_{21} &= 1 \\ a_{21}b_{11} + a_{22}b_{21} &= 0 \end{aligned} \right\} \Rightarrow b_{11} = \frac{a_{22}}{a_{11}a_{22} - a_{12}a_{21}}$$

$$b_{21} = -\frac{a_{21}}{a_{11}a_{22} - a_{12}a_{21}}$$

$$\left. \begin{aligned} a_{11}b_{12} + a_{12}b_{22} &= 0 \\ a_{21}b_{12} + a_{22}b_{22} &= 1 \end{aligned} \right\} \Rightarrow b_{12} = -\frac{a_{12}}{a_{11}a_{22} - a_{12}a_{21}}$$

$$b_{22} = \frac{a_{11}}{a_{11}a_{22} - a_{12}a_{21}}.$$

Für die Berechnung der zur gegebenen Matrix inversen besteht eine ganze Reihe von Methoden, die in den im Schrifttum angeführten Arbeiten beschrieben sind (z.B. [13], [16], [55], [65]). Wir werden uns deshalb hier nicht damit befassen.

Eigenschaften der inversen Matrizen

Die zum Produkt zweier Matrizen gleichen Typs inverse Matrix ist gleich dem Produkt der zu den einzelnen Matrizen inversen Matrizen in umgekehrter Reihenfolge (vorausgesetzt, daß die inversen Matrizen existieren):

$$(\mathbf{AB})^{-1} = \mathbf{B}^{-1}\mathbf{A}^{-1}. \tag{35}$$

Dieser Satz kann auch auf das Produkt mit einer größeren Anzahl von Faktoren erweitert werden. Z.B.

$$(\mathbf{ABCD})^{-1} = \mathbf{D}^{-1}\mathbf{C}^{-1}\mathbf{B}^{-1}\mathbf{A}^{-1}. \tag{36}$$

Inverse Matrix zu einer rechteckigen Matrix

Wenn in einer rechteckigen Matrix **A** die Zeilenanzahl m größer ist als die Anzahl der Spalten n, existiert eine Matrix $\mathbf{Y} = {}^{-1}\mathbf{A}$, d.h. eine zur Matrix **A** *links inverse Matrix*, die die Beziehung

$$\mathbf{YA} = \mathbf{I} \tag{37}$$

erfüllt, demnach nur dann, wenn der Rang der Matrix **A** gerade $h = n$.
Dann bestehen unendlich viele solcher Matrizen $\mathbf{Y} = {}^{-1}\mathbf{A}$.

Wenn die Zeilenanzahl m der Matrix **A** kleiner ist als die Spaltenanzahl n, dann existiert eine Matrix $\mathbf{Z} = \mathbf{A}^{-1}$, d.h. eine zur Matrix **A** *rechts inverse Matrix*, die die Beziehung

$$\mathbf{AZ} = \mathbf{I} \tag{38}$$

erfüllt, somit nur dann, wenn der Rang der Matrix **A** gerade $h = m$.
Dann aber bestehen unendlich viele solcher Matrizen **Z**.

Nach Feststellung dieser inversen Matrizen können wir beispielsweise folgendermaßen vorgehen:

Wir nehmen an, daß die Matrix **A** vom Typ $(m \,.\, n)$ bei $m > n$ den Rang $h_A = n$ hat. Dann bestimmen wir eine der links inversen Matrizen nach der Beziehung

$$^{-1}\mathbf{A} = \left(\mathbf{A}^T\mathbf{A}\right)^{-1}\mathbf{A}^T. \tag{39}$$

(Der Begriff $\mathbf{A}^T$ wird im weiteren Abschnitt erläutert werden.) Das Produkt $\mathbf{A}^T\mathbf{A}$ muß eine reguläre Matrix sein.

Wir setzen voraus, daß die Matrix **B** vom Typ $(m \,.\, n)$ ist für $m < n$.
Dann bestimmen wir eine der rechts inversen Matrizen nach der Beziehung

$$\mathbf{B}^{-1} = \mathbf{B}^T\left(\mathbf{BB}^T\right)^{-1}. \tag{40}$$

Statt der Matrizen $\mathbf{A}^T$, $\mathbf{B}^T$ können wir auch andere beliebige Matrizen **C**, **D** wählen, allerdings derart, daß die Produkte **CA** bzw. **BD** reguläre Matrizen sind.

1.6. Transponierte, orthogonale, symmetrische Matrix

Die Matrix $\mathbf{A}^T$, die aus der beliebigen Matrix **A** durch Vertauschen der Zeilen und Spalten entsteht, wird die zur Matrix **A** *transponierte Matrix* genannt.

Ist die Matrix **A** vom Typ $(m \,.\, n)$, ist die zu ihr transponierte Matrix $\mathbf{A}^T$ vom Typ $(n \,.\, m)$.

Die zu einer quadratischen Matrix transponierte Matrix ist wiederum eine quadratische.

Die zu einer transponierten Matrix transponierte Matrix ist wieder die ursprüngliche.

$$(\mathbf{A}^T)^T = \mathbf{A}. \tag{41}$$

Eigenschaften:

$$(\mathbf{A} + \mathbf{B})^T = \mathbf{A}^T + \mathbf{B}^T,$$

$$(\mathbf{ABC})^T = \mathbf{C}^T\mathbf{B}^T\mathbf{A}^T. \tag{42}$$

Ist $\mathbf{A}$ eine quadratische Matrix des Typs $(n \cdot n)$ und gilt

$$\mathbf{A}^T = \mathbf{A}, \tag{43}$$

sagen wir, daß $\mathbf{A}$ eine *symmetrische Matrix* ist.

Ist $\mathbf{A}$ regulär, dann gilt

$$(\mathbf{A}^{-1})^T = (\mathbf{A}^T)^{-1}. \tag{44}$$

Die zu einer symmetrischen regulären Matrix inverse Matrix ist symmetrisch.

Folgerung: Für die symmetrische Matrix gilt $\mathbf{A} = \mathbf{A}^T$ und demnach

$$(\mathbf{A}^{-1})^T = (\mathbf{A}^T)^{-1} = \mathbf{A}^{-1}. \tag{45}$$

Falls zu einer gegebenen regulären quadratischen Matrix $\mathbf{A}$ eine transponierte Matrix $\mathbf{A}^T$ und eine inverse $\mathbf{A}^{-1}$ existieren, die einander gleich sind, bezeichnen wir $\mathbf{A}$ als *orthogonale Matrix*. Dann gilt

$$\mathbf{A}^T = \mathbf{A}^{-1}, \quad \text{so daß} \quad \mathbf{AA}^T = \mathbf{A}^T\mathbf{A} = \mathbf{I}.$$

Das Produkt orthogonaler Matrizen ist eine orthogonale Matrix. Die zu einer orthogonalen Matrix inverse Matrix ist orthogonal.

1.7. Charakteristisches Polynom der Matrix

$\mathbf{A}$ sei eine quadratische Matrix des Typs $(n \cdot n)$. Unter einem *charakteristischen Polynom der Matrix* verstehen wir dann die Determinante der Matrix $[\lambda\mathbf{I} - \mathbf{A}]$, also

$$\det[\lambda\mathbf{I} - \mathbf{A}] = f(\lambda). \tag{46}$$

Die Wurzeln des charakteristischen Polynoms werden als *charakteristische Zahlen* (oder *Eigenwerte*) der Matrix $\mathbf{A}$ bezeichnet.

1.8. In Felder oder Blöcke zerlegte Matrizen

Der Begriff zerlegte Matrizen

Zerlegen wir eine Matrix **A** vom Typ $(m . n)$ durch lotrechte und waagrechte, zwischen den Zeilen und Spalten geführte Striche in einige Teile, nennen wir die Elementegruppen, die in den so entstandenen „Feldern" der ursprünglichen Matrix liegen, Untermatrizen der Matrix **A** und sagen, daß die Matrix **A** in Felder zerlegt ist. Die Untermatrix zu **A** können wir z.B. bezeichnen mit $\mathbf{A}_{ik}$ (oder auch mit verschiedenen Buchstaben).

$$\mathbf{A} = \begin{bmatrix} a_{11}; & a_{12} & ; & a_{13}; & a_{14} & ; & a_{15}; & a_{16} \\ a_{21}; & a_{22} & ; & a_{23}; & a_{24} & ; & a_{25}; & a_{26} \\ a_{31}; & a_{32} & ; & a_{33}; & a_{34} & ; & a_{35}; & a_{36} \\ \hline a_{41}; & a_{42} & ; & a_{43}; & a_{44} & ; & a_{45}; & a_{46} \\ a_{51}; & a_{52} & ; & a_{53}; & a_{54} & ; & a_{55}; & a_{56} \end{bmatrix} = \begin{bmatrix} \mathbf{A}_{11}; & \mathbf{A}_{12}; & \mathbf{A}_{13} \\ \mathbf{A}_{21}; & \mathbf{A}_{22}; & \mathbf{A}_{23} \end{bmatrix},$$

$$(47)$$

wo

$$\mathbf{A}_{12} = \begin{bmatrix} a_{13}; & a_{14} \\ a_{23}; & a_{24} \\ a_{33}; & a_{34} \end{bmatrix} \quad \text{usw.}$$

Bemerkung: Als zerlegte Matrix können wir auch eine Matrix ansehen, deren Elemente nicht Zahlen, sondern Matrizen sind.

Rechnen mit zerlegten Matrizen

Die Summe (Differenz) der in Felder zerlegten Matrizen **A**, **B** ist nur dann definiert, wenn gleichliegende Matrizenelemente (Untermatrizen) in beiden Matrizen gleichen Typs sind. Dann ist

$$\mathbf{A} \pm \mathbf{B} = \begin{bmatrix} \mathbf{A}_{11} \pm \mathbf{B}_{11}; & \mathbf{A}_{12} \pm \mathbf{B}_{12}; & \dots; & \mathbf{A}_{1p} \pm \mathbf{B}_{1p} \\ \vdots & & & \vdots \\ \mathbf{A}_{q1} \pm \mathbf{B}_{q1}; & \mathbf{A}_{q2} \pm \mathbf{B}_{q2}; & \dots; & \mathbf{A}_{qp} \pm \mathbf{B}_{qp} \end{bmatrix}, \quad (48)$$

wenn die Matrizen **A** und **B** so zerlegt wurden, daß $p . q$ Untermatrizen entstanden.

Unter dem Produkt zweier zerlegter Matrizen **A**, **B** in dieser Reihenfolge verstehen wir die Matrix **C = AB**, deren Elemente durch die

Beziehung

$$\mathbf{C}_{ik} = \mathbf{A}_{i1}\mathbf{B}_{1k} + \mathbf{A}_{i2}\mathbf{B}_{2k} + \ldots + \mathbf{A}_{ig}\mathbf{B}_{gk}\,, \qquad (49)$$

$$i = (1, 2, \ldots, p)\,,$$

$$k = (1, 2, \ldots, q)$$

gegeben sind, allerdings unter der Voraussetzung, daß sämtliche Produkte in der letzten Matrizengleichung definiert sind.

Das bedeutet: Zerlegen wir die Matrix, die multipliziert werden soll, in Felder, müssen wir sie so zerlegen, daß die Multiplikation möglich ist.

Verwendung der zerlegten Matrizen zur Bestimmung der inversen Matrix

Wir zerlegen eine quadratische reguläre Matrix $\mathbf{A}$ in Felder so, daß die Matrizen $\mathbf{A}_{11}$ und $\mathbf{A}_{22}$ quadratisch sind und wenigstens eine (z.B. $\mathbf{A}_{11}$) regulär ist. Die Elemente der zu $\mathbf{A}$ inversen Matrix $\mathbf{A}^{-1}$ bezeichnen wir mit $\mathbf{B}_{ij}$.

$$\mathbf{A}_{(r+s)(r+s)} = \begin{bmatrix} \mathbf{A}_{11} & \mathbf{A}_{12} \\ {\scriptstyle (r.r)} & {\scriptstyle (r.s)} \\ \\ \mathbf{A}_{21} & \mathbf{A}_{22} \\ {\scriptstyle (s.r)} & {\scriptstyle (s.s)} \end{bmatrix}; \quad \mathbf{A}^{-1} = \begin{bmatrix} \mathbf{B}_{11} & \mathbf{B}_{12} \\ {\scriptstyle (r.r)} & {\scriptstyle (r.s)} \\ \\ \mathbf{B}_{21} & \mathbf{B}_{22} \\ {\scriptstyle (s.r)} & {\scriptstyle (s.s)} \end{bmatrix}. \qquad (50)$$

Aus der Eigenschaft der inversen Matrix

$$\mathbf{A}^{-1}\mathbf{A} = \mathbf{I} \qquad (51)$$

stellen wir durch Ausmultiplizieren zwei Systeme von Matrizengleichungen auf, aus denen die Matrizenelemente $\mathbf{B}_{ik}$ der inversen Matrix $\mathbf{A}^{-1}$ berechnet werden können:

$$\mathbf{B}_{11}\mathbf{A}_{11} + \mathbf{B}_{12}\mathbf{A}_{21} = \mathbf{I}\,, \quad \mathbf{B}_{21}\mathbf{A}_{11} + \mathbf{B}_{22}\mathbf{A}_{21} = \mathbf{O}\,,$$

$$\mathbf{B}_{11}\mathbf{A}_{12} + \mathbf{B}_{12}\mathbf{A}_{22} = \mathbf{O}\,, \quad \mathbf{B}_{21}\mathbf{A}_{12} + \mathbf{B}_{22}\mathbf{A}_{22} = \mathbf{I}\,. \qquad (52)$$

Durch Auflösen erhalten wir

$$\mathbf{B}_{22} = (\mathbf{A}_{22} - \mathbf{A}_{21}\mathbf{A}_{11}^{-1}\mathbf{A}_{12})^{-1}\,, \quad \mathbf{B}_{21} = -\mathbf{B}_{22}\mathbf{A}_{21}\mathbf{A}_{11}^{-1}\,,$$

$$\mathbf{B}_{12} = -\mathbf{A}_{11}^{-1}\mathbf{A}_{12}\mathbf{B}_{22}\,, \qquad\qquad \mathbf{B}_{11} = (\mathbf{I} - \mathbf{B}_{12}\mathbf{A}_{21})\mathbf{A}_{11}^{-1}\,. \qquad (53)$$

Ein Vorteil ist, daß wir nur die Matrizen $\mathbf{A}_{11}$ und $(\mathbf{A}_{22} - \mathbf{A}_{21}\mathbf{A}_{11}^{-1}\mathbf{A}_{12})$ invertieren müssen, die niedrigerer Ordnung sind als die ursprüngliche

Matrix. Zerlegen wir die ursprüngliche Matrix so, daß $\mathbf{A}_{22}$ nur eine Zahl wird, ist die Bestimmung von $\mathbf{B}_{22}$ sehr einfach. Für die Ermittlung der Matrix $\mathbf{A}_{11}^{-1}$ können wir wieder die Matrix $\mathbf{A}_{11}$ in Felder zerlegen.

1.9. Einige Beziehungen zur Bestimmung der inversen Matrix

Manchmal können Fälle auftreten, daß eine zu einer in neun Felder zerlegten Matrix inverse Matrix bestimmt werden muß, wobei einige Untermatrizen gleich null sind. Dann können wir die Untermatrix der inversen Matrix nach den unten angegebenen Beziehungen bestimmen (Regularität der Matrix $\mathbf{D}$ und der Untermatrix $\mathbf{D}_{ii}$ vorausgesetzt).

$$\mathbf{D}^{-1} = \begin{bmatrix} \mathbf{D}_{11}; & \mathbf{D}_{12}; & \mathbf{D}_{13} \\ \mathbf{D}_{21}; & \mathbf{D}_{22}; & \mathbf{O} \\ \mathbf{D}_{31}; & \mathbf{O}; & \mathbf{D}_{33} \end{bmatrix}^{-1} = \begin{bmatrix} \mathbf{B}_{11}; & \mathbf{B}_{12}; & \mathbf{B}_{13} \\ \mathbf{B}_{21}; & \mathbf{B}_{22}; & \mathbf{B}_{23} \\ \mathbf{B}_{31}; & \mathbf{B}_{32}; & \mathbf{B}_{33} \end{bmatrix}.$$

$$\mathbf{B}_{11} = (\mathbf{D}_{11} - \mathbf{D}_{12}\mathbf{D}_{22}^{-1}\mathbf{D}_{21} - \mathbf{D}_{13}\mathbf{D}_{33}^{-1}\mathbf{D}_{31})^{-1},$$

$$\mathbf{B}_{12} = -\mathbf{B}_{11}\mathbf{D}_{12}\mathbf{D}_{22}^{-1},$$

$$\mathbf{B}_{13} = -\mathbf{B}_{11}\mathbf{D}_{13}\mathbf{D}_{33}^{-1},$$

$$\mathbf{B}_{21} = -\mathbf{D}_{22}^{-1}\mathbf{D}_{21}\mathbf{B}_{11},$$

$$\mathbf{B}_{22} = \mathbf{D}_{22}^{-1} + \mathbf{D}_{22}^{-1}\mathbf{D}_{21}\mathbf{B}_{11}\mathbf{D}_{12}\mathbf{D}_{22}^{-1} = \mathbf{D}_{22}^{-1}(\mathbf{I} - \mathbf{D}_{21}\mathbf{B}_{12}),$$

$$\mathbf{B}_{23} = \mathbf{D}_{22}^{-1}\mathbf{D}_{21}\mathbf{B}_{11}\mathbf{D}_{13}\mathbf{D}_{33}^{-1} = -\mathbf{D}_{22}^{-1}\mathbf{D}_{21}\mathbf{B}_{13},$$

$$\mathbf{B}_{31} = -\mathbf{D}_{33}^{-1}\mathbf{D}_{31}\mathbf{B}_{11},$$

$$\mathbf{B}_{32} = \mathbf{D}_{33}^{-1}\mathbf{D}_{31}\mathbf{B}_{11}\mathbf{D}_{12}\mathbf{D}_{22}^{-1} = -\mathbf{D}_{33}^{-1}\mathbf{D}_{31}\mathbf{B}_{12},$$

$$\mathbf{B}_{33} = \mathbf{D}_{33}^{-1} + \mathbf{D}_{33}^{-1}\mathbf{D}_{31}\mathbf{B}_{11}\mathbf{D}_{13}\mathbf{D}_{33}^{-1} = \mathbf{D}_{33}^{-1}(\mathbf{I} - \mathbf{D}_{13}\mathbf{B}_{13}). \tag{54}$$

Ähnliche Beziehungen können auch für den Fall abgeleitet werden, daß $\mathbf{D}_{13} = \mathbf{D}_{31} = \mathbf{O}$ ist.

Die in Felder zerlegte Matrix können wir auch zur Ableitung von Ausdrücken für die Änderung der inversen Matrix verwenden, wenn gewisse Veränderungen in der ursprünglichen Matrix eintreten. (S. z.B. [7], [16], [54].)

Ändert sich die Matrix $\mathbf{D}$ durch Weglassen der i-ten Reihe und der k-ten Spalte der ursprünglichen Matrix in die Matrix $\mathbf{D}_n$ und kennen wir die inverse Matrix $\mathbf{D}^{-1}$, können wir bei der Bestimmung der Matrix

D_n^{-1} folgendermaßen vorgehen. Wir zerlegen die Matrix D in neun Untermatrizen so, daß die weggelassene Zeile bzw. Spalte in den selbständigen Untermatrizen enthalten ist. Demnach [wenn die Matrix D vom Typ $(n \cdot n)$ ist] ist

$$D = \begin{bmatrix} D_{11}; & D_{12}; & D_{13} \\ D_{21}; & D_{22}; & D_{23} \\ D_{31}; & D_{32}; & D_{33} \end{bmatrix} \quad \text{und} \quad D^{-1} = \begin{bmatrix} B_{11}; & B_{12}; & B_{13} \\ B_{21}; & B_{22}; & B_{23} \\ B_{31}; & B_{32}; & B_{33} \end{bmatrix}, \quad (55)$$

wo

$$D_{22} = d_{ik},$$

$$D_{12} = \begin{bmatrix} d_{1k} \\ d_{2k} \\ \vdots \\ d_{i-1,k} \end{bmatrix}; \quad D_{32} = \begin{bmatrix} d_{i+1,k} \\ \vdots \\ \vdots \\ d_{n,k} \end{bmatrix};$$

$$D_{21} = \begin{bmatrix} d_{i1} & ; d_{i2}; & \dots & d_{i,k-1} \end{bmatrix},$$

$$D_{23} = \begin{bmatrix} d_{i,k+1}; & \dots & d_{in} \end{bmatrix}.$$

Dann ist

$$D_n^{-1} = \begin{bmatrix} B_{11}; & B_{13} \\ B_{31}; & B_{33} \end{bmatrix} - \frac{1}{d_{ik}} \begin{bmatrix} B_{12} \\ B_{32} \end{bmatrix} \begin{bmatrix} B_{21}; & B_{23} \end{bmatrix}. \quad (56)$$

Ändert sich die Matrix D vom Typ $(n \cdot n)$ in die Matrix D_n so, daß wir zur k-ten Spalte dieser Matrix die Spaltenmatrix a_k hinzuzählen, dann können wir, wenn wir die inverse Matrix $D^{-1} = B$ kennen, die inverse Matrix D_n^{-1} aus den weiters angeführten Beziehungen bestimmen.

Wir ermitteln

$$D_0 = a_k e_k^T \quad \text{und} \quad D_n = D + D_0.$$

Die Spaltenmatrix a_k ist vom Typ $(n \cdot 1)$, e_k^T vom Typ $(1 \cdot n)$, d.h. eine Zeilenmatrix, deren Elemente alle gleich null sind, mit Ausnahme des k-ten, das $e_k = 1$ ist. Dann ist

$$(D + D_0)^{-1} = D_n^{-1} = B - c(Ba_k)\,b_k^T, \quad (57)$$

wo

$$c = \frac{1}{1 + b_k^T a_k}$$

und b_k^T die k-te Reihe der Matrix B ist.

In ähnlicher Weise kann der Ausdruck für die Änderung der inversen Matrix bestimmt werden, wenn die i-te Zeile der Matrix $\mathbf{D}$ durch Zuzählen der Zeilenmatrix $\mathbf{a}_i^T$ geändert wird. Dann ist

$$\mathbf{D}_0 = \mathbf{e}_i \mathbf{a}_i^T , \quad \mathbf{D}_n = \mathbf{D} + \mathbf{D}_0 ,$$
$$(\mathbf{D} + \mathbf{D}_0)^{-1} = \mathbf{D}_n^{-1} = \mathbf{B} - c\mathbf{b}_i(\mathbf{a}_i^T\mathbf{B}) , \qquad (58)$$
$$c = \frac{1}{1 + \mathbf{a}_i^T\mathbf{b}_i} ,$$

wo $\mathbf{e}_i$ eine Spaltenmatrix vom Typ $(n \,.\, 1)$ mit Nullelementen ist, mit Ausnahme des i-ten Elementes, das $e_i = 1$; $\mathbf{b}_i$ ist die i-te Spalte der Matrix $\mathbf{B}$.

Ändert sich in der in vier Felder geteilten Matrix $\mathbf{A}$ nur eine Untermatrix, dann kann — wenn die inverse Matrix $\mathbf{A}^{-1}$ bekannt ist — die Matrix $\mathbf{A}_n^{-1}$ aus den folgenden Beziehungen bestimmt werden:

$$\mathbf{A} = \begin{bmatrix} \mathbf{A}_1; & \mathbf{A}_2 \\ \mathbf{A}_3; & \mathbf{A}_4 \end{bmatrix} , \quad \mathbf{A}^{-1} = \mathbf{B} = \begin{bmatrix} \mathbf{B}_1; & \mathbf{B}_2 \\ \mathbf{B}_3; & \mathbf{B}_4 \end{bmatrix} .$$

Ändert sich die Untermatrix $\mathbf{A}_i$ durch Zuzählen der Matrix $\mathbf{A}_{i0}$ (gleichen Typs), dann gilt

$$\mathbf{A}_n^{-1} = \begin{bmatrix} \mathbf{A}_1 + \mathbf{A}_{10}; & \mathbf{A}_2 \\ \mathbf{A}_3; & \mathbf{A}_4 \end{bmatrix}^{-1} = \mathbf{B} - \begin{bmatrix} \mathbf{B}_1 \\ \mathbf{B}_3 \end{bmatrix}(\mathbf{I} + \mathbf{A}_{10}\mathbf{B}_1)^{-1} \mathbf{A}_{10}[\mathbf{B}_1; \mathbf{B}_2] ,$$

$$\mathbf{A}_n^{-1} = \begin{bmatrix} \mathbf{A}_1; & \mathbf{A}_2 + \mathbf{A}_{20} \\ \mathbf{A}_3; & \mathbf{A}_4 \end{bmatrix}^{-1} = \mathbf{B} - \begin{bmatrix} \mathbf{B}_1 \\ \mathbf{B}_3 \end{bmatrix}(\mathbf{I} + \mathbf{A}_{20}\mathbf{B}_3)^{-1} \mathbf{A}_{20}[\mathbf{B}_3; \mathbf{B}_4] ,$$

$$\mathbf{A}_n^{-1} = \begin{bmatrix} \mathbf{A}_1; & \mathbf{A}_2 \\ \mathbf{A}_3 + \mathbf{A}_{30}; & \mathbf{A}_4 \end{bmatrix}^{-1} = \mathbf{B} - \begin{bmatrix} \mathbf{B}_2 \\ \mathbf{B}_4 \end{bmatrix}(\mathbf{I} + \mathbf{A}_{30}\mathbf{B}_2)^{-1} \mathbf{A}_{30}[\mathbf{B}_1; \mathbf{B}_2] ,$$

$$\mathbf{A}_n^{-1} = \begin{bmatrix} \mathbf{A}_1; & \mathbf{A}_2 \\ \mathbf{A}_3; & \mathbf{A}_4 + \mathbf{A}_{40} \end{bmatrix}^{-1} = \mathbf{B} - \begin{bmatrix} \mathbf{B}_2 \\ \mathbf{B}_4 \end{bmatrix}(\mathbf{I} + \mathbf{A}_{40}\mathbf{B}_4)^{-1} \mathbf{A}_{40}[\mathbf{B}_3; \mathbf{B}_4] .$$

$$(59)$$

1.10. Norm der Matrix

Müssen wir die Konvergenz der Matrizenreihen und die Reihenfolge beurteilen, benützen wir dazu die sogenannte Norm der Matrix.

Die Norm der Matrix ist eine reelle positive Zahl, die in bestimmter Art der Matrix zugeordnet ist. Die Norm der Matrix $\mathbf{A}$ bezeichnen wir mit $\|\mathbf{A}\|$.

Die Norm der Matrix muß folgende Bedingungen erfüllen:

1. $\|\mathbf{A}\| \geqq 0$; $\|\mathbf{A}\| = 0 \leftrightarrow \mathbf{A} = \mathbf{O}$,

2. $\|\mathbf{A} + \mathbf{B}\| \leqq \|\mathbf{A}\| + \|\mathbf{B}\|$,

3. $\|\alpha\mathbf{A}\| = \mathrm{abs}\,|\alpha|\,\|\mathbf{A}\| \Rightarrow \|-\mathbf{A}\| = \|\mathbf{A}\|$,

4. $\|\mathbf{AB}\| \leqq \|\mathbf{A}\|\,\|\mathbf{B}\|$,

5. $\mathrm{abs}\,(\|\mathbf{A}\| - \|\mathbf{B}\|) \leqq \|\mathbf{A} - \mathbf{B}\|$,

6. $\mathrm{abs}\,|a_{ij}| \leqq \|\mathbf{A}\|$,

7. $\mathrm{abs}\,|a_{ij}| \leqq \mathrm{abs}\,|b_{ij}| \Rightarrow \|\mathbf{A}\| \leqq \|\mathbf{B}\|$. (60)

Bemerkung: 1. Mit abs $|\quad|$ bezeichnen wir den Absolutwert der Zahl, damit keine Verwechslung mit der Matrix eintritt.

2. Die Norm ist der verallgemeinerte Begriff des Absolutwertes.

Die Zuordnung der Zahl — der Norm — zur Matrix können wir auf verschiedene Weise vornehmen, wobei aber die oben angeführten Forderungen erfüllt werden müssen. Wir werden drei mögliche Arten angeben.

1. Zeilennorm (m-Norm)

Die m-Norm bestimmen wir so, daß wir in jeder Zeile die Absolutwerte der einzelnen Elemente zusammenzählen. Die größte dieser Zahlen ist dann die m-Norm. [Z.B. für die quadratische Matrix $(n \cdot n)$.]

$$\|\mathbf{A}\|_m = \max_{i=1\div n}\left(\sum_{j=1}^{n} \mathrm{abs}\,|a_{ij}|\right) . \tag{61}$$

2. Spaltennorm (l-Norm)

Die l-Norm bestimmen wir so, daß wir in jeder Spalte die Absolutwerte der einzelnen Elemente zusammenzählen. Die größte dieser Zahlen ist dann die l-Norm [für die quadratische Matrix $(n \cdot n)$]

$$\|\mathbf{A}\|_l = \max_{j=1\div n}\left(\sum_{i=1}^{n} \mathrm{abs}\,|a_{ij}|\right) . \tag{62}$$

3. k-Norm

Die k-Norm bestimmen wir als Quadratwurzel der Summe der Quadrate der Absolutwerte aller Elemente der betreffenden Matrix:

$$\|\mathbf{A}\|_k = \sqrt{\left(\sum_{i,j} \mathrm{abs}\,|a_{ij}|^2\right)} . \tag{63}$$

Zwischen den angeführten Normentypen bestehen keine gegenseitigen Beziehungen. Für die symmetrische quadratische Matrix sind l-Norm und m-Norm gleich.

1.11. Matrizenreihen

$\{\mathbf{A}_k\}_{k=1}^{\infty}$ sei eine Folge von Matrizen des gleichen Typs $(m \cdot n)$. Diese Folge ist konvergent, d.h. $\mathbf{A}_k \to \mathbf{A}$ eben dann, wenn die Folge der Normen $\|\mathbf{A}_k - \mathbf{A}\| \to 0$ für $k \to \infty$.

Ist $\mathbf{A}$ eine quadratische Matrix, gilt für die Folge der Potenzen $\{\mathbf{A}^k\}_{k=1}^{\infty}$ gerade dann $\mathbf{A}^k \to \mathbf{O}$, wenn $\|\mathbf{A}\| < 1$ ist.

Ist $\mathbf{A}$ eine quadratische Matrix, konvergiert die Matrizenreihe

$$\mathbf{I} + \mathbf{A} + \mathbf{A}^2 + \mathbf{A}^3 + \ldots \tag{64}$$

gerade dann, wenn $\mathbf{A}^k \to \mathbf{O}$ für $k \to \infty$, d.h. wenn $\|\mathbf{A}\| < 1$; ihre Summe ist $(\mathbf{I} - \mathbf{A})^{-1}$ und existiert.

Ist $\|\mathbf{A}\| < 1$, dann ist

$$\left\|(\mathbf{I} - \mathbf{A})^{-1} - (\mathbf{I} + \mathbf{A} + \mathbf{A}^2 \ldots + \mathbf{A}^k)\right\| = \frac{\|\mathbf{A}\|^{k+1}}{1 - \|\mathbf{A}\|} . \tag{65}$$

(Gilt nämlich $0 \leqq \|\mathbf{A}\| < 1 \Rightarrow \mathbf{A}^n \to \mathbf{O}$, dann ist

$$0 \leqq \|\mathbf{A}^n\| \leqq \|\mathbf{A}\|^n \to 0.)$$

Dagegen können wir die angeführten Beziehungen zur Bestimmung der zur Matrix $\mathbf{B}$ inversen Matrix $\mathbf{B}^{-1}$ durch fortschreitende Annäherung verwenden. Zerlegen wir die Matrix $\mathbf{B}$ in $\mathbf{B} = c(\mathbf{I} - \mathbf{A})$, dann ist

$$\mathbf{B}^{-1} = c^{-1}(\mathbf{I} - \mathbf{A})^{-1} = c^{-1}(\mathbf{I} + \mathbf{A} + \mathbf{A}^2 + \mathbf{A}^3 + \mathbf{A}^4 + \ldots). \tag{66}$$

Die Genauigkeit der Bestimmung der inversen Matrix hängt von der Anzahl der summierten Glieder ab.

Die Beziehung (65) können wir verwenden, um festzustellen, wieviel Glieder der Reihe wir addieren müssen, damit der Fehler kleiner sei als ein gewählter Wert.

1.12. Quadratische Formen

Ist $\mathbf{x}$ eine Spaltenmatrix der Unbekannten x_i für $i = 1 \div n$, nennen wir die quadratische Form ein homogenes Polynom zweiten Grades der Unbekannten x_i. Die quadratische Form können wir in Matrizenart schreiben

$$f(\mathbf{x}, \mathbf{x}) = \mathbf{x}^T \mathbf{A} \mathbf{x} , \tag{67}$$

wo $\mathbf{A}$ eine symmetrische Matrix vom Typ $(n \cdot n)$ ist.

Ist die quadratische Form $f(\mathbf{x}, \mathbf{x})$ partiell nach den einzelnen Veränderlichen abzuleiten, sind diese Ableitungen bestimmt durch die Gleichungen

$$\left[\frac{\partial}{\partial x_i}\right](f) = 2\mathbf{A}\mathbf{x} \quad \text{oder} \quad \left[\frac{\partial}{\partial x_j}\right](f) = 2\mathbf{x}^T\mathbf{A} . \tag{68}$$

2. Ausgangsvoraussetzungen

Der Matrizenausdruck verschiedener Probleme der Mechanik ermöglicht
es, Betrachtungen sehr allgemeiner Natur anzustellen, ohne daß dadurch
Übersichtlichkeit und Einfachheit der abgeleiteten Beziehungen gestört
werden. Wir werden deshalb im weiteren zur Herleitung verschiedener
Berechnungsarten in Matrizenform eine allgemeine ebene Rahmenkonstruktion s-facher statischer Unbestimmtheit in Betracht ziehen,
die aus m geraden oder gekrümmten Stäben konstanten oder veränderlichen Querschnitts zusammengesetzt ist. Weiters setzen wir voraus,
daß die Konstruktion n Knoten hat und r Endquerschnitte in die Stützen
eingespannt sind. In der Konstruktion werden wir nur feste Verbindungen in Betracht ziehen. Daß diese Annahme der Verallgemeinerung
nicht schadet, werden wir im weiteren Teil zeigen.

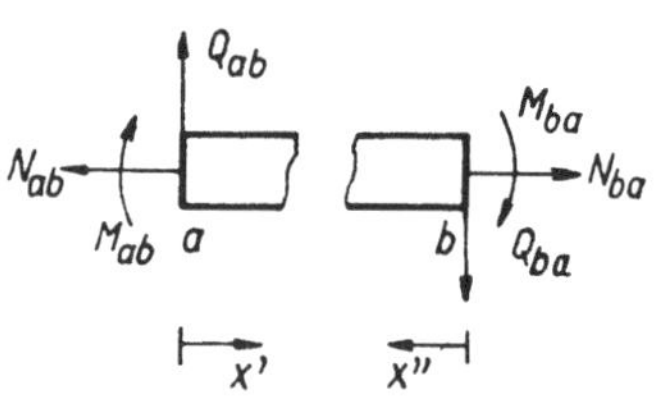

Abb. 1.

Die ständige Belastung werden wir als Knotenbelastung in die Rechnung einführen. Diese Annahme läßt sich auch unbeschadet der Allge-
meinheit weiterer Erwägungen einführen, was in [12] nachgewiesen
wurde und was wir auch im weiteren zeigen werden. In jedem der n Knoten
nehmen wir drei Komponenten der Belastung an: ein Moment, eine
lotrechte und eine waagrechte Kraft.

Den Einfluß der Normalkräfte auf die Verformung der Konstruktion werden wir in Betracht ziehen. Gleichzeitig aber werden wir zeigen, wie man ohne Berücksichtigung dieses Einflusses die Lösung finden kann.

Als Vorzeichenregel der inneren Kräfte werden wir das Schema nach Abb. 1 benützen. Um leicht die wechselseitige Abhängigkeit der einzelnen Methoden zeigen zu können, behalten wir diese Regel auch für die Kraftgrößenmethoden bei.

Falls einige dieser Voraussetzungen in den einzelnen Kapiteln nicht gelten oder andere Annahmen eingeführt werden, wird das immer angegeben sein.

3. Formänderungsarbeit und virtuelle Arbeit

3.1. Matrizenformulierung der Formänderungsarbeit

Drücken wir die Formänderungsarbeit einer allgemeinen Rahmenkonstruktion in Matrizenform aus, können wir aus diesen Grundbeziehungen die einzelnen Berechnungsmethoden und ihre gegenseitige Abhängigkeit ableiten.

Wir nehmen an, daß wir für eine bestimmte ständige Knotenpunktsbelastung den Verlauf der Biegemomente, der Längs- und Querkräfte aller Stäbe der Konstruktion kennen. Bezeichnen wir einen gewöhnlichen Stab mit dem Index i, ist die Formänderungsarbeit der betrachteten Konstruktion (wenn wir sie mittels der inneren Kräfte ausdrücken) bestimmt durch die Beziehung

$$\Pi = \frac{1}{2} \sum_{i=1}^{m} \int_{a}^{b} M^2 \, \mathrm{d}w + \frac{1}{2} \sum_{i=1}^{m} \int_{a}^{b} N^2 \, \mathrm{d}w' + \frac{1}{2} \sum_{i=1}^{m} \int_{a}^{b} T^2 \, \mathrm{d}w'' , \qquad (69)$$

wo

$$\mathrm{d}w = \frac{\mathrm{d}s}{EJ} ; \quad \mathrm{d}w' = \frac{\mathrm{d}s}{EF} ; \quad \mathrm{d}w'' = \varkappa \, \frac{\mathrm{d}s}{GF} .$$

Die Integrale der Gl. (69) beziehen sich auf die einzelnen Konstruktionsstäbe, deren Endquerschnitte wir mit a, b bezeichnen, die Summen auf alle i, d.h. auf alle Stäbe in der Konstruktion.

Unter der Voraussetzung von Knotenpunktsbelastung haben die Größen M, N, Q bei geraden Stäben einen geradlinigen Verlauf; bei der eingeführten Vorzeichenregel gilt

$$M = M_{ai} \frac{x''}{l_i} - M_{bi} \frac{x'}{l_i} ,$$

$$N = N_{ai} = N_{bi} = N_i ,$$

$$Q = - \frac{M_{ai} + M_{bi}}{l_i} = Q_i , \qquad (70)$$

wo M_{ai}, M_{bi}, N_{ai}, N_{bi} Werte der Biegemomente und Normalkräfte in den Endquerschnitten des i-ten Stabes sind. Die Querkräfte drücken wir als Funktion der Momente in den Endquerschnitten aus.

Durch Einsetzen in die Gl. (69) und mit den Bezeichnungen

$$\omega_{ai} = \frac{1}{l_i^2} \int_a^b x''^2 \, dw \; ; \quad \omega_{bi} = \frac{1}{l_i^2} \int_a^b x'^2 \, dw \; ; \quad \varepsilon_i = \frac{1}{l_i^2} \int_a^b x'x'' \, dw \; ;$$

$$v_i = \int_a^b dw' \; ; \quad \sigma_i = \frac{1}{l_i^2} \int_a^b dw'' \tag{71}$$

folgt

$$\Pi = \frac{1}{2} \sum_{i=1}^m \left(M_{ai}^2 \omega_{ai} - 2 M_{ai} M_{bi} \varepsilon_i + M_{bi}^2 \omega_{bi} \right) +$$

$$+ \frac{1}{2} \sum_{i=1}^m N_i^2 v_i +$$

$$+ \frac{1}{2} \sum_{i=1}^m \left(M_{ai}^2 \sigma_i + 2 M_{ai} M_{bi} \sigma_i + M_{bi}^2 \sigma_i \right),$$

$$\Pi = \frac{1}{2} \sum_{i=1}^m \left[M_{ai}^2 (\omega_{ai} + \sigma_i) - 2 M_{ai} M_{bi} (\varepsilon_i - \sigma_i) + \right.$$

$$\left. + M_{bi}^2 (\omega_{bi} + \sigma_i) \right] + \frac{1}{2} \sum_{i=1}^m N_i^2 v_i \,. \tag{72}$$

Der Einfluß der Querkräfte kann gewöhnlich vernachlässigt werden; deshalb werden wir im weiteren nur die vereinfachte Form des Ausdrucks für die Formänderungsarbeit in Betracht ziehen:

$$\Pi = \frac{1}{2} \sum_{i=1}^m \left(M_{ai}^2 \omega_{ai} - 2 M_{ai} M_{bi} \varepsilon_i + M_{bi}^2 \omega_{bi} + N_i^2 v_i \right) \,. \tag{73}$$

Die vorletzte Gleichung bietet gleichzeitig einen Hinweis, wie man im Verlauf der weiteren Rechnung auf den Einfluß der Querkräfte zurückkommen kann.

Die Gl. (73) können wir auch anders schreiben, in der Form

$$\Pi = \frac{1}{2} \sum_{i=1}^m \left[M_{ai} (M_{ai} \omega_{ai} - M_{bi} \varepsilon_i) + M_{bi} (-M_{ai} \varepsilon_i + \right.$$

$$\left. + M_{bi} \omega_{bi}) + N_i (N_i v_i) \right] \,. \tag{74}$$

Die Ausdrücke in den runden Klammern bezeichnen (s. z.B. [12]) die Verdrehungswinkel der Endquerschnitte des i-ten Stabes in bezug auf die Verbindungslinie $\overline{ab}$; der Faktor zu N_i ist die Längenänderung des Stabes i. (Der positive Sinn der Formänderungen stimmt mit dem positiven Vorzeichen der statischen Größen überein.) Wir bezeichnen somit

$$M_{ai}\omega_{ai} - M_{bi}\varepsilon_i = \tau_{ai}\,,$$

$$-M_{ai}\varepsilon_i + M_{bi}\omega_{bi} = \tau_{bi}\,,$$

$$N_i v_i = N_i \int_a^b \mathrm{d}w' = \Delta l_i\,. \tag{75}$$

Die Formänderungsarbeit kann dann auch ausgedrückt werden in der Form

$$\Pi = \frac{1}{2} \sum_{i=1}^{m} \left(M_{ai}\tau_{ai} + M_{bi}\tau_{bi} + N_i\,\Delta l_i\right). \tag{76}$$

Ähnlich kann der Wert der Formänderungsarbeit mittels der Momente und waagrechten Kräfte auch für gekrümmte Stäbe ausgedrückt werden. (Abb. 2.)

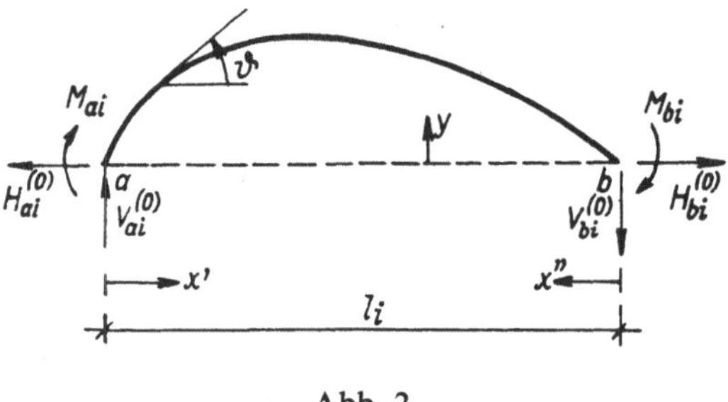

Abb. 2.

Statt der Quer- und Normalkräfte führen wir in den Endquerschnitten des gekrümmten Stabes die Kräfte $V_{ai}^{(0)}$, $V_{bi}^{(0)}$ senkrecht zur Verbindungslinie $\overline{ab}$ und die Kräfte $H_{ai}^{(0)}$, $H_{bi}^{(0)}$ in der Verbindungslinie der Querschnitte a, b in die Rechnung ein. (In Abb. 2 sind die positiven Richtungen eingetragen.) Bei Knotenbelastung gilt

$$V_{ai}^{(0)} = -\frac{M_{ai} + M_{bi}}{l_i} = V_{bi}^{(0)}\,,$$

$$H_{ai}^{(0)} = H_{bi}^{(0)} = H_i^{(0)}\,. \tag{77}$$

Das Biegemoment, die Normal- und Querkraft in einem beliebigen Querschnitte des gekrümmten Stabes werden aus den folgenden Beziehungen bestimmt. (ϑ ist der Winkel der Tangente im betrachteten Punkte der Mittellinie, gemessen von der Parallelen zu $\overline{ab}$ entgegengesetzt dem Uhrzeigersinne.)

$$M = M_{ai}\frac{x''}{l_i} - M_{bi}\frac{x'}{l_i} + H_i^{(0)}y\,,$$

$$N = M_{ai}\frac{\sin\vartheta}{l_i} + M_{bi}\frac{\sin\vartheta}{l_i} + H_i^{(0)}\cos\vartheta\,,$$

$$Q = -M_{ai}\frac{\cos\vartheta}{l_i} - M_{bi}\frac{\cos\vartheta}{l_i} + H_i^{(0)}\sin\vartheta\,. \tag{78}$$

Setzen wir die Beziehungen (78) in Gl. (69) ein und formen wir nur ein i-tes Summenglied um (in diesem Falle für den gekrümmten Stab), ist

$$(\Pi)_i = \tfrac{1}{2}(M_{ai}^2\,{}^i\delta_{11} - 2M_{ai}M_{bi}\,{}^i\delta_{12} + M_{bi}^2\,{}^i\delta_{22} +$$
$$+\, 2M_{ai}H_i^{(0)}\,{}^i\delta_{13} - 2M_{bi}H_i^{(0)}\,{}^i\delta_{23} + H_i^{(0)2}\,{}^i\delta_{33})\,. \tag{79}$$

In der letzten Gleichung bezeichnen

$${}^i\delta_{11} = \int_a^b\frac{x''^2}{l_i^2}\,\mathrm{d}w + \int_a^b\frac{\sin^2\vartheta}{l_i^2}\,\mathrm{d}w' + \int_a^b\frac{\cos^2\vartheta}{l_i^2}\,\mathrm{d}w''\,,$$

$${}^i\delta_{12} = \int_a^b\frac{x'x''}{l_i^2}\,\mathrm{d}w + \int_a^b\frac{(-\sin^2\vartheta)}{l_i^2}\,\mathrm{d}w' + \int_a^b\frac{(-\cos^2\vartheta)}{l_i^2}\,\mathrm{d}w''\,,$$

$${}^i\delta_{22} = \int_a^b\frac{x'^2}{l_i^2}\,\mathrm{d}w + \int_a^b\frac{\sin^2\vartheta}{l_i^2}\,\mathrm{d}w' + \int_a^b\frac{\cos^2\vartheta}{l_i^2}\,\mathrm{d}w''\,,$$

$${}^i\delta_{13} = \int_a^b\frac{x''y}{l_i}\,\mathrm{d}w + \int_a^b\frac{\sin\vartheta\cos\vartheta}{l_1}\,\mathrm{d}w' + \int_a^b\frac{(-\cos\vartheta\sin\vartheta)}{l_i}\,\mathrm{d}w''\,,$$

$${}^i\delta_{23} = \int_a^b\frac{x'y}{l_i}\,\mathrm{d}w + \int_a^b\frac{(-\sin\vartheta\cos\vartheta)}{l_i}\,\mathrm{d}w' + \int_a^b\frac{\cos\vartheta\sin\vartheta}{l_i}\,\mathrm{d}w''\,,$$

$${}^i\delta_{33} = \int_a^b y^2\,\mathrm{d}w + \int_a^b\cos^2\vartheta\,\mathrm{d}w' + \int_a^b\sin^2\vartheta\,\mathrm{d}w''\,. \tag{80}$$

Bemerkung: Die dritten Glieder werden wir nur dann in Betracht ziehen, wenn wir auch mit dem Einfluß der Querkräfte rechnen.

Die Gl. (79) können wir umformen in

$$(\Pi)_i = \tfrac{1}{2}\big[M_{ai}(M_{ai}\,{}^i\delta_{11} - M_{bi}\,{}^i\delta_{12} + H_i^{(0)}\,{}^i\delta_{13}) +$$
$$+ M_{bi}(-M_{ai}\,{}^i\delta_{12} + M_{bi}\,{}^i\delta_{22} - H_i^{(0)}\,{}^i\delta_{23}) +$$
$$+ H_i^{(0)}(M_{ai}\,{}^i\delta_{13} - M_{bi}\,{}^i\delta_{23} + H_i^{(0)}\,{}^i\delta_{33})\big]\,. \tag{81}$$

Die Ausdrücke in den runden Klammern sind die Verdrehungen δ_{ai}, δ_{bi} der Endquerschnitte im Sinne der positiven Momente und die relative Verschiebung δ_{li} der Endquerschnitte in der Richtung ihrer Verbindungslinie. Somit können wir [analog wie in Gl. (76)] schreiben

$$(\Pi)_i = \tfrac{1}{2}\big[M_{ai}\delta_{ai} + M_{bi}\delta_{bi} + H_i^{(0)}\delta_{li}\big]\,. \tag{82}$$

In Gl. (73) können wir ein gewöhnliches Summenglied als Produkt dreier Matrizen ausdrücken, in der Form [$(\Pi)_i$ bezeichnet die Formänderungsarbeit des i-ten Stabes]

$$(\Pi)_i = \tfrac{1}{2}[M_{ai};\ M_{bi};\ N_i]
\begin{bmatrix}
\omega_{ai}; & -\varepsilon_i\,; & 0 \\
-\varepsilon_i\,; & \omega_{bi}; & 0 \\
0\,; & 0\,; & v_i
\end{bmatrix}
\begin{bmatrix}
M_{ai} \\ M_{bi} \\ N_i
\end{bmatrix}. \tag{73a}$$

In ähnlicher Weise dann aus Gl. (76)

$$(\Pi)_i = \tfrac{1}{2}[M_{ai};\ M_{bi};\ N_i]
\begin{bmatrix}
\tau_{ai} \\ \tau_{bi} \\ \Delta l_i
\end{bmatrix}. \tag{76a}$$

Für gekrümmte Stäbe schreiben wir

$$(\Pi)_i = \tfrac{1}{2}[M_{ai};\ M_{bi};\ H_i^{(0)}]
\begin{bmatrix}
{}^i\delta_{11}; & -{}^i\delta_{12}; & {}^i\delta_{13} \\
-{}^i\delta_{21}; & {}^i\delta_{22}; & -{}^i\delta_{23} \\
{}^i\delta_{31}; & -{}^i\delta_{32}; & {}^i\delta_{33}
\end{bmatrix}
\begin{bmatrix}
M_{ai} \\ M_{bi} \\ H_i^{(0)}
\end{bmatrix} \tag{80a}$$

oder

$$(\Pi)_i = \tfrac{1}{2}[M_{ai};\ M_{bi};\ H_i^{(0)}]
\begin{bmatrix}
\delta_{ai} \\ \delta_{bi} \\ \delta_{li}
\end{bmatrix}. \tag{82a}$$

Die mittleren Matrizen in den Gl. (73a) und (80a) sind für jeden Stab quadratisch und symmetrisch vom Typ (3.3); sie lassen sich mit den Stabkonstanten leicht aufstellen. Die verbleibenden Matrizen sind für jeden Stab vom Typ (3.1) oder (1.3) und gegenseitig transponiert.

Bemerkung: Aus den Gleichungen geht hervor, daß es genügt, im weiteren bloß einen der angeführten Ausdrücke zu verwenden, z.B. (73a). Ist in der Konstruktion ein Stab gekrümmt, ersetzen wir dann nur den Ausdruck (73a) durch (80a). Da die formale Gestalt der Ausdrücke gleich ist, verwenden wir weiterhin die Bezeichnungen Q_{ai}, Q_{bi}, N_i im verallgemeinerten Sinne, d.h. daß für gekrümmte Stäbe dann $N_i = H_i^{(0)}$, Q_{ai}, $Q_{bi} = V_{ai}^{(0)}$, $V_{bi}^{(0)}$ ist.

Bezeichnen wir die Endquerschnitte aller Stäbe mit a, b und beziffern wir die Stäbe in der gewählten Reihenfolge, kann auch der Ausdruck für die Formänderungsarbeit der ganzen Konstruktion, wenn wir ihre Elemente in der Reihenfolge nach den gewählten Stabziffern anordnen, als Produkt dreier Matrizen geschrieben werden. Z.B.

$$\Pi = \tfrac{1}{2}\begin{bmatrix} M_{a1} \\ M_{b1} \\ N_1 \\ M_{a2} \\ M_{b2} \\ N_2 \\ \vdots \end{bmatrix}^T \begin{bmatrix} \omega_{a1}; & -\varepsilon_1 & ; & 0 & & & \\ -\varepsilon_1 & ; & \omega_{b1}; & 0 & & & \\ 0 & ; & 0 & ; & v_1 & & \\ & & & & \omega_{a2}; & -\varepsilon_2 & ; & 0 \\ & & & & -\varepsilon_2 & ; & \omega_{b2}; & 0 \\ & & & & 0 & ; & 0 & ; & v_2 \\ & & & & & & & & \ddots \end{bmatrix} \begin{bmatrix} M_{a1} \\ M_{b1} \\ N_1 \\ M_{a2} \\ M_{b2} \\ N_2 \\ \vdots \end{bmatrix} \tag{73b}$$

(die übrigen Elemente der mittleren Matrix sind null), oder

$$\Pi = \tfrac{1}{2}\begin{bmatrix} M_{a1}; & M_{b1}; & N_1; & M_{a2}; & M_{b2}; & N_2; & \dots \end{bmatrix} \begin{bmatrix} \tau_{a1} \\ \tau_{b1} \\ \Delta l_1 \\ \tau_{a2} \\ \tau_{b2} \\ \Delta l_2 \\ \vdots \end{bmatrix}. \tag{76b}$$

Wir bezeichnen mit

S — die Spaltenmatrix der Werte M_{ai}, M_{bi}, N_i aller m Stäbe der Konstruktion. Sie ist vom Typ $(3m \cdot 1)$.

$\mathbf{S}^T$ — die zur vorstehenden transponierte Matrix vom Typ $(1 \cdot 3m)$.

C — die quadratische, symmetrische Matrix der Werte ω_{ai}, ε_i, ω_{bi}, v_i (bzw. $^i\delta_{11}$, $^i\delta_{12}$, ... für gekrümmte Stäbe) mit dem bezüglichen Vorzeichen. Sie setzt sich aus Untermatrizen vom Typ $(3 \cdot 3)$ zusammen, die für jeden Stab gelten (ihre Bezeichnung sei $\mathbf{C}_i$).

Die ganze Matrix ist dann vom Typ $(3m \cdot 3m)$. Diese Matrix, die nur von den Querschnittskonstanten und den Abmessungen der einzelnen Stäbe abhängt, wollen wir im weiteren *Nachgiebigkeitsmatrix* der Konstruktion nennen. Die einzelnen Untermatrizen, aus denen sie zusammengesetzt ist, bezeichnen wir als *Nachgiebigkeitsmatrizen* der Stäbe.

Θ — die Spaltenmatrix der Werte τ_{ai}, τ_{bi}, Δl_i bzw. δ_{ai}, δ_{bi}, δ_{li} aller Stäbe. Sie ist vom Typ $(3m \cdot 1)$.

Die Formänderungsarbeit ist beschrieben durch die Matrizengleichung

$$\Pi = \tfrac{1}{2}\mathbf{S}^T \cdot \mathbf{C} \cdot \mathbf{S} \tag{83}$$

oder

$$\Pi = \tfrac{1}{2}\mathbf{S}^T \cdot \Theta , \tag{83a}$$

wobei

$$\Theta = \mathbf{C} \cdot \mathbf{S} . \tag{84}$$

Alle Produkte sind definiert, und das Ergebnis des Produktes ist eine Zahl — der Wert der Formänderungsarbeit der Konstruktion.

Führen wir allgemein, sowohl für gerade als auch gekrümmte Stäbe, die Endmomente, die in der Verbindungslinie a, b wirkenden Kräfte (N_i und $H_i^{(0)}$) und die Kräfte senkrecht dazu in die Rechnung ein, äußert sich der Unterschied zwischen den gekrümmten und geraden Stäben nur in einer anderen Form der Matrix $\mathbf{C}_i$. Es ist deshalb im folgenden nicht nötig, wie bereits bemerkt wurde, zwischen Konstruktionen mit geraden Stäben und solchen mit gekrümmten zu unterscheiden. Die abgeleiteten Beziehungen sind allgemein gültig; man muß nur im konkreten Falle die Matrix $\mathbf{C}$ aus den richtigen, der Konstruktion entsprechenden Untermatrizen $\mathbf{C}_i$ aufstellen.

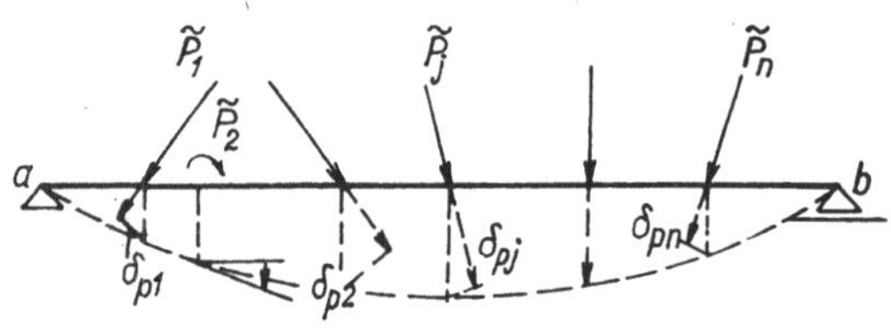

Abb. 3.

In den Gleichungen (83) und (84) ist die Formänderungsarbeit mittels der inneren Kräfte ausgedrückt. Man kann sie aber auch mittels der äußeren Kräfte bilden.

Zur leichteren Einführung in das Problem drücken wir die Formänderungsarbeit mittels der äußeren Kräfte zuerst am einfachen Träger aus

(Abb. 3). Greift an diesem Träger ein System verallgemeinerter Kräfte $\tilde{P}_1 \div \tilde{P}_n$ an und bezeichnen $\delta_{p1} \div \delta_{pn}$ die verallgemeinerten Verschiebungen der Angriffspunkte dieser Kräfte in ihrer Richtung, ist die Formänderungsarbeit bestimmt durch die Beziehung

$$\Pi = \tfrac{1}{2}\Big(\sum_{j=1}^{n} \tilde{P}_j \delta_{pj}\Big). \tag{85}$$

Bemerkung: Unter dem Begriff System verallgemeinerter Kräfte verstehen wir ein System von Kräften und Momenten, die an der Konstruktion angreifen, unter verallgemeinerten Verschiebungen die Verschiebungen der Angriffspunkte der Kräfte und die Verdrehungen der Angriffspunkte der Momente.

Die Gl. (85) können wir in Matrizenform schreiben

$$\Pi = \tfrac{1}{2}\tilde{\mathbf{P}}^T \boldsymbol{\delta}_p, \tag{86}$$

wo $\boldsymbol{\delta}_p$ die Spaltenmatrix vom Typ $(n \cdot 1)$ ist, deren Elemente verallgemeinerte, nach der gewählten Bezifferung angeordnete Verschiebungen δ_{pj} sind.

$\tilde{\mathbf{P}}^T$ ist eine Zeilenmatrix vom Typ $(1 \cdot n)$, deren Elemente verallgemeinerte, nach der gewählten Bezifferung angeordnete Kräfte $\tilde{P}_j$ sind, wobei aber die Bezifferung der der Verschiebungskomponenten δ_{pj} entspricht.

In ähnlicher Weise drücken wir auch die Formänderungsarbeit für die betrachtete allgemeine Konstruktion aus.

Die Spaltenmatrix aller Komponenten $P_1 \div P_{3n}$ der Knotenbelastung bezeichnen wir mit $\mathbf{P}$. Mit Rücksicht auf die früher angeführten Voraussetzungen ist sie vom Typ $(3n \cdot 1)$. Der positive Sinn der Komponenten der Knotenbelastung sei folgendermaßen eingeführt: M_j — die Momentekomponente ist positiv im Uhrzeigersinne, die lotrechte Kraftkomponente V_j ist positiv, wenn sie nach unten, die waagrechte Kraftkomponente U_j dann, wenn sie nach rechts wirkt.

Bei der Verformung der Konstruktion verschiebt und verdreht sich jeder Knoten. Die resultierende Verschiebung jedes Knotens zerlegen wir in eine lotrechte (v_j) und eine waagrechte (u_j) Komponente. Die Verdrehung jedes Knotens bezeichnen wir mit φ_j. Die positiven Richtungen dieser Verschiebungen sind: nach unten für die Komponente v_j, nach rechts für die Komponente u_j und im Uhrzeigersinne für die Komponente φ_j (Abb. 4). Diese Werte werden in einer Spaltenmatrix vom

Typ $(3n \,.\, 1)$ angeschrieben (nach der gewählten Bezifferung, die mit der der entsprechenden Komponenten der Knotenbelastung übereinstimmen muß); wir benennen sie mit $\boldsymbol{\Phi}$.

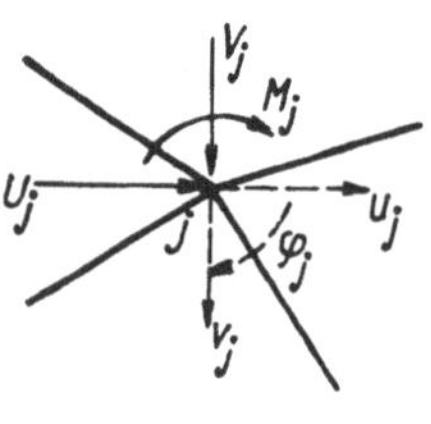

Abb. 4.

Die drei Komponenten der Belastung des j-ten Knotenpunktes (verallgemeinerte Knotenlast) stellen wir in einer Spaltenmatrix vom Typ $(3 \,.\, 1)$ zusammen und bezeichnen sie mit $\boldsymbol{P}_j$. Die drei Komponenten der verallgemeinerten Verschiebungen des Knotens j fassen wir in einer Spaltenmatrix vom Typ $(3 \,.\, 1)$ zusammen und bezeichnen sie mit $\boldsymbol{\Phi}_j$. Somit ist

$$\boldsymbol{P}_j = \begin{bmatrix} M_j \\ U_j \\ V_j \end{bmatrix} = \begin{bmatrix} P_{Mj} \\ P_{Uj} \\ P_{Vj} \end{bmatrix} ; \quad \boldsymbol{\Phi}_j = \begin{bmatrix} \varphi_j \\ u_j \\ v_j \end{bmatrix} . \tag{87}$$

Wurden auch die Elemente der Matrizen $\boldsymbol{P}$ und $\boldsymbol{\Phi}$ in dieser Art eingereiht, können wir diese Matrizen als zusammengesetzt aus den Untermatrizen $\boldsymbol{P}_j$ und $\boldsymbol{\Phi}_j$ ansehen, also

$$\boldsymbol{P} = \begin{bmatrix} \boldsymbol{P}_1 \\ \boldsymbol{P}_2 \\ \vdots \\ \boldsymbol{P}_j \\ \vdots \\ \boldsymbol{P}_n \end{bmatrix} ; \quad \boldsymbol{\Phi} = \begin{bmatrix} \boldsymbol{\Phi}_1 \\ \boldsymbol{\Phi}_2 \\ \vdots \\ \boldsymbol{\Phi}_j \\ \vdots \\ \boldsymbol{\Phi}_n \end{bmatrix} . \tag{88}$$

Bemerkung: Zwecks einfacheren Schreibens einiger weiterer Beziehungen werden wir manchmal zur Bezeichnung eines gewöhnlichen Elementes der Matrizen $\boldsymbol{P}$ und $\boldsymbol{\Phi}$ die Symbole P_j und Φ_j verwenden. Diese Bezeichnungsart werden wir immer dann verwenden, wenn es uns nur darum geht, ein einzelnes Element dieser Matrizen auszudrücken, ohne Rücksicht auf seinen Charakter. Dann durchläuft der Index j die Werte $1 \div 3n$.

Bestimmen wir weiters die zu **P** transponierte Matrix $\mathbf{P}^T$, die vom Typ $(1 . 3n)$ ist, können wir die Formänderungsarbeit der betrachteten Konstruktion mittels der äußeren Kräfte durch die folgende Gleichung ausdrücken:

$$\Pi = \tfrac{1}{2}\mathbf{P}^T . \mathbf{\Phi} . \tag{89}$$

Die oben angegebene Reihung der Elemente in den Matrizen **P** und **Φ** ist bloß eine der möglichen. In manchen Fällen ist es vorteilhafter, zuerst alle Komponenten, z.B. der Momente, einzureihen, dann die waagrechten und lotrechten Komponenten der Kräfte, alle Verdrehungen, die waagrechten und lotrechten Verschiebungen. Dann können wir jede der Matrizen **P** und auch **Φ** in drei Untermatrizen vom Typ $(n . 1)$ zerlegen und schreiben

$$\mathbf{P} = \begin{bmatrix} \mathbf{P}_M \\ \mathbf{P}_U \\ \mathbf{P}_V \end{bmatrix} ; \quad \mathbf{\Phi} = \begin{bmatrix} \boldsymbol{\varphi} \\ \mathbf{u} \\ \mathbf{v} \end{bmatrix} , \tag{90}$$

wo die Elemente der einander entsprechenden Untermatrizen nach der gewählten gleichen Bezifferung gereiht sind.

Bemerkung: Wir behandeln ständig eine vollwandige Konstruktion. Der Übergang zu Fachwerkkonstruktionen bereitet aber keine Schwierigkeiten. Besteht die Fachwerkkonstruktion aus m Stäben mit n Knoten, sind die Matrizen **P** und **Φ** vom Typ $(2n . 1)$ und enthalten nur Kraft- bzw. Verschiebungskomponenten; die Matrix **S** ist vom Typ $(m . 1)$ und enthält nur Normalkräfte der einzelnen Stäbe, und die Matrix **C** vom Typ $(m . m)$ beinhaltet nur Glieder v_i. Diese aber haben für gerade Stäbe konstanten Querschnitts den Wert

$$v_i = \int_a^b \mathrm{d}w' = \frac{1}{EF_i} \int_a^b \mathrm{d}x = \frac{l_i}{EF_i} = \varrho_i . \tag{91}$$

In ähnlicher Weise können wir in weiteren Fällen von Vollwand- zu Fachwerkkonstruktionen übergehen.

3.2. Sätze von Castigliano

Im folgenden Teil werden wir zeigen, wie die Sätze von Castigliano in Matrizenform abgeleitet werden können. Im vorhergehenden Kapitel haben wir die Formänderungsarbeit entweder mit Hilfe der Arbeit der äußeren oder der der inneren Kräfte ausgedrückt durch die Gleichungen

$$^{a}\Pi = \tfrac{1}{2}\mathbf{P}^{T}\mathbf{\Phi}\;; \quad ^{i}\Pi = \tfrac{1}{2}\mathbf{S}^{T}\mathbf{CS}\;(=\tfrac{1}{2}\mathbf{S}^{T}\mathbf{\Theta})$$

(durch den linken oberen Index unterscheiden wir beide Ausdrücke).

Zuerst drücken wir alle Komponenten der Knotenpunktsverschiebungen in der betrachteten Konstruktion als Funktion der Komponenten der Knotenbelastung aus. (In ähnlicher Weise würden wir auch bei einer Belastung außerhalb der Knotenpunkte vorgehen.)

$$\begin{aligned}
\Phi_1 &= \Phi_{11}P_1 + \Phi_{12}P_2 + \ldots + \ldots + \Phi_{1,3n}\,P_{3n}\\
&\vdots \qquad\qquad\qquad\qquad\qquad\qquad\vdots\\
\Phi_{3n} &= \Phi_{3n,1}P_1 + \ldots \qquad\qquad \ldots + \Phi_{3n,3n}P_{3n}\,.
\end{aligned} \tag{92}$$

Das System dieser $3n$ Gleichungen können wir in Matrizenform schreiben

$$\mathbf{\Phi} = \mathbf{\Phi}_p\mathbf{P}\,. \tag{93}$$

Die Matrix $\mathbf{\Phi}_p$ ist quadratisch vom Typ $(3n \,.\, 3n)$. Ihre Elemente sind die Verschiebungskomponenten der Knoten infolge der Kräfte $P_j = 1$. Mit Rücksicht auf den Maxwellschen Satz ist sie symmetrisch.

Die Gl. (93) setzen wir in den mittels der äußeren Kräfte aufgestellten Ausdruck für die Formänderungsarbeit ein. Dann ist

$$^{a}\Pi = \tfrac{1}{2}\mathbf{P}^{T}\mathbf{\Phi}_p\mathbf{P}\,. \tag{94}$$

Durch die letzte Gleichung ist die Formänderungsarbeit der Konstruktion als Funktion der äußeren Kräfte ausgedrückt. Vom Standpunkt der Matrizenrechnung aus ist sie, mit Rücksicht auf die Eigenschaften der einzelnen Matrizen, eine quadratische Form. Nach den Regeln über die Ableitung quadratischer Formen ist die erste Ableitung der Gl. (94)

$$\left[\frac{\partial}{\partial P_j}\right]^{a}\Pi = \mathbf{\Phi}_p\mathbf{P}\,. \tag{95}$$

Mit Rücksicht auf Gl. (93) können wir aber schreiben

$$\left[\frac{\partial}{\partial P_j}\right]^{a}\Pi = \mathbf{\Phi}\,. \tag{96}$$

Die Gl. (96) ist der Matrizenausdruck des ersten Satzes von Castigliano. (Vorläufig setzen wir ständig voraus, daß weder eine Stützensenkung noch eine Temperaturänderung eintritt.) Weiters drücken wir in der

Gleichung für $^i\Pi$ die inneren Kräfte in den Endquerschnitten der **Stäbe** als Funktion der wirkenden äußeren Kräfte aus. Diese Abhängigkeit schreiben wir direkt als Matrizengleichung

$$\mathbf{S} = \mathbf{S}_p \cdot \mathbf{P}\,. \tag{97}$$

Die Matrix $\mathbf{S}_p$ ist vom Typ $(3m \cdot 3n)$, und ihre Elemente sind die **Werte** der inneren Kräfte in den Endquerschnitten der einzelnen Stäbe der betrachteten Konstruktion infolge Belastung durch die Kräfte $P_j = 1$. Weiters bestimmen wir

$$\mathbf{S}^T = \mathbf{P}^T \cdot \mathbf{S}_p^T\,. \tag{98}$$

Nun setzen wir die Gl. (97) und (98) in den Ausdruck für $^i\Pi$ ein **und** erhalten

$$^i\Pi = \tfrac{1}{2}\mathbf{P}^T\mathbf{S}_p^T\mathbf{C}\mathbf{S}_p\mathbf{P}\,. \tag{99}$$

Da die Matrix $\mathbf{C}$ quadratisch und symmetrisch ist, muß auch das Produkt $\mathbf{S}_p^T\mathbf{C}\mathbf{S}_p$ quadratisch und symmetrisch sein, und die rechte Seite von Gl. (99) ist demnach wieder eine quadratische Form. Wir leiten **auch** diese Gleichung nach allen P_j gemäß den Regeln über die **Ableitung** quadratischer Formen ab und bestimmen

$$\left[\frac{\partial}{\partial P_i}\right]{}^i\Pi = \mathbf{S}_p^T\mathbf{C}\mathbf{S}_p\mathbf{P}\,. \tag{100}$$

Da die Beziehung $^i\Pi = {}^a\Pi$ gilt, besteht auch Gleichheit zwischen **den** rechten Seiten der Gl. (96) und (100), und es gilt auch die Beziehung

$$\left[\frac{\partial}{\partial P_i}\right]{}^i\Pi = \mathbf{S}_p^T\mathbf{C}\mathbf{S}_p\mathbf{P} = \mathbf{\Phi}\,, \tag{101}$$

was nur eine andere Ausdrucksform des Satzes von Castigliano ist.

Aus den abgeleiteten Gleichungen können wir auch eine **weitere** Abhängigkeit gewinnen. Wir bestimmten

$$\mathbf{\Phi}_p\mathbf{P} = \mathbf{\Phi}\,. \tag{101a}$$

Aus dem Vergleich der linken Seiten der letzten Gleichungen erhalten **wir**

$$\mathbf{\Phi}_p\mathbf{P} = \mathbf{S}_p^T\mathbf{C}\mathbf{S}_p\mathbf{P}\,; \tag{102}$$

somit muß auch gelten, wenn $\mathbf{\Phi}_p \neq \mathbf{O}$, $\mathbf{P} \neq \mathbf{O}$ ist,

$$\mathbf{\Phi}_p = \mathbf{S}_p^T\mathbf{C}\mathbf{S}_p\,. \tag{103}$$

Durch ein Vorgehen, ähnlich dem oben angewandten, können wir auch den zweiten Satz von Castigliano ausdrücken. Wir gehen wieder von der Gleichung für die Berechnung der Formänderungsarbeit mittels der Arbeit der äußeren Kräfte aus.

Alle Komponenten der Knotenpunktsbelastung drücken wir als Funktion der Verschiebungskomponenten aus. Diese Abhängigkeit können wir entweder unmittelbar als ein System linearer Gleichungen schreiben, oder wir bestimmen sie aus Gl. (93). Die Matrix $\mathbf{\Phi}_p$ ist, wie aus ihrer physikalischen Bedeutung hervorgeht, regulär. Daher besteht auch die Matrix $\mathbf{\Phi}_p^{-1}$, und wir können

$$\mathbf{P} = \mathbf{\Phi}_p^{-1}\mathbf{\Phi} \tag{104}$$

bestimmen und weiters auch

$$\mathbf{P}^T = \mathbf{\Phi}^T\mathbf{\Phi}_p^{-1} . \tag{105}$$

Durch Einsetzen der letzten Beziehung in den Ausdruck für $^a\Pi$ bestimmen wir

$$^a\Pi = \tfrac{1}{2}\mathbf{\Phi}^T\mathbf{\Phi}_p^{-1}\mathbf{\Phi} . \tag{106}$$

Die Formänderungsarbeit der Konstruktion haben wir als Funktion der Verschiebungskomponenten ausgedrückt. Die rechte Seite der Gleichung ist wieder eine quadratische Form. Die Ableitung der Gl. (106) nach allen Φ_j ist

$$\left[\frac{\partial}{\partial\Phi_j}\right]{}^a\Pi = \mathbf{\Phi}_p^{-1}\mathbf{\Phi} . \tag{107}$$

Mit Rücksicht auf die Gültigkeit der Gl. (104) können wir schreiben

$$\left[\frac{\partial}{\partial\Phi_j}\right]{}^a\Pi = \mathbf{P} . \tag{108}$$

Die letzte Gleichung ist die Niederschrift des zweiten Satzes von Castigliano.

Auch diesen Satz drücken wir mittels der Arbeit der inneren Kräfte der Konstruktion aus und stellen die Abhängigkeit der Werte der inneren Kräfte in den Endquerschnitten der einzelnen Stäbe der Konstruktion von den Verschiebungskomponenten der Knotenpunkte fest. Diese Abhängigkeit wird durch die Matrizengleichung

$$\mathbf{S} = \mathbf{N}\mathbf{\Phi} \tag{109}$$

beschrieben, worin die Matrix $\mathbf{N}$ vom Typ $(3m \cdot 3n)$ ist und deren Elemente die schrittweise für alle $\Phi_j = 1$ ermittelten Werte der inneren Kräfte in den Endquerschnitten der einzelnen Stäbe sind. Wir bestimmen weiters

$$\mathbf{S}^T = \mathbf{\Phi}^T \mathbf{N}^T \tag{110}$$

und setzen die letzten zwei Gleichungen in den Ausdruck für ${}^i\Pi$ ein. Dann ist

$$ {}^i\Pi = \tfrac{1}{2}\mathbf{\Phi}^T\mathbf{N}^T\mathbf{C}\mathbf{N}\mathbf{\Phi} \, . \tag{111}$$

Die rechte Seite der letzten Gleichung ist wieder eine quadratische Form. Die letzte Gleichung leiten wir nach allen Φ_j ab und bestimmen

$$\left[\frac{\partial}{\partial \Phi_j}\right] {}^i\Pi = \mathbf{N}^T\mathbf{C}\mathbf{N}\mathbf{\Phi} \, . \tag{112}$$

Aus der Gleichheit

$$ {}^a\Pi = {}^i\Pi $$

folgt wiederum

$$\left[\frac{\partial}{\partial \Phi_j}\right] {}^i\Pi = \mathbf{N}^T\mathbf{C}\mathbf{N}\mathbf{\Phi} = \mathbf{P} \, . \tag{113}$$

Die letzte Gleichung ist nur eine weitere Form des Ausdrucks für den zweiten Satz von Castigliano.

Bemerkung: Wie aus den Typen der einzelnen Matrizen hervorgeht, sind sämtliche in den oben angeführten Gleichungen verwendeten Produkte möglich.

Aus dem Vergleich der Gl. (104) und (113) folgt die Beziehung

$$\mathbf{\Phi}_p^{-1}\mathbf{\Phi} = \mathbf{N}^T\mathbf{C}\mathbf{N}\mathbf{\Phi} \tag{114}$$

und somit auch

$$\mathbf{\Phi}_p^{-1} = \mathbf{N}^T\mathbf{C}\mathbf{N} = (\mathbf{S}_p^T\mathbf{C}\mathbf{S}_p)^{-1} \, . \tag{115}$$

3.3. Virtuelle Arbeit

Um auch den Ausdruck des Prinzips der virtuellen Arbeiten in Matrizenform zeigen zu können, betrachten wir zuerst einen einfachen, durch ein System verallgemeinerter Kräfte $\sum \bar{P}_j$ belasteten Balken (Abb. 3) und setzen voraus, daß wir die Formänderung dieses Trägers unter der gegebenen Belastung kennen. Auf denselben Träger lassen wir ein anderes System verallgemeinerter Kräfte $\sum \bar{P}_j$ wirken. Erteilen wir nun dem durch das zweite System belasteten Träger eine dem ersten System entsprechende Verformung und bezeichnen wir die verallgemeinerten

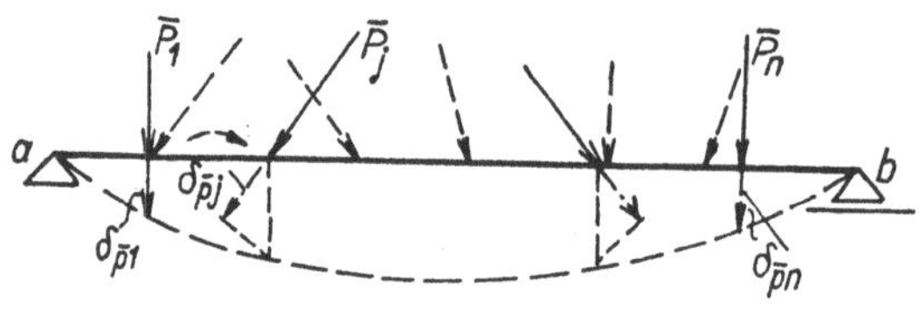

Abb. 5.

Verschiebungen der Angriffspunkte der Kräfte des zweiten Systems mit $\delta_{\bar{p}j}$, dann wird die virtuelle Arbeit (Abb. 5) ausgedrückt durch die Beziehung

$$A = \sum_{j=1}^{n} \bar{P}_j \delta_{\bar{p}j} . \tag{116}$$

Stellen wir aus den einzelnen Kräften des zweiten Systems die Matrix $\bar{\mathbf{P}}$ vom Typ $(n \cdot 1)$, aus den Verschiebungen die Matrix $\delta_{\bar{p}}$ vom Typ $(n \cdot 1)$ auf und bestimmen wir die Matrix $\bar{\mathbf{P}}^T$, können wir die virtuelle Arbeit ausdrücken durch die Matrizengleichung

$$A = \bar{\mathbf{P}}^T \delta_{\bar{p}} . \tag{117}$$

Falls wir dem durch das System $\tilde{P}_j$ belasteten Träger eine virtuelle, demselben System entsprechende Verformung erteilen, ist (Abb. 3)

$$A_p = \tilde{\mathbf{P}}^T \delta_p . \tag{118}$$

Weiters drücken wir den Wert der virtuellen Arbeit mittels der inneren Kräfte aus. Um bereits Ausdrücke zur möglichen weiteren Verwendung vorbereitet zu haben, führen wir die weiteren Überlegungen bereits für eine allgemeine, in Kapitel 2 definierte Rahmenkonstruktion durch. Die Belastung durch das System der Knotenlasten P_j ruft Verschiebungen Φ_j hervor, und in der Konstruktion entstehen innere Kräfte S_i. Als zweiten, unabhängigen Belastungszustand betrachten wir wieder ein System von Knotenlasten $\bar{P}_j$. Die inneren Kräfte, die bei diesem Belastungszustand in der Konstruktion entstehen, bezeichnen wir mit $\bar{S}_i$. Vernachlässigen wir wiederum den Einfluß der Querkräfte, können wir die Gleichheit der virtuellen Arbeiten der äußeren und inneren Kräfte ausdrücken durch die Gleichung

$$\sum_{j=1}^{n} \bar{P}_j \Phi_j = \sum_{i=1}^{m} \left(\int_a^b \bar{M} M \, \mathrm{d}w + \int_a^b \bar{N} N \, \mathrm{d}w' \right). \tag{119}$$

Da bei Knotenpunktsbelastung der Verlauf von M und auch N in jedem Stabe linear ist, können wir die letzte Gleichung, ähnlich wie Gl. (83) im Abschnitt 3.1, umformen und ausdrücken

$$\bar{\mathbf{P}}^T \mathbf{\Phi} = \bar{\mathbf{S}}^T \mathbf{C} \mathbf{S} = \bar{\mathbf{S}}^T \mathbf{\Theta}. \tag{120}$$

Damit haben wir die Grundgleichung des Prinzips der virtuellen Arbeiten in Matrizenform ausgedrückt. Symbolik und Typen der Matrizen wurden im Abschnitt über die Formänderungsarbeit eingeführt.

Handelt es sich um die Arbeit eines Kräftesystems bei einer dem ursprünglichen Lastensystem $\mathbf{P}$ entsprechenden Formänderung, ist

$$\mathbf{P}^T \mathbf{\Phi} = \mathbf{S}^T \mathbf{C} \mathbf{S} = \mathbf{S}^T \mathbf{\Theta}. \tag{121}$$

Die letzte Gleichung könnten wir noch weiter umformen und weitere Schlüsse ziehen, was aber nicht nötig ist, da die virtuelle Arbeit gleich ist der doppelten Formänderungsarbeit (im betrachteten Falle) und es nach diesem Satze nicht schwierig ist, die Umformung der Ausdrücke für die Formänderungsarbeit in solche für virtuelle Arbeit durchzuführen.

Wie wir sehen, folgt aus Gl. (120) auch der Beweis des Maxwell-Bettischen Satzes. Bringen wir diese Gleichung mittels Gl. (101a) im Abschnitt über die Formänderungsarbeit auf die Form

$$\bar{\mathbf{P}}^T \mathbf{\Phi}_p \mathbf{P} = \bar{\mathbf{S}}^T \mathbf{C} \mathbf{S}, \tag{122}$$

kann man die linke Seite der letzten Gleichung, je nachdem welchem Kraftsystem die Matrix $\mathbf{\Phi}_p$ zugeordnet wird, auf die Form

$$\bar{\mathbf{P}}^T \mathbf{\Phi}_p \mathbf{P} = \bar{\mathbf{\Phi}}^T \mathbf{P} = \bar{\mathbf{P}}^T \mathbf{\Phi} = \bar{\mathbf{S}}^T \mathbf{C} \mathbf{S} \tag{123}$$

bringen, was der Matrizenbeweis des Bettischen Satzes ist.

4. Deformationsmethode

4.1. Ableitung der Gleichungen der Deformationsmethode in Matrizenform

Die Grundgleichungen, durch die die Matrizenform der allgemeinen Deformationsmethode beschrieben wird, können unmittelbar aus einer einfachen Überlegung über die Zusammenhänge der inneren Kräfte, der Belastung und des Verformungszustandes aufgestellt werden. Eine derartige Ableitung für die Berechnung von Konstruktionen ohne Berücksichtigung des Einflusses der Normalkräfte ist z.B. in [26] beschrieben. Im weiteren wird diese Methode für eine allgemeine Rahmenkonstruktion aus dem Ausdruck der Formänderungsarbeit in Matrizenform abgeleitet. Dieses Vorgehen ermöglicht uns später, die Zusammenhänge zwischen der Deformationsmethode (Formänderungsgrößenverfahren) und dem Kraftgrößenverfahren zu zeigen, und führt uns dazu, die verschiedenen Beziehungen in Matrizenform auszudrücken. Dabei ergeben sich auch Hilfs-Transformationsmatrizen, die wir bei der Lösung weiterer Probleme vorteilhaft verwenden werden. Deshalb wählen wir diese etwas komplizierte Art der Ableitung.

In Kapitel 3 haben wir die Formänderungsarbeit einer allgemeinen Rahmenkonstruktion als Funktion der Verschiebungskomponenten der Knoten ausgedrückt; durch Ableitung dieses Ausdruckes nach allen Φ_j erhielten wir — gemäß dem Satz von Castigliano — die Gl. (113), also

$$\mathbf{N}^T\mathbf{C}\mathbf{N}\Phi = \mathbf{P}\,. \tag{124}$$

Mit der Bezeichnung

$$\mathbf{N}^T\mathbf{C}\mathbf{N} = \mathbf{D} \tag{125}$$

können wir Gl. (124) in der Form

$$\mathbf{D}\Phi = \mathbf{P} \tag{126}$$

schreiben, wo $\mathbf{D}$, wie aus den Typen und Eigenschaften der Matrizen

N und **C** hervorgeht, eine quadratische, symmetrische Matrix vom Typ $(3n \cdot 3n)$ ist.

Die letzte Gleichung beschreibt die Abhängigkeit der Verschiebungskomponenten von den Komponenten der Knotenbelastung; sie ist also auch die Matrizenform der Bedingungsgleichungen für die Lösung der betrachteten Konstruktion mittels der allgemeinen Deformationsmethode.

Aus Gl. (115) folgt dann auch die Beziehung

$$\Phi_P^{-1} = \mathbf{D}\,. \qquad (127)$$

Wie ersichtlich, erhielten wir das System der Bedingungsgleichungen für die Lösung der betrachteten Konstruktion mittels der allgemeinen Deformationsmethode durch Derivation des Ausdruckes für die Formänderungsarbeit (II. Satz von Castigliano).

Bei der Aufstellung des Ausdrucks für die Formänderungsarbeit haben wir die Beziehung zwischen den Komponenten der inneren Kräfte in den Endquerschnitten der einzelnen Stäbe und den Komponenten der Knotenverschiebungen durch die Gl. (109) ausgedrückt:

$$\mathbf{S} = \mathbf{N}\Phi\,. \qquad (128)$$

Die direkte Bestimmung der Werte der einzelnen Elemente dieser Matrix würde keine Schwierigkeiten bereiten. Wie in Kap. 3 angeführt wurde, sind es die Werte der inneren Kräfte in den Endquerschnitten der einzelnen Stäbe, wenn im verformungsmäßig bestimmten Grundsystem nach und nach allen Knoten Verschiebungen $\Phi_j = 1$ erteilt werden. Diese Werte sind für gerade Stäbe konstanten Querschnitts tabellarisch zusammengestellt (z.B. [50]). Da wir aber eine allgemeine Konstruktion voraussetzen, wollen wir die Möglichkeit, Matrix **N** in anderer Weise aufzustellen, näher ins Auge fassen.

Wir betrachten zuerst den i-ten Stab der Konstruktion für sich. Die Beziehung zwischen den inneren Kräften in den Stabendquerschnitten (die Momente M_{ai}, M_{bi}, die Normalkraft N_i und die Querkräfte sind, mit Rücksicht auf die angenommene Knotenbelastung, als Funktion der Momente M_{ai}, M_{bi} ausgedrückt) und den relativen Verdrehungen der Endquerschnitte in bezug auf die Verbindungslinie $\overline{ab}$ sowie der Längenänderung des Stabes haben wir in Kap. 3 für gerade Stäbe durch die Gl. (75) beschrieben:

$$\begin{aligned}
\tau_{ai} &= M_{ai}\omega_{ai} - M_{bi}\varepsilon_i\,, \\
\tau_{bi} &= -M_{ai}\varepsilon_i + M_{bi}\omega_{bi}\,, \\
\Delta l_i &= N_i v_i\,,
\end{aligned} \qquad (129)$$

oder in Matrizenform:

$$\boldsymbol{\Theta}_i = \mathbf{C}_i \mathbf{S}_i \, . \tag{129a}$$

Für gekrümmte Stäbe lauten die Gleichungen

$$
\begin{aligned}
\delta_{ai} &= M_{ai}\,{}^i\delta_{11} - M_{bi}\,{}^i\delta_{12} + H_i^{(0)}\,{}^i\delta_{13}\,, \\
\delta_{bi} &= -M_{ai}\,{}^i\delta_{21} + M_{bi}\,{}^i\delta_{22} - H_i^{(0)}\,{}^i\delta_{23}\,, \\
\delta_{li} &= M_{ai}\,{}^i\delta_{31} - M_{bi}\,{}^i\delta_{32} + H_i^{(0)}\,{}^i\delta_{33}\,,
\end{aligned}
\tag{130}
$$

wo

$${}^i\delta_{12} = {}^i\delta_{21}\,, \quad {}^i\delta_{13} = {}^i\delta_{31}\,, \quad {}^i\delta_{23} = {}^i\delta_{32}\,.$$

δ_{ai} und δ_{bi} sind die Verdrehungswinkel der Endquerschnitte des Stabes $\widehat{ab}$, δ_{li} ist die Längenänderung der Verbindungslinie $\overline{ab}$. Bezeichnungen, Matrizentypen und Vorzeichenregel wurden in Kap. 3 erläutert. Nach den Ausführungen desselben Kapitels können wir auch die Gl. (130) in gleicher Matrizenform schreiben:

$$\boldsymbol{\Theta}_i = \mathbf{C}_i \mathbf{S}_i \, .$$

Schreiben wir für jeden der m Stäbe der Konstruktion drei Gleichungen in der beschriebenen Matrizenbeziehung (129a) und reihen wir sie in der gewählten Folge des Stabindexes i, können wir das ganze System von $3m$ Gleichungen in einer einzigen Matrizengleichung schreiben [vgl. mit (84)]:

$$\boldsymbol{\Theta} = \mathbf{CS}\,, \tag{131}$$

wo die Matrix $\boldsymbol{\Theta}$ sich aus den Untermatrizen $\boldsymbol{\Theta}_i$, die Matrix $\mathbf{S}$ aus den Untermatrizen $\mathbf{S}_i$ zusammensetzt und $\mathbf{C}$ aus den Untermatrizen $\mathbf{C}_i$ besteht, die auf ihrer Hauptdiagonale liegen.

$$
\begin{bmatrix} \boldsymbol{\Theta}_1 \\ \boldsymbol{\Theta}_2 \\ \vdots \\ \boldsymbol{\Theta}_m \end{bmatrix}
=
\begin{bmatrix} \mathbf{C}_1 & & & \\ & \mathbf{C}_2 & & \\ & & \ddots & \\ & & & \mathbf{C}_m \end{bmatrix}
\begin{bmatrix} \mathbf{S}_1 \\ \mathbf{S}_2 \\ \vdots \\ \mathbf{S}_m \end{bmatrix}\, .
$$

Bemerkung: Man muß sich vergegenwärtigen, daß die Matrizen $\boldsymbol{\Theta}$, $\mathbf{C}$, $\mathbf{S}$ sich aus den Untermatrizen $\boldsymbol{\Theta}_i$, $\mathbf{C}_i$, $\mathbf{S}_i$ durch einfaches Hintereinanderreihen nach dem Index i der einzelnen Stäbe zusammensetzen. Vorläufig aber betrachten wir jeden Stab für sich, ohne Rücksicht auf gegenseitige Bindungen.

Wie aus Gl. (130) hervorgeht, sind die Elemente der Matrix $\mathbf{C}_i$ Werte der Verdrehungen der Endquerschnitte a, b und Längenänderungen der einzelnen Stäbe, wenn auf den bezüglichen Stab nur eine Komponente der inneren Kräfte gleich eins wirkt und die übrigen gleich null sind.

Die Matrizen $\mathbf{C}_i$ nennen wir Matrizen der Stabnachgiebigkeit, $\mathbf{C}$ dann Matrix der Konstruktionsnachgiebigkeit. Die Untermatrizen $\mathbf{C}_i$ und demnach auch die Matrix $\mathbf{C}$ sind, wie aus ihrer Struktur und ihrer physikalischen Bedeutung hervorgeht, regulär. Somit existieren auch die zu ihnen inversen Matrizen, und wir können sie bestimmen. Wir bezeichnen sie

$$\mathbf{C}_i^{-1} = \overline{\mathbf{C}}_i \; ; \quad \mathbf{C}^{-1} = \overline{\mathbf{C}} \; . \tag{132}$$

Durch Multiplikation von links der Gl. (130) mit der Matrix $\mathbf{C}_i^{-1}$ und der Gl. (131) mit der Matrix $\mathbf{C}^{-1}$ bestimmen wir

$$\mathbf{S}_i = \mathbf{C}_i^{-1}\mathbf{\Theta}_i = \overline{\mathbf{C}}_i\mathbf{\Theta}_i \; , \tag{133}$$

$$\mathbf{S} = \mathbf{C}^{-1}\mathbf{\Theta} = \overline{\mathbf{C}}\mathbf{\Theta} \; . \tag{134}$$

Die letzten Gleichungen drücken die Abhängigkeit der Komponenten der inneren Kräfte in den Endquerschnitten der nicht direkt belasteten Stäbe von den Verschiebungskomponenten derselben Querschnitte aus. Die Matrizen $\overline{\mathbf{C}}_i$ bezeichnen wir weiterhin als *Matrizen der Stabsteifigkeit* (Steifigkeitsmatrizen), $\overline{\mathbf{C}}$ als *Matrix der Konstruktionssteifigkeit*. Die Elemente der inversen Matrizen $\mathbf{C}_i$ für gerade und gekrümmte Stäbe können sehr leicht ermittelt werden.

Gerade Stäbe:

$$\overline{\mathbf{C}}_i = \begin{bmatrix} \overline{\omega}_{ai}; & \overline{\varepsilon}_i & ; & 0 \\ \overline{\varepsilon}_i & ; & \overline{\omega}_{bi}; & 0 \\ 0 & ; & 0 & ; & \overline{v}_i \end{bmatrix},$$

wo

$$\overline{\omega}_{ai} = \frac{\omega_{bi}}{\omega_{ai}\omega_{bi} - \varepsilon_i^2} \; ; \quad \overline{\omega}_{bi} = \frac{\omega_{ai}}{\omega_{ai}\omega_{bi} - \varepsilon_i^2} \; ,$$

$$\overline{\varepsilon}_i = \frac{\varepsilon_i}{\omega_{ai}\omega_{bi} - \varepsilon_i^2} \; ; \quad \overline{v}_i = \frac{1}{v_i} \; . \tag{135}$$

Gekrümmte Stäbe:

$$\overline{\mathbf{C}}_i = \begin{bmatrix} \overline{\alpha}_{ai}; & \overline{\beta}_i \; ; & \overline{\gamma}_{ai} \\ \overline{\beta}_i \; ; & \overline{\alpha}_{bi}; & \overline{\gamma}_{bi} \\ \overline{\gamma}_{ai}; & \overline{\gamma}_{bi}; & \overline{\delta}_i \end{bmatrix},$$

wo (Abb. 6)

$$\bar{\alpha}_{ai} = \frac{1}{{}^i\bar{\delta}_{11}} + \frac{x_{ai}^2}{{}^i\bar{\delta}_{22}} + \frac{y_{ai}^2}{{}^i\bar{\delta}_{33}}; \quad \bar{\alpha}_{bi} = \frac{1}{{}^i\bar{\delta}_{11}} + \frac{x_{bi}^2}{{}^i\bar{\delta}_{22}} + \frac{y_{bi}^2}{{}^i\bar{\delta}_{33}};$$

$$\bar{\gamma}_{ai} = \frac{y_{ai}}{{}^i\bar{\delta}_{33}}; \quad \bar{\gamma}_{bi} = \frac{y_{bi}}{{}^i\bar{\delta}_{33}}; \quad \bar{\beta}_i = -\left(\frac{1}{{}^i\bar{\delta}_{11}} + \frac{x_{ai}x_{bi}}{{}^i\bar{\delta}_{22}} + \frac{y_{ai}y_{bi}}{{}^i\bar{\delta}_{33}} \right);$$

$$\bar{\delta}_i = \frac{1}{{}^i\bar{\delta}_{33}}, \quad {}^i\bar{\delta}_{11} = \int dw,$$

$${}^i\bar{\delta}_{22} = \int x^2\, dw + \int \sin^2 \vartheta\, dw' + \int \cos^2 \vartheta\, dw'',$$

$${}^i\bar{\delta}_{33} = \int y^2\, dw + \int \frac{\sin^2 (\vartheta - \vartheta_0)}{\cos^2 \vartheta_0}\, dw' + \int \frac{\cos^2 (\vartheta - \vartheta_0)}{\cos^2 \vartheta_0}\, dw''.$$

$$(136)$$

In den Ausdrücken ${}^i\bar{\delta}_{11}$, ${}^i\bar{\delta}_{22}$, ${}^i\bar{\delta}_{33}$ drücken die dritten Glieder den Einfluß der Querkräfte aus; in Übereinstimmung mit den früher erwähnten Annahmen vernachlässigen wir ihn.

Aus Gl. (133) geht auch die statische Bedeutung der einzelnen Elemente der Matrizen $\bar{\mathbf{C}}_i$ hervor. Sie sind die Komponenten der inneren Kräfte in den Stabendquerschnitten, wenn eine der in der Matrix $\boldsymbol{\Theta}_i$ enthaltenen Verschiebungen gleich eins ist, die anderen gleich null sind.

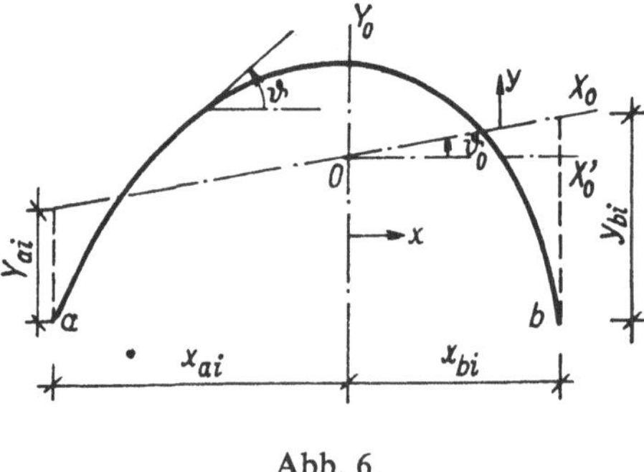

Abb. 6.

Aus dem Vergleich der statischen Bedeutung der Elemente der Matrizen $\mathbf{C}_i$ und $\bar{\mathbf{C}}_i$ geht auch die Reziprozität des frei gestützten Stabes $\widehat{ab}$ und des beiderseits vollkommen eingespannten Stabes $\widehat{ab}$ als statisch und verformungsmäßig bestimmtes Grundsystem hervor.

Wie aus vorstehendem Texte hervorgeht, ist sowohl der Spannungs- als auch der Verformungszustand eines beliebigen Stabes der Konstruktion immer durch drei Größen charakterisiert, d.i. durch die Werte

$$\mathbf{S}_i = \begin{bmatrix} M_{ai} \\ M_{bi} \\ N_i \end{bmatrix}, \quad \mathbf{\Theta}_i = \begin{bmatrix} \tau_{ai} \\ \tau_{bi} \\ \Delta l_i \end{bmatrix}. \tag{137}$$

Vorerst betrachten wir jeden Stab als selbständiges Element.

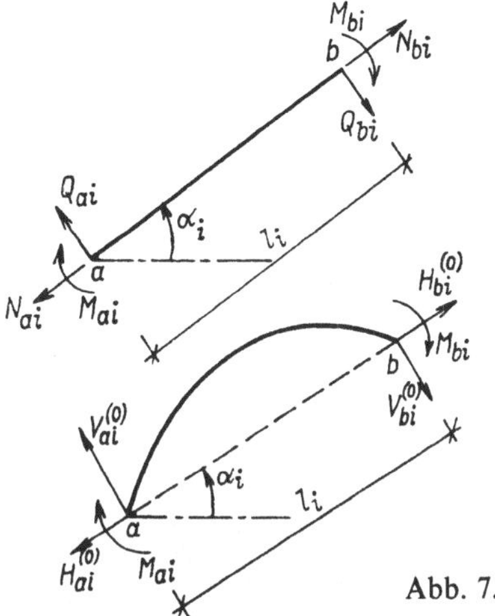

Abb. 7.

Nimmt man allerdings den i-ten Stab aus einer gewissen Konstruktion heraus, wird die Wirkung der übrigen Konstruktionsteile auf diesen Stab durch 6 Komponenten der inneren Kräfte ersetzt, die in den Endquerschnitten des betrachteten Stabes wirken, d.h. durch die Biegemomente M_{ai}, M_{bi}, die Querkräfte Q_{ai}, Q_{bi} und die Normalkräfte N_{ai}, N_{bi} (Abb. 7), allenfalls bei gekrümmten Stäben durch die Kräfte $V_{ai}^{(0)}$, $V_{bi}^{(0)}$, $H_{ai}^{(0)}$, $H_{bi}^{(0)}$. Bei Konstruktionen mit Knotenbelastung sind diese Größen nicht unabhängig; ihre gegenseitige Abhängigkeit können wir mit Rücksicht auf die in Kap. 3 angeführten Beziehungen in folgender Form schreiben:

$$\text{Gerader Stab:} \quad \begin{bmatrix} M_{ai} \\ N_{ai} \\ Q_{ai} \\ M_{bi} \\ N_{bi} \\ Q_{bi} \end{bmatrix} = \begin{bmatrix} 1; & 0; & 0 \\ 0; & 0; & 1 \\ -\dfrac{1}{l_i}; & -\dfrac{1}{l_i}; & 0 \\ 0; & 1; & 0 \\ 0; & 0; & 1 \\ -\dfrac{1}{l_i}; & -\dfrac{1}{l_i}; & 0 \end{bmatrix} \begin{bmatrix} M_{ai} \\ M_{bi} \\ N_i \end{bmatrix}.$$

Gekrümmter Stab:

$$
\begin{bmatrix} M_{ai} \\ H_{ai}^{(0)} \\ V_{ai}^{(0)} \\ M_{bi} \\ H_{bi}^{(0)} \\ V_{bi}^{(0)} \end{bmatrix} =
\begin{bmatrix}
1; & 0; & 0 \\
0; & 0; & 1 \\
-\dfrac{1}{l_i}; & -\dfrac{1}{l_i}; & 0 \\
0; & 1; & 0 \\
0; & 0; & 1 \\
-\dfrac{1}{l_i}; & -\dfrac{1}{l_i}; & 0
\end{bmatrix}
\begin{bmatrix} M_{ai} \\ M_{bi} \\ H_i^{(0)} \end{bmatrix} .
\tag{138}
$$

Aus den in Kap. 3 angeführten Gründen verwenden wir wieder für beide Gleichungstypen die gleiche symbolische Schreibweise

$$
\mathbf{S}_i^\times = {}^3\mathbf{A}_i \mathbf{S}_i .
\tag{139}
$$

Die Matrix $\mathbf{S}_i^\times$ ist vom Typ (6.1), und ihre Elemente sind die inneren Kräfte in den Endquerschnitten. Die Matrix ${}^3\mathbf{A}_i$ ist vom Typ (6.3), und ihre Struktur ist für alle Stäbe der Konstruktion gleich.

Stellen wir Gl. (139) für alle m Stäbe auf, kann das System dieser Gleichungen in Form einer einzigen Matrizengleichung geschrieben werden

$$
\mathbf{S}^\times = {}^3\mathbf{A}\mathbf{S} ,
\tag{140}
$$

wo $\mathbf{S}^\times$ eine Matrix vom Typ $(6m.1)$ ist und aus m Untermatrizen $\mathbf{S}_i^\times$ besteht, die nach dem Index i gereiht sind; die Matrix ${}^3\mathbf{A}$ ist rechteckig vom Typ $(6m.3m)$ und setzt sich, wie aus Gl. (140a) ersichtlich ist, aus m Untermatrizen ${}^3\mathbf{A}_i$ zusammen:

$$
\begin{bmatrix} \mathbf{S}_1^\times \\ \mathbf{S}_2^\times \\ \cdot \\ \cdot \\ \cdot \\ \mathbf{S}_m^\times \end{bmatrix} =
\begin{bmatrix}
{}^3\mathbf{A}_1 & & & & \\
& {}^3\mathbf{A}_2 & & & \\
& & {}^3\mathbf{A}_3 & & \\
& & & \ddots & \\
& & & & {}^3\mathbf{A}_m
\end{bmatrix}
\begin{bmatrix} \mathbf{S}_1 \\ \mathbf{S}_2 \\ \cdot \\ \cdot \\ \cdot \\ \mathbf{S}_m \end{bmatrix} .
\tag{140a}
$$

Eine ähnliche Überlegung können wir über die Größen anstellen, die die Verformung des Stabes charakterisieren. Die Winkel τ_{ai}, τ_{bi} und die Längenänderung Δl_i der Verbindungslinie $\overline{ab}$ der Endquerschnitte des i-ten Stabes charakterisieren zwar eindeutig die Formänderung des nicht direkt belasteten Stabes, aber in den Winkeln τ ist bereits der Einfluß der Verschiebung der Endquerschnitte senkrecht zur Verbindungslinie $\overline{ab}$ eingeschlossen. Verformt sich die betrachtete Konstruktion infolge einer Knotenbelastung, verschieben und verdrehen sich auch die Endquerschnitte aller Stäbe.

Bezeichnen wir mit den Symbolen $v_{ai}^{\times}$, $v_{bi}^{\times}$ die Komponenten der resultierenden Verschiebungen der Punkte a, b senkrecht zum Stab $\overline{ab}$ (oder zur Verbindungslinie $\overline{ab}$ des Stabes $\widehat{ab}$), mit $u_{ai}^{\times}$, $u_{bi}^{\times}$ die Komponenten der resultierenden Verschiebungen in der Richtung der Verbindungslinie $\overline{ab}$ und mit $\tau_{ai}^{\times}$, $\tau_{bi}^{\times}$ die wirklichen Verdrehungen der End-

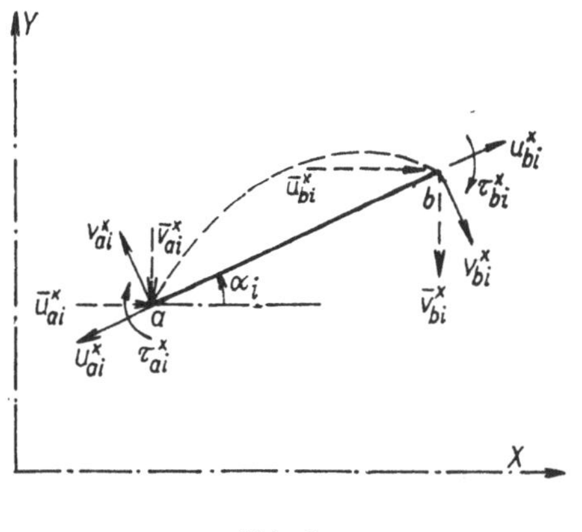

Abb. 8.

querschnitte des betrachteten Stabes, gemessen von der Parallelen zur nicht verschobenen Verbindung $\overline{ab}$. Die positiven Richtungen dieser Verschiebungen sind in Abb. 8 eingetragen; sie decken sich mit den Richtungen der inneren Kräfte. Die Abhängigkeit der Größen τ_{ai}, τ_{bi}, Δl_i von den gerade eingeführten Verschiebungen und Verdrehungen (wir können sie wiederum als verallgemeinerte Verschiebungen bezeichnen) beschreibt die Gleichung

$$\begin{bmatrix} \tau_{ai} \\ \tau_{bi} \\ \Delta l_i \end{bmatrix} = \begin{bmatrix} 1; & 0; & -\dfrac{1}{l_i}; & 0; & 0; & -\dfrac{1}{l_i} \\[2mm] 0; & 0; & -\dfrac{1}{l_i}; & 1; & 0; & -\dfrac{1}{l_i} \\[2mm] 0; & 1; & 0; & 0; & 1; & 0 \end{bmatrix} \begin{bmatrix} \tau_{ai}^{\times} \\ u_{ai}^{\times} \\ v_{ai}^{\times} \\ \tau_{bi}^{\times} \\ u_{bi}^{\times} \\ v_{bi}^{\times} \end{bmatrix} \qquad (141)$$

oder in symbolischer Schreibweise

$$\Theta_i = {}^{3}\mathbf{B}_i \Theta_i^{\times} . \qquad (141a)$$

Die Matrix $^3\mathbf{B}_i$ ist vom Typ $(3\,.\,6)$; ihre Struktur ist gleich für alle Stäbe. Die Matrix $\boldsymbol{\Theta}_i^{\times}$ ist vom Typ $(6\,.\,1)$. Schreiben wir derartige Beziehungen für alle m Stäbe an und stellen wir sie in einem einzigen Gleichungssystem zusammen (Reihung nach dem Index i), können wir, ähnlich wie oben, das ganze System in Form einer einzigen Gleichung schreiben

$$\boldsymbol{\Theta} = {}^3\mathbf{B}\boldsymbol{\Theta}^{\times} . \tag{142}$$

Die Matrix $^3\mathbf{B}$ ist vom Typ $(3m\,.\,6m)$, $\boldsymbol{\Theta}^{\times}$ vom Typ $(6m\,.\,1)$. Alle Matrizen setzen sich, ähnlich wie in Gl. (140a), aus Untermatrizen zusammen. Wir zeigen weiters den Zusammenhang der Matrix $^3\mathbf{B}$, evtl. $^3\mathbf{B}_i$ in den Gl. (141a) und (142) mit den Matrizen $^3\mathbf{A}$, $^3\mathbf{A}_i$ (Gl. 139). Zur Ableitung benützen wir das Prinzip der virtuellen Arbeiten. Beide Komponentengruppen der Kräfte und Verschiebungen, die ursprüngliche und die neueingeführte, sind gleichwertig. Deshalb muß auch die virtuelle Arbeit aus den ursprünglichen Kräften und Verschiebungen gleich der Arbeit aus den neu eingeführten Kräften und Verschiebungen sein. Somit ist

$$\boldsymbol{\Theta}^T\mathbf{S} = (\boldsymbol{\Theta}^{\times})^T\,.\,\mathbf{S}^{\times} . \tag{143}$$

Für $\mathbf{S}^{\times}$ führen wir aus Gl. (140) ein

$$\boldsymbol{\Theta}^T\mathbf{S} = (\boldsymbol{\Theta}^{\times})^T\,{}^3\mathbf{A}\mathbf{S} . \tag{143a}$$

Durch Transponierung der Gl. (142) bestimmen wir

$$\boldsymbol{\Theta}^T = (\boldsymbol{\Theta}^{\times})^T\,({}^3\mathbf{B})^T$$

und setzen in die linke Seite der Gl. (143a) ein

$$(\boldsymbol{\Theta}^{\times})^T\,({}^3\mathbf{B})^T\,\mathbf{S} = (\boldsymbol{\Theta}^{\times})^T\,{}^3\mathbf{A}\mathbf{S} . \tag{143b}$$

Die letzte Gleichung wird nur dann erfüllt, wenn $({}^3\mathbf{B})^T = ({}^3\mathbf{A})$ oder $^3\mathbf{B} = ({}^3\mathbf{A})^T$. Die Matrizen $^3\mathbf{A}$ und $^3\mathbf{B}$ sind also gegenseitig transponiert.

Da wir eine allgemeine Rahmenkonstruktion in Betracht ziehen, kann die Verbindungslinie der Endquerschnitte a, b des i-ten Stabes auch schräg sein.

Wir setzen in der Konstruktionsebene ein rechtwinkliges Koordinatensystem X, Y voraus, dessen Achse X waagrecht ist. Durch den Endpunkt a des i-ten Stabes führen wir eine Parallele zur Achse X (positiv nach rechts); von dieser Parallelen aus zählen wir positiv entgegengesetzt dem Uhrzeigersinne den Winkel α_i. Mit diesem Winkel ist die Lage der Verbindungslinie $\overline{ab}$ im angenommenen Koordinatensystem bestimmt

(Abb. 9). Die Komponenten der Knotenlasten und der Knotenverschiebungen sind parallel zu den gewählten Koordinatenachsen X, Y. Wir transformieren deshalb auch die Komponenten der inneren, in den Endquerschnitten der Stäbe wirkenden Kräfte in die lotrechten und waagrechten Komponenten, d.h. in die zu den Achsen X, Y parallelen Komponenten. In gleicher Art transformieren wir die Verschiebungskomponenten der Endquerschnitte der Stäbe.

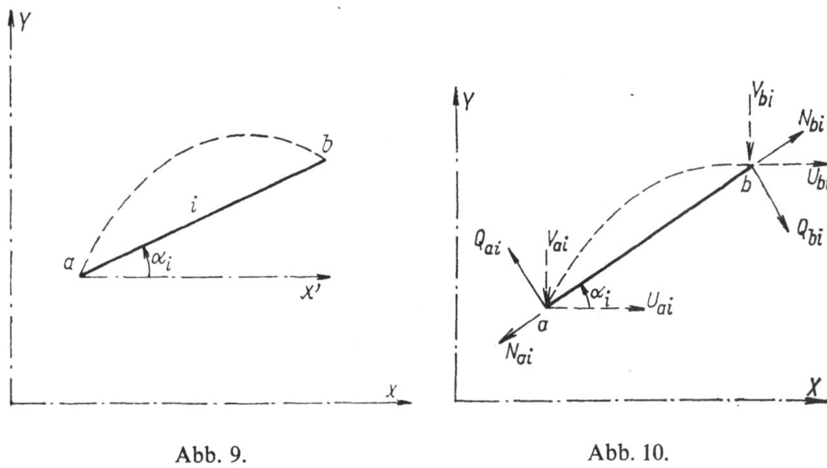

Abb. 9.   Abb. 10.

Für den i-ten Stab gilt — bei Bezeichnung der lotrechten Komponenten mit V_{ai}, V_{bi} (positiv nach unten) und der waagrechten mit U_{ai}, U_{bi} (positiv nach rechts) — die Beziehung (Abb. 10):

$$
\begin{bmatrix} M_{ai} \\ U_{ai} \\ V_{ai} \\ M_{bi} \\ U_{bi} \\ V_{bi} \end{bmatrix} =
\begin{bmatrix}
1; & 0; & 0; & 0; & 0; & 0 \\
0; & -\cos \alpha_i; & -\sin \alpha_i; & 0; & 0; & 0 \\
0; & +\sin \alpha_i; & -\cos \alpha_i; & 0; & 0; & 0 \\
0; & 0; & 0; & 1; & 0; & 0 \\
0; & 0; & 0; & 0; & +\cos \alpha_i; & +\sin \alpha_i \\
0; & 0; & 0; & 0; & -\sin \alpha_i; & +\cos \alpha_i
\end{bmatrix}
\begin{bmatrix} M_{ai} \\ N_{ai} \\ Q_{ai} \\ M_{bi} \\ N_{bi} \\ Q_{bi} \end{bmatrix}
\tag{144}
$$

oder in symbolischer Schreibweise

$$
\overline{\mathbf{S}}_i^{\times} = {}^2\mathbf{A}_i \mathbf{S}_i^{\times} .
\tag{144a}
$$

(Die Komponenten der Momente ändern sich nicht.)

Die Matrix $\overline{\mathbf{S}}_i^{\times}$ ist vom Typ (6.1) und enthält die neueingeführten Komponenten der inneren Kräfte in den Stabendquerschnitten, die Matrix ${}^2\mathbf{A}_i$ ist quadratisch und, wie wir leicht feststellen, regulär sowie orthogonal vom Typ (6.6). Die Werte der Winkelfunktionen $\sin \alpha_i$ und $\cos \alpha_i$ können wir leicht auch durch die Koordinaten der Endquerschnitte der Stäbe im eingeführten Koordinatensystem ausdrücken. Bezeichnen (Abb. 11)

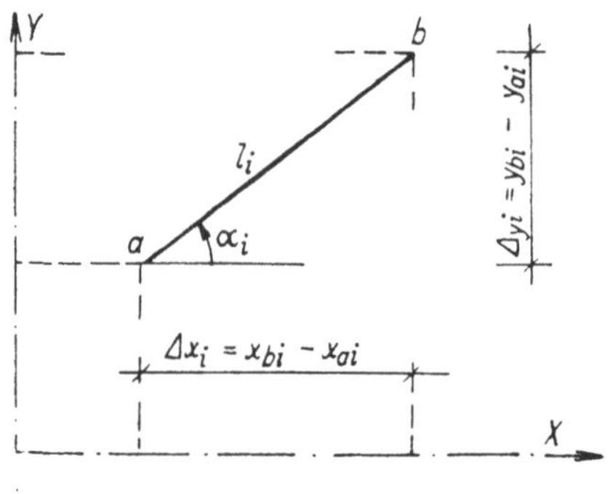

Abb. 11.

$$\Delta y_i = y_{bi} - y_{ai},$$

$$\Delta x_i = x_{bi} - x_{ai},$$

$$l_i = \sqrt{(\Delta x_i^2 + \Delta y_i^2)}, \tag{145}$$

dann ist

$$\sin \alpha_i = \frac{\Delta y_i}{\sqrt{(\Delta x_i^2 + \Delta y_i^2)}};$$

$$\cos \alpha_i = \frac{\Delta x_i}{\sqrt{(\Delta x_i^2 + \Delta y_i^2)}}. \tag{146}$$

Diese Ausdrücke können wir, wie noch angeführt werden wird, vorteilhaft beim Anschreiben des Unterprogramms unmittelbar aus den Koordinaten der Endquerschnitte der Stäbe oder den Koordinaten der Knoten benützen.

Die Gleichungen (144) und (144a) gelten wieder sowohl für gerade als auch gekrümmte Stäbe; nur die Elemente der Matrix $\mathbf{S}_i^{\times}$ entsprechen der ersten oder zweiten Form der Gl. (138).

Stellen wir die Gl. (144) für alle m Stäbe auf, können wir das ganze System dieser Gleichungen in einer einzigen Gleichung anschreiben

$$\overline{\mathbf{S}}^{\times} = {}^2\mathbf{A}\mathbf{S}^{\times}, \tag{147}$$

wo $\overline{\mathbf{S}}^{\times}$ eine Matrix vom Typ $(6m.1)$ und ${}^2\mathbf{A}$ eine Matrix vom Typ $(6m.6m)$ ist. Alle Matrizen dieser Gleichung setzen sich aus den nach dem Index i gereihten Untermatrizen $\overline{\mathbf{S}}_i^\times$, $^2\mathbf{A}_i$, $\mathbf{S}_i^\times$ zusammen [Gl. (147a)]:

$$
\begin{bmatrix} \overline{\mathbf{S}}_1^\times \\ \overline{\mathbf{S}}_2^\times \\ \vdots \\ \overline{\mathbf{S}}_m^\times \end{bmatrix} =
\begin{bmatrix} ^2\mathbf{A}_1 & & & \\ & ^2\mathbf{A}_2 & & \\ & & \ddots & \\ & & & ^2\mathbf{A}_m \end{bmatrix}
\begin{bmatrix} \mathbf{S}_1^\times \\ \mathbf{S}_2^\times \\ \vdots \\ \mathbf{S}_m^\times \end{bmatrix} .
\tag{147a}
$$

In ganz ähnlicher Weise transformieren wir die Verschiebungskomponenten der Endquerschnitte a, b des i-ten Stabes. Mit $\bar{u}_{ai}^\times$, $\bar{u}_{bi}^\times$ bezeichnen wir die waagrechten Verschiebungskomponenten der Endquerschnitte des i-ten Stabes (positiv nach rechts) und mit $\bar{v}_{ai}^\times$, $\bar{v}_{bi}^\times$ die lotrechten Verschiebungskomponenten (positiv nach unten). (Die Komponenten $\tau_{ai}^\times$, $\tau_{bi}^\times$ ändern sich nicht bei der Transformation.) Die Abhängigkeit zwischen den ursprünglichen und den neueingeführten Komponenten wird beschrieben durch die Beziehung

$$
\begin{bmatrix} \tau_{ai}^\times \\ u_{ai}^\times \\ v_{ai}^\times \\ \tau_{bi}^\times \\ u_{bi}^\times \\ v_{bi}^\times \end{bmatrix} =
\begin{bmatrix}
1; & 0; & 0; & 0; & 0; & 0 \\
0; & -\cos\alpha_i; & \sin\alpha_i; & 0; & 0; & 0 \\
0; & -\sin\alpha_i; & -\cos\alpha_i; & 0; & 0; & 0 \\
0; & 0; & 0; & 1; & 0; & 0 \\
0; & 0; & 0; & 0; & \cos\alpha_i; & -\sin\alpha_i \\
0; & 0; & 0; & 0; & \sin\alpha_i; & \cos\alpha_i
\end{bmatrix}
\begin{bmatrix} \tau_{ai}^\times \\ \bar{u}_{ai}^\times \\ \bar{v}_{ai}^\times \\ \tau_{bi}^\times \\ \bar{u}_{bi}^\times \\ \bar{v}_{bi}^\times \end{bmatrix}
\tag{148}
$$

oder in symbolischer Schreibweise

$$
\mathbf{\Theta}_i^\times = {}^2\mathbf{B}_i \overline{\mathbf{\Theta}}_i^\times = {}^2\mathbf{A}_i^T \overline{\mathbf{\Theta}}_i^\times ,
\tag{148a}
$$

wo die Matrix $\overline{\mathbf{\Theta}}_i^\times$ vom Typ $(6 . 1)$ ist und $^2\mathbf{A}_i^T = {}^2\mathbf{B}_i$ quadratisch und orthogonal vom Typ $(6 . 6)$. Die Richtigkeit der Bezeichnung $^2\mathbf{A}_i^T$ geht aus dem Vergleich der Gl. (148) und (144) hervor; ein einfacher Beweis der Richtigkeit kann wieder mit dem Prinzip der virtuellen Arbeiten geführt werden. Mit Rücksicht auf die Eigenschaften der Matrix $^2\mathbf{A}_i$ können wir dann auch schreiben $^2\mathbf{A}_i^T = {}^2\mathbf{A}_i^{-1}$. Durch Aufstellung der Gl. (148) für alle Stäbe gelangen wir wiederum zu einem Gleichungssystem, das wir in Matrizenform schreiben

$$
\mathbf{\Theta}^\times = {}^2\mathbf{B} \overline{\mathbf{\Theta}}^\times = {}^2\mathbf{A}^T \overline{\mathbf{\Theta}}^\times ,
\tag{149}
$$

wo die Matrix $\overline{\mathbf{\Theta}}^\times$ vom Typ $(6m . 1)$ ist und $^2\mathbf{A}^T$ eine Matrix vom Typ $(6m . 6m)$. Alle drei Matrizen bestehen wieder aus den Untermatrizen $\mathbf{\Theta}_i^\times$, $^2\mathbf{A}_i^T$, $\overline{\mathbf{\Theta}}_i^\times$.

Bisher haben wir jeden Stab für sich betrachtet. Sind die einzelnen Stäbe in den Knotenpunkten fest verbunden (einige Endquerschnitte der Stäbe können auch in die Stützen eingespannt sein), müssen die verallgemeinerten Verschiebungen der zugehörigen Endquerschnitte der Stäbe den verallgemeinerten Verschiebungen der einzelnen Knotenpunkte entsprechen. Diese Bedingungen des Zusammenhangs der Konstruktion, wie sie aus ihrer geometrischen Form hervorgehen, nennen wir vereinfachte geometrische Gleichungen.

Wir gehen also von der Untersuchung des Verformungszustandes der einzelnen Stäbe über zur Verformung der Konstruktion als Ganzes. Diese geometrischen Gleichungen hängen von der Anordnung der ganzen Konstruktion ab; sie müssen von Fall zu Fall aufgestellt werden, was aber mit Rücksicht auf die transformierten Komponenten der Endenverschiebungen keine Schwierigkeiten bereitet. Man muß nur durch Gleichungen beschreiben, welche der Verschiebungskomponenten der Endquerschnitte mit den Verschiebungen der Knoten identisch und welche — mit Rücksicht auf die Einspannung einiger Stäbe in die Stützen — gleich null sind. Derartige Gleichungen schreiben wir $6m$ an, in symbolischer Schreibweise

$$\overline{\Theta}^{\times} = {}^{1}\mathbf{B}\Phi\,, \tag{150}$$

wo die Matrix ${}^{1}\mathbf{B}$ vom Typ $(6m \cdot 3n)$ ist; ihre Elemente sind, mit Rücksicht auf die Wahl der Komponenten von $\overline{\Theta}^{\times}$, gleich 1 oder null. Diese Matrix — wir benennen sie vereinfachte geometrische Matrix — charakterisiert die Form der Konstruktion.

In ähnlicher Weise müssen bei der Betrachtung der Konstruktion als Ganzes auch die Komponenten der Knotenbelastung und die der inneren Kräfte in den Endquerschnitten der Stäbe zusammenhängen.

Greifen wir aus der Konstruktion einen gewöhnlichen Knoten j heraus und ersetzen wir die Wirkung der Stäbe auf den Knoten — nach dem Prinzip von Aktion und Reaktion — durch die Komponenten der inneren, in die lotrechte und waagrechte Richtung transformierten Kräfte in den zugehörigen Endquerschnitten der einzelnen Stäbe, können wir für jeden Knotenpunkt drei Gleichgewichtsbedingungen anschreiben. Diese Gleichungen werden — mit Rücksicht auf die Transformation der Komponenten der inneren Kräfte — eine sehr einfache Form haben. Schreiben wir diese drei Bedingungen für jeden der n Knoten (in der Reihenfolge des Index j), können wir das System der $3n$ Gleichungen in folgender Form anschreiben:

$$\mathbf{P} = {}^{1}\mathbf{A}\overline{\mathbf{S}}^{\times}. \tag{151}$$

Die Matrix ${}^{1}\mathbf{A}$ ist vom Typ $(3n \cdot 6m)$, ihre Elemente sind die Beiwerte der Komponenten der inneren Kräfte in den angeschriebenen Gleich-gewichtsbedingungen. Diese Elemente können aber wieder nur gleich eins oder null sein. Diese Matrix benennen wir vereinfachte statische Matrix.

Aus der Gleichheit der virtuellen Arbeit der inneren und äußeren Kräfte der betrachteten Konstruktion folgt wiederum die Abhängigkeit der Matrizen $^1\mathbf{A}$ und $^1\mathbf{B}$.

Die virtuelle Arbeit der äußeren Kräfte ist, wenn wir die wirklichen Knotenpunktsverschiebungen als virtuelle ansehen, bestimmt durch die Beziehung [s. Gl. (121)]

$$A_p = \mathbf{P}^T \mathbf{\Phi} \,. \tag{152}$$

Aus Gl. (151) bestimmen wir

$$\mathbf{P}^T = \overline{\mathbf{S}}^{\times T} \,^1\mathbf{B}\mathbf{\Phi}$$

und

$$A_p = \overline{\mathbf{S}}^{\times T} \,^1\mathbf{A}^T\mathbf{\Phi} \,. \tag{152a}$$

Die Arbeit der inneren Kräfte drücken wir mit Hilfe der Komponenten $\overline{\mathbf{S}}^{\times}$ und der Verschiebungen $\overline{\mathbf{\Theta}}^{\times}$ aus. Diese Arbeit ist

$$A_p = \overline{\mathbf{S}}^{\times T} \overline{\mathbf{\Theta}}^{\times} \,. \tag{153}$$

In die letzte Gleichung setzen wir für $\overline{\mathbf{\Theta}}^{\times}$ die rechte Seite aus Gl. (150) ein

$$A_p = \overline{\mathbf{S}}^{\times T} \,^1\mathbf{B}\mathbf{\Phi} \,. \tag{153a}$$

Aus der Gleichheit der virtuellen Arbeit der äußeren und inneren Kräfte folgt die Beziehung

$$(\overline{\mathbf{S}}^{\times T}) \,^1\mathbf{A}^T\mathbf{\Phi} = (\overline{\mathbf{S}}^{\times T}) \,^1\mathbf{B}\mathbf{\Phi} \,. \tag{154}$$

Aus der letzten Gleichung ist klar, wie man sich leicht überzeugen kann, daß auch die Beziehung gelten muß

$$^1\mathbf{B} = \,^1\mathbf{A}^T \,. \tag{155}$$

Deshalb können wir Gl. (150) in folgender Form schreiben:

$$\overline{\mathbf{\Theta}}^{\times} = \,^1\mathbf{A}^T\mathbf{\Phi} \,. \tag{150a}$$

Wir stellen noch einmal die oben angeführten Abhängigkeiten zusammen

$$\mathbf{S} = \overline{\mathbf{C}}\mathbf{\Theta} \,; \quad \mathbf{\Theta} = \,^3\mathbf{A}^T\mathbf{\Theta}^{\times} \,; \quad \mathbf{\Theta}^{\times} = \,^2\mathbf{A}^T\overline{\mathbf{\Theta}}^{\times} \,; \quad \overline{\mathbf{\Theta}}^{\times} = \,^1\mathbf{A}^T\mathbf{\Phi} \,;$$

$$\mathbf{S}^{\times} = \,^3\mathbf{A}\mathbf{S} \,; \quad \overline{\mathbf{S}}^{\times} = \,^2\mathbf{A}\mathbf{S}^{\times} \,; \quad \mathbf{P} = \,^1\mathbf{A}\overline{\mathbf{S}}^{\times} \,. \tag{156}$$

Aus diesen Gleichungen folgt nach gegenseitigem Einsetzen

$$\mathbf{P} = {}^1\mathbf{A}\,{}^2\mathbf{A}\,{}^3\mathbf{A}\mathbf{S}\,;\quad \mathbf{S} = \overline{\mathbf{C}}\Theta\,;$$

$$\Theta = {}^3\mathbf{A}^T\,{}^2\mathbf{A}^T\,{}^1\mathbf{A}^T\Phi$$

$$= {}^3\mathbf{B}\,{}^2\mathbf{B}\,{}^1\mathbf{B}\Phi\,. \tag{157}$$

Wir bezeichnen

$${}^1\mathbf{A}\,{}^2\mathbf{A}\,{}^3\mathbf{A} = \mathbf{A}\,;\quad {}^3\mathbf{A}^T\,{}^2\mathbf{A}^T\,{}^1\mathbf{A}^T = \mathbf{B} = \mathbf{A}^T\,. \tag{158}$$

Mit Rücksicht auf die Typen der einzelnen Matrizen sind die Produkte definiert; die Matrix $\mathbf{A}$ ist vom Typ $(3n \cdot 3m)$, $\mathbf{B}$ vom Typ $(3m \cdot 3n)$.

Die Gleichung (157) können wir auch in folgender Form schreiben:

$$\mathbf{P} = \mathbf{A}\mathbf{S}\,;\quad \mathbf{S} = \overline{\mathbf{C}}\Theta\,;\quad \Theta = \mathbf{A}^T\Phi\,. \tag{157a}$$

Aus der Verbindung der beiden letzten Gleichungen in (157a) folgt

$$\mathbf{S} = \overline{\mathbf{C}}\mathbf{A}^T\Phi\,. \tag{157b}$$

Zu Beginn dieses Kapitels bezeichneten wir aber die Matrix, die die Abhängigkeit der inneren Kräfte in den Endquerschnitten der Stäbe von den Verschiebungskomponenten der Knoten ausdrückt, mit $\mathbf{N}$ und beschrieben die Abhängigkeit durch die Gleichung (109), d.i.

$$\mathbf{S} = \mathbf{N}\Phi\,.$$

Beide Gleichungen drücken aber ein und dieselbe Abhängigkeit aus; somit ist auch

$$\mathbf{N} = \overline{\mathbf{C}}\mathbf{A}^T\,. \tag{159}$$

Diese Gleichung zeigt uns zusammen mit der oben angegebenen Ableitung, wie die eingeführte Matrix $\mathbf{N}$ für eine allgemeine Rahmenkonstruktion aufgestellt werden muß.

Wie bereits erwähnt, ist $\overline{\mathbf{C}}$ eine quadratische symmetrische Matrix; somit gilt $\overline{\mathbf{C}} = \overline{\mathbf{C}}^T$.

Durch Transponieren der Matrix in Gl. (159) bestimmen wir

$$\mathbf{N}^T = (\mathbf{A}^T)^T\,\overline{\mathbf{C}}^T = \mathbf{A}\overline{\mathbf{C}}\,. \tag{160}$$

Für $\mathbf{N}$ und $\mathbf{N}^T$ in Gl. (124) setzen wir die durch die Gleichungen (159) und (160) bestimmten Ausdrücke ein. Dann ist

$$\mathbf{A}\overline{\mathbf{C}}\mathbf{C}\overline{\mathbf{C}}\mathbf{A}^T\Phi = \mathbf{P}\,. \tag{161}$$

Wie früher bewiesen, gilt die Beziehung (132), also

$$\overline{\mathsf{C}} = \mathsf{C}^{-1},$$

und somit auch

$$\overline{\mathsf{C}}\mathsf{C} = \mathsf{I}, \tag{162}$$

wo I die Einheitsmatrix ist.

Mit Bezug auf die letzte Gleichung formen wir Gl. (161) um:

$$\mathsf{A}\overline{\mathsf{C}}\mathsf{A}^T\Phi = \mathsf{P}; \tag{161a}$$

aus dem Vergleich mit Gl. (126) folgt

$$\mathsf{D} = \mathsf{A}\overline{\mathsf{C}}\mathsf{A}^T.$$

Damit haben wir die aus der Ableitung der Formänderungsarbeit ermittelten Ausdrücke einigermaßen vereinfacht. Setzen wir noch für A und A^T die früher bestimmten Ausdrücke ein, dann ist

$$\mathsf{D} = {}^1\mathsf{A}\,{}^2\mathsf{A}\,{}^3\mathsf{A}\overline{\mathsf{C}}\,{}^3\mathsf{A}^T\,{}^2\mathsf{A}^T\,{}^1\mathsf{A}^T. \tag{163}$$

Die Gleichung (163) zeigt uns, in welcher Weise die Matrix D der Bedingungsgleichungen für die Berechnung einer allgemeinen Rahmenkonstruktion mittels der Deformationsmethode als Produkt einfacher Matrizen bestimmt werden kann, deren Elemente leicht aus der Geometrie der Konstruktion und den Querschnittsabmessungen ihrer Teile ermittelt werden können.

Beachten wir aber die Gl. (157a). Durch wechselseitiges Einsetzen bestimmen wir unmittelbar die Abhängigkeit

$$\mathsf{P} = \mathsf{A}\overline{\mathsf{C}}\mathsf{A}^T\Phi, \tag{164}$$

was eine zweite, direkte Art der Aufstellung der Bedingungsgleichungen ist.

Die Matrix $\overline{\mathsf{C}}$ nennen wir, wie bereits erwähnt, Steifigkeitsmatrix der Konstruktion. Matrix A nennen wir statische, B geometrische Matrix. Die erste Gleichung (157a) drückt die Gleichgewichtsbedingungen der Knoten aus, die letzte den geometrischen Zusammenhang der Konstruktion; in der zweiten sind die Stabkonstanten beschrieben. Diese drei Gleichungen entsprechen also den statischen und physikalischen Gleichungen sowie den Verträglichkeitsbedingungen, wie sie in der mathematischen Theorie der Elastizität eingeführt sind. Die Gleichung

$$\mathsf{P} = \mathsf{A}\mathsf{S} \tag{165}$$

stellt das System von Gleichgewichtsbedingungen der einzelnen freien Knoten dar, wenn wir nur die Komponenten M_{ai}, M_{bi}, N_i in die Rechnung einführen. Die direkte Aufstellung dieser Matrix **A** ist, besonders in einfachen Fällen, auch ohne größere Schwierigkeiten möglich. Allerdings sind die oben abgeleiteten Matrizen, aus denen wir durch Produktbildung die Matrix **A** bestimmen, nicht nur einfache (die Matrix ^{3}**A** hat eine gleichbleibende Struktur für jedwede Konstruktion, und ihre Elemente hängen nur von den Stablängen ab, die Matrix ^{2}**A** hat ebenfalls eine unveränderliche Struktur, und ihre Elemente hängen nur von der Geometrie der Konstruktion ab, die Matrix ^{1}**A** ist zwar von der Konstruktionsform abhängig, ihre Elemente sind jedoch nur gleich eins oder null), sie haben überdies, wie gezeigt werden wird, für die weitere Berechnung der Konstruktionen mittels der Deformationsmethode ihre Bedeutung, was ein weiterer Vorteil des angegebenen Verfahrens ist.

Die Herleitung wurde in vollem Umfange durchgeführt, einmal zur Erleichterung der Übersicht, zum andern als Anleitung für die Matrizenformulierung auch anderer Probleme.

4.2. Berechnung einer allgemeinen Konstruktion für ständige Knotenbelastung

Im vorangehenden Abschnitte haben wir in Matrizenform die Bedingungsgleichungen zur Berechnung einer angenommenen allgemeinen Rahmenkonstruktion mittels der Deformationsmethode abgeleitet, d.h. die Gleichungen zur Berechnung der Komponenten Φ_j der Knotenverschiebungen. Der Rechnungsvorgang ist folgender. Wir stellen die Matrizen $\overline{\mathbf{C}}$, ^{1}**A**, ^{2}**A** und ^{3}**A** zusammen. Nach Gl. (158) berechnen wir

$$\mathbf{A} = {}^1\mathbf{A}\,{}^2\mathbf{A}\,{}^3\mathbf{A}\,; \quad \mathbf{A}^T = {}^3\mathbf{A}^T\,{}^2\mathbf{A}^T\,{}^1\mathbf{A}^T\,, \qquad (166)$$

bestimmen

$$\mathbf{D} = \mathbf{A}\overline{\mathbf{C}}\mathbf{A}^T \qquad (167)$$

und stellen die Gleichung auf

$$\mathbf{D}\Phi = \mathbf{P}\,. \qquad (168)$$

Die Matrix **D** ist symmetrisch quadratisch vom Typ $(3n \cdot 3n)$. Mit Rücksicht auf die physikalische Bedeutung der Gl. (168) könnten wir erklären, daß es eine reguläre Matrix ist (Rang $h = 3n$). Diese Behauptung können wir leicht folgendermaßen nachweisen: Wir gehen von Gl. (125)

aus. Offensichtlich ist klar, daß die Matrix $\overline{\mathbf{C}}$ quadratisch, symmetrisch und vom Rang $h = 3m$ ist. Die Matrix $\mathbf{N}$ ist vom Typ $(3m \cdot 3n)$. Für die Beurteilung des Grades der statischen Unbestimmtheit der Konstruktion mit festen Verbindungen gilt (s. [12]) die Beziehung

$$s = 3m - 3n \,. \tag{169}$$

Sofern es sich also um eine statisch unbestimmte Konstruktion handelt, ist $s > 0$ (s ist der Grad der statischen Unbestimmtheit); somit muß auch

$$3m > 3n \,. \tag{170}$$

Der Rang der Matrix $\mathbf{N}$ wird nicht kleiner als $3n$ sein. Wie bereits erwähnt, stellt jedes Element der Matrix $\mathbf{N}$ die Werte der inneren Kräfte in den Endquerschnitten der Stäbe infolge der einzelnen $\Phi_j = 1$ dar, wobei die anderen Verschiebungskomponenten gleich null sind. Das bedeutet, daß die in jeder Spalte enthaltenen Werte in gegenseitigem festem Verhältnis stehen. Wählen wir in jeder Spalte passend einen Wert als Hauptwert (in jeder Spalte einen anderen), dann stehen die anderen zu ihm im gegebenen Verhältnis; durch elementare Umformungen der Matrix $\mathbf{N}$ können wir zeigen (s. [12]), daß ihr Rang $h_N = 3n$ ist.

Nach den für den Rang von Matrizenprodukten geltenden Beziehungen stellen wir dann fest, daß der Rang der Matrix $\mathbf{D}$ ist $h_D = 3n$.

Zur regulären Matrix $\mathbf{D}$ besteht eine einzige inverse Matrix $\mathbf{D}^{-1}$. Wir nehmen an, daß wir sie im gegebenen Falle mit irgendeiner direkten Methode bestimmt haben; somit können wir die ganze Gleichung (168) mit der Matrix $\mathbf{D}^{-1}$ von links multiplizieren und bestimmen

$$\mathbf{\Phi} = \mathbf{D}^{-1}\mathbf{P} \,, \tag{171}$$

d.h. wir haben für die gegebene Knotenbelastung die Verschiebungskomponenten aller freien Knoten berechnet.

Aus Gl. (128) ermitteln wir dann auch die Komponenten M_{ai}, M_{bi}, N_i der inneren Kräfte in den Endquerschnitten der einzelnen Stäbe:

$$\mathbf{S} = \mathbf{N}\mathbf{\Phi} = \mathbf{N}\mathbf{D}^{-1}\mathbf{P} \,. \tag{172}$$

Zur Bestimmung der inneren Kräfte und Verschiebungen auch der anderen Querschnitte der einzelnen Stäbe müssen wir, wie wir später zeigen werden, alle Komponenten der Kräfte und Verschiebungen in den Endquerschnitten kennen. Wir ermitteln also nach Gl. (150a) noch die Komponenten der Verschiebungen

$$\overline{\mathbf{\Theta}}^{\times} = {}^1\mathbf{A}^T\mathbf{\Phi} = {}^1\mathbf{A}^T\mathbf{D}^{-1}\mathbf{P} \tag{173}$$

und

$$\Theta^\times = \overline{\Theta} = {}^2\mathbf{A}^{T}\,{}^1\mathbf{A}^{T}\Phi = {}^2\mathbf{A}^{T}\,{}^1\mathbf{A}^{T}\mathbf{D}^{-1}\mathbf{P}. \tag{174}$$

Die Komponenten aller inneren Kräfte in den Endquerschnitten der Stäbe bestimmen wir aus der Beziehung

$$\mathbf{S}^\times = {}^3\mathbf{A}\mathbf{S} = {}^3\mathbf{A}\mathbf{N}\Phi = {}^3\mathbf{A}\mathbf{N}\mathbf{D}^{-1}\mathbf{P}. \tag{175}$$

Durch Einsetzen der Ausdrücke aus Gl. (159) und (158) für $\mathbf{N}$ erhält die letzte Gleichung die Form

$$\mathbf{S}^\times = {}^3\mathbf{A}\overline{\mathbf{C}}\,{}^3\mathbf{A}^{T}\,{}^2\mathbf{A}^{T}\,{}^1\mathbf{A}^{T}\Phi \tag{176}$$

oder $\big[$Gl. (174)$\big]$

$$\mathbf{S}^\times = {}^3\mathbf{A}\overline{\mathbf{C}}\,{}^3\mathbf{A}^{T}\overline{\Theta}. \tag{176a}$$

Die inneren Kräfte in einem beliebigen Querschnitte und die Verschiebung eines solchen Querschnitts jeden Stabes ermitteln wir aus den Werten $\mathbf{S}^\times$ und die Werte $\overline{\Theta}^\times$ oder $\Theta^\times$ nach den Beziehungen, die wir im weiteren angeben werden.

Bemerkung: Bei der Bestimmung der resultierenden Werte der inneren Kräfte in den einzelnen Querschnitten jedes Stabes und zur Berechnung der Biegelinien wäre es möglich, nach den bei der üblichen Berechnung der Konstruktionen mittels der Deformationsmethode verwendeten Ausdrücken Transformationsmatrizen aufzustellen, mit deren Hilfe wir die gesuchten Größen aus $\mathbf{S}^\times$, $\overline{\Theta}^\times$ und $\Theta^\times$ berechnen würden. Zu diesen Werten würden wir — im Falle der Belastung außerhalb der Knotenpunkte — bei jedem Stab die Werte dieser unter Annahme vollkommener Einspannung jedes Stabes bestimmten Größen hinzuzählen. Dieser bestimmt richtige und mögliche Vorgang aber kann durch einen andern ersetzt werden, wie wir im Kapitel über die Berechnung eingespannter Stäbe zeigen werden. Den ganzen Berechnungsvorgang können wir in ein Flußdiagramm einzeichnen. Die Klammern auf der linken Seite des Befehls bedeuten die vorgeschriebenen Operationen. Mit der Bedingung $\mathbf{P} - \mathbf{D}\Phi : \mathbf{O}$ kontrollieren wir die Richtigkeit der Rechnung nach der Beziehung $\big[$s. Gl. (157a)$\big]$*

$$\mathbf{P} - \mathbf{A}\mathbf{S} = \mathbf{P} - \mathbf{A}\mathbf{N}\Phi = \mathbf{P} - \mathbf{D}\Phi = \mathbf{O}.$$

Es wäre auch möglich, direkt die Matrix $\mathbf{D}$ zu verwenden und zu schreiben

$$\mathbf{P} - \mathbf{D}\Phi = \mathbf{O}.$$

---

* Siehe z.B. Nickel: „Algol-Praktikum", Verlag Braun, Karlsruhe 1964.

Bei dieser Berechnungsart können die im Speicher durch die Matrizen **A** und **D** besetzten Stellen nach durchgeführter Kontrolle durch andere Werte besetzt werden, da beide Matrizen — im Hinblick auf die geforderten Ergebnisse — bloß Hilfscharakter haben.

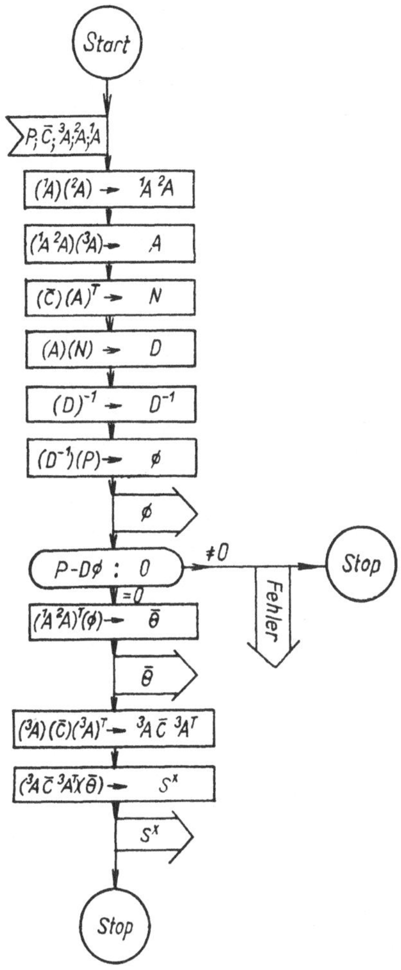

Die Matrizen $\bar{\mathbf{C}}$, $^{3}\mathbf{A}$, $^{2}\mathbf{A}$, die als Eingangswerte eingeführt werden, können auch mit Hilfe von Unterprogrammen maschinell berechnet werden. Wie wir gezeigt haben, können die Elemente der Matrizen $^{3}\mathbf{A}$ und $^{2}\mathbf{A}$ aus den Koordinaten der einzelnen Knoten berechnet werden; es ist also kein Problem, ein Unterprogramm zu ihrer Berechnung aufzustellen. Eingangswerte sind dann nur die Koordinaten der Knoten. Zur Berechnung der Steifigkeitsmatrix kann auch ein Unter-

programm aufgestellt werden. Eingangswerte werden die Spannweiten
der Stäbe, ihre geometrische Form und Querschnittsabmessungen sowie
die Materialkonstanten. Man braucht also direkt nur die Matrix ^{1}**A**
und bei Knotenbelastung auch die Matrix **P** aufzustellen. Allerdings
können wir, sofern wir die wirkliche Belastung in eine Knotenbelastung
überführen, auch für die Berechnung der Matrix **P** weitere Beziehungen
festlegen. Zu dieser Frage werden wir noch zurückkehren. Ebenso
werden wir die Möglichkeit der matrizenartigen Berechnung der Elemente zur Matrix $\overline{\textbf{C}}$ zeigen.

4.3. Einfluß der Stützensenkung

In den allgemeinen Annahmen zur Konstruktion haben wir angeführt,
daß r Stabenden in Stützen eingespannt sind. In diesen Verbindungen
entstehen $3r$ Komponenten äußerer Reaktionen. Als solche führen
wir das Biegemoment, die lotrechte sowie die waagrechte Kraft ein.
Der positive Sinn dieser Komponenten ist (Abb. 12): für das Biege-

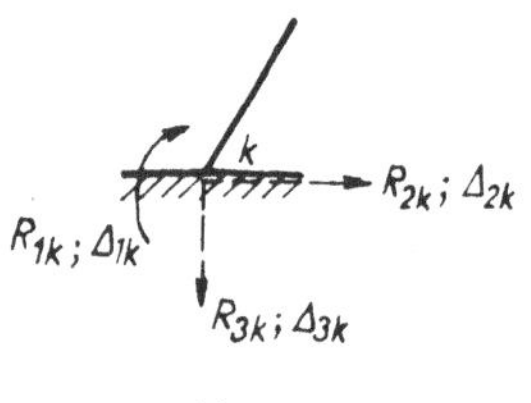

Abb. 12.

moment im Uhrzeigersinne, für die lotrechte Kraft in der Richtung
nach unten, für die waagrechte Kraft in der Richtung nach rechts.
Bisher haben wir angenommen, daß die Stützen fest sind. Im weiteren
Teil werden wir zeigen, wie sich in der Berechnung einer allgemeinen
Konstruktion in Matrizenform nach der Deformationsmethode die
Senkung dieser Stützen auswirkt.

Wir betrachten den allgemeinen Fall, bei dem es an allen r Einspannungen zum allgemeinen Senken der Stützen kommt. Diese Senkung
drücken wir wieder durch drei Komponenten aus — das Verdrehen, die
waagrechte und die lotrechte Verschiebung. Diese Komponenten be-
zeichnen wir mit Δ_{1k}, Δ_{2k}, Δ_{3k}, und ihr positiver Sinn stimmt mit dem
der Reaktionskomponenten überein. Wir haben somit bei jeder Stütze
drei unbekannte Reaktionskomponenten und drei Verschiebungskompo-

nenten, deren Werte im vorhinein gegeben sind. Wir bezeichnen

$$\mathbf{R}_k = \begin{bmatrix} R_{1k} \\ R_{2k} \\ R_{3k} \end{bmatrix}, \quad \Delta_k = \begin{bmatrix} \Delta_{1k} \\ \Delta_{2k} \\ \Delta_{3k} \end{bmatrix}. \tag{177}$$

Beide Matrizen sind vom Typ $(3 \cdot 1)$. Die geordnete Zusammenstellung aller Reaktions- und Stützensenkungskomponenten (gereiht nach dem Index $k = 1 \div r$) ergibt Matrizen, die sich aus den Untermatrizen $\mathbf{R}_k$, Δ_k zusammensetzen.

$$\mathbf{R} = \begin{bmatrix} \mathbf{R}_1 \\ \mathbf{R}_2 \\ \vdots \\ \mathbf{R}_k \\ \vdots \\ \mathbf{R}_r \end{bmatrix}, \quad \Delta = \begin{bmatrix} \Delta_1 \\ \Delta_2 \\ \vdots \\ \Delta_k \\ \vdots \\ \Delta_r \end{bmatrix}. \tag{177a}$$

Beide Matrizen sind vom Typ $(3r \cdot 1)$.

Bemerkung: Sofern es des leichteren Ausdrucks wegen nötig ist, mit den einzelnen Elementen der letzten Matrizen zu arbeiten, können wir, statt der eingeführten Bezeichnung, ein allgemeines Element der Matrix $\mathbf{R}$ mit dem Symbol R_k, ein Element der Matrix Δ mit dem Symbol Δ_k bezeichnen und den einzelnen Elementen laufend den Index von 1 bis $3r$ zuordnen.

Da wir nun bei jeder Stütze je drei Komponenten einer verallgemeinerten Kraft und einer verallgemeinerten Verschiebung haben, können wir jede Stütze als weiteren Knoten der Konstruktion ansehen. Allerdings sind hier die Kräfte Unbekannte.

In den Ableitungen des vorangehenden Abschnittes haben wir bei der Aufstellung der vereinfachten statischen und geometrischen Gleichung die gegenseitige Verbindung der Stäbe in der Konstruktion berücksichtigt. Insbesondere haben wir bei der Aufstellung der geometrischen Gleichungen die Verschiebungen an den Stützen gleich null gesetzt. Wenn wir jeden Stützpunkt als weiteren Knotenpunkt ansehen (dessen verallgemeinerte Verschiebung im vorhinein bekannt ist), können wir Gl. (150) in der Form

$$\overline{\Theta}^{\times} = [{}^{1}\mathbf{B}; \, {}^{1}\mathbf{B}_R] \begin{bmatrix} \Phi \\ \Delta \end{bmatrix} = {}^{1}\mathbf{B}_\Delta \begin{bmatrix} \Phi \\ \Delta \end{bmatrix} \tag{178}$$

schreiben, wo die Matrix $^1\mathbf{B}_\Delta$ vom Typ $(6m) \cdot (3n + 3r)$ ist, die Matrix $^1\mathbf{B}_R$ vom Typ $(6m \cdot 3r)$.

Wenn wir in ähnlicher Weise die Gleichgewichtsbedingungen auch für die neueingeführten Knotenpunkte anschreiben (wo allerdings die Komponenten der Knotenbelastung unbekannt sind), erhalten wir die Beziehung

$$\begin{bmatrix}\mathbf{P}\\\mathbf{R}\end{bmatrix} = \begin{bmatrix}^1\mathbf{A}\\^1\mathbf{A}_R\end{bmatrix}\overline{\mathbf{S}}^\times = {}^1\mathbf{A}_\Delta\overline{\mathbf{S}}^\times\,, \tag{179}$$

die eine Erweiterung der Gl. (151) ist; Matrix $^1\mathbf{A}_\Delta$ ist vom Typ $(3n + 3r) \cdot (6m)$ und Matrix $^1\mathbf{A}_R$ vom Typ $(3r \cdot 6m)$. Dabei muß, aus dem gleichen Grunde wie früher, gelten

$$(^1\mathbf{A}_\Delta)^T = {}^1\mathbf{B}_\Delta\,; \quad (^1\mathbf{A}_R)^T = {}^1\mathbf{B}_R\mathbf{R}\,. \tag{180}$$

Für $\overline{\mathbf{S}}^\times$ und $\overline{\boldsymbol{\Theta}}^\times$ setzen wir die Beziehungen aus Gl. (156) ein.

$$\begin{bmatrix}\mathbf{P}\\\mathbf{R}\end{bmatrix} = \begin{bmatrix}^1\mathbf{A}\\^1\mathbf{A}_R\end{bmatrix}{}^2\mathbf{A}\,{}^3\mathbf{A}\mathbf{S}\,; \quad \mathbf{S} = \overline{\mathbf{C}}\boldsymbol{\Theta}\,; \quad \boldsymbol{\Theta} = {}^3\mathbf{A}^T\,{}^2\mathbf{A}^T[^1\mathbf{B}\,;\,{}^1\mathbf{B}_R]\begin{bmatrix}\boldsymbol{\Phi}\\\Delta\end{bmatrix}. \tag{181}$$

Nach Ausmultiplizieren bezeichnen wir

$$\mathbf{A}_\Delta = \begin{bmatrix}^1\mathbf{A}\;{}^2\mathbf{A}\,{}^3\mathbf{A}\\^1\mathbf{A}_R\,{}^2\mathbf{A}\,{}^3\mathbf{A}\end{bmatrix} = \begin{bmatrix}\mathbf{A}\\\mathbf{A}_R\end{bmatrix}\,; \quad \mathbf{B}_\Delta = [(^3\mathbf{B}\,{}^2\mathbf{B}\,{}^1\mathbf{B})\,; \; (^3\mathbf{B}\,{}^2\mathbf{B}\,{}^1\mathbf{B}_R)] =$$

$$= [\mathbf{B}\,;\,\mathbf{B}_R]\,. \tag{182}$$

Die Matrix $\mathbf{A}_\Delta$ ist vom Typ $(3r + 3n) \cdot (3m)$, wir bezeichnen sie als erweiterte statische Matrix, die Matrix $\mathbf{A}_R$ vom Typ $(3r \cdot 3m)$. Die Matrix $\mathbf{B}_\Delta$ vom Typ $(3m) \cdot (3r + 3n)$ bezeichnen wir als erweiterte geometrische Matrix; $\mathbf{B}_R$ ist vom Typ $(3m \cdot 3r)$. Durch Verbindung der Beziehungen aus Gl. (181) stellen wir die Gleichung auf

$$\begin{bmatrix}\mathbf{P}\\\mathbf{R}\end{bmatrix} = \mathbf{A}_\Delta\overline{\mathbf{C}}\mathbf{A}_\Delta^T\begin{bmatrix}\boldsymbol{\Phi}\\\Delta\end{bmatrix} = \begin{bmatrix}\mathbf{A}\\\mathbf{A}_R\end{bmatrix}[\overline{\mathbf{C}}]\,[\mathbf{A}^T\,;\,\mathbf{A}_R^T]\begin{bmatrix}\boldsymbol{\Phi}\\\Delta\end{bmatrix}. \tag{183}$$

Die letzte Gleichung stellt dar die Abhängigkeit der Komponenten der Knotenbelastung und der der äußeren Reaktionen von den Verschiebungen der Knoten und der Senkung der Stützen. Die Größen $\boldsymbol{\Phi}$ und $\mathbf{R}$ sind hier Unbekannte.

Wir multiplizieren die drei inneren Matrizen in Gl. (183):

$$\begin{bmatrix} \mathbf{P} \\ \mathbf{R} \end{bmatrix} = \begin{bmatrix} \mathbf{A\overline{C}A}^T \; ; \; \mathbf{A\overline{C}A}_R^T \\ \mathbf{A}_R\overline{\mathbf{C}}\mathbf{A}^T ; \; \mathbf{A}_R\overline{\mathbf{C}}\mathbf{A}_R^T \end{bmatrix} \begin{bmatrix} \Phi \\ \Delta \end{bmatrix} . \tag{183a}$$

Mit Rücksicht auf die Bedeutung des Produktes $\mathbf{A\overline{C}A}^T = \mathbf{D}$ führen wir die vereinfachte Bezeichnung ein

$$\begin{bmatrix} \mathbf{P} \\ \mathbf{R} \end{bmatrix} = \begin{bmatrix} \mathbf{D}_{1\Delta}; \; \mathbf{D}_{2\Delta} \\ \mathbf{D}_{2\Delta}^T; \; \mathbf{D}_{3\Delta} \end{bmatrix} \begin{bmatrix} \Phi \\ \Delta \end{bmatrix} = \begin{bmatrix} \mathbf{D} \; ; \; \mathbf{D}_{2\Delta} \\ \mathbf{D}_{2\Delta}^T; \; \mathbf{D}_{3\Delta} \end{bmatrix} \begin{bmatrix} \Phi \\ \Delta \end{bmatrix} = \mathbf{D}_\Delta \begin{bmatrix} \Phi \\ \Delta \end{bmatrix} . \tag{183b}$$

Die letzte Gleichung schreiben wir in der Form von zwei Matrizengleichungen:

$$\mathbf{P} = \mathbf{D}\Phi \; + \mathbf{D}_{2\Delta}\Delta ,$$

$$\mathbf{R} = \mathbf{D}_{2\Delta}^T\Phi + \mathbf{D}_{3\Delta}\Delta . \tag{184}$$

Die Matrix $\mathbf{D}$ ist quadratisch, symmetrisch, vom Typ $(3n \, . \, 3n)$ und, wie wir früher gezeigt haben, regulär; $\mathbf{D}_{2\Delta}$ bzw. $\mathbf{D}_{2\Delta}^T$ sind vom Typ $(3n \, . \, 3r)$ bzw. $(3r \, . \, 3n)$. Die Matrix $\mathbf{D}_{3\Delta}$ ist quadratisch, vom Typ $(3r \, . \, 3r)$ und, wie aus dem Produkt $\mathbf{A}_R\overline{\mathbf{C}}\mathbf{A}_R^T$ hervorgeht, symmetrisch. Die Elemente dieser Matrix sind, wie aus der letzten Gleichung für $\Phi = \mathbf{O}$ folgt, Reaktionskomponenten von den einzelnen $\Delta_k = 1$. Das bedeutet, daß jede Spalte der Matrix $\mathbf{D}_{3\Delta}$ eine Gruppe von Werten ist, die gegenseitig in einem festen Verhältnis stehen; wir können deshalb in jeder Spalte einen der Werte als Hauptwert annehmen, u.zw. in jeder Spalte einen anderen. Dann folgt aus einer ähnlichen Überlegung, wie wir sie bei der Matrix $\mathbf{N}$ angestellt haben, daß der Rang dieser Matrix gleich ist $h_{3\Delta} = 3r$ und daß auch die Matrix $\mathbf{D}_{3\Delta}$ regulär ist.

Nach Gl. (185) können wir berechnen

$$\Phi = \mathbf{D}^{-1}\mathbf{P} - \mathbf{D}^{-1}\mathbf{D}_{2\Delta}\Delta \tag{185}$$

und durch Einsetzen in die zweite Gleichung und Umformung

$$\mathbf{R} = \mathbf{D}_{2\Delta}^T\mathbf{D}^{-1}\mathbf{P} + \left(\mathbf{D}_{3\Delta} - \mathbf{D}_{2\Delta}^T\mathbf{D}^{-1}\mathbf{D}_{2\Delta} \right) \Delta . \tag{186}$$

Nach Gl. (185) berechnen wir unter Berücksichtigung des Einflusses der Stützensenkung alle Verschiebungskomponenten der freien Knoten und nach Gl. (186) alle Komponenten der äußeren Reaktionen. Der weitere Rechnungsvorgang ist bereits analog dem des vorangehenden Abschnittes.

Betrachten wir die Gl. (185), (186) näher und stellen wir sie in einer einzigen Matrizengleichung zusammen:

$$\begin{bmatrix} \Phi \\ R \end{bmatrix} = \begin{bmatrix} D^{-1} & ; & -D^{-1}D_{2\Delta} \\ D_{2\Delta}^{T}D^{-1}; & (D_{3\Delta} - D_{2\Delta}^{T}D^{-1}D_{2\Delta}) \end{bmatrix} \begin{bmatrix} P \\ \Delta \end{bmatrix}. \tag{187}$$

Die Transformationsmatrix, die die Abhängigkeit der Verschiebungs- und Reaktionskomponenten von den Komponenten der Knotenbelastung und Stützensenkung ausdrückt, ist mit Rücksicht auf die Eigenschaften der Untermatrizen, aus denen sie besteht, eine reguläre Matrix vom Typ $(3n + 3r) \cdot (3n + 3r)$. Es muß also auch die zu ihr inverse Matrix bestehen. Wir könnten sie direkt aus den für die Berechnung einer Matrix geltenden Beziehungen bestimmen, die zu einer sich aus Untermatrizen zusammensetzenden Matrix invers ist. Wir zeigen jedoch lieber, wie diese Matrix durch Umformung der Gl. (184) erhalten werden kann.

Wir bringen die erste Gleichung auf die Form

$$P - D_{2\Delta}\Delta = D\Phi. \tag{188}$$

Die zweite überführen wir durch Multiplikation von links mit der Matrix $D_{3\Delta}^{-1}$, deren Existenz wir bewiesen haben und von der wir voraussetzen, daß wir sie bestimmt haben, und durch Umformung in die Gleichung

$$\Delta = -D_{3\Delta}^{-1}D_{2\Delta}^{T}\Phi + D_{3\Delta}^{-1}R. \tag{189}$$

Beide Gleichungen ergänzen wir (durch Beifügung der Nullmatrizen und Einführung der Einheitsmatrizen) derart, daß sie beide alle Matrizen P, Δ, Φ, R enthalten.

$$IP - D_{2\Delta}\Delta = D\Phi + OR,$$
$$OP + I\Delta = -D_{3\Delta}^{-1}D_{2\Delta}^{T}\Phi + D_{3\Delta}^{-1}R. \tag{190}$$

Diese Umformung ist nur formaler Natur und ändert in keiner Weise die Bedeutung der beiden Gleichungen. Die Einheitsmatrix in der ersten Gleichung ist vom Typ $(3n \cdot 3n)$, die Nullmatrix vom Typ $(3n \cdot 3r)$. In der zweiten Gleichung ist die Nullmatrix vom Typ $(3r \cdot 3n)$, die Einheitsmatrix vom Typ $(3r \cdot 3r)$. Wir können somit beide Gleichungen wieder zu einer einzigen vereinigen, u.zw.

$$\begin{bmatrix} I & ; & -D_{2\Delta} \\ O; & I \end{bmatrix} \begin{bmatrix} P \\ \Delta \end{bmatrix} = \begin{bmatrix} D & ; & O \\ -D_{3\Delta}^{-1}D_{2\Delta}^{T}; & D_{3\Delta}^{-1} \end{bmatrix} \begin{bmatrix} \Phi \\ R \end{bmatrix}. \tag{190a}$$

Da die erste Matrix auf der linken Seite von Gl. (190a) quadratisch und augenscheinlich regulär ist, ermitteln wir die zu ihr inverse Matrix

$$\begin{bmatrix} \mathbf{I} & ; & -\mathbf{D}_{2\Delta} \\ \mathbf{O}; & & \mathbf{I} \end{bmatrix}^{-1} = \begin{bmatrix} \mathbf{I} & ; & \mathbf{D}_{2\Delta} \\ \mathbf{O}; & & \mathbf{I} \end{bmatrix}. \tag{191}$$

Mit dieser Matrix multiplizieren wir von links die Gl. (190a) und bestimmen

$$\begin{bmatrix} \mathbf{P} \\ \mathbf{\Delta} \end{bmatrix} = \begin{bmatrix} \mathbf{I} & ; & \mathbf{D}_{2\Delta} \\ \mathbf{O}; & & \mathbf{I} \end{bmatrix} \begin{bmatrix} \mathbf{D} & ; & \\ -\mathbf{D}_{3\Delta}^{-1}\mathbf{D}_{2\Delta}^{T}; & & \mathbf{D}_{3\Delta}^{-1} \end{bmatrix} \begin{bmatrix} \mathbf{\Phi} \\ \mathbf{R} \end{bmatrix} \tag{190b}$$

oder

$$\begin{bmatrix} \mathbf{P} \\ \mathbf{\Delta} \end{bmatrix} = \begin{bmatrix} \mathbf{D} - \mathbf{D}_{2\Delta}\mathbf{D}_{3\Delta}^{-1}\mathbf{D}_{2\Delta}^{T}; & & \mathbf{D}_{2\Delta}\mathbf{D}_{3\Delta}^{-1} \\ -\mathbf{D}_{3\Delta}^{-1}\mathbf{D}_{2\Delta}^{T} & ; & \mathbf{D}_{3\Delta}^{-1} \end{bmatrix} \begin{bmatrix} \mathbf{\Phi} \\ \mathbf{R} \end{bmatrix}. \tag{190c}$$

Daß die soeben bestimmte Matrix, die die Beziehung zwischen den bekannten und unbekannten Größen beschreibt, invers zur Matrix aus Gl. (187) ist, davon kann man sich leicht überzeugen.

4.4. Bestimmung der Komponenten der Knotenbelastung

Bisher haben wir angenommen, daß die in Betracht gezogene Konstruktion in den Knoten belastet ist. Beim allgemeinen Belastungsfall jedoch greift die Belastung außerhalb der Knoten an. Wir wollen zeigen, wie aus der gegebenen Belastung der Konstruktion die Komponenten der Knotenbelastung ermittelt werden können.

Wie bei der Deformationsmethode üblich, setzen wir voraus, daß in der betrachteten, beliebig belasteten (einschließlich Temperaturänderungen), allgemeinen Rahmenkonstruktion zunächst sämtliche Knoten festgehalten sind, d.h. daß sie sich weder verschieben noch verdrehen können. In dieser ersten Berechnungsstufe ist dann jeder Stab beiderseitig vollkommen eingespannt. Bei diesem Zustande der Unterstützung bestimmen wir für jeden der m Stäbe den Verlauf der Biegemomente $\mathfrak{M}$, Querkräfte $\mathfrak{Q}$ und Normalkräfte $\mathfrak{N}$. Für den weiteren Bedarf bestimmen wir auch die Ordinaten ζ der Biegelinie (bei geraden Stäben ermitteln wir die Biegeordinaten senkrecht zur Stabachse, bei gekrümmten Stäben dann die Ordinaten in der Richtung der Verbindungslinie der Einspannquerschnitte und senkrecht dazu).

Zur Bestimmung der oben angeführten Größen benützen wir entweder Tabellen, oder wir berechnen sie auf übliche Art. Dafür sind aber auch Programme für Rechenautomaten aufgestellt. Weiters zeigen wir auch die Berechnung dieser Größen in Matrizenform.

Für jeden Stab können wir aus den berechneten Größen eine Spaltenmatrix $\mathbf{S}_{Vi}^{\times}$ des Typs (6 . 1) aufstellen.

$$\begin{bmatrix} \mathfrak{M}_{ai} \\ \mathfrak{N}_{ai} \\ \mathfrak{Q}_{ai} \\ \mathfrak{M}_{bi} \\ \mathfrak{N}_{bi} \\ \mathfrak{Q}_{bi} \end{bmatrix} = \mathbf{S}_{Vi}^{\times} . \tag{192}$$

(Sofern es sich um einen gekrümmten Stab handelt, bezeichnen $\mathfrak{N}_{ai}$, $\mathfrak{N}_{bi}$ die in den Einspannquerschnitten parallel zur Verbindungslinie $\overline{ab}$ wirkenden Kräfte und $\mathfrak{Q}_{ai}$, $\mathfrak{Q}_{bi}$ die Kräfte senkrecht dazu.)

Für die ganze Konstruktion stellen wir aus den Matrizen $\mathbf{S}_{Vi}^{\times}$ in der Reihenfolge nach dem Index i auch die Matrix $\mathbf{S}_{V}^{\times}$ vom Typ (6m . 1) auf.

Aus den im vorstehenden Abschnitte abgeleiteten Gleichungen (156) folgt die Beziehung

$$\mathbf{P} = {}^{1}\mathbf{A} \, {}^{2}\mathbf{A}\mathbf{S}^{\times} . \tag{193}$$

Mit dieser Gleichung sind die Gleichgewichtsbedingungen der Komponenten der Knotenlasten und der inneren Kräfte M_{ai}, N_{ai}, Q_{ai}, M_{bi}, N_{bi}, Q_{bi} der zugehörigen Stäbe in den einzelnen Knoten angeschrieben.

Setzen wir in Gl. (193) für $\mathbf{S}^{\times}$ die Matrix $\left(-\mathbf{S}_{V}^{\times}\right)$ ein, erhält die letzte Gleichung die Form

$$\mathbf{P} = -{}^{1}\mathbf{A} \, {}^{2}\mathbf{A}\mathbf{S}_{V}^{\times} , \tag{194}$$

$$(3n . 1) = (3n . 6m)(6m . 6m)(6m . 1) ;$$

die Gleichung ist die Äquivalenzbedingung zwischen den Komponenten der Knotenlasten und den von der Belastung unter Annahme vollkommener Einspannung herrührenden Werten der statischen Größen in den Endquerschnitten der einzelnen Stäbe; sie ist also die Beziehung, aus der wir die der gegebenen Belastung entsprechenden Knotenlasten bestimmen können.

Wie ersichtlich, benützen wir hier die Matrizenprodukte ${}^{1}\mathbf{A} \, {}^{2}\mathbf{A}$ von Matrizen, die wir zur Bestimmung der Matrix $\mathbf{D}$ benötigen. Damit ist die Vorteilhaftigkeit des angegebenen Vorganges bei der Ableitung der Matrix $\mathbf{D}$ bestätigt.

Bemerkung: Sofern die Konstruktion durch Einzellasten und Einzelmomente belastet wird, kann jeder derartige Angriffspunkt als weiterer Knoten angesehen werden. Damit erhöht sich die Anzahl der Gleichungen, wobei allerdings zu überlegen ist, was im jeweiligen Falle vorteilhafter ist.

Die Überführung der Belastung außerhalb der Knoten in eine Knotenbelastung kann in der angegebenen Weise auch bei der Berechnung der Konstruktion mittels anderer Methoden durchgeführt werden.

4.5. Berechnung der resultierenden inneren Kräfte und der resultierenden Formänderung der Konstruktion

Bei der Berechnung der Komponenten der Knotenbelastung haben wir für jeden Stab den Verlauf der Größen $\mathfrak{M}$, $\mathfrak{Q}$, $\mathfrak{N}$ und die Biegelinien der einzelnen Stäbe unter Voraussetzung beiderseitiger vollkommener Einspannung bestimmt. Nun sollten wir die Frage beantworten, wie die resultierende Beanspruchung und Verformung der Konstruktion zu berechnen ist.

Aus der Berechnung unter Annahme von Knotenbelastung kennen wir die Elemente der Matrix **S**, d.h. die Biegemomente in den Endquerschnitten der einzelnen Stäbe und die Normalkräfte dieser Stäbe.

Falls die resultierenden Werte der Biegemomente, der Normal- und Querkräfte nur in den Endquerschnitten der einzelnen Stäbe bestimmt werden müssen, genügt es, nach Gl. (139) die Matrix $\mathbf{S}_i^{\times}$ zu berechnen, deren Elemente die gesuchten Größen von der Knotenbelastung sind. Addieren wir nun diese Werte zu den nach Gl. (192) bestimmten, d.h. zur Matrix $\mathbf{S}_{Vi}^{\times}$, erhalten wir die resultierenden Werte der gesuchten Größen in den Endquerschnitten der einzelnen Stäbe infolge der wirklichen Belastung außerhalb der Knoten.

$$\mathbf{S}_{Ki}^{\times} = \mathbf{S}_{Vi}^{\times} + \mathbf{S}_i^{\times}\,.$$

Wollen wir auch den Verlauf der Größen M, N, Q für jeden Stab ermitteln, so berechnen wir aus den durch Matrix **S** gegebenen Werten nach den Gleichungen

$$M_{ix} = \frac{M_{ai}x_i'' - M_{bi}x_i'}{l_i}\;;\quad N_{ix} = N_i\;;\quad Q_{ix} = -\frac{M_{ai} + M_{bi}}{l_i}$$

die Werte dieser Größen in einer beliebigen Anzahl von Querschnitten zwischen den Stützen eines jeden Stabes. Durch Hinzuzählen der an jedem Stab unter Annahme vollkommener Einspannung für die wirkliche Belastung ermittelten Werte berechnen wir die endgültigen Werte der Größen M, N, Q. Diese Berechnung können wir auch in einfacher Matrizenform vornehmen. Wir werden sie aber nicht anführen, da wir später eine einfachere Berechnungsmöglichkeit zeigen werden.

In ähnlicher Weise zählen wir bei der Berechnung der endgültigen Formänderung jedes Stabes zu den Ordinaten der Biegelinie, die für jeden Stab unter Annahme vollkommener Einspannung und wirklicher Belastung außerhalb der Knoten bestimmt wurde, die Ordinaten der der Knotenbelastung entsprechenden Biegelinie. Aus den nach Gl. (148) und (150) berechneten verallgemeinerten Knotenverschiebungen der Konstruktion bestimmen wir die Komponenten der verallgemeinerten Verschiebungen der Endquerschnitte jedes Stabes

$$\Theta^{\times} = {}^{2}\mathbf{B}\,{}^{1}\mathbf{B}\Phi\,.$$

Aus diesen Werten errechnen wir leicht die erforderlichen Biegelinien der Stäbe unter Annahme von Knotenpunktsbelastung. Die ganze Berechnung können wir wieder in Matrizenform durchführen (s. [24]). Aber auch hier beschränken wir uns auf diese Feststellung; erst später werden wir eine leichtere und bessere Berechnungsart zeigen.

Wir vermerken nur noch, daß wir auch hier Teilmatrizen benützen, die wir in Abschnitt 4.1 eingeführt haben, womit von neuem die Vorteilhaftigkeit des gewählten Verfahrens bewiesen ist.

4.6. Berechnung der Einflußlinien

Zur Berechnung der Beanspruchung und Formänderung einer Konstruktion infolge der Wirkung beweglicher Belastung müssen wir die Einflußlinien verschiedener statischer und Formänderungsgrößen kennen. Hier ziehen wir selbstverständlich eine Belastung im allgemeinen, nicht nur Knotenbelastung in Betracht.

Zuerst beschäftigen wir uns mit der Bestimmung der Einflußlinien der statischen Größen. Auch bei der Deformationsmethode in Matrizenform bestimmen wir diese Einflußlinien so, daß wir zuerst die Einflußlinien der Biegemomente und Normalkräfte in den Endquerschnitten der einzelnen Stäbe errechnen. Die Einflußlinien dieser Größen sind definiert als Biegelinien der betrachteten Konstruktion bei fiktiver Knotenbelastung [12], zu denen wir beim betreffenden Stab die Ordinaten der Einflußlinie der bezüglichen Größe unter Annahme vollkommener Einspannung dieses Stabes hinzuzählen. (Wir setzen voraus, daß wir diese Einflußlinien vorher bestimmt haben.)

Zur Berechnung der Biegelinie der betrachteten Konstruktion infolge der bezüglichen fiktiven Knotenbelastung benützen wir die in den Kapiteln 4.1, 4.5 und 9 abgeleiteten Beziehungen. Die fiktiven Knotenlasten können wir direkt nach [12] ermitteln.

Die ganze Berechnung können wir aber auf Grund der nachfolgenden Überlegungen auch in reiner Matrizenform ausführen. Nehmen wir an, wir hätten die Einflußlinie des Momentes M_{ai} zu bestimmen. Unter Annahme vollkommener Einspannung des Stabes i bestimmen wir den Verlauf dieser Einflußlinie für den i-ten Stab. Man kann sie als Biegelinie desselben Stabes ansehen, wenn die Einspannebene des Querschnitts a sich um einen Winkel $\tau_{ai} = -1$ verdreht. Die diesem Belastungsfall entsprechenden Momente und Normalkräfte in den Querschnitten a, b können wir aus Gl. (187) errechnen, wenn wir sie auf den Fall des eingespannten, beispielsweise geraden Stabes anwenden:

$$\begin{bmatrix} \mathfrak{M}_{ai} \\ \mathfrak{M}_{bi} \\ \mathfrak{N}_i \end{bmatrix} = \begin{bmatrix} \bar{\omega}_{ai}; & \bar{\varepsilon}_i & ; & 0 \\ \bar{\varepsilon}_i & ; & \bar{\omega}_{bi}; & 0 \\ 0 & ; & 0 & ; & \bar{v}_i \end{bmatrix} \begin{bmatrix} -1 \\ 0 \\ 0 \end{bmatrix}, \tag{195}$$

oder in Matrizenschreibweise (wenn wir die auf die Berechnung der Einflußlinien sich beziehende Matrix mit dem Index f bezeichnen):

$$\mathbf{S}_{Vif} = \overline{\mathbf{C}}_i \begin{bmatrix} -1 \\ 0 \\ 0 \end{bmatrix} . \tag{195a}$$

Zur Bestimmung der Einflußlinie des Momentes M_{bi} würden wir dann nur $\tau_{bi} = -1$ einsetzen, zur Bestimmung der Einflußlinie für N_i $\Delta l_i = -1$. Führen wir die Berechnung für alle drei Matrizen $\mathbf{S}_{Vif}$ auf einmal durch, können wir schreiben

$$\mathbf{S}_{Vif} = \overline{\mathbf{C}}_i \begin{bmatrix} -1; & 0; & 0 \\ 0; & -1; & 0 \\ 0; & 0; & -1 \end{bmatrix} = \overline{\mathbf{C}}_i(-\mathbf{I}) = -\overline{\mathbf{C}}_i , \tag{196}$$

wo die Matrix $\mathbf{S}_{Vif}$ vom Typ $(3 \cdot 3)$ ist. In gleicher Weise würden wir auch bei gekrümmten Stäben vorgehen. Erweitern wir diese Überlegung auf alle Stäbe, d.h. wollen wir die Einflußlinien der Endmomente und

Normalkräfte sämtlicher Stäbe bestimmen, geht Gl. (196) über in

$$\mathbf{S}_{Vf} = -\overline{\mathbf{C}}, \qquad (197)$$

wo beide Matrizen vom Typ $(3m \, . \, 3m)$ sind.

Für die Berechnung der Knotenlasten haben wir in Kap. 4.4 die Gl. (194) abgeleitet, wo aber die Werte $\mathbf{S}_V^{\times}$ eingeführt sind. Daher überführen wir zuerst die in der Matrix $\mathbf{S}_{Vf}$ enthaltenen Matrizen in die der Gl. (194) entsprechenden, d.h. wir ermitteln

$$\mathbf{S}_{Vf}^{\times} = {}^3\mathbf{A}\mathbf{S}_{Vf} = -{}^3\mathbf{A}\overline{\mathbf{C}},$$
$$(6m \, . \, 3m) = (6m \, . \, 3m)(3m \, . \, 3m). \qquad (198)$$

Die Knotenlasten beim betrachteten − nennen wir ihn fiktiven − Belastungszustande werden bestimmt durch Gl. (194), in die wir aber $3m$ Spaltenmatrizen $\mathbf{S}_{Vif}^{\times}$ einsetzen; somit erhalten wir auch $3m$ Spaltenmatrizen $\mathbf{P}_{if}$, die die Gruppe von Knotenlasten zur Bestimmung aller Einflußlinien der gesuchten Größen darstellen. Somit ist dann

$$\mathbf{P}_f = -{}^1\mathbf{A}^2\mathbf{A}\mathbf{S}_{Vf}^{\times} = -{}^1\mathbf{A}^2\mathbf{A}(-{}^3\mathbf{A}\overline{\mathbf{C}}),$$
$$\mathbf{P}_f = {}^1\mathbf{A}^2\mathbf{A}^3\mathbf{A}\overline{\mathbf{C}} = \mathbf{A}\overline{\mathbf{C}},$$
$$(3n \, . \, 3m) = (3n \, . \, 3m)(3m \, . \, 3m). \qquad (199)$$

Das Produkt $\mathbf{A}\overline{\mathbf{C}}$ können wir aber − nach Gl. (166) − mit

$$\mathbf{A}\overline{\mathbf{C}} = \mathbf{N}^T$$

bezeichnen und somit auch Gl. (199) in der Form schreiben

$$\mathbf{P}_f = \mathbf{N}^T.$$

Die letzte Gleichung zeigt, daß die einzelnen Spalten der Matrix $\mathbf{N}^T$ auch Gruppen von Komponenten der fiktiven Knotenbelastung zur Bestimmung der Einflußlinien darstellen.

Um die Biegelinien der Konstruktion zur Berechnung der Einflußlinien der Werte M_{ai}, M_{bi}, N_i aller Stäbe bestimmen zu können, müssen wir die zu den einzelnen Belastungszuständen gehörigen Komponenten der Knotenverschiebungen berechnen. Vorausgesetzt, wir kennen die Matrix $\mathbf{D}^{-1}$, können wir alle diese Werte gruppenweise nach Gleichung

$$\mathbf{\Phi}_f = \mathbf{D}^{-1}\mathbf{P}_f = \mathbf{D}^{-1}\mathbf{N}^T \qquad (200)$$

ermitteln, in der Matrix $\mathbf{\Phi}_f$ vom Typ $(3n \, . \, 3m)$, $\mathbf{D}$ vom Typ $(3n \, . \, 3n)$ und $\mathbf{P}_f = \mathbf{N}$ vom Typ $(3n \, . \, 3m)$ sind. Der Index f bedeutet, daß es sich um Verschiebungskomponenten handelt, die der fiktiven Belastung entsprechen. Die einzelnen Spalten der Matrix $\mathbf{\Phi}_f$ sind Wertegruppen von Knotenverschiebungen, die zu den einzelnen Einflußlinien gehören.

Aus den berechneten Komponenten der Knotenverschiebungen bestimmen wir die Biegelinien der Konstruktion nach Kap. 4.1 und 4.5 bzw. 9.1. Zu den Ordinaten dieser Biegelinien addieren wir noch die zugehörigen Ordinate der Einflußlinien der einzelnen statischen Größen $\mathfrak{M}_{ai}, \mathfrak{M}_{bi}, \mathfrak{N}_i$; damit haben wir die Einflußlinien der Größen M_{ai}, M_{bi}, N_i aller Stäbe ermittelt.

Die Einflußlinien der anderen statischen Größen bestimmen wir — wie bei der üblichen Berechnungsart — durch Superposition aus den Einfluß- linien der Werte M_{ai}, M_{bi}, N_i. Allerdings können wir bei der Berechnung der Einflußlinien der statischen Größen in den Zwischenquerschnitten auch so vorgehen, daß wir die der gesuchten Größe entsprechende fiktive Knotenbelastung ermitteln; der weitere Vorgang ist gleich dem oben beschriebenen.

Beachten wir noch die Möglichkeiten der Bestimmung der Matrix $\mathbf{\Phi}_f$ ohne Benützung von Matrix $\mathbf{D}^{-1}$. Im vorangehenden Abschnitte haben wir gezeigt, daß für die betrachtete Konstruktion die Beziehung

$$3m > 3n$$

gelten muß, und $\big[$s. (157a)$\big]$ die folgende Gleichung abgeleitet:

$$\mathbf{\Theta} = \mathbf{B\Phi} . \tag{201}$$

Die Matrix $\mathbf{B}$ ist vom Typ $(3m \cdot 3n)$; wir können demnach eine zu ihr links inverse bestimmen. Eine der möglichen ist $\big[$s. (55)$\big]$ gegeben durch die Beziehung

$$^{-1}\mathbf{B} = (\mathbf{B}^T\mathbf{B})^{-1}\,\mathbf{B}^T . \tag{202}$$

Der Existenzbeweis der Matrix $(\mathbf{B}^T\mathbf{B})^{-1}$ kann auf Grund der früher angestellten Überlegung über den Rang der Matrix $\mathbf{N}$ und der Beziehung $\mathbf{B} = \overline{\mathbf{C}}^{-1}\mathbf{N} = \mathbf{CN}$, die aus Gl. (159) folgt, geführt werden.

Aus Gl. (201) bestimmen wir

$$\mathbf{\Phi} = {}^{-1}\mathbf{B\Theta} . \tag{203}$$

Zwischen den statischen Größen M_{ai}, M_{bi}, N_i in den Endquerschnitten der einzelnen Stäbe und den Komponenten $\tau_{ai}, \tau_{bi}, \Delta l_i$ der Verschie- bungen derselben Querschnitte besteht $\big[$s. (157a)$\big]$ die Beziehung

$$\mathbf{S} = \overline{\mathbf{C}}\mathbf{\Theta} .$$

Die gleiche Beziehung muß auch für die Einflußlinien dieser Größen gelten.

Für die Bestimmung der Einflußlinien der einzelnen Größen M_{ai}, M_{bi}, N_i gilt nach dem Bettischen Satze und der letzten Gleichung für den i-ten Stab die Beziehung

$$\Theta_{if} = \mathbf{I} \qquad (204)$$

und somit für alle Stäbe der Konstruktion (jeder selbständig betrachtet)

$$\Theta_f = \mathbf{I}\,; \qquad (204a)$$

dabei ist Θ_f vom Typ $(3m \cdot 3m)$, Θ_{fi} vom Typ $(3 \cdot 3)$.

Da Gl. (203) die Abhängigkeit zwischen den Matrizen Θ und Φ beschreibt, können wir, direkt durch schrittweises Einsetzen aller Spalten der Matrix $\Theta_f = \mathbf{I}$ für Θ, aus dieser Gleichung die Komponenten der Knotenverschiebungen bestimmen, die der Berechnung der Einflußlinien der Größen M_{ai}, M_{bi}, N_i aller Stäbe der ganzen Konstruktion entsprechen. Diese Operation können wir wieder durch die Gleichung beschreiben

$$\Phi_f = {}^{-1}\mathbf{B}\Theta_f = {}^{-1}\mathbf{B}\,, \qquad (205)$$

wo Φ_f vom Typ $(3n \cdot 3m)$ und Θ_f vom Typ $(3m \cdot 3m)$ sind. Diese Alternative könnten wir also benützen, wenn es nötig wäre, nur die Einflußlinien der statischen Größen zu bestimmen und die Berechnung der ganzen Konstruktion für die ständige Belastung nicht durchgeführt würde.

Die Einflußlinien der Durchbiegungen und Verdrehungen würden wir nach der Definition bestimmen, d.h. durch Belastung der Konstruktion mit den bezüglichen Einheitskräften bzw. Einheitsmomenten in den zugehörigen Querschnitten; durch Berechnung der Konstruktion mittels der Deformationsmethode würden wir die Biegelinien erhalten.

4.7. Vereinfachte Form der Deformationsmethode

Eine weitere Frage, mit der wir uns befassen müssen, ist die Vernachlässigung des Einflusses der Normalkräfte bei der Berechnung von Rahmenkonstruktionen mittels der Deformationsmethode in Matrizenform.

Bei allen vorhergehenden Überlegungen wurde die Berechnung der Konstruktion nach der allgemeinen Deformationsmethode behandelt, d.h. es wurde der Einfluß der Normalkräfte auf die Längenänderungen der einzelnen Stäbe berücksichtigt. Diese Berücksichtigung beeinflußt im ganzen die Struktur der Matrizenform der Berechnung mittels der Deformationsmethode günstig, erhöht allerdings die Anzahl der Unbekannten, für welche die Bedingungsgleichungen aufgestellt werden müssen. Diese Tatsache müßte bei Verwendung von Rechenautomaten nicht von Nachteil sein, insbesondere wenn wir berücksichtigen, daß wir für die Inversion der Matrix der Bedingungsgleichungen die Zerlegung der Matrix D in Felder benützen können.

Oft aber wird die Konstruktion ohne Rücksicht auf den Einfluß der Längskräfte auf die Längenänderung der einzelnen Stäbe berechnet. Daher muß gezeigt werden, wie sich die Vernachlässigung dieses Einflusses in der Matrizenform der allgemeinen Deformationsmethode auswirkt und wie man mit der Matrizenform der Deformationsmethode Rahmenkonstruktionen direkt ohne Berücksichtigung des Einflusses der Normalkräfte berechnen und wie man von der allgemeinen Methode zur vereinfachten übergehen kann.

Die Berechnung ohne Berücksichtigung des Einflusses der Normalkräfte benützen wir gewöhnlich bei Konstruktionen, die aus geraden Stäben zusammengesetzt sind. Daher beschränken wir uns in diesem Abschnitte auf die Untersuchung solcher Konstruktionen.

Um diese Beziehungen leicht und übersichtlich ableiten zu können, ist es vorteilhaft, die Reihung der Elemente in den einzelnen Matrizen zu ändern.

Bei den Änderungen der Anordnung der einzelnen Matrizen gehen wir von der Matrix $\overline{C}$ aus. Wir trennen die der Wirkung der Normalkräfte entsprechenden Elemente von denen, die zu Biegemomenten gehören. Die zum Stab i gehörige Matrix $\overline{C}_i$ zerlegen wir in zwei Untermatrizen

$$\overline{C}_i = \begin{bmatrix} {}^1\overline{C}_i; & O \\ O; & {}^2\overline{C}_i \end{bmatrix}. \tag{206}$$

Die Untermatrix ${}^1\overline{C}_i$ ist vom Typ $(2 \cdot 2)$, die Untermatrix ${}^2\overline{C}_i$ vom Typ $(1 \cdot 1)$. Die Matrix $\overline{C}$ bilden wir so, daß wir zuerst nach der gewählten Bezifferung der Stäbe alle Untermatrizen ${}^1\overline{C}_i$ einordnen, dann alle Untermatrizen ${}^2\overline{C}_i$. Somit ist

$$\overline{C} = \begin{bmatrix} {}^1\overline{C}; & O \\ O; & {}^2\overline{C} \end{bmatrix}, \tag{207}$$

wo Matrix ${}^1\overline{C}$ vom Typ $(2m \cdot 2m)$ und ${}^2\overline{C}$ vom Typ $(m \cdot m)$ sind. Die letztere ist eine Diagonalmatrix. In ähnlicher Weise ändern wir auch die Elementefolge in den Matrizen $\mathbf{S}$ und $\mathbf{\Theta}$. In der Matrix $\mathbf{S}$ werden wir zuerst hintereinander die Wertepaare M_{ai}, M_{bi} für alle Stäbe der Konstruktion reihen, hiernach die Werte N_i. Die Matrix $\mathbf{S}$ können wir mit den Untermatrizen in der Form

$$\mathbf{S} = \begin{bmatrix} \mathbf{S}_M \\ \mathbf{S}_N \end{bmatrix} \tag{208}$$

schreiben, wo die Matrix $\mathbf{S}_M$ der Werte der Biegemomente in den Endquerschnitten der einzelnen Stäbe vom Typ $(2m\,.\,1)$ ist und die Matrix $\mathbf{S}_N$ der Werte der Normalkräfte der einzelnen Stäbe vom Typ $(m\,.\,1)$.

In gleicher Weise ändern wir die Elementefolge auch in der Matrix $\mathbf{\Theta}$. In Form einer zerlegten Matrix schreiben wir sie

$$\mathbf{\Theta} = \begin{bmatrix} \tau \\ \Delta l \end{bmatrix}, \tag{209}$$

wo τ eine Matrix vom Typ $(2m\,.\,1)$ ist, die die Wertepaare τ_{ai}, τ_{bi} enthält, gereiht nach der gewählten Bezifferung der Stäbe. Die Matrix Δl ist vom Typ $(m\,.\,1)$ und enthält die Werte der Längenänderungen Δl_i. Die Gleichung

$$\mathbf{S} = \overline{\mathbf{C}}\mathbf{\Theta}$$

können wir ausschreiben in der Form

$$\mathbf{S} = \begin{bmatrix} \mathbf{S}_M \\ \mathbf{S}_N \end{bmatrix} = \begin{bmatrix} {}^1\mathbf{C}; & \mathbf{O} \\ \mathbf{O}; & {}^2\overline{\mathbf{C}} \end{bmatrix} \begin{bmatrix} \tau \\ \Delta l \end{bmatrix}. \tag{210}$$

In den Matrizen $\mathbf{P}$ und $\mathbf{\Phi}$ ändern wir die Elementereihung so, daß Größen gleichen Charakters aufeinanderfolgen. Wir bilden also die Matrix $\mathbf{P}$ so, daß wir zuerst alle Momentekomponenten der Knotenbelastung einreihen und hierauf die waagrechten und lotrechten Kraftkomponenten dieser Belastung:

$$\mathbf{P} = \begin{bmatrix} \mathbf{P}_M \\ \mathbf{P}_U \\ \mathbf{P}_V \end{bmatrix}, \tag{211}$$

wo die Matrix $\mathbf{P}_M$ vom Typ $(n\,.\,1)$ die Knotenmomente M_j enthält, $\mathbf{P}_U$ vom Typ $(n\,.\,1)$ die waagrechten Komponenten U_j und $\mathbf{P}_V$ vom Typ $(n\,.\,1)$ die lotrechten Komponenten V_j der Knotenbelastung.

Die Matrix $\mathbf{\Phi}$ zerlegen wir auch in Untermatrizen derart, daß

$$\mathbf{\Phi} = \begin{bmatrix} \mathbf{\varphi} \\ \mathbf{u} \\ \mathbf{v} \end{bmatrix}, \tag{212}$$

wo wir in der Matrix $\mathbf{\varphi}$ vom Typ $(n\,.\,1)$ zuerst alle Komponenten φ_j der Verdrehungen der einzelnen Knoten einreihen, hierauf in der Matrix $\mathbf{u}$ vom Typ $(n\,.\,1)$ die waagrechten und in der Matrix $\mathbf{v}$ vom Typ $(n\,.\,1)$ die lotrechten Verschiebungskomponenten der einzelnen Knoten. Diese Reihungsart haben wir bereits erwähnt.

Mit diesen Umformungen ist bereits auch der Charakter der Matrizen $\mathbf{A}$, $\mathbf{B}$, $\mathbf{N}$ und auch der resultierenden Matrix $\mathbf{D}$ bestimmt. Diese Matrizen können wir alle in Felder zerlegen, die den eingeführten Untermatrizen entsprechen. Die Ausgangsgleichungen, aus denen die Bedingungsgleichungen für die Berechnung der Konstruktion nach der Deformationsmethode abgeleitet sind, können wir folgendermaßen schreiben:

$$\begin{bmatrix} \mathbf{P}_M \\ \mathbf{P}_U \\ \mathbf{P}_V \end{bmatrix} = \begin{bmatrix} \mathbf{A}_{11}; & \mathbf{A}_{12} \\ \mathbf{A}_{21}; & \mathbf{A}_{22} \\ \mathbf{A}_{31}; & \mathbf{A}_{32} \end{bmatrix} \begin{bmatrix} \mathbf{S}_M \\ \mathbf{S}_N \end{bmatrix}; \quad \begin{bmatrix} \mathbf{S}_M \\ \mathbf{S}_N \end{bmatrix} = \begin{bmatrix} {}^1\overline{\mathbf{C}}; & \mathbf{O} \\ \mathbf{O}; & {}^2\overline{\mathbf{C}} \end{bmatrix} \begin{bmatrix} \mathbf{\tau} \\ \Delta l \end{bmatrix};$$

$$\begin{bmatrix} \mathbf{\tau} \\ \Delta l \end{bmatrix} = \begin{bmatrix} \mathbf{A}_{11}^T; & \mathbf{A}_{21}^T; & \mathbf{A}_{31}^T \\ \mathbf{A}_{12}^T; & \mathbf{A}_{22}^T; & \mathbf{A}_{32}^T \end{bmatrix} \begin{bmatrix} \mathbf{\varphi} \\ \mathbf{u} \\ \mathbf{v} \end{bmatrix}. \tag{213}$$

Die Matrizen $\mathbf{A}_{12}$ und $\mathbf{A}_{12}^T$ sind Nullmatrizen. Weiters bezeichnen wir die der Zerlegung der Matrix $\mathbf{N}$ in zwei Felder entsprechenden Untermatrizen mit $\mathbf{N}_M$ und $\mathbf{N}_N$. Sie sind vom Typ $(2m\,.\,3n)$ und $(m\,.\,3n)$.

$$\mathbf{N} = \overline{\mathbf{C}}\mathbf{B} = \begin{bmatrix} \mathbf{N}_M \\ \mathbf{N}_N \end{bmatrix} = \begin{bmatrix} {}^1\overline{\mathbf{C}}\mathbf{A}_{11}^T; & {}^1\overline{\mathbf{C}}\mathbf{A}_{21}^T; & {}^1\overline{\mathbf{C}}\mathbf{A}_{31}^T \\ \mathbf{O} & ; & {}^2\overline{\mathbf{C}}\mathbf{A}_{22}^T; & {}^2\overline{\mathbf{C}}\mathbf{A}_{32}^T \end{bmatrix}. \tag{213a}$$

Durch schrittweises Einsetzen und Ausmultiplizieren bestimmen wir aus Gl. (213) für die Matrix $\mathbf{D}$ die Beziehung

$$\mathbf{D} = \mathbf{A}\overline{\mathbf{C}}\mathbf{A}^T =$$

$$= \begin{bmatrix} \mathbf{A}_{11}{}^1\overline{\mathbf{C}}\mathbf{A}_{11}^T; & \mathbf{A}_{11}{}^1\overline{\mathbf{C}}\mathbf{A}_{21}^T & ; & \mathbf{A}_{11}{}^1\overline{\mathbf{C}}\mathbf{A}_{31}^T \\ \mathbf{A}_{21}{}^1\overline{\mathbf{C}}\mathbf{A}_{11}^T; & \mathbf{A}_{21}{}^1\overline{\mathbf{C}}\mathbf{A}_{21}^T + \mathbf{A}_{22}{}^2\overline{\mathbf{C}}\mathbf{A}_{22}^T; & \mathbf{A}_{21}{}^1\overline{\mathbf{C}}\mathbf{A}_{31}^T + \mathbf{A}_{22}{}^2\overline{\mathbf{C}}\mathbf{A}_{32}^T \\ \mathbf{A}_{31}{}^1\overline{\mathbf{C}}\mathbf{A}_{11}^T; & \mathbf{A}_{31}{}^1\overline{\mathbf{C}}\mathbf{A}_{21}^T + \mathbf{A}_{32}{}^2\overline{\mathbf{C}}\mathbf{A}_{22}^T; & \mathbf{A}_{31}{}^1\overline{\mathbf{C}}\mathbf{A}_{31}^T + \mathbf{A}_{32}{}^2\overline{\mathbf{C}}\mathbf{A}_{32}^T \end{bmatrix} =$$

$$= \begin{bmatrix} \mathbf{D}_{11}; & \mathbf{D}_{12}; & \mathbf{D}_{13} \\ \mathbf{D}_{12}^T; & \mathbf{D}_{22}; & \mathbf{D}_{23} \\ \mathbf{D}_{13}^T; & \mathbf{D}_{23}^T; & \mathbf{D}_{33} \end{bmatrix}. \tag{214}$$

Die Typen der einzelnen Untermatrizen folgen aus denen der früher beschriebenen Matrizen.

Diese Umformungen sind alle bloß Vertauschungen der Reihung der Spalten oder Zeilen der einzelnen Matrizen. Aus den nach den früher angegebenen Regeln aufgestellten Matrizen können wir neue Matrizen auch dadurch erhalten, daß wir die einzelnen Matrizen mit den zeilen- und spaltenvertauschten Matrizen multiplizieren. Wie bereits erwähnt, dienen diese Umformungen lediglich zur einfacheren Darlegung der weiteren Ableitungen. Es wäre jedoch nicht schwierig, weiterhin mit den ursprünglichen Matrizen zu arbeiten.

Das angegebene Anschreiben der Matrizen können wir etwas vereinfachen, wenn wir für die Kraftkomponenten der Knotenbelastung die Gruppenbezeichnung $\mathbf{P}_p$ einführen, d.i.

$$\mathbf{P}_p = \begin{bmatrix} \mathbf{P}_U \\ \mathbf{P}_V \end{bmatrix}, \tag{215}$$

und für die Verschiebungskomponenten der einzelnen Knoten die Gruppenbezeichnung $\mathbf{p}$, d.i.

$$\mathbf{p} = \begin{bmatrix} \mathbf{u} \\ \mathbf{v} \end{bmatrix}. \tag{216}$$

Dann haben die Gleichungen (213) und (214) die Form

$$\begin{bmatrix} \mathbf{P}_M \\ \mathbf{P}_p \end{bmatrix} = \begin{bmatrix} \mathbf{A}_1; & \mathbf{O} \\ \mathbf{A}_2; & \mathbf{A}_3 \end{bmatrix} \begin{bmatrix} \mathbf{S}_M \\ \mathbf{S}_N \end{bmatrix}; \quad \begin{bmatrix} \mathbf{S}_M \\ \mathbf{S}_N \end{bmatrix} = \begin{bmatrix} {}^1\overline{\mathbf{C}}; & \mathbf{O} \\ \mathbf{O}; & {}^2\overline{\mathbf{C}} \end{bmatrix} \begin{bmatrix} \tau \\ \Delta l \end{bmatrix};$$

$$\begin{bmatrix} \tau \\ \Delta l \end{bmatrix} = \begin{bmatrix} \mathbf{A}_1^T; & \mathbf{A}_2^T \\ \mathbf{O}; & \mathbf{A}_3^T \end{bmatrix} \begin{bmatrix} \varphi \\ \mathbf{p} \end{bmatrix}; \quad \begin{bmatrix} \mathbf{N}_M \\ \mathbf{N}_N \end{bmatrix} = \begin{bmatrix} {}^1\overline{\mathbf{C}}\mathbf{A}_1^T; & {}^1\overline{\mathbf{C}}\mathbf{A}_2^T \\ \mathbf{O}; & {}^2\overline{\mathbf{C}}\mathbf{A}_3^T \end{bmatrix}; \tag{213b}$$

$$\mathbf{D} = \begin{bmatrix} \mathbf{D}_{11}; & \overline{\mathbf{D}}_{12} \\ \overline{\mathbf{D}}_{12}^T; & \overline{\mathbf{D}}_{22} \end{bmatrix} = \begin{bmatrix} \mathbf{A}_1 {}^1\overline{\mathbf{C}}\mathbf{A}_1^T; & \mathbf{A}_1 {}^1\overline{\mathbf{C}}\mathbf{A}_2^T \\ \mathbf{A}_2 {}^1\overline{\mathbf{C}}\mathbf{A}_1^T; & \mathbf{A}_2 {}^1\overline{\mathbf{C}}\mathbf{A}_2^T + \mathbf{A}_3 {}^2\overline{\mathbf{C}}\mathbf{A}_3^T \end{bmatrix}. \tag{214a}$$

Die Typen der neueingeführten Matrizen und ihr Zusammenhang mit den Matrizen der ursprünglichen Gleichungen ergeben sich durch Vergleich.

Durch die letzte Umformung haben wir die Momentekomponenten der Knotenbelastung von den Kraftkomponenten und die Verdrehungen von den Verschiebungen getrennt. Die Bedingungsgleichungen können wir dann schreiben in der Form

$$\begin{bmatrix} \mathbf{P}_M \\ \mathbf{P}_p \end{bmatrix} = \begin{bmatrix} \mathbf{D}_{11}; & \overline{\mathbf{D}}_{12} \\ \overline{\mathbf{D}}_{12}^T; & \overline{\mathbf{D}}_{22} \end{bmatrix} \begin{bmatrix} \varphi \\ \mathbf{p} \end{bmatrix}. \tag{217}$$

Wollen wir nun von der Berechnung der betrachteten Konstruktion nach der allgemeinen Deformationsmethode zur Berechnung unter Voraussetzung der Starrheit der Stäbe übergehen, müssen wir folgendermaßen überlegen.

Die vereinfachende Annahme besteht darin, daß die Längenänderungen der einzelnen Stäbe gleich null sind, d.h. daß wir den Einfluß der Normalkräfte nicht berücksichtigen. Diese Tatsache kann so ausgedrückt werden, daß wir die Untermatrix Δl gleich der Nullmatrix setzen, also

$$\Delta l = \mathbf{O} \,. \tag{218}$$

Zu dieser Annahme können wir auch in ähnlicher Weise wie bei der Kraftgrößenmethode gelangen. Aus der zweiten Gleichung von (213b) folgt durch Ausschreiben

$$\mathbf{S}_N = {}^2\overline{\mathbf{C}}\, \Delta l \,.$$

Wie früher ausgeführt wurde, besteht zwischen den Matrizen $\mathbf{C}$ und $\overline{\mathbf{C}}$ die Beziehung $\mathbf{C}^{-1} = \overline{\mathbf{C}}$; somit muß, mit Rücksicht auf ihre Eigenschaften, auch die Beziehung $({}^2\overline{\mathbf{C}})^{-1} = {}^2\mathbf{C}$ gelten, wenn ${}^2\mathbf{C}$ die Untermatrix von $\mathbf{C}$ bezeichnet und ihre Elemente nach den zu Beginn dieses Abschnittes angegebenen Regeln gereiht sind. Wir können somit bestimmen

$$\Delta l = ({}^2\overline{\mathbf{C}})^{-1}\, \mathbf{S}_N = {}^2\mathbf{C}\mathbf{S}_N \,.$$

Wie in Kapitel 5 ausgeführt werden wird, setzen wir, wenn wir bei der Berechnung von Konstruktionen mittels der Kraftgrößenmethode den Einfluß der Normalkräfte vernachlässigen wollen, die Matrix ${}^2\mathbf{C}$ gleich der Nullmatrix. Wenden wir ein gleiches Verfahren auch hier an, gelangen wir auf andere Weise zu der Annahme, die wir bei der Deformationsmethode einführen müssen, wenn wir auch hier den Einfluß der Normalkräfte vernachlässigen wollen. Somit ist

$$\Delta l = \mathbf{O}\mathbf{S}_N = \mathbf{O} \,.$$

Mit der Annahme ${}^2\mathbf{C} = \mathbf{O}$ haben wir jedoch die Regularität der Matrix $\mathbf{C}$ gestört und können nicht die zu ihr als Ganzem inverse Matrix bestimmen. Ebensowenig können aus dieser Annahme Schlüsse hinsichtlich der Matrix ${}^2\overline{\mathbf{C}}$ gezogen werden.

Wie wir weiters zeigen, brauchen darüber keine Überlegungen angestellt werden, wie unter den vereinfachenden Annahmen die Matrix ${}^2\overline{\mathbf{C}}$ sich ändert, da sie durch die Voraussetzung $\Delta l = \mathbf{O}$ aus der Berechnung ausscheidet.

Führen wir also die Annahme (218) in die Gleichungen (213a), (214a) ein und formen letztere um.

Allerdings berechnen wir nun die Konstruktion unter anderen Voraussetzungen; somit werden die statischen und Verformungsgrößen andere Werte haben. Alle Matrizen, deren Elemente ihren Wert ändern werden, bezeichnen wir mit dem Index n.

Bemerkung: Zu einem Mißverständnis kann es nicht kommen, auch wenn wir den Buchstaben n zur Bezeichnung der Knotenanzahl eingeführt haben. Dieses Symbol kommt aber nirgendwo sonst als Index vor.

Aus der zweiten Gleichung (213b) folgt dann

$$\mathbf{S}_n = \begin{bmatrix} \mathbf{S}_{Mn} \\ \mathbf{S}_{Nn} \end{bmatrix} = \begin{bmatrix} {}^1\overline{\mathbf{C}}; & \mathbf{O} \\ \mathbf{O}; & {}^2\overline{\mathbf{C}} \end{bmatrix} \begin{bmatrix} \tau_n \\ \mathbf{O} \end{bmatrix} = \overline{\mathbf{C}}\Theta_n . \tag{219}$$

Aus dieser Gleichung geht hervor, daß $\mathbf{S}_{Nn} = {}^2\overline{\mathbf{C}}\mathbf{O}$. Da aber die Matrix ${}^2\overline{\mathbf{C}}$ nicht definiert ist, können wir unter den vereinfachten Annahmen die Normalkräfte in den einzelnen Stäben nicht mehr direkt berechnen. Soll aber die Bedingung $\Delta l = \mathbf{O}$ erfüllt sein, müßten entweder die Stäbe vollkommen steif oder die Normalkräfte gleich null sein. Da jedoch bei Biegung die Stäbe nicht steif sind, können wir schwerlich erklären, daß sie für Zug oder Druck vollkommen steif sind. Wenn allerdings die Bedingung $\Delta l = \mathbf{O}$ erfüllt sein soll, müssen wir bezüglich der Berechnung der Verlängerung oder Verkürzung der einzelnen Stäbe annehmen, daß die Normalkräfte gleich null sind, d.h. $\mathbf{S}_{Nn} = \mathbf{O}$. Das geht auch aus Gl. (219) hervor, wenn wir annehmen, daß die Matrix ${}^2\overline{\mathbf{C}}$ auf gewisse Art definiert ist. Dieser Schluß steht mit den vereinfachenden Annahmen in Einklang, ist jedoch nur hinsichtlich der Berechnung der Stabverformungen infolge der Normalkräfte richtig. In statischer Hinsicht gilt er nicht: in der Konstruktion entstehen Normalkräfte, und diese sind je nach Art der Konstruktion entweder statisch bestimmt oder unbestimmt. Ihre Berechnung müßten wir selbständig vornehmen. Da wir durch diese geänderte Berechnung aus den weiteren Erwägungen sowohl die Matrix ${}^2\overline{\mathbf{C}}$ als auch $\mathbf{S}_{Nn}$ ausschließen, können wir im weiteren, ohne einen Fehler zu begehen, von der angegebenen Voraussetzung ausgehen.

Die statische Gleichung hat die Form

$$\mathbf{P} = \begin{bmatrix} \mathbf{P}_M \\ \mathbf{P}_p \end{bmatrix} = \begin{bmatrix} \mathbf{A}_1; & \mathbf{O} \\ \mathbf{A}_2; & \mathbf{A}_3 \end{bmatrix} \begin{bmatrix} \mathbf{S}_{Mn} \\ \mathbf{O} \end{bmatrix} = \mathbf{A}\mathbf{S}_n , \tag{220}$$

die geometrische:

$$\Theta_n = \begin{bmatrix} \tau_n \\ \mathbf{O} \end{bmatrix} = \begin{bmatrix} \mathbf{A}_1^T; & \mathbf{A}_2^T \\ \mathbf{O}; & \mathbf{A}_3^T \end{bmatrix} \begin{bmatrix} \varphi_n \\ \mathbf{p}_n \end{bmatrix} = \mathbf{A}^T \overline{\Phi}_n \,. \tag{221}$$

Der Grund für die Bezeichnung $\overline{\Phi}_n$ geht aus dem weiteren hervor.

Schreiben wir die letzte Gleichung in zwei Matrizengleichungen aus, dann lautet deren zweite

$$\mathbf{A}_3^T \mathbf{p}_n = \mathbf{O} \,. \tag{222}$$

Bei der Berechnung mittels der allgemeinen Deformationsmethode hatten wir $2n$ unbekannte Knotenverschiebungskomponenten p_j. Bei Einführung der vereinfachenden Annahme ändern sich Anzahl und Charakter der Verdrehungen der einzelnen Knoten nicht, dagegen können sich Anzahl und Charakter der Verschiebungskomponenten ändern; sie werden nicht mehr, wie früher, alle unabhängig sein, sondern einige können linear von den anderen abhängen, andere (allenfalls alle) können gleich null sein. Welche Möglichkeit zutrifft, das hängt vom Typ und Charakter der Konstruktion ab.

Gleichung (222), zu der wir durch Umformen der Grundgleichungen bei der eingeführten Vereinfachung gelangten, stellt m Bedingungen vor, denen die Komponenten p_{nj} entsprechen müssen. Die Matrix $\mathbf{A}_3^T$ ist vom Typ $(m \,. \, 2n)$, $\mathbf{p}_n$ vom Typ $(2n \,. \, 1)$. Gleichung (222) ist ein System von m homogenen linearen Gleichungen mit $2n$ Unbekannten. Durch Auflösen dieser Gleichung bestimmen wir die zwischen den $2n$ Verschiebungskomponenten der Knoten bestehenden Zusammenhänge. Ist bei einer bestimmten Konstruktion $m \geqq 2n$, dann hat, falls die Matrix $\mathbf{A}_3^T$ vom Range $h = 2n$ ist, das Gleichungssystem eine einzige Lösung, u.zw.

$$\mathbf{p}_n = \mathbf{O} \,. \tag{223}$$

Ist $m < 2n$ [oder bei $m \geqq 2n$, aber die Matrix $\mathbf{A}_3^T$ vom Range $h < \, < \min \, (m; 2n)$], dann sind einige Werte p_{nj} von den übrigen abhängig. Bezeichnen wir die unabhängigen Verschiebungen mit dem Symbol q_{nj}, können wir durch Auflösen der umgeformten Gleichung (223) die Beziehung zwischen allen Komponenten p_{nj} und den Unabhängigen q_{nj} bestimmen. Dieses Ergebnis schreiben wir als Matrizengleichung

$$\mathbf{p}_n = \mathbf{k}^T \,. \, \mathbf{q}_n \,. \tag{224}$$

Den Grund für die Bezeichnung $\mathbf{k}^T$ erläutern wir später. Die Matrix $\mathbf{k}^T$ ist vom Typ $(2n \,. \, t)$, wo t nach der Gl. $t = 2n - h$ vom Rang der Matrix $\mathbf{A}_3^T$ abhängt.

Bemerkung: Je nachdem, ob wir bei der Umformung der Gl. (222) bloß die Zeilen umstellen oder auch die Spalten, werden die q_{nj} entweder direkt gleich einigen Werten p_{nj}, oder sie werden lineare Kombinationen.

Wenn wir nun — unter Berücksichtigung aller bisher gezogenen Schlußfolgerungen — das System der Bedingungsgleichungen zur Bestimmung der unbekannten Verschiebungen und Verdrehungen aufstellen würden, wäre das ein System von $3n$ Gleichungen mit $(n + t)$ Unbekannten, das nicht lösbar wäre. Die Richtigkeit dieser Überlegung können wir folgendermaßen bestätigen. Die Komponenten der Knotenbelastung leisten bei der Verformung der Konstruktion eine bestimmte virtuelle Arbeit. Unter den vereinfachenden Annahmen führen wir andere Verschiebungen als Unbekannte ein. Daher werden auch die Kraftkomponenten der Knotenbelastung eine andere Arbeit leisten, gegebenenfalls werden sie auch keine Arbeit leisten, wenn die Komponenten der ihnen entsprechenden Verschiebungen gleich null sind.

Diese Tatsache können wir zur Ermittlung der Transformationsmatrix benützen, durch die wir das erwähnte Gleichungssystem in ein System umwandeln, dessen Matrix der Beiwerte der Unbekannten regulär sein wird.

In jedem Falle wäre sicher eine Umformung auf rein mathematischem Wege möglich. Die Transformationsmatrix können wir jedoch aus statischer Überlegung so erhalten, daß wir das ursprüngliche System der Kraftkomponenten der Belastung durch ein anderes ersetzen, in dem jeder neueingeführten Verschiebung eine bestimmte neue Kraft entspricht, die entweder gleich der ursprünglichen Kraft oder eine lineare Kombination einiger Kräfte ist. Nullverschiebungen entsprechende Kräfte scheiden aus.

Wir gehen von der Gleichheit der virtuellen Arbeit der äußeren und inneren Kräfte aus, unter den angegebenen vereinfachenden Annahmen:

$$\overline{\Phi}_n^T \mathbf{P} = \Theta_n^T \mathbf{S}_n \, . \tag{225}$$

In der letzten Gleichung ist

$$\mathbf{P} = \begin{bmatrix} \mathbf{P}_M \\ \mathbf{P}_p \end{bmatrix}; \quad \overline{\Phi}_n^T = \left[\varphi_n^T; \, \mathbf{p}_n^T \right]; \quad \Theta_n^T = \left[\tau_n^T; \, \mathbf{O} \right]; \quad \mathbf{S}_n = \begin{bmatrix} \mathbf{S}_{Mn} \\ \mathbf{O} \end{bmatrix}.$$

Nach Einsetzen und Ausmultiplizieren ist

$$\left[\varphi_n^T; \, \mathbf{p}_n^T \right] \begin{bmatrix} \mathbf{P}_M \\ \mathbf{P}_p \end{bmatrix} = \tau_n^T \mathbf{S}_{Mn} \, . \tag{225a}$$

Aus Gl. (219) folgt

$$\mathbf{S}_{Mn} = {}^1\overline{\mathbf{C}}\tau_n \tag{226}$$

und aus Gl. (221)

$$\tau_n = \begin{bmatrix} \mathbf{A}_1^T, \mathbf{A}_2^T \end{bmatrix} \begin{bmatrix} \varphi_n \\ \mathbf{p}_n \end{bmatrix} \quad \text{und} \quad \tau_n^T = \begin{bmatrix} \varphi_n^T; \mathbf{p}_n^T \end{bmatrix} \begin{bmatrix} \mathbf{A}_1 \\ \mathbf{A}_2 \end{bmatrix}. \tag{227}$$

Durch Einsetzen in Gl. (225a) ermitteln wir

$$\begin{bmatrix} \varphi_n^T; \mathbf{p}_n^T \end{bmatrix} \begin{bmatrix} \mathbf{P}_M \\ \mathbf{P}_p \end{bmatrix} = \begin{bmatrix} \varphi_n^T; \mathbf{p}_n^T \end{bmatrix} \begin{bmatrix} \mathbf{A}_1 \\ \mathbf{A}_2 \end{bmatrix} \begin{bmatrix} {}^1\overline{\mathbf{C}} \end{bmatrix} \begin{bmatrix} \mathbf{A}_1^T; \mathbf{A}_2^T \end{bmatrix} \begin{bmatrix} \varphi_n \\ \mathbf{p}_n \end{bmatrix}. \tag{228}$$

Die neuen Unbekannten haben wir nach Gl. (224) eingeführt. Durch ihre Transponierung stellen wir auf:

$$\mathbf{p}_n^T = \mathbf{q}_n^T \mathbf{k} . \tag{224a}$$

Diese neuen Unbekannten führen wir in Gl. (228) ein:

$$\begin{bmatrix} \varphi_n^T; \mathbf{q}_n^T \mathbf{k} \end{bmatrix} \begin{bmatrix} \mathbf{P}_M \\ \mathbf{P}_p \end{bmatrix} = \begin{bmatrix} \varphi_n^T; \mathbf{q}_n^T \mathbf{k} \end{bmatrix} \begin{bmatrix} \mathbf{A}_1 \\ \mathbf{A}_2 \end{bmatrix} \begin{bmatrix} {}^1\overline{\mathbf{C}} \end{bmatrix} \begin{bmatrix} \mathbf{A}_1^T; \mathbf{A}_2^T \end{bmatrix} \begin{bmatrix} \varphi_n \\ \mathbf{k}^T \mathbf{q}_n \end{bmatrix}. \tag{229}$$

Die letzte Gleichung können wir aber ausschreiben in der Form

$$\begin{bmatrix} \varphi_n^T; \mathbf{q}_n^T \end{bmatrix} \begin{bmatrix} \mathbf{I}; \mathbf{O} \\ \mathbf{O}; \mathbf{k} \end{bmatrix} \begin{bmatrix} \mathbf{P}_M \\ \mathbf{P}_p \end{bmatrix} =$$

$$= \begin{bmatrix} \varphi_n^T; \mathbf{q}_n^T \end{bmatrix} \begin{bmatrix} \mathbf{I}; \mathbf{O} \\ \mathbf{O}; \mathbf{k} \end{bmatrix} \begin{bmatrix} \mathbf{A}_1 \\ \mathbf{A}_2 \end{bmatrix} \begin{bmatrix} {}^1\overline{\mathbf{C}} \end{bmatrix} \begin{bmatrix} \mathbf{A}_1^T; \mathbf{A}_2^T \end{bmatrix} \begin{bmatrix} \mathbf{I}; \mathbf{O} \\ \mathbf{O}; \mathbf{k}^T \end{bmatrix} \begin{bmatrix} \varphi_n \\ \mathbf{q}_n \end{bmatrix}. \tag{229a}$$

Es bezeichnen

$$\begin{bmatrix} \mathbf{P}_M \\ \mathbf{P}_q \end{bmatrix} = \begin{bmatrix} \mathbf{I}; \mathbf{O} \\ \mathbf{O}; \mathbf{k} \end{bmatrix} \begin{bmatrix} \mathbf{P}_M \\ \mathbf{P}_p \end{bmatrix} \quad \text{und} \quad \begin{bmatrix} \varphi_n \\ \mathbf{p}_n \end{bmatrix} = \begin{bmatrix} \mathbf{I}; \mathbf{O} \\ \mathbf{O}; \mathbf{k}^T \end{bmatrix} \begin{bmatrix} \varphi_n \\ \mathbf{q}_n \end{bmatrix}, \tag{230}$$

$$\mathbf{P}_n = \mathbf{K}\mathbf{P} \quad \text{und} \quad \overline{\Phi}_n = \mathbf{K}^T\Phi_n . \tag{230a}$$

Die Matrix $\mathbf{K}$ ist vom Typ $(n + t) \cdot (3n)$, $\mathbf{K}^T$ vom Typ $(3n) \cdot (n + t)$.

Wie daraus ersichtlich, ist $\mathbf{K}$ die gesuchte Transformationsmatrix, mit der wir die allgemeinen Komponenten der Knotenbelastung in die den neueingeführten Verschiebungen entsprechenden Komponenten überführen werden. Die Richtigkeit des ganzen Verfahrens bestätigt auch Gl. (230a) dadurch, daß die den Formänderungen entsprechende Transformationsmatrix zu der den Kräften entsprechenden Matrix transponiert ist, was sich aus der Gültigkeit der Sätze von Maxwell und Betti ergibt.

Nach Ausmultiplizieren der Produkte in Gl. (229a) erhält man

$$[\varphi_n^T q_n^T]\begin{bmatrix} P_M \\ P_q \end{bmatrix} = [\varphi_n^T q_n^T]\begin{bmatrix} A_1{}^1\overline{C}A_1^T \;;\; A_1{}^1\overline{C}A_2^T k^T \\ kA_2{}^1\overline{C}A_1^T;\; kA_2{}^1\overline{C}A_2^T k^T \end{bmatrix}\begin{bmatrix} \varphi_n \\ q_n \end{bmatrix}, \tag{231}$$

$$\Phi_n^T P_n = \Phi_n^T D_n \Phi_n .$$

Die Bedeutung der neueingeführten Symbole ist daraus zu ersehen.

Auf Grund der oben angestellten Erwägungen können wir die Berechnung einer Rahmenkonstruktion mittels der vereinfachten Deformationsmethode durch folgende Gleichungen beschreiben:

$$\begin{bmatrix} P_M \\ P_q \end{bmatrix} = \begin{bmatrix} A_1{}^1\overline{C}A_1^T \;;\; A_1{}^1\overline{C}A_2^T k^T \\ kA_2{}^1\overline{C}A_1^T;\; kA_2{}^1\overline{C}A_2^T k^T \end{bmatrix}\begin{bmatrix} \varphi_n \\ q_n \end{bmatrix} = \begin{bmatrix} D_{11} \;;\; D_{12n} \\ D_{12n}^T;\; D_{22n} \end{bmatrix}\begin{bmatrix} \varphi_n \\ q_n \end{bmatrix} \tag{232}$$

oder

$$P_n = D_n \Phi_n , \tag{232a}$$

$$S_{Mn} = [{}^1\overline{C}A_1^T; \; {}^1\overline{C}A_2^T k^T]\begin{bmatrix} \varphi_n \\ q_n \end{bmatrix} = N_n \Phi_n . \tag{233}$$

Aus der letzten Gleichung geht auch hervor, wie die Struktur der Matrix D sich bei ihrer Transformierung in die Matrix D_n ändert. Die Matrizen P_n und Φ_n sind vom Typ $(2n + t) . (1)$; Matrix D_n ist vom Typ $(n + t) .$ $. (n + t)$, S_{Mn} des Typs $(2m . 1)$ und N_n des Typs $(2m) . (n + t)$. Sofern Matrix D_n regulär ist — was nachweisbar ist —, können wir die Matrix D_n^{-1} und somit auch

$$\Phi_n = D_n^{-1} P_n \tag{234}$$

bestimmen.

Um die Regularität der Matrix D_n nachzuweisen und gleichzeitig die Möglichkeit des Überganges von der allgemeinen Deformationsmethode zur vereinfachten zu zeigen, gehen wir so vor:

Wir gehen von den Gleichungen (219), (220), (221) aus, die wir schrittweise zu einer einzigen Gleichung verbinden:

$$P = \begin{bmatrix} A_1; \; O \\ A_2; \; A_3 \end{bmatrix}\begin{bmatrix} {}^1\overline{C}; \; O \\ O \;;\; {}^2\overline{C} \end{bmatrix}\begin{bmatrix} A_1^T; \; A_2^T \\ O \;;\; A_3^T \end{bmatrix}\overline{\Phi}_n = A\overline{C}A^T\overline{\Phi}_n , \tag{235}$$

oder nach Ausmultiplizieren:

$$P = \begin{bmatrix} A_1{}^1\overline{C}A_1^T; & A_1{}^1\overline{C}A_2^T \\ A_2{}^1\overline{C}A_1^T; & A_2{}^1\overline{C}A_2^T + A_3{}^2\overline{C}A_3^T \end{bmatrix} \overline{\Phi}_n . \qquad (235a)$$

Die Matrix in der letzten Gleichung ist nicht regulär, da sie für die Berechnung der Konstruktion ohne Berücksichtigung der Längenänderungen der Stäbe aufgestellt ist (wir führen die unbekannten $\overline{\Phi}_n$ ein); demnach gilt auch Gl. (222).

Aus Gl. (230a) setzen wir $\overline{\Phi}_n$ in Gl. (235) und in die erste Gleichung von (230a) das Ergebnis für P ein:

$$P_n = KA\overline{C}A^T K^T \Phi_n . \qquad (236)$$

Wir bezeichnen

$$A_K = KA = \begin{bmatrix} A_1 & ; & O \\ kA_2; & kA_3 \end{bmatrix}; \quad B_K = A_K^T = \begin{bmatrix} A_1^T; & A_2^T k^T \\ O & ; & A_3^T k^T \end{bmatrix} \qquad (237)$$

und schreiben nach Ausmultiplizieren der Produkte Gl. (236) in zwei Matrizengleichungen aus:

$$P_M = A_1{}^1\overline{C}A_1^T \varphi_n + A_1{}^1\overline{C}A_2^T k^T q_n ,$$

$$P_q = kA_2{}^1\overline{C}A_1^T \varphi_n + kA_2{}^1\overline{C}A_2^T k^T q_n + kA_3{}^2\overline{C}A_3^T k^T q_n . \qquad (238)$$

Das letzte Glied in der zweiten Gleichung ist aber null, da, wie aus Gl. (222) hervorgeht,

$$A_3^T k^T q_n = A_3^T p_n = O . \qquad (239)$$

Dann ist Gl. (238) identisch mit Gl. (232), und die Gl. (230), (236) und (237) geben uns Hinweise, wie die zur Berechnung der Konstruktion mittels der allgemeinen Deformationsmethode aufgestellten Matrizen D, A, B zur Aufstellung der Gleichungen der vereinfachten Deformationsmethode verwendet werden können. Wie ersichtlich, dient die Matrix A_3^T bei der vereinfachten Deformationsmethode bloß zur Ermittlung der Abhängigkeit zwischen den Matrizen p_n und q_n und infolgedessen auch zwischen den Matrizen P und P_n.

Bemerkung: Tritt der Fall ein, daß die Gleichung (222) die einzige Lösung $p_n = O$ hat, dann handelt es sich um eine Konstruktion mit unverschieblichen Knoten; die Verdrehungen φ_j sind die einzigen Unbekannten. In diesem Falle sind $\mathbf{k}$ und $\mathbf{k}^T$ Nullmatrizen. Aus dem Rechnungsvorgange ist auch ersichtlich, warum in Gl. (224) die Bezeichnung $\mathbf{k}^T$ verwandt wurde.

Die ganze Rechnung kann vereinfacht werden, wenn wir unmittelbar von der Wahl der unabhängigen Verschiebungen q_{nj} ausgehen und auch die Knotenlasten so einführen, daß sie diesen Verschiebungen entsprechen, d.h. daß wir so vorgehen wie bei der skalaren Form der vereinfachten Deformationsmethode. Dann sind $\mathbf{P}_n$ und $\mathbf{\Phi}_n$ vom Typ $(n + t) \cdot (1)$ und die Matrix $\overline{\mathbf{C}} = {}^1\overline{\mathbf{C}} = \overline{\mathbf{C}}_n$ vom Typ $(2m) \cdot (2m)$. Die neue statische Matrix, die wir mit $\mathbf{A}_n$ bezeichnen, ist vom Typ $(n + t) \cdot (2m)$ und unterscheidet sich von $\mathbf{A}_k$ dadurch, daß sie weder die Matrix $\mathbf{O}$ vom Typ $(n \cdot m)$ noch $\mathbf{kA}_3$ enthält. Wir können sie unmittelbar aus den Momentegleichgewichtsbedingungen der Knoten und den Summebedingungen für das Gleichgewicht der Elemente — Riegel oder Stiele — aufstellen, d.i. aus den Stockwerks- oder Stützengleichungen. Dann ist

$$\mathbf{P}_n = \mathbf{A}_n\overline{\mathbf{C}}_n\mathbf{A}_n^T\mathbf{\Phi}_n \qquad (240)$$

und

$$\mathbf{S}_n = \mathbf{S}_{Mn} = \overline{\mathbf{C}}_n\mathbf{A}_n^T\mathbf{\Phi}_n = \mathbf{N}_n\mathbf{\Phi}_n , \qquad (241)$$

wo $\mathbf{N}_n$ vom Typ $(2m) \cdot (n + t)$ ist.

Die direkte Ableitung dieser vereinfachten Lösung gibt, wie bereits erwähnt wurde, Chu-Kia-Wang in [26].

Bei dieser Umformung kann leicht die Regularität der Matrix $\mathbf{D}_n$ in gleicher Weise bewiesen werden, wie es bei der allgemeinen Deformationsmethode gezeigt wurde, d.h. man kann aus dem Rang der Matrizen $\overline{\mathbf{C}}_n$ und $\mathbf{A}_n$ den Rang der Matrix $\mathbf{D}_n$ ableiten.

Wie bereits gesagt wurde, bestimmen wir bei der Berechnung der Konstruktion mittels der vereinfachten Form der Deformationsmethode nicht die Größe der Normalkräfte.

Sofern es sich um eine Konstruktion handelt, deren Normalkräfte statisch bestimmt sind, können wir aus den Gleichgewichtsbedingungen der Knoten eine Matrizengleichung zur Bestimmung der Längskräfte aufstellen. Wenn die Normalkräfte statisch unbestimmt sind, könnten wir eine matrizenförmige iterative Berechnungsart ihrer Werte ableiten. Damit jedoch kompliziert sich wieder die Berechnung nach der vereinfachten Methode derart, daß es in einem solchen Falle wahrscheinlich besser ist, die Konstruktion nach der allgemeinen Form der Deformationsmethode zu berechnen.

4.8. Übergang von der allgemeinen zur vereinfachten Form der Deformationsmethode

Nehmen wir an, wir hätten eine bestimmte, aus geraden Stäben zusammengesetzte Konstruktion nach der allgemeinen Deformationsmethode berechnet. Zeigen wir, wie es möglich ist, die bei der Berechnung mittels der allgemeinen Methode gewonnenen Ergebnisse zur Bestimmung der Werte zu verwenden, die zur vereinfachten Rechnung gehören.

Wie Matrix $\mathbf{D}$ zu Matrix $\mathbf{D}_n$ wird, geht aus dem Vergleich der Gleichungen (214a) und (232a) hervor oder aus Gl. (236):

$$\mathbf{D}_n = \mathbf{KDK}^T .\tag{242}$$

Durch Einsetzen für $\mathbf{P}$ geht aus Gl. (234) hervor

$$\mathbf{\Phi}_n = \mathbf{D}_n^{-1}\mathbf{KP} = \mathbf{D}_n^{-1}\mathbf{KD\Phi}\tag{243}$$

und aus Gl. (233)

$$\mathbf{S}_{Mn} = \mathbf{N}_n\mathbf{\Phi}_n = \mathbf{N}_n\mathbf{D}_n^{-1}\mathbf{P}_n = \mathbf{N}_n\mathbf{D}_n^{-1}\mathbf{KP}\tag{244}$$

oder

$$\mathbf{S}_{Mn} = \mathbf{N}_n\mathbf{D}_n^{-1}\mathbf{KD\Phi} .$$

Die Beziehung zwischen den inversen Matrizen $\mathbf{D}^{-1}$ und $\mathbf{D}_n^{-1}$ können wir z.B. so gewinnen, daß wir sowohl Matrix $\mathbf{D}$ als auch die Matrix $\mathbf{KDK}^T$ durch Zerlegung in Felder invertieren. Durch Vergleich der sich ergebenden Ausdrücke erhalten wir einen Überblick darüber, wie sich irgendwelche Untermatrix geändert hat.

Die Zerlegung in Felder führen wir nach Gl. (232) durch:

$$\mathbf{P} = \begin{bmatrix} \mathbf{D}_{11}; & \mathbf{D}_{12} \\ \mathbf{D}_{12}^T; & \mathbf{D}_{22} \end{bmatrix} \mathbf{\Phi} \quad \text{und} \quad \mathbf{P}_n^1 = \begin{bmatrix} \mathbf{D}_{11} ; & \mathbf{D}_{12n} \\ \mathbf{D}_{12n}^T; & \mathbf{D}_{22n} \end{bmatrix} \mathbf{\Phi}_n .\tag{245}$$

Die Matrix $\mathbf{D}_{11}$ ist in beiden Fällen gleich (sie entspricht den Verdrehungen der Knoten). Beide Matrizen invertieren wir:

$$\mathbf{D}^{-1} = \begin{bmatrix} \mathbf{D}_{11}^{-1} + \mathbf{D}_{11}^{-1}\mathbf{D}_{12}\mathbf{V}\mathbf{D}_{12}^T\mathbf{D}_{11}^{-1}; & -\mathbf{D}_{11}^{-1}\mathbf{D}_{12}\mathbf{V} \\ -\mathbf{V}\mathbf{D}_{12}^T\mathbf{D}_{11}^{-1}; & (\mathbf{D}_{22} - \mathbf{D}_{12}^T\mathbf{D}_{11}^{-1}\mathbf{D}_{12})^{-1} = \mathbf{V} \end{bmatrix},$$

$$\mathbf{D}_n^{-1} = \begin{bmatrix} \mathbf{D}_{11}^{-1} + \mathbf{D}_{11}^{-1}\mathbf{D}_{12}\mathbf{k}^T\mathbf{V}_n\mathbf{k}\mathbf{D}_{12}^T\mathbf{D}_{11}^{-1}; & -\mathbf{D}_{11}^{-1}\mathbf{D}_{12}\mathbf{k}^T\mathbf{V}_n \\ -\mathbf{V}_n\mathbf{k}\mathbf{D}_{12}^T\mathbf{D}_{11}^{-1}; & [\mathbf{k}(\mathbf{D}_{22} - \mathbf{D}_{12}^T\mathbf{D}_{11}^{-1}\mathbf{D}_{12})\,\mathbf{k}^T]^{-1} = \mathbf{V}_n \end{bmatrix}.$$

$$\tag{245a}$$

Die letzte Gleichung zeigt die gegenseitige Beziehung beider inversen Matrizen und die Möglichkeit, einige in der ersten Inversion benötigte Produkte zur zweiten Inversion zu verwenden.

Sonst könnten wir auch so vorgehen, daß wir die Matrix $\mathbf{D}_n$ als zur Matrix $\mathbf{D}$ veränderte Matrix ansehen und $\mathbf{D}_n^{-1}$ mittels der Matrix $\mathbf{D}^{-1}$ bestimmen.

Wir bezeichnen

$$\mathbf{D}_0 = \mathbf{D} - \mathbf{D}_n^{\times} = \mathbf{D} - \mathbf{K}^{\times}\mathbf{D}\mathbf{K}^{\times T}. \tag{246}$$

Um die angeführten Operationen ausführen zu können, müssen wir die Matrix $\mathbf{D}_n$ vom Typ $(n + t) \cdot (n + t)$ durch Nullspalten und Nullzeilen zur Matrix vom Typ $(3n \cdot 3n)$ ergänzen (wir wollen sie mit $\mathbf{D}_n^{\times}$ bezeichnen). In gleicher Art müssen wir durch Ergänzen von Nullzeilen oder Nullspalten die Matrizen $\mathbf{K}$ und $\mathbf{K}^T$ zu quadratischen Matrizen $\mathbf{K}^{\times}$, $\mathbf{K}^{\times T}$ vom Typ $(3n \cdot 3n)$ umformen. [Diese Verbesserungen müßten nicht vorgenommen werden, wenn wir Umformung und Lösung der Gl. (222) bereits in einer Art durchgeführt hätten, die der oben angegebenen Forderung nach Erhaltung des ursprünglichen Typs aller Matrizen entspricht.]

Aus Gl. (246) ermitteln wir

$$\mathbf{D}_n^{\times} = \mathbf{D} - \mathbf{D}_0 \tag{246a}$$

und

$$\mathbf{D}_n^{\times} = (\mathbf{I} - \mathbf{D}_0\mathbf{D}^{-1})\,\mathbf{D}.$$

Die Matrix $(\mathbf{I} - \mathbf{D}_0\mathbf{D}^{-1})$ ist bereits keine reguläre Matrix mehr; die unmittelbare Inversion können wir nicht ausführen. Nach der physikalischen Bedeutung kann jedoch geschlossen werden, daß die den zugehörigen Verdrehungen und unabhängigen Verschiebungen entsprechende Untermatrix vom Typ $(n + t) \cdot (n + t)$ regulär und in vielen Fällen nahe der Einheitsmatrix sein wird.

Wenn wir also die Matrix $(\mathbf{I} - \mathbf{D}_0\mathbf{D}^{-1})$ in vier Felder so zerlegen, daß eine der Untermatrizen die erwähnte reguläre Matrix ist, können wir mittels der für zerlegte Matrizen geltenden Beziehungen eine Matrix bestimmen, die mit Rücksicht auf den regulären Matrixteil der ursprünglichen Matrix Eigenschaften der inversen Matrix haben wird. Die übrigen Untermatrizen sind Nullmatrizen. Bezeichnen wir, wenn auch nicht ganz zu Recht, die so bestimmte Matrix mit $(\mathbf{I} - \mathbf{D}_0\mathbf{D}^{-1})^{-1}$, können wir nach Gl. (246a) berechnen

$$(\mathbf{D}_n^{\times})^{-1} = \mathbf{D}^{-1}(\mathbf{I} - \mathbf{D}_0\mathbf{D}^{-1})^{-1}; \tag{246b}$$

wir haben somit eine Korrekturmatrix aufgestellt, mittels der wir aus $\mathbf{D}^{-1}$ die Matrix $\mathbf{D}_n^{-1}$ berechnen können. Die Matrix $\mathbf{D}_n^{-1}$ aber wird Elemente ungleich null wiederum nur in den ersten $(n + t)$ Zeilen und Spalten haben, die übrigen Elemente werden gleich null sein.

Der einzige Vorteil dieses Verfahrens ist, daß die Inversion des regulären Matrixteils $(\mathbf{I} - \mathbf{D}_0\mathbf{D}^{-1})$ leicht ist; besonders bei der Inversion mit Hilfe der Entwicklung in Reihen bestimmen wir mit genügender Genauigkeit die gesuchte Matrix als Summe nur einiger weniger ersten Reihenglieder.

Es ist selbstverständlich, daß die Berechnung in keiner Weise komplizierter wird, wenn wir statt der angedeuteten Umänderungen die Matrix $\mathbf{D}_n$ direkt invertieren.

4.9. Orthogonale Konstruktionen

Wenn die betrachtete Konstruktion aus geraden Stäben zusammengesetzt ist, deren Achsen aufeinander senkrecht stehen, d.h. orthogonal ist, vereinfachen sich einigermaßen alle Rechnungen. Bei der Berechnung der Konstruktion mittels der allgemeinen Deformationsmethode kann nachgewiesen werden, daß entweder die Matrizen $\mathbf{D}_{23}$ und $\mathbf{D}_{32} = \mathbf{D}_{23}^T$ oder die Matrizen $\mathbf{D}_{13}$ und $\mathbf{D}_{31} = \mathbf{D}_{13}^T$ in Gl. (214) Nullmatrizen sind (welcher Fall eintritt, hängt von der Reihung der Elemente ab). Diese Tatsache kann vorteilhaft bei der Invertierung der Matrix $\mathbf{D}$ benützt werden.

Auch die Berechnung orthogonaler Konstruktionen mittels der vereinfachten Deformationsmethode wird einigermaßen einfacher. Da an diesen Fragen grundsätzlich nichts Neues ist, werden wir uns mit diesen Konstruktionen nicht weiter befassen.

4.10. Änderungen der Querschnittsabmessungen der Stäbe und der inneren Verbindungen

Bisher haben wir bei der Berechnung von Rahmenkonstruktionen mittels der allgemeinen Deformationsmethode in Matrizenform vorausgesetzt, daß in der Konstruktion alle Verbindungen fest sind. Es muß noch gezeigt werden, wie sich der Einfluß von Gelenkverbindungen auf die Struktur der einzelnen Matrizen äußert.

Sind in der Konstruktion nicht alle Verbindungen fest, wie angenommen wurde, sondern sind die Endquerschnitte einiger Stäbe durch

Gelenke mit den Knoten oder Stützen verbunden, können wir folgendermaßen vorgehen.

Wir stellen die Matrix **A** in gleicher Weise wie bei der Konstruktion auf, deren sämtliche Verbindungen fest sind. Der Einfluß der Gelenkverbindungen zeigt sich in der Matrix $\overline{\mathbf{C}}$. In dieser Matrix entspricht jedem Stab i eine Untermatrix $\overline{\mathbf{C}}_i$ vom Typ (3.3), die für gerade Stäbe nur 5 Elemente hat, die nicht null sind. Z.B. ist für den i-ten Stab

$$\overline{\mathbf{C}}_i = \begin{bmatrix} \overline{\omega}_{ai}; & \overline{\varepsilon}_i & ; & 0 \\ \overline{\varepsilon}_i & ; & \overline{\omega}_{bi}; & 0 \\ 0 & ; & 0 & ; & \overline{v}_i \end{bmatrix}. \tag{247}$$

Hat der i-te Stab $\overline{ab}$ im Endquerschnitte b ein Gelenk, dann gehört zu diesem Stab eine Untermatrix

$$\overline{\mathbf{C}}_i' = \begin{bmatrix} \dfrac{1}{\omega_{ai}}; & 0; & 0 \\ 0 ; & 0; & 0 \\ 0 ; & 0; & \overline{v}_i \end{bmatrix}. \tag{248}$$

Hat der i-te Stab $\overline{ab}$ in beiden Endquerschnitten a, b Gelenke, d.h. wenn es sich z.B. um eine Pendelstütze handelt, dann hat die zu diesem Stab gehörige Untermatrix die Gestalt

$$\overline{\mathbf{C}}_i' = \begin{bmatrix} 0; & 0; & 0 \\ 0; & 0; & 0 \\ 0; & 0; & \overline{v}_i \end{bmatrix}. \tag{249}$$

(Der Stab ist in einem solchen Falle nicht durch Biegemomente beansprucht, und die einzige innere Kraft ist eine Normalkraft.)

Setzen wir in die Matrix $\overline{\mathbf{C}}$ für Stäbe mit Gelenken die oben angegebenen Untermatrizen ein, dann erhalten wir nach den Grundgleichungen die Matrizen **N** und **D** bereits in der Form, die einer Konstruktion mit den in Betracht gezogenen Gelenkverbindungen entspricht.

Die Richtigkeit der oben angegebenen Schlußfolgerungen folgt z.B. aus der Überlegung, daß wir das Gelenk als Element dw mit besonderem elastischem Gewicht ansehen können. Wir können voraussetzen, daß das Gelenk sehr nahe dem Endquerschnitt des Stabes ist und daß erst der Endquerschnitt an den Knoten oder die Stütze angeschlossen wird. Daher ist der Einfluß des Gelenks bloß in der Matrix $\overline{\mathbf{C}}$ enthalten. Im übrigen geht die Richtigkeit der angegebenen Ausdrücke auch aus der statischen Bedeutung der Beiwerte $\overline{\omega}$, $\overline{\varepsilon}$ hervor.

Sofern wir die Matrix $\overline{\mathbf{C}}$ für Konstruktionen mit nur festen Verbindungen bereits aufgestellt haben, können die Untermatrizen $\overline{\mathbf{C}}'_i$ aus der Matrix $\overline{\mathbf{C}}_i$ so bestimmt werden, daß wir die Matrix $\overline{\mathbf{C}}_i$ von rechts mit der Matrix $\mathbf{t}_{i0}$ der Verbesserungen (Korrektionsmatrix) multiplizieren, die beim Stab $\overline{ab}$ mit einem Gelenk im Querschnitt b folgende Form hat:

$$\mathbf{t}_{i0} = \begin{bmatrix} 1 \; ; \; 0; \; 0 \\ -\dfrac{\varepsilon_i}{\omega_{ai}}; \; 0; \; 0 \\ 0 \; ; \; 0; \; 0 \end{bmatrix} . \tag{250}$$

Für ein Gelenk im Querschnitte a gilt dann

$$\mathbf{t}_{i0} = \begin{bmatrix} 0; \; -\dfrac{\varepsilon_i}{\omega_{bi}}; \; 0 \\ 0; \; 1 \; ; \; 0 \\ 0; \; 0 \; ; \; 1 \end{bmatrix} , \tag{251}$$

beim Stab mit Gelenken in beiden Querschnitten a, b:

$$\mathbf{t}_{i0} = \begin{bmatrix} 0; \; 0; \; 0 \\ 0; \; 0; \; 0 \\ 0; \; 0; \; 1 \end{bmatrix} . \tag{252}$$

Die oben angeführten, für gerade Stäbe geltenden Schlußfolgerungen könnten ohne Schwierigkeit auf gekrümmte Stäbe erweitert werden. Die allgemeinen Ausdrücke wären jedoch zu unübersichtlich. Daher ist es besser, bei der Ableitung der Untermatrizenformen $\overline{\mathbf{C}}'_i$ von einem konkreten Typ des gekrümmten Stabes auszugehen.

Ist aber in einem Zwischenquerschnitt irgendeines Stabes ein Gelenk angeordnet, ist es schon nicht mehr möglich, in der angegebenen Weise die Matrix $\mathbf{D}$ der zugehörigen abgeänderten Konstruktion zu bestimmen. Dann muß auch die Matrix $\mathbf{A}$ verbessert werden, d.h. im Grunde muß die Konstruktion neu berechnet werden, oder man muß in anderer Weise vorgehen.

Kennen wir bei einer bestimmten Rahmenkonstruktion, die wir mittels der Deformationsmethode berechnen, die Matrizen $\mathbf{A}$ und $\overline{\mathbf{C}}$, damit auch die Matrizen $\mathbf{N}$ und $\mathbf{D}$, müssen wir noch untersuchen, welche Matrix und wie sie sich ändert, wenn wir in der Konstruktion irgendeinen Stab entfernen.

Nehmen wir an, wir entfernen einen solchen Stab so, daß entweder die abgeänderte Konstruktion mittels der Deformationsmethode berechnet werden kann oder daß die nach Beseitigung des betreffenden Stabes entstehende Konstruktion nicht unstabil ist oder keine unstabilen Teile hat.

Unter solchen Annahmen können wir die bereits aufgestellte Matrix **A** benützen und die Matrix $\overline{\mathbf{C}}$ abändern, indem wir die zugehörige Untermatrix $\overline{\mathbf{C}}_i$ durch die Nullmatrix ersetzen:

$$\overline{\mathbf{C}}_i = \mathbf{O}\,. \tag{253}$$

Dann sind die Matrix **D** der Bedingungsgleichungen zur Berechnung der Konstruktion mittels der Deformationsmethode und die nach den Grundbeziehungen bestimmte Matrix **N** bereits Matrizen, die der veränderten Konstruktion entsprechen.

Weiters müssen wir feststellen, wie sich die Matrizen **A**, **B**, $\overline{\mathbf{C}}$, **D**, **N** ändern, wenn sich die Querschnittsabmessungen irgendeines Stabes ändern.

Wie auch immer die Querschnittsabmessungen der Stäbe sich ändern mögen, es ändert sich nur die Stabsteifigkeit, d.h. es ändern sich nur die zur Matrix $\overline{\mathbf{C}}$ gehörigen Untermatrizen $\overline{\mathbf{C}}_i$. Das ist wieder einer der Vorteile der Matrizenform der Deformationsmethode, daß von den Ausgangsmatrizen $\mathbf{A} = \mathbf{B}^T$ und $\overline{\mathbf{C}}$ nur die letzte sich ändert. Die neue Form der Matrizen **N** und **D** folgt dann aus den Grundgleichungen. Vermerken wir an dieser Stelle noch, daß wir die Elemente der Untermatrizen $\overline{\mathbf{C}}_i$ für gerade und gekrümmte Stäbe entweder direkt berechnen können (bei Stäben mit konstantem Querschnitt und einfachen Arten gekrümmter Stäbe) oder Tabellen entnehmen (bei Stäben mit veränderlichem Querschnitt und komplizierteren Fällen gekrümmter Stäbe). Sonst kann auch die Matrizenform der Berechnung des geraden eingespannten Stabes benützt werden (und in modifizierter Art auch des gekrümmten Stabes). Zur Berechnung der Elemente der Matrizen $\overline{\mathbf{C}}_i$ auf Rechenautomaten sind jedoch schon Programme aufgestellt.

Nach den oben angeführten Erwägungen zeigt sich die Änderung sowohl der Verbindungen als auch der Querschnittsabmessungen der Stäbe nur in einer Änderung der Matrix $\overline{\mathbf{C}}$. Kennen wir die Matrix **A**, können wir mit der Bezeichnung $\overline{\mathbf{C}}_z$ die neue Steifigkeitsmatrix ermitteln:

$$\mathbf{N}_z = \overline{\mathbf{C}}_z\mathbf{B} \quad \text{und} \quad \mathbf{D}_z = \mathbf{A}\overline{\mathbf{C}}_z\mathbf{A}^T \tag{254}$$

und berechnen

$$\mathbf{\Phi}_z = \mathbf{D}_z^{-1}\mathbf{P}\,. \tag{255}$$

Verwenden wir bei der Berechnung einen Rechenautomaten, rechnen wir nach dem gleichen Programm, nur führen wir als Eingangswerte die

Matrix $\overline{\mathbf{C}}_z$ statt der Matrix $\overline{\mathbf{C}}$ ein. Die zeitlich aufwendigste Operation wird sicher die Invertierung der Matrix $\mathbf{D}$ sein, sowohl bei Benützung von Automaten als auch bei normaler Rechenweise.

Um die Rechnung zu beschleunigen (insbesondere in Fällen, in denen es sich um eine kompliziertere Konstruktion mit nur einigen Änderungen handelt), können wir folgendermaßen vorgehen:

Wir bestimmen die neue Matrix $\overline{\mathbf{C}}_z$ und berechnen die Matrix $\overline{\mathbf{C}}_0$ — die Matrix der Steifigkeitskorrekturen — nach der Beziehung

$$\overline{\mathbf{C}}_0 = \overline{\mathbf{C}} - \overline{\mathbf{C}}_z , \tag{256}$$

demnach

$$\overline{\mathbf{C}}_z = \overline{\mathbf{C}} - \overline{\mathbf{C}}_0 . \tag{256a}$$

Dann können wir sowohl Matrix $\mathbf{D}_z$ als auch Matrix $\mathbf{N}_z$ ausdrücken in der Form

$$\mathbf{D}_z = \mathbf{A}\overline{\mathbf{C}}_z\mathbf{A}^T = \mathbf{A}(\overline{\mathbf{C}} - \overline{\mathbf{C}}_0)\,\mathbf{A}^T =$$
$$= \mathbf{A}\overline{\mathbf{C}}\mathbf{A}^T - \mathbf{A}\overline{\mathbf{C}}_0\mathbf{A}^T = \mathbf{D} - \mathbf{D}_0 , \tag{257}$$

$$\mathbf{N}_z = \overline{\mathbf{C}}_z\mathbf{A}^T = (\overline{\mathbf{C}} - \overline{\mathbf{C}}_0)\,\mathbf{A}^T = \overline{\mathbf{C}}\mathbf{A}^T - \overline{\mathbf{C}}_0\mathbf{A}^T = \mathbf{N} - \mathbf{N}_0 , \tag{258}$$

wobei mit dem Index 0 die Korrektionsmatrix bezeichnet wird.

Bei einer geringen Anzahl von Abänderungen in der Matrix $\overline{\mathbf{C}}$ werden die Matrizen $\mathbf{D}_0$, $\mathbf{N}_0$ einfach sein, und $\mathbf{D}_z$, $\mathbf{N}_z$ bestimmen wir leichter auf andere Weise als durch direkte Berechnung.

Wir können die Gleichungen anschreiben

$$\boldsymbol{\Phi}_z = \mathbf{D}_z^{-1}\mathbf{P} = (\mathbf{D} - \mathbf{D}_0)^{-1}\,\mathbf{P} ,$$
$$\mathbf{S}_z = \mathbf{N}_z\boldsymbol{\Phi}_z = (\mathbf{N} - \mathbf{N}_0)(\mathbf{D} - \mathbf{D}_0)^{-1}\,\mathbf{P} . \tag{259}$$

Kennen wir bereits die Matrix $\mathbf{D}^{-1}$, dann können wir $\mathbf{D}_z^{-1}$ mit Hilfe von $\mathbf{D}^{-1}$ aufstellen. In manchen Fällen wird diese Berechnungsart der Matrix $\mathbf{D}_z^{-1}$ schneller sein als die direkte Berechnung. Diesen Fragen wollen wir einen selbständigen Abschnitt widmen.

4.11. Bestimmung der inversen Matrix $\mathbf{D}^{-1}$ bei Änderungen der Elemente in der ursprünglichen Matrix

Nehmen wir an, daß wir die Matrix $\mathbf{D}$ und die zu ihr inverse $\mathbf{D}^{-1}$ kennen. Aus den Änderungen der Matrix $\overline{\mathbf{C}}$ (sei es infolge von Änderungen der Verbindungen, sei es wegen Änderungen der Stabsteifigkeit) haben wir die Matrix D_0 bestimmt. Zeigen wir, wie die Matrix D^{-1} zur Bestimmung von D_z^{-1} verwendet werden kann.

Der neuen Matrix wird auch ein neuer Vektor Φ_z entsprechen. Matrix P ändert sich nicht. Für die veränderte Konstruktion können wir schreiben

$$P = D_z \Phi_z \qquad (260)$$

und formal lösen in der Form

$$\Phi_z = D_n^{-1} P .$$

Für D_z setzen wir aus Gl. (257) ein. Dann ist

$$\Phi_z = (D - D_0)^{-1} P .$$

Diese Gleichung wollen wir so umformen, daß wir die Matrix D in der Klammer nach links „herausheben". Dann ist

$$\Phi_z = [D(I - D^{-1} D_0)]^{-1} P ,$$
$$\Phi_z = (I - D^{-1} D_0)^{-1} D^{-1} P . \qquad (261)$$

Die Matrix in der Klammer kann einfacher als D_z sein, und ihre Inversion — auch die direkte — könnte leichter sein als die Inversion von D_z.

Die Inversion der Matrix aus Gl. (261) können wir aber auch durch Entwicklung in eine Matrizen-Potenzreihe durchführen, sofern die Konvergenzbedingungen erfüllt sind. Wir wollen bezeichnen

$$D^{-1} D_0 = Q_0' . \qquad (261a)$$

Die Gleichung (261) können wir dann schreiben (s. [17]):

$$\Phi_z = (I - Q_0')^{-1} D^{-1} P = (I + Q_0' + Q_0'^2 + Q_0'^3, \ldots) D^{-1} P . \qquad (261b)$$

Die Matrizenreihe wird konvergieren, wenn für die Norm der Matrix Q_0' gilt $\|Q_0'\| < 1$. Diese Bedingung wird erfüllt sein, wenn in der Matrix $\overline{C}$ nur wenige Korrekturen vorkommen. Allerdings müssen wir uns immer von der Erfüllung dieser Bedingung überzeugen. (Sofern sie nicht erfüllt wäre, könnte die Rechnung so gestaltet werden, daß die Reihenentwicklung möglich ist.)

Bei der Ermittlung der inversen Matrix durch Reihenentwicklung ist es nicht erforderlich, sämtliche Potenzen der Matrix Q_0' zu bestimmen, es genügen die geraden Potenzen, da wir die Ausdrücke in Gl. (261b) in folgender Weise umformen können:

$$(\mathbf{I} + \mathbf{Q}_0' + \mathbf{Q}_0'^2 + \mathbf{Q}_0'^3 + \mathbf{Q}_0'^4 + \ldots) =$$
$$= (\mathbf{I} + \mathbf{Q}_0'^2 + \mathbf{Q}_0'^4 + \mathbf{Q}_0'^6 + \ldots)(\mathbf{I} + \mathbf{Q}_0') . \tag{261c}$$

Somit kann die inverse Matrix $\mathbf{D}_z^{-1}$ bestimmt werden nach der Beziehung

$$\mathbf{D}_z^{-1} = (\mathbf{I} + \mathbf{Q}_0'^2 + \mathbf{Q}_0'^4 + \mathbf{Q}_0'^6 + \ldots)(\mathbf{I} + \mathbf{Q}_0')\,\mathbf{D}^{-1} \tag{262}$$

oder

$$\mathbf{D}_z^{-1} = (\mathbf{I} + \mathbf{Q}_0'^2 + \mathbf{Q}_0'^4 + \mathbf{Q}_0'^6 + \ldots)(\mathbf{D}^{-1} + \mathbf{D}^{-1}\mathbf{D}_0\mathbf{D}^{-1}) .$$

Wollen wir die inverse Matrix $\mathbf{D}_z^{-1}$ mit einer bestimmten Genauigkeit berechnen, können wir aus der Beziehung für die Fehlerabschätzung, d.h. aus

$$\left\| (\mathbf{I} - \mathbf{Q}_0')^{-1} - (\mathbf{I} + \mathbf{Q}_0' + \mathbf{Q}_0'^2 + \ldots + \mathbf{Q}_0''^m) \right\| \leqq \frac{\|\mathbf{Q}_0\|^{n+1}}{1 - \|\mathbf{Q}_0\|} \tag{263}$$

die der gewählten Genauigkeit entsprechende höchste notwendige Potenz n bestimmen.

Falls es uns direkt um den Wert der Matrix $\mathbf{\Phi}_z$ geht, können wir mit Rücksicht auf die Beziehung

$$\mathbf{\Phi} = \mathbf{D}^{-1}\mathbf{P}$$

schreiben:

$$\mathbf{\Phi}_z = (\mathbf{I} - \mathbf{Q}_0')^{-1}\,\mathbf{D}^{-1}\mathbf{P} = (\mathbf{I} - \mathbf{Q}_0')^{-1}\,\mathbf{\Phi} . \tag{264}$$

Die Matrix $\mathbf{D}$ in Gl. (259) können wir auch nach rechts „herausheben". Dann ist

$$\mathbf{\Phi}_z = (\mathbf{D} - \mathbf{D}_0)^{-1}\,\mathbf{P} = [(\mathbf{I} - \mathbf{D}_0\mathbf{D}^{-1})\,\mathbf{D}]^{-1}\,\mathbf{P} \tag{265}$$

und somit

$$\mathbf{D}_z^{-1} = \mathbf{D}^{-1}(\mathbf{I} - \mathbf{D}_0\mathbf{D}^{-1})^{-1} . \tag{265a}$$

Der weitere Vorgang ist analog dem des vorigen Falles.

Die Matrizen $(\mathbf{I} - \mathbf{D}_0\mathbf{D}^{-1})^{-1}$ oder $(\mathbf{I} - \mathbf{D}^{-1}\mathbf{D}_0)^{-1}$ können wir als Korrektionsmatrizen ansehen, mit denen wir $\mathbf{D}^{-1}$ von rechts oder links multiplizieren müssen, um die Matrix $\mathbf{D}_z^{-1}$ zu erhalten.

Zwischen den eingeführten Matrizen gelten noch weitere Beziehungen:

$$\mathbf{D}_z\mathbf{D}^{-1} = (\mathbf{I} - \mathbf{D}_0\mathbf{D}^{-1}) \tag{266}$$

und

$$(\mathbf{D}_z \mathbf{D}^{-1})^T = (\mathbf{D}^{-1})^T \mathbf{D}_z^T = \mathbf{D}^{-1}\mathbf{D}_z =$$
$$= (\mathbf{I} - \mathbf{D}_0\mathbf{D}^{-1})^T = (\mathbf{I} - \mathbf{D}^{-1}\mathbf{D}_0) . \tag{266a}$$

Da wir aber Matrix $\mathbf{D}_z$ als Differenz $(\mathbf{D} - \mathbf{D}_0)$ bestimmt haben, ist es zweckmäßig, auch $\mathbf{D}_z^{-1}$ als Differenz zweier Matrizen zu bestimmen, z.B. als

$$\mathbf{D}_z^{-1} = \mathbf{D}^{-1} - \mathbf{D}^{\times} . \tag{267}$$

Aus der Bedingung

$$(\mathbf{D} - \mathbf{D}_0)(\mathbf{D}^{-1} - \mathbf{D}^{\times}) = \mathbf{I}$$

folgt

$$\mathbf{D}\mathbf{D}^{-1} - \mathbf{D}_0\mathbf{D}^{-1} - \mathbf{D}\mathbf{D}^{\times} + \mathbf{D}_0\mathbf{D}^{\times} = \mathbf{I} ,$$
$$(\mathbf{D} - \mathbf{D}_0)\mathbf{D}^{\times} = -\mathbf{D}_0\mathbf{D}^{-1} ,$$
$$(\mathbf{I} - \mathbf{D}_0\mathbf{D}^{-1})\mathbf{D}\mathbf{D}^{\times} = -\mathbf{D}_0\mathbf{D}^{-1} ,$$
$$\mathbf{D}^{\times} = -\mathbf{D}^{-1}(\mathbf{I} - \mathbf{D}_0\mathbf{D}^{-1})^{-1}\mathbf{D}_0\mathbf{D}^{-1} . \tag{268}$$

Dann ist demnach

$$\mathbf{D}_z^{-1} = (\mathbf{D}^{-1} - \mathbf{D}^{\times}) = \mathbf{D}^{-1} + \mathbf{D}^{-1}(\mathbf{I} - \mathbf{D}_0\mathbf{D}^{-1})^{-1}\mathbf{D}_0\mathbf{D}^{-1} \tag{269}$$

oder mit der Bezeichnung

$$\overline{\mathbf{D}} = (\mathbf{I} - \mathbf{D}_0\mathbf{D}^{-1})^{-1}\mathbf{D}_0 \tag{270}$$

ist

$$\mathbf{D}_z^{-1} = \mathbf{D}^{-1} + \mathbf{D}^{-1}\overline{\mathbf{D}}\mathbf{D}^{-1} . \tag{271}$$

Die inverse Matrix $(\mathbf{I} - \mathbf{D}_0\mathbf{D}^{-1})^{-1}$ können wir entweder durch direkte Inversion oder mittels Reihenentwicklung bestimmen.

In diesem Falle jedoch gelangt man einfacher zum selben Ergebnis auf andere Art. Entwickeln wir in Gl. (265a) den Ausdruck $(\mathbf{I} - \mathbf{D}_0\mathbf{D}^{-1})^{-1}$ in eine Reihe, ist

$$\mathbf{D}_z^{-1} = \mathbf{D}^{-1}[\mathbf{I} + \mathbf{D}_0\mathbf{D}^{-1} + (\mathbf{D}_0\mathbf{D}^{-1})^2 + \ldots] \tag{272}$$

und nach Ausmultiplizieren

$$\mathbf{D}_z^{-1} = \mathbf{D}^{-1} + [\mathbf{D}^{-1}\mathbf{D}_0\mathbf{D}^{-1} + \mathbf{D}^{-1}(\mathbf{D}_0\mathbf{D}^{-1})^2 + \ldots] =$$
$$= \mathbf{D}^{-1} + \overline{\mathbf{D}}^{\times} . \tag{273}$$

Dieses Resultat ist identisch mit dem von Gl. (269), wenn wir auch dort die Differenz $(I - D_0 D^{-1})^{-1}$ in eine Reihe entwickeln.

Falls sich die Elemente nur eines gewissen Teils der Matrix D ändern, kann D so in vier Felder geteilt werden, daß alle Veränderungen in einer einzigen Untermatrix zusammengefaßt sind. Für die inverse Matrix D_z^{-1} können wir mittels der Beziehungen für zerlegte Matrizen Formeln aufstellen, nach denen wir sie aus der zur ursprünglichen Matrix inversen D^{-1} und einer Ergänzung berechnen. Diese Beziehungen sind in einem besonderen Kapitel angeführt. Bezeichnen wir

$$D^{\times} P = \Phi_0 \,,$$

erhalten wir zur Bestimmung der Spaltenmatrix Φ_z der Verformungskomponenten der Knoten mit Hilfe der Matrix Φ

$$\Phi_z = (D^{-1} - D^{\times}) P = D^{-1} P - D^{\times} P = \Phi - \Phi_0 \,. \tag{274}$$

Für die Berechnung der Momente und Normalkräfte in den Endquerschnitten der einzelnen Stäbe gilt dann

$$S_z = (N - N_0)\, \Phi_z = (N - N_0)\,(\Phi - \Phi_0)\,,$$
$$S_z = N\Phi - N_0(\Phi - \Phi_0) - N\Phi_0\,,$$
$$S_z = S - N_0\Phi_z - N\Phi_0\,. \tag{275}$$

4.12. Änderungen der äußeren Verbindungen

Bei der allgemeinen Rahmenkonstruktion haben wir angenommen, daß r Stabendquerschnitte vollkommen in die Stützen eingespannt sind. Falls etliche dieser äußeren Verbindungen nicht fest sind, sondern die Stäbe durch feste oder bewegliche Gelenke mit den Stützen verbunden werden, können wir den Einfluß der Änderung dieser Verbindungen auch auf andere Weise als früher beschrieben erfassen.

Nehmen wir an, daß wir für die betrachtete ursprüngliche Konstruktion die Gleichungen der Deformationsmethode unter Berücksichtigung der Stützensenkung aufgestellt haben:

$$\begin{bmatrix} P \\ R \end{bmatrix} = \begin{bmatrix} D & ; & D_{2\Delta} \\ D_{2\Delta}^T & ; & D_{3\Delta} \end{bmatrix} \begin{bmatrix} \Phi \\ \Delta \end{bmatrix}\,. \tag{276}$$

Jede Einspannung können wir uns als dreifache Verbindung vorstellen, wobei eine Komponente die Verdrehung, die zweite die waagrechte und die dritte die lotrechte Verschiebung verhindert. Jeder Verbindungskomponente entspricht eine Komponente der äußeren Reaktion. Wird irgendein Stab gelenkig an die Stütze angeschlossen, ist die zugehörige Reaktionskomponente gleich null, und die Verdrehung dieses Gelenks wird zu einer weiteren Unbekannten. In ähnlicher Weise werden bei beweglicher Lagerung zwei Reaktionskomponenten gleich null, und es kommen zwei Unbekannte hinzu — Verdrehung und Verschiebung. Wenn wir irgendeine Einspannung ganz aufheben würden, wären alle drei Reaktionskomponenten gleich null, und sämtliche drei Verschiebungskomponenten der Stütze würden zu Unbekannten. (Unter der Voraussetzung jedoch, daß die Konstruktion stabil bleibt. Aufheben können wir — soweit das überhaupt möglich ist — höchstens s Verbindungskomponenten. In einem solchen Falle wird die Konstruktion statisch bestimmt.)

Wir ändern in der betrachteten Konstruktion die Verbindungen so, daß β Verbindungskomponenten frei werden ($\beta < s$). Die Reaktionskomponenten und die ihnen zugehörigen Verschiebungen Δ beziffern wir so, daß die den frei gemachten Verbindungen entsprechenden Verschiebungen am Anfang der Matrix Δ stehen. In Gl. (276) zerlegen wir die Untermatrizen $D_{2\Delta}$, $D_{2\Delta}^T$, $D_{3\Delta}$ in weitere Untermatrizen:

$$
\begin{bmatrix} \mathbf{P} \\ \mathbf{R}_1 \\ \mathbf{R}_2 \end{bmatrix} =
\begin{bmatrix} \mathbf{D} & ; \mathbf{D}_{2\Delta 1}; & \mathbf{D}_{2\Delta 2} \\ \mathbf{D}_{2\Delta 1}^T; & \mathbf{D}_{3\Delta 1}; & \mathbf{D}_{2\Delta 3} \\ \mathbf{D}_{2\Delta 2}^T; & \mathbf{D}_{3\Delta 2}^T; & \mathbf{D}_{3\Delta 3} \end{bmatrix}
\begin{bmatrix} \Phi \\ \Delta_1 \\ \Delta_2 \end{bmatrix},
\tag{277}
$$

wo die Matrizen $\mathbf{R}_1$ und Δ_1 vom Typ $(\beta \,.\, 1)$, die Matrizen $\mathbf{R}_2$ und Δ_2 vom Typ $(3r - \beta)\,.\,(1)$ sind. Dieser Zerlegung entsprechen jedoch auch die Typen der anderen neueingeführten Untermatrizen. Matrix $\mathbf{R}_1$ enthält dann die den frei gemachten Verbindungen entsprechenden Reaktionskomponenten. Diese aber sind gleich null. Daher setzen wir $\mathbf{R}_1 = \mathbf{O}$. Wenn wir annehmen, daß keine Senkung der Stützen eintritt, werden auch sämtliche Elemente der Matrix Δ_2 gleich null. Die in der Matrix Δ_1 enthaltenen Verschiebungskomponenten sind Verschiebungen, die den aufgelassenen Verbindungen entsprechen; in der geänderten Konstruktion können wir sie als weitere Unbekannte ansehen. Wir schreiben Gl. (277) als drei Matrizengleichungen aus und formen sie nach den oben angeführten Folgerungen um:

$$
\begin{aligned}
\mathbf{P} &= \mathbf{D}\Phi & + \mathbf{D}_{2\Delta 1}\Delta_1 + \mathbf{D}_{2\Delta 2}\mathbf{O}, \\
\mathbf{O} &= \mathbf{D}_{2\Delta 1}^T\Phi + \mathbf{D}_{3\Delta 1}\Delta_1 + \mathbf{D}_{3\Delta 2}\mathbf{O}, \\
\mathbf{R}_2 &= \mathbf{D}_{2\Delta 2}^T\Phi + \mathbf{D}_{3\Delta 2}^T\Delta_1 + \mathbf{D}_{3\Delta 3}\mathbf{O}.
\end{aligned}
\tag{278}
$$

Die letzte der Gl. (278) ist die Gleichung zur Berechnung der verbleibenden Reaktionen, die nicht null sind. Aus den ersten beiden Gleichungen können wir Δ_1 eliminieren. Mit Rücksicht auf die früher angegebenen Eigenschaften der Matrizen $\mathbf{D}$ und $\mathbf{D}_{3\Delta 1}$ können wir bestimmen

$$\Delta_1 = -\mathbf{D}_{3\Delta 1}^{-1}\mathbf{D}_{2\Delta 1}^T\mathbf{\Phi} \tag{279}$$

und nach Einsetzen und Umformung

$$\mathbf{P} = \left(\mathbf{D} - \mathbf{D}_{2\Delta 1}\mathbf{D}_{3\Delta 1}^{-1}\mathbf{D}_{2\Delta 1}^T\right)\mathbf{\Phi}\,. \tag{280}$$

Aus dieser Gleichung berechnen wir

$$\mathbf{\Phi} = \left(\mathbf{D} - \mathbf{D}_{2\Delta 1}\mathbf{D}_{3\Delta 1}^{-1}\mathbf{D}_{2\Delta 1}^T\right)^{-1}\mathbf{P} \tag{280a}$$

und aus Gl. (279) auch Δ_1. Durch Einsetzen der gerade ermittelten Matrizen in die Gleichung

$$\mathbf{R}_2 = \mathbf{D}_{2\Delta 2}^T\mathbf{\Phi} + \mathbf{D}_{3\Delta 2}^T\Delta_1 \tag{281}$$

berechnen wir auch sämtliche Stützenreaktionen. Falls wir die Verschiebungskomponenten Δ_1 nicht kennen müssen, können wir durch Einsetzen für Δ_1 aus Gl. (279) diese Matrix aus der Rechnung eliminieren. Dann ist

$$\mathbf{R}_2 = \left(\mathbf{D}_{2\Delta 2}^T - \mathbf{D}_{3\Delta 2}^T\mathbf{D}_{3\Delta 1}^{-1}\mathbf{D}_{2\Delta 1}^T\right)\mathbf{\Phi}\,. \tag{281a}$$

Falls eine Stützensenkung auftritt, wird die Matrix Δ_2 ungleich null sein, und ihre Elemente sind im vorhinein bekannt. Die Rechnung wird formell nur geringfügig erweitert, bereitet aber keine grundsätzlichen Schwierigkeiten; die sich ergebenden Gleichungen haben diese Form:

$$\Delta_1 = -\mathbf{D}_{3\Delta 1}^{-1}\mathbf{D}_{2\Delta 1}^T\mathbf{\Phi} - \mathbf{D}_{3\Delta 1}^{-1}\mathbf{D}_{3\Delta 2}\Delta_2\,,$$

$$\mathbf{\Phi} = \left(\mathbf{D} - \mathbf{D}_{2\Delta 1}\mathbf{D}_{3\Delta 1}^{-1}\mathbf{D}_{2\Delta 1}^T\right)^{-1}\left[\mathbf{P} - \left(\mathbf{D}_{2\Delta 2} - \mathbf{D}_{2\Delta 1}\mathbf{D}_{3\Delta 1}^{-1}\mathbf{D}_{3\Delta 2}\right)\Delta_2\right],$$

$$\mathbf{R}_2 = \mathbf{D}_{2\Delta 2}^T\mathbf{\Phi} + \mathbf{D}_{3\Delta 2}^T\Delta_1 + \mathbf{D}_{3\Delta 3}\Delta_2 \tag{282}$$

oder

$$\mathbf{R}_2 = \left(\mathbf{D}_{2\Delta 2}^T - \mathbf{D}_{3\Delta 2}^T\mathbf{D}_{3\Delta 1}^{-1}\mathbf{D}_{2\Delta 1}^T\right)\mathbf{\Phi} + \left(\mathbf{D}_{3\Delta 2} - \mathbf{D}_{3\Delta 2}^T\mathbf{D}_{3\Delta 1}^{-1}\mathbf{D}_{3\Delta 2}\right)\Delta_2\,.$$

Beispiel 4.1.

Die Rahmenkonstruktion nach Abb. 13 werden wir nach der allgemeinen Deformationsmethode berechnen. Die Berechnung erweitern wir für den Fall der Stützensenkung, wobei wir auch andere Rechenoperationen zeigen.

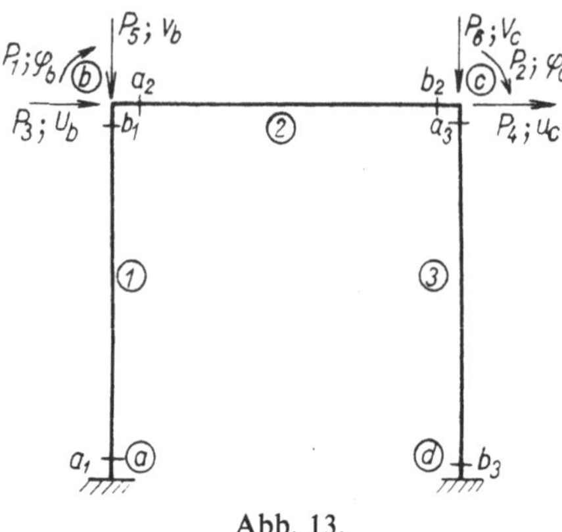

Abb. 13.

Um die Berechnung nicht nur nach der Deformationsmethode leicht durchführen zu können, sondern auch nach anderen Verfahren, wählen wir eine besonders einfache Konstruktion. Ein solches Beispiel ist besser geeignet als ein Beispiel der Berechnung einer komplizierteren Konstruktion, bei der eine Rechenmaschine nötig wäre und nur die Resultate angegeben werden könnten. Ein einfacheres Beispiel gibt dem Leser die Möglichkeit, das ganze Beispiel selbst mit den üblichen Behelfen durchzurechnen und sich so besser mit den matrizenartigen Berechnungsmethoden bekannt zu machen. Dieses Beispiel wird in allen Kapiteln berechnet werden, entweder unter allgemeinen oder vereinfachten Annahmen.

Abmessungen der Konstruktion:

$$l_1 = 10\,\text{m}\,, \quad J_1 = 0,003\,\text{m}^4\,, \quad F_1 = 0,2\,\text{m}^2\,,$$
$$l_2 = 10\,\text{m}\,, \quad J_2 = 0,003\,\text{m}^4\,, \quad F_2 = 0,2\,\text{m}^2\,,$$
$$l_3 = 10\,\text{m}\,, \quad J_3 = 0,0025\,\text{m}^4\,, \quad F_3 = 0,144\,\text{m}^2\,.$$

Vergleichsträgheitsmoment: $J_v = 0,002\,\text{m}^4$,

$$E = 2,1 \cdot 10^5\,\text{N/mm}^2\,.$$

Belastung:

$$P_1 = +333,\overline{3}\,\text{kNm}\,, \quad P_2 = -333,\overline{3}\,\text{kNm}\,, \quad P_5 = 200\,\text{kN}\,,$$
$$P_6 = 200\,\text{kN}\,, \quad P_3 = 0\,, \quad P_4 = 0\,.$$

Bei der betrachteten Konstruktion ist $n = 2$, $m = 3$, $r = 2$, $s = 3$. Die Matrix **P** der Komponenten der Knotenbelastung ist vom **Typ** (6.1), die Matrix $\boldsymbol{\Phi}$ der Verschiebungskomponenten der Knoten vom gleichen Typ.

$$\mathbf{P} = \begin{bmatrix} \mathbf{P}_M \\ \mathbf{P}_U \\ \mathbf{P}_V \end{bmatrix} = \begin{bmatrix} P_{Mb} \\ P_{Mc} \\ P_{Ub} \\ P_{Uc} \\ P_{Vb} \\ P_{Vc} \end{bmatrix} = \begin{bmatrix} P_1 \\ P_2 \\ P_3 \\ P_4 \\ P_5 \\ P_6 \end{bmatrix} = \begin{bmatrix} +333{,}\overline{3} \\ -333{,}\overline{3} \\ 0 \\ 0 \\ +200{,}0 \\ +200{,}0 \end{bmatrix} ;$$

$$\boldsymbol{\Phi} = \begin{bmatrix} \boldsymbol{\varphi} \\ \mathbf{u} \\ \mathbf{v} \end{bmatrix} = \begin{bmatrix} \varphi_b \\ \varphi_c \\ u_b \\ u_c \\ v_b \\ v_c \end{bmatrix} = \begin{bmatrix} \Phi_1 \\ \Phi_2 \\ \Phi_3 \\ \Phi_4 \\ \Phi_5 \\ \Phi_6 \end{bmatrix} .$$

Die Matrizen **S** und $\boldsymbol{\Theta}$ sind vom Typ (9.1).

$$\mathbf{S} = \begin{bmatrix} M_{a1} \\ M_{b1} \\ N_1 \\ M_{a2} \\ M_{b2} \\ N_2 \\ M_{a3} \\ M_{b3} \\ N_3 \end{bmatrix}, \quad \boldsymbol{\Theta} = \begin{bmatrix} \tau_{a1} \\ \tau_{b1} \\ \Delta l_1 \\ \tau_{a2} \\ \tau_{b2} \\ \Delta l_2 \\ \tau_{a3} \\ \tau_{b3} \\ \Delta l_3 \end{bmatrix} .$$

Weiters stellen wir für die betrachtete Konstruktion die Matrizen **C** der Nachgiebigkeit und $\overline{\mathbf{C}}$ der Steifigkeit der Stäbe auf. Beide sind vom Typ (9.9).

Um die Zahlenrechnung zu vereinfachen, werden wir in der ganzen weiteren Berechnung die EJ_v-fachen wirklichen Werte benützen.

$$\omega_{ai} = \omega_{bi} = \frac{1}{EJ_v} \frac{l_i'}{3} ; \quad \varepsilon_i = \frac{1}{EJ_v} \frac{l_i'}{6} ; \quad v_i = \frac{1}{EJ_v} \frac{l_i J_v}{F_i} ,$$

$$\overline{\omega}_{ai} = \overline{\omega}_{bi} = EJ_v \cdot 2k_i ; \quad \overline{\varepsilon}_i = EJ_v k_i ; \quad \overline{v}_i = EJ_v g_i ,$$

$$k_i = \frac{2J_i}{l_i J_v} ; \quad g_i = \frac{F_i}{l_i J_v} ; \quad l_i' = l_i \frac{J_v}{J_i} .$$

$$\mathbf{C} = \begin{bmatrix} 2,2; & -1,\overline{1}; & 0 \\ -1,\overline{1}; & 2,\overline{2}; & 0 \\ 0\;; & 0\;; & 0,1 \\ & & & 2,\overline{2}; & -1,\overline{1}; & 0 \\ & & & -1,\overline{1}; & 2,\overline{2}; & 0 \\ & & & 0\;; & 0\;; & 0,1 \\ & & & & & & 2,\overline{6}; & -1,\overline{3}; & 0 \\ & & & & & & -1,\overline{3}; & 2,\overline{6}; & 0 \\ & & & & & & 0\;; & 0\;; & 0,13\overline{8} \end{bmatrix} \frac{1}{EJ_v},$$

$$\overline{\mathbf{C}} = \begin{bmatrix} 0,6; & 0,3; & 0 \\ 0,3; & 0,6; & 0 \\ 0\;; & 0\;; & 10 \\ & & & 0,6; & 0,3; & 0 \\ & & & 0,3; & 0,6; & 1 \\ & & & 0\;; & 0\;; & 10 \\ & & & & & & 0,5\;; & 0,25; & 0 \\ & & & & & & 0,25; & 0,5\;; & 0 \\ & & & & & & 0\;; & 0\;; & 7,2 \end{bmatrix} EJ_v.$$

Die Matrizen $\mathbf{A}$ und $\mathbf{B} = \mathbf{A}^T$, die vom Typ $(6\,.\,9)$ und $(9\,.\,6)$ sind, stellen wir in diesem einfachen Beispiel direkt aus den Gleichgewichtsbedingungen der Knoten b und c auf. Die Querkräfte werden als Funktionen der Endmomente ausgedrückt (Abb. 14).

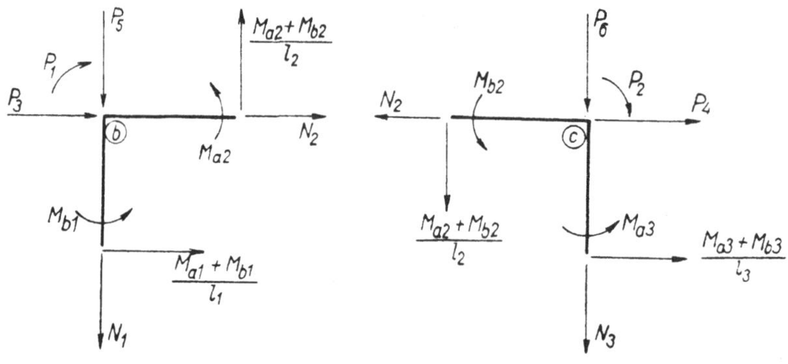

Abb. 14.

Die Gleichgewichtsbedingungen werden durch die Matrizengleichung $\mathbf{P} = \mathbf{AS}$ beschrieben [Gl. (157a)]. Matrix $\mathbf{A}$, wie die Mehrzahl der weiteren Matrizen, schreiben wir in Tabellenform.

A	M_{a1}	M_{b1}	N_1	M_{a2}	M_{b2}	N_2	M_{a3}	M_{b3}	N_3
P_1		$+1$		$+1$					
P_2					$+1$		$+1$		
P_3	$-0,1$	$-0,1$				-1			
P_4						$+1$	$-0,1$	$-0,1$	
P_5			-1	$+0,1$	$+0,1$				
P_6				$-0,1$	$-0,1$				-1

Matrix **B** der geometrischen Gleichung $\Theta = \mathbf{B}\Phi$ bestimmen wir als zu **A** transponierte Matrix [Gl. (158)].

Wie ersichtlich, wäre es in einem solch einfachen Falle keineswegs schwierig, Matrix **B** auch direkt aus den geometrischen Beziehungen zusammenzustellen.

B	φ_b	φ_c	u_b	u_c	v_b	v_c
τ_{a1}			$-0,1$			
τ_{b1}	$+1$		$-0,1$			
Δl_1					-1	
τ_{a2}	$+1$				$+0,1$	$-0,1$
τ_{b2}		$+1$			$+0,1$	$-0,1$
Δl_2			-1	$+1$		
τ_{a3}		$+1$		$-0,1$		
τ_{b3}				$-0,1$		
Δl_3						-1

Weiters stellen wir Matrix $\mathbf{N} = \overline{\mathbf{C}}\mathbf{B}$ — sie ist vom Typ (9.6) — zusammen, die wir für die Berechnung der resultierenden inneren Kräfte benötigen [Gl. (159)].

$EJ_v\mathbf{N}$	φ_b	φ_c	u_b	u_c	v_b	v_c
M_{a1}	$+0{,}3$		$-0{,}09$			
M_{b1}	$+0{,}6$		$-0{,}09$			
N_1					-10	
M_{a2}	$+0{,}6$	$+0{,}3$			$+0{,}09$	$-0{,}09$
M_{b2}	$+0{,}3$	$+0{,}6$			$+0{,}09$	$-0{,}09$
N_2			-10	$+1$		
M_{a3}		$+0{,}5$		$-0{,}075$		
M_{b3}		$+0{,}25$		$-0{,}075$		
N_3						$+7{,}2$

Die Matrix $\mathbf{D}$ in den Bedingungsgleichungen zur Berechnung der Unbekannten können wir auf zweifache Art aufstellen, entweder nach Gl. (124) oder nach Gl. (167).

$EJ_v\mathbf{D}$	φ_b	φ_c	u_b	u_c	v_b	v_c
P_1	$+1{,}2$	$+0{,}3$	$-0{,}09$		$+0{,}09$	$-0{,}09$
P_2	$+0{,}3$	$+1{,}1$		$-0{,}075$	$+0{,}09$	$-0{,}09$
P_3	$-0{,}09$		$+10{,}018$	$-10{,}0$		
P_4		$-0{,}075$	$-10{,}0$	$+10{,}015$		
P_5	$+0{,}09$	$+0{,}09$			$+10{,}018$	$-0{,}018$
P_6	$-0{,}09$	$-0{,}09$			$-0{,}018$	$+7{,}218$

Weiters berechnen wir die zu $\mathbf{D}$ inverse Matrix

$\dfrac{1}{EJ_v}\mathbf{D}^{-1}$	P_1	P_2	P_3	P_4	P_5	P_6
φ_b	$+1{,}06046$	$-0{,}10713$	$+\,2{,}65086$	$+\,2{,}64609$	$-0{,}00854$	$+0{,}01186$
φ_c	$-0{,}10713$	$+1{,}08904$	$+\,2{,}18069$	$+\,2{,}18558$	$-0{,}00879$	$+0{,}01222$
u_b	$+2{,}65086$	$+2{,}18069$	$+42{,}51036$	$+42{,}46302$	$-0{,}04332$	$+0{,}06013$
u_c	$+2{,}64609$	$+2{,}18558$	$+42{,}46302$	$+42{,}51564$	$-0{,}04332$	$+0{,}06013$
v_b	$-0{,}00854$	$-0{,}00879$	$-\,0{,}04332$	$-\,0{,}04332$	$+0{,}09997$	$+0{,}00003$
v_c	$+0{,}01186$	$+0{,}01222$	$+\,0{,}06013$	$+\,0{,}06013$	$+0{,}00003$	$+0{,}13884$

und aus den Gleichungen (171) und (172) $\mathbf{\Phi}$ und $\mathbf{S}$:

$$\mathbf{\Phi} = \begin{bmatrix} \varphi_b \\ \varphi_c \\ u_b \\ u_c \\ v_b \\ v_c \end{bmatrix} = 1/EJ_v \begin{bmatrix} +389{,}862 \\ -398{,}042 \\ +160{,}083 \\ +156{,}862 \\ +\ 20{,}087 \\ +\ 27{,}656 \end{bmatrix} \quad \text{und} \quad \mathbf{S} = \begin{bmatrix} M_{a1} \\ M_{b1} \\ N_1 \\ M_{a2} \\ M_{b2} \\ N_2 \\ M_{a3} \\ M_{b3} \\ N_3 \end{bmatrix} \begin{bmatrix} +102{,}551\ \text{kNm} \\ +219{,}510\ \text{kNm} \\ -200{,}872\ \text{kN} \\ +113{,}823\ \text{kNm} \\ -122{,}547\ \text{kNm} \\ -\ 32{,}206\ \text{kN} \\ -210{,}786\ \text{kNm} \\ -111{,}275\ \text{kNm} \\ -199{,}127\ \text{kN} \end{bmatrix}.$$

Zeigen wir ferner, wie man die Komponenten der Knotenlasten aus der gegebenen Belastung berechnen kann. Die einzige Belastung der Konstruktion ist gleichmäßig verteilt, $q = 40\ \text{kN/m}$, und wirkt am Stab 2. Wir bestimmen die Komponenten der inneren Kräfte in den Endquerschnitten des Stabes 2 unter Annahme vollkommener Einspannung (Abb. 15).

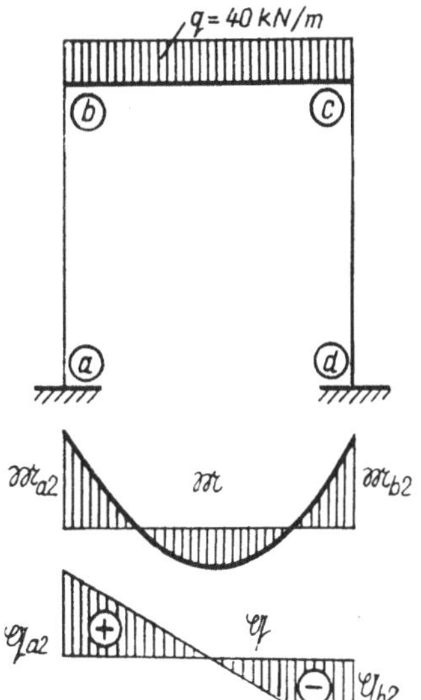

Abb. 15.

$^1\mathbf{A}\,.\,^2\mathbf{A}$	M_{a1}	U_{a1}	V_{a1}	M_{b1}	U_{b1}	V_{b1}	M_{a2}	U_{a2}	V_{a2}	M_{b2}	U_{b2}	V_{b2}	M_{a3}	U_{a3}	V_{a3}	M_{b3}	U_{b3}	V_{b3}
P_1				$+1$			$+1$											
P_2										$+1$			$+1$					
P_3						$+1$		-1										
P_4											$+1$				$+1$			
P_5					-1				-1									
P_6												$+1$		-1				

$$\mathfrak{M}_{a2} = -333{,}\overline{3}\ \text{kNm} = -\mathfrak{M}_{b2}\,,$$

$$\mathfrak{Q}_{a2} = +200\ \text{kN} \qquad = -\mathfrak{Q}_{b2}\,,$$

$$\mathfrak{N}_{a2} = \mathfrak{N}_{b2} = 0.$$

Für die betrachtete Konstruktion stellen wir die Matrix $^1\mathbf{A} \cdot {}^2\mathbf{A}$ [Gl. (157)] zusammen (s. S. 122). Matrix $\mathbf{S}_V^\times$ setzt sich aus drei Untermatrizen $\mathbf{S}_{V_1}^\times$, $\mathbf{S}_{V_2}^\times$, $\mathbf{S}_{V_3}^\times$ zusammen [Gl. (192)].

Die Spaltenmatrix der Komponenten der Knotenbelastung bestimmen wir dann aus Gl. (194):

$$\mathbf{S}_V^\times = \begin{bmatrix} \mathbf{S}_{V1}^\times \\ \mathbf{S}_{V2}^\times \\ \mathbf{S}_{V3}^\times \end{bmatrix};$$

$$\mathbf{S}_{V1}^\times = 0 \quad \mathbf{S}_{V2}^\times = \begin{bmatrix} -333{,}\overline{3} \\ 0 \\ +200{,}0 \\ +333{,}\overline{3} \\ 0 \\ -200{,}0 \end{bmatrix}; \quad \mathbf{P} = -{}^1\mathbf{A}\,{}^2\mathbf{A}\,\mathbf{S}_V^\times = \begin{bmatrix} +333{,}\overline{3} \\ -333{,}\overline{3} \\ 0 \\ 0 \\ +200{,}0 \\ +200{,}0 \end{bmatrix}.$$
$$\mathbf{S}_{V3}^\times = 0$$

Tritt eine Senkung der Stützen ein, stellen wir die Matrizen $\mathbf{A}_\Delta$ und $\mathbf{D}_\Delta$ zusammen (s. S. 124). Bezeichnen wir die Kräfte und Momente, die in den Stützenquerschnitten wirken. Abb. 16 zeigt das Schema der Knoten.

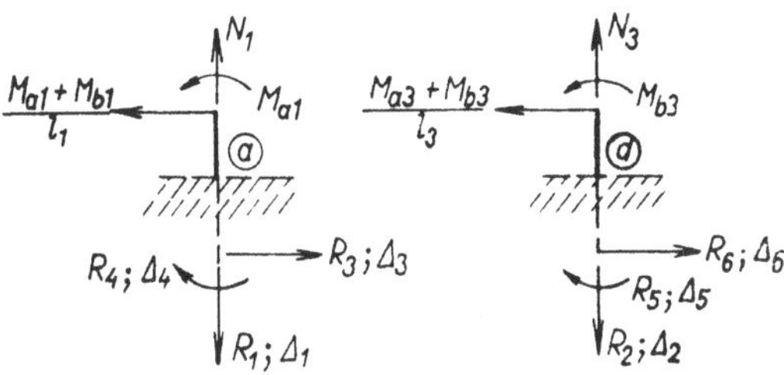

Abb. 16.

Aus dem Gleichgewichte der „Knoten" a und d stellen wir leicht direkt die Matrix $\mathbf{A}_R$ zusammen. Die Reihung der Reaktionen ist in Hinsicht auf die Kraftgrößenmethode vorgenommen.

$EJ_v \mathbf{D}_\Delta$	φ_b	φ_c	u_b	u_c	v_b	v_c	Δ_1	Δ_2	Δ_3	Δ_4	Δ_5	Δ_6
P_1	$+1,2$	$+0,3$	$-0,09$		$+0,09$	$-0,09$			$+0,09$	$+0,3$		
P_2	$+0,3$	$+1,1$		$-0,075$	$+0,09$	$-0,09$					$+0,25$	$+0,075$
P_3	$-0,09$		$+10,018$	$-10,0$					$-0,018$	$-0,09$		
P_4		$-0,075$	$-10,0$	$+10,015$							$-0,075$	$-0,015$
P_5	$+0,09$	$+0,09$			$+10,018$	$-0,018$	$-10,0$					
P_6	$-0,09$	$-0,09$			$-0,018$	$+7,218$		$-7,2$				
R_1					$-10,0$		$+10,0$					
R_2						$-7,2$		$+7,2$				
R_3	$+0,09$		$-0,018$						$+0,018$	$+0,09$		
R_4	$+0,3$		$-0,09$						$+0,09$	$+0,6$		
R_5		$+0,25$		$-0,075$							$+0,5$	$+0,075$
R_6		$+0,075$		$-0,015$							$+0,075$	$+0,015$

$\mathbf{A}_R$	M_{a1}	M_{b1}	N_1	M_{a2}	M_{b2}	N_2	M_{a3}	M_{b3}	N_3
R_1			$+1$						
R_2									$+1$
R_3	$+0{,}1$	$+0{,}1$							
R_4	$+1$								
R_5								$+1$	
R_6							$+0{,}1$	$+0{,}1$	

Matrix $\mathbf{A}_\Delta$ setzt sich dann aus den Untermatrizen $\mathbf{A}$ und $\mathbf{A}_R$ zusammen; das System der Bedingungsgleichungen stellen wir nach Gl. (183) auf.

Wenn wir zur vereinfachten Form der Deformationsmethode übergehen wollen, ändern wir die Zeilenfolge der Matrix $\mathbf{A}^T$ so, daß die Reihung der Elemente den in Abschn. 4.7 angeführten Bedingungen entspricht; die Gleichung $\mathbf{A}_3^T \mathbf{p}_n = \mathbf{O}$ schreiben wir dann für unseren Fall aus.

$\mathbf{A}^T$	φ_b	φ_c	u_b	u_c	v_b	v_c
τ_{a1}			$-0{,}1$			
τ_{b1}	$+1$		$-0{,}1$			
τ_{a2}	$+1$				$+0{,}1$	
τ_{b2}		$+1$			$+0{,}1$	
τ_{a3}		$+1$		$-0{,}1$		
τ_{b3}				$-0{,}1$		
Δl_1					-1	
Δl_2			-1	$+1$		
Δl_3						-1

$$
\begin{aligned}
-v_{bn} &= 0\,, \\
-u_{bn} + u_{cn} &= 0\,, \\
-v_{cn} &= 0\,.
\end{aligned}
$$

Aus diesem Ausschreiben folgt direkt $v_{bn} = 0$, $v_{cn} = 0$, $u_{bn} = u_{cn}$. Unabhängig ist eine einzige Unbekannte. Wir wählen als solche u_{bn} und bestimmen

$$\begin{bmatrix} u_{bn} \\ u_{cn} \\ v_{bn} \\ v_{cn} \end{bmatrix} = \begin{bmatrix} 1 \\ 0 \\ 0 \\ 0 \end{bmatrix} [u_{bn}] \quad \text{und} \quad \mathbf{K}^T = \begin{bmatrix} 1 & 0 & 0 \\ 0 & 1 & 0 \\ 0 & 0 & 1 \\ 0 & 0 & 0 \\ 0 & 0 & 0 \\ 0 & 0 & 0 \end{bmatrix},$$

$$\mathbf{P}_n = \mathbf{K}\mathbf{P} = \begin{bmatrix} -333{,}\overline{3} \\ +333{,}\overline{3} \\ 0 \end{bmatrix}, \quad \overline{\mathbf{\Phi}}_n = \mathbf{K}^T\mathbf{\Phi}_n = \begin{bmatrix} \varphi_{bn} \\ \varphi_{cn} \\ u_{bn} \end{bmatrix}.$$

Die Bedingungsgleichungen berechnen wir durch Transformation:

$$\mathbf{P}_n = \mathbf{KDK}^T\mathbf{\Phi}_n = \mathbf{D}_n\mathbf{\Phi}_n.$$

$EJ_v\mathbf{D}_n$	φ_{bn}	φ_{cn}	u_{bn}
P_{1n}	$+1{,}2$	$+0{,}3$	$-0{,}09$
P_{2n}	$+0{,}3$	$+1{,}1$	$-0{,}075$
P_{bn}	$-0{,}09$	$-0{,}075$	$0{,}033$

Die Matrix $\mathbf{D}_n^{-1}$ würden wir durch direkte Inversion oder nach den Gleichungen in Abschn. 4.8 berechnen.

Beispiel 4.2.

Wir wollen die Matrix $\mathbf{D}$ und die Bedingungsgleichungen zur Berechnung der Rahmenkonstruktion gemäß Abb. 17 nach der allgemeinen Deformationsmethode aufstellen. Die Stäbe haben konstanten Querschnitt; die Trägheitsmomente der einzelnen Stäbe sind J_1, J_2, J_3. Die bereits bestimmte Matrix transformieren wir für die Berechnung derselben Konstruktion nach der vereinfachten Deformationsmethode.

Bei der Konstruktion nach Abb. 17 ist $n = 2$, $m = 3$, $r = 2$. Die Matrix Φ der unbekannten Komponenten der Knotenverschiebungen ist vom Typ (6.1), d.h. wir haben 6 Unbekannte. Auch die Matrix der Knotenbelastungskomponenten ist vom gleichen Typ. Zur leichteren Orientierung bezeichnen wir die einzelnen Knoten mit Buchstaben.

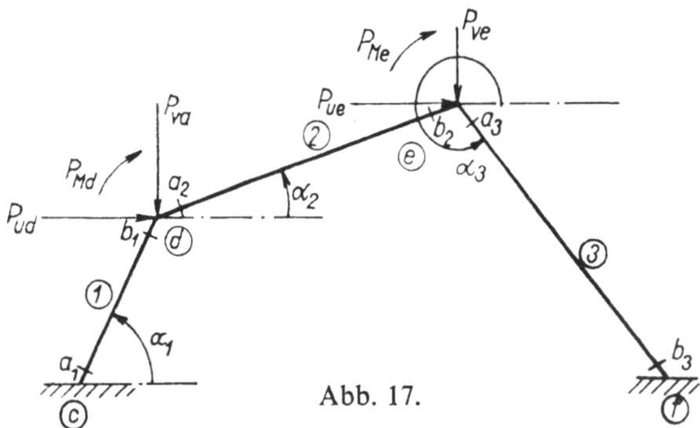

Abb. 17.

Bei der Reihung der Matrizenelemente verwenden wir die in Abschn. 4.7 beschriebene Art, damit wir die Berechnung in einer Struktur vorbereitet haben, die für den Übergang zur Berechnung nach der vereinfachten Deformationsmethode geeignet ist. Demnach ist

$$
\mathbf{P} = \begin{bmatrix} \mathbf{P}_M \\ \mathbf{P}_U \\ \mathbf{P}_V \end{bmatrix} = \begin{bmatrix} P_{Md} \\ P_{Me} \\ P_{Ud} \\ P_{Ue} \\ P_{Vd} \\ P_{Ve} \end{bmatrix} = \begin{bmatrix} \mathbf{P}_M \\ \mathbf{P}_p \end{bmatrix}, \quad
\mathbf{\Phi} = \begin{bmatrix} \mathbf{\varphi} \\ \mathbf{u} \\ \mathbf{v} \end{bmatrix} = \begin{bmatrix} \varphi_d \\ \varphi_e \\ u_d \\ u_e \\ v_d \\ v_e \end{bmatrix} = \begin{bmatrix} \mathbf{\varphi} \\ \mathbf{p} \end{bmatrix}.
$$

In ähnlicher Weise reihen wir auch die Elemente der Matrizen $\mathbf{S}$ und $\mathbf{\Theta}$, die in unserem Beispiel vom Typ (9.1) sind.

$$
\mathbf{S} = \begin{bmatrix} \mathbf{S}_M \\ \mathbf{S}_N \end{bmatrix} = \begin{bmatrix} M_{a1} \\ M_{b1} \\ M_{a2} \\ M_{b2} \\ M_{a3} \\ M_{b3} \\ N_1 \\ N_2 \\ N_3 \end{bmatrix}, \quad
\mathbf{\Theta} = \begin{bmatrix} \mathbf{\tau} \\ \Delta l \end{bmatrix} = \begin{bmatrix} \tau_{a1} \\ \tau_{b1} \\ \tau_{a2} \\ \tau_{b2} \\ \tau_{a3} \\ \tau_{b3} \\ \Delta l_1 \\ \Delta l_2 \\ \Delta l_3 \end{bmatrix}.
$$

Weiters stellen wir die Steifigkeitsmatrizen der Stäbe auf. Bei Stäben konstanten Querschnitts ist

$$\bar{\omega}_{ai} = \bar{\omega}_{bi} = \frac{4EJ_i}{l_i} = 2k_i \,, \quad \bar{\varepsilon}_i = \frac{2EJ_i}{l_i} = k_i \,, \quad \bar{v}_i = \frac{EF_i}{l_i} = g_i \,.$$

Die Matrix $\overline{\mathbf{C}}$ ist vom Typ (9.9) und setzt sich zusammen aus den Untermatrizen

$$^1\overline{\mathbf{C}}_i = \begin{bmatrix} 2k_i; & k_i \\ k_i; & 2k_i \end{bmatrix} \quad \text{und} \quad {}^2\overline{\mathbf{C}}_i = \begin{bmatrix} g_i \end{bmatrix} \,,$$

$$\overline{\mathbf{C}} = \begin{bmatrix} {}^1\overline{\mathbf{C}}; & \mathbf{O} \\ \mathbf{O}; & {}^2\overline{\mathbf{C}} \end{bmatrix} = \begin{bmatrix} 2k_1; & k_1; & & & & & & & \\ k_1; & 2k_1; & & & & & & & \\ & & 2k_2; & k_2; & & & & & \\ & & k_2; & 2k_2; & & & & & \\ & & & & 2k_3; & k_3; & & & \\ & & & & k_3; & 2k_3; & & & \\ & & & & & & g_1 & & \\ & & & & & & & g_2 & \\ & & & & & & & & g_3 \end{bmatrix} \,.$$

Matrix $\mathbf{A}$ vom Typ (6.9) stellen wir als Produkt auf:

$$\mathbf{A} = {}^1\mathbf{A}{}^2\mathbf{A}{}^3\mathbf{A} \,.$$

Die Reihenfolge der Elemente in den einzelnen Matrizen sollten wir der Elementereihung in den bereits definierten Matrizen anpassen. Um aber den Algorithmus zur Berechnung der Matrix $\mathbf{A}$ mittels Teilmatrizen nicht, wie in Abschn. 4.1, Gl. (166) beschrieben, ändern zu müssen, stellen wir zuerst Matrix $\mathbf{A}'$, wie im angegebenen Kapitel beschrieben, auf; dann erst überführen wir sie in eine den Erfordernissen der weiteren Rechnung entsprechende Form. Wir nehmen also an, daß die Matrizen $\mathbf{S}$ und Θ vorläufig aufgestellt sind in der Reihung

$$\mathbf{S} = \begin{bmatrix} \mathbf{S}_1 \\ \mathbf{S}_2 \\ \mathbf{S}_3 \end{bmatrix} \,, \quad \Theta = \begin{bmatrix} \Theta_1 \\ \Theta_2 \\ \Theta_3 \end{bmatrix} \,.$$

Zuerst stellen wir die einzelnen Teilmatrizen zusammen. Matrix $^3\mathbf{A}$ vom Typ (18.9) setzt sich aus drei Untermatrizen $^3\mathbf{A}_i$ vom Typ (6.3) zusammen.

$$
{}^{3}\mathbf{A}_i = \begin{bmatrix} 1; & 0; & 0 \\ 0; & 0; & 1 \\ -\dfrac{1}{l_i}; & -\dfrac{1}{l_i}; & 0 \\ 0; & 1; & 0 \\ 0; & 0; & 1 \\ -\dfrac{1}{l_i}; & -\dfrac{1}{l_i}; & 0 \end{bmatrix} ; \quad
{}^{3}\mathbf{A} = \begin{bmatrix} {}^{3}\mathbf{A}_1 & & \\ & {}^{3}\mathbf{A}_2 & \\ & & {}^{3}\mathbf{A}_3 \end{bmatrix} .
$$

Auch die Matrix ${}^{2}\mathbf{A}$ vom Typ (18 . 18) setzt sich aus drei Untermatrizen ${}^{2}\mathbf{A}_i$ zusammen. (Der größeren Übersicht wegen bezeichnen wir $\sin \alpha_i = s_i$, $\cos \alpha_i = c_i$.)

$$
{}^{2}\mathbf{A}_i = \begin{bmatrix} 1 & & \\ & -c_i; & -s_i \\ & +s_i; & -c_i \\ & & 1 \\ & & c_i; \; s_i \\ & & -s_i; \; c_i \end{bmatrix} ; \quad
{}^{2}\mathbf{A} = \begin{bmatrix} {}^{2}\mathbf{A}_1 & & \\ & {}^{2}\mathbf{A}_2 & \\ & & {}^{2}\mathbf{A}_3 \end{bmatrix} .
$$

Matrix ${}^{1}\mathbf{A}$ des Typs (6 . 18) stellen wir nach dem Schema in Abb. 18 zusammen. Diese Matrix schreiben wir in Tabellenform (s. S. 130).

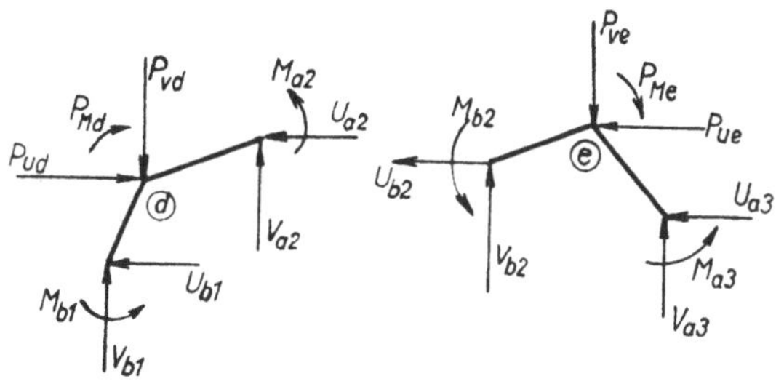

Abb. 18.

Wie ersichtlich, können wir auch die Matrix ${}^{1}\mathbf{A}$ in 6 Felder zerlegen und — mit Rücksicht auf die Nullfelder — schreiben:

$$
{}^{1}\mathbf{A} = \begin{bmatrix} {}^{1}\mathbf{A}_{11}; & {}^{1}\mathbf{A}_{12}; & \mathbf{O} \\ \mathbf{O}; & {}^{1}\mathbf{A}_{22}; & {}^{1}\mathbf{A}_{23} \end{bmatrix} .
$$

$^1\mathbf{A}$	M_{a1}	U_{a1}	V_{a1}	M_{b1}	U_{b1}	V_{b1}	M_{a2}	U_{a2}	V_{a2}	M_{b2}	U_{b2}	V_{b2}	M_{a3}	U_{a3}	V_{a3}	M_{b3}	U_{b3}	V_{b3}
P_{Md}				1			1											
P_{Ud}					1			1										
P_{Vd}						1			1									
P_{Me}										1			1					
P_{Ue}											1			1				
P_{Ve}												1			1			

Weiters berechnen wir Matrix $\mathbf{A}'$ als Produkt dreier in Felder zerlegter Matrizen:

$$\mathbf{A}' = \begin{bmatrix} {}^{1}\mathbf{A}_{11}; & {}^{1}\mathbf{A}_{12}; & \mathbf{O} \\ \mathbf{O}; & {}^{1}\mathbf{A}_{22}; & {}^{1}\mathbf{A}_{23} \end{bmatrix} \begin{bmatrix} {}^{2}\mathbf{A}_1 & & \\ & {}^{2}\mathbf{A}_2 & \\ & & {}^{2}\mathbf{A}_3 \end{bmatrix} \begin{bmatrix} {}^{3}\mathbf{A}_1 & & \\ & {}^{3}\mathbf{A}_2 & \\ & & {}^{3}\mathbf{A}_3 \end{bmatrix}$$

$$\mathbf{A}' = \begin{bmatrix} {}^{1}\mathbf{A}_{11}\,{}^{2}\mathbf{A}_1\,{}^{3}\mathbf{A}_1; & {}^{1}\mathbf{A}_{12}\,{}^{2}\mathbf{A}_2\,{}^{3}\mathbf{A}_2; & \mathbf{O} \\ \mathbf{O}; & {}^{1}\mathbf{A}_{22}\,{}^{2}\mathbf{A}_2\,{}^{3}\mathbf{A}_2; & {}^{1}\mathbf{A}_{23}\,{}^{2}\mathbf{A}_3\,{}^{3}\mathbf{A}_3 \end{bmatrix}.$$

Nach Einsetzen und Ausmultiplizieren bestimmen wir die einzelnen Elemente der Matrix $\mathbf{A}'$.

$\mathbf{A}'$	M_{a1}	M_{b1}	N_1	M_{a2}	M_{b2}	N_2	M_{a3}	M_{b3}	N_3
P_{Md}		$+1$		$+1$					
P_{Ud}	$-\dfrac{s_1}{l_1}$	$-\dfrac{s_1}{l_1}$	$+c_1$	$+\dfrac{s_2}{l_2}$	$+\dfrac{s_2}{l_2}$	$-c_2$			
P_{Vd}	$-\dfrac{c_1}{l_1}$	$-\dfrac{c_1}{l_1}$	$-s_1$	$+\dfrac{c_2}{l_2}$	$+\dfrac{c_2}{l_2}$	$+s_2$			
P_{Me}					$+1$		$+1$		
P_{Ue}				$-\dfrac{s_2}{l_2}$	$-\dfrac{s_2}{l_2}$	$+c_2$	$+\dfrac{s_3}{l_3}$	$+\dfrac{s_3}{l_3}$	$-c_3$
P_{Ve}				$-\dfrac{c_2}{l_2}$	$-\dfrac{c_2}{l_2}$	$-s_2$	$+\dfrac{c_3}{l_3}$	$+\dfrac{c_3}{l_3}$	$+s_3$

Matrix $\mathbf{A}'$ formen wir nun so um, daß ihre Struktur der in diesem Beispiel benützten Elementereihung der Matrizen entspricht. Diese Umformung führen wir leicht direkt durch; es wäre aber möglich, die Transformationsmatrix zu bestimmen, mit deren Hilfe wir den verlangten Umtausch von Spalten und Zeilen vornehmen könnten.

A	M_{a1}	M_{b1}	M_{a2}	M_{b2}	M_{a3}	M_{b3}	N_1	N_2	N_3
P_{Md}		$+1$	$+1$						
P_{Me}				$+1$	$+1$				
P_{Ud}	$-\dfrac{s_1}{l_1}$	$-\dfrac{s_1}{l_1}$	$+\dfrac{s_2}{l_2}$	$+\dfrac{s_2}{l_2}$			$+c_1$	$-c_2$	
P_{Ue}			$-\dfrac{s_2}{l_2}$	$-\dfrac{s_2}{l_2}$	$+\dfrac{s_3}{l_3}$	$+\dfrac{s_3}{l_3}$		$+c_2$	$-c_3$
P_{Vd}	$-\dfrac{c_1}{l_1}$	$-\dfrac{c_1}{l_1}$	$+\dfrac{c_2}{l_2}$	$+\dfrac{c_2}{l_2}$			$-s_1$	$+s_2$	
P_{Ve}			$-\dfrac{c_2}{l_2}$	$-\dfrac{c_2}{l_2}$	$+\dfrac{c_3}{l_3}$	$+\dfrac{c_3}{l_3}$		$-s_2$	$+s_3$

$$\mathbf{A} = \begin{bmatrix} \mathbf{A}_1; & \mathbf{O} \\ \mathbf{A}_2; & \mathbf{A}_3 \end{bmatrix}.$$

Matrix $\mathbf{N}$ ist vom Typ $(9 \cdot 6)$ (s. S. 133).

Für die Berechnung der Konstruktion haben wir die Gleichungen

$$\mathbf{P} = \mathbf{D\Phi} \quad \text{und} \quad \mathbf{S} = \mathbf{N\Phi}$$

vorbereitet, aus denen wir sämtliche Φ_j und Komponenten der inneren Kräfte in den Endquerschnitten der einzelnen Stäbe berechnen könnten.

Matrix $\mathbf{D}$ vom Typ $(6 \cdot 6)$ berechnen wir nach Gl. (167) (s. S. 134).

Weiters führen wir für den Fall, daß wir die Konstruktion ohne Berücksichtigung des Einflusses der Normalkräfte berechnen, die Transformation der Matrix $\mathbf{D}$ durch.

Aus Gl. (222)

$$\mathbf{A}_3^T \mathbf{p}_n = \mathbf{O}$$

ermitteln wir die gegenseitige Abhängigkeit der Verschiebungen $\mathbf{p}_n$ und die Transformationsmatrix $\mathbf{k}^T$.

N	φ_d	φ_e	u_d	u_e	v_d	v_e
M_{a1}	k_1	0	$-\dfrac{3k_1}{l_1}s_1$	0	$-\dfrac{3k_1}{l_1}c_1$	0
M_{b1}	$2k_1$	0	$-\dfrac{3k_1}{l_1}s_1$	0	$-\dfrac{3k_1}{l_1}c_1$	0
M_{a2}	$2k_2$	k_2	$+\dfrac{3k_2}{l_2}s_2$	$-\dfrac{3k_2}{l_2}s_2$	$+\dfrac{3k_2}{l_2}c_2$	$-\dfrac{3k_2}{l_2}c_2$
M_{b2}	k_2	$2k_2$	$-\dfrac{3k_2}{l_2}s_2$	$-\dfrac{3k_2}{l_2}s_2$	$+\dfrac{3k_2}{l_2}c_2$	$-\dfrac{3k_2}{l_2}c_2$
M_{a3}	0	$2k_3$	0	$+\dfrac{3k_3}{l_3}s_3$	0	$+\dfrac{3k_3}{l_3}c_3$
M_{b3}	0	k_3	0	$+\dfrac{3k_3}{l_3}s_3$	0	$+\dfrac{3k_3}{l_3}c_3$
N_1	0	0	$+g_1c_1$	0	$-g_1s_1$	0
N_2	0	0	$-g_2c_2$	$+g_2c_2$	$+g_2s_2$	$-g_2c_2$
N_3	0	0	0	$-g_3c_3$	0	$+g_3s_3$

Matrix $\mathbf{A}_3^T$ in der letzten Gleichung überführen wir durch Umformen der Spalten in eine Stufenform.

$$\begin{bmatrix} \dfrac{c_1s_2 - c_2s_1}{s_2}; & \dfrac{s_1(c_2s_3 - s_2c_3)}{s_2s_3}; & 0; & 0 \\[2ex] -c_2; & \dfrac{(c_2s_3 - s_2c_3)}{s_3}; & +s_2; & 0 \\[2ex] 0; & -c_3; & 0; & +s_3 \end{bmatrix} \begin{bmatrix} u_{dn} \\ u_{en} \\ v_{dn} \\ v_{en} \end{bmatrix} = 0.$$

Aus der Umformung ist ersichtlich, daß nur eine Verschiebung unabhängig ist; die anderen sind von ihr linear abhängig. Diese Abhängigkeit können wir durch Auflösen eines Systems linearer homogener Glei-

D	φ_d	φ_e	u_d	u_e	v_d	v_e
P_{Md}	$2k_1 + 2k_2$	k_2	$-\dfrac{3k_1}{l_1}s_1 + \dfrac{3k_2}{l_2}s_2$	$-\dfrac{3k_2}{l_2}s_2$	$-\dfrac{3k_1}{l_1}c_1 + \dfrac{3k_2}{l_2}c_2$	$-\dfrac{3k_2}{l_2}c_2$
P_{Me}	k_2	$2k_2 + 2k_3$	$+\dfrac{3k_2}{l_2}s_2$	$-\dfrac{3k_2}{l_2}s_2 + \dfrac{3k_3}{l_3}s_3$	$+\dfrac{3k_2}{l_2}c_2$	$-\dfrac{3k_2}{l_2}c_2 + \dfrac{3k_3}{l_3}c_3$
P_{Ud}	$-\dfrac{3k_1}{l_1}s_1 + \dfrac{3k_2}{l_2}s_2$	$+\dfrac{3k_2}{l_2}s_2$	$+\dfrac{6k_1}{l_1^2}s_1^2 + \dfrac{6k_2}{l_2^2}s_2^2 + g_1 c_1^2 + g_2 c_2^2$	$-\dfrac{6k_2}{l_2^2}s_2^2 - g_2 c_2^2$	$+\dfrac{6k_1}{l_1^2}s_1 c_1 + \dfrac{6k_2}{l_2^2}s_2 c_2 - g_1 s_1 c_1 - g_2 s_2 c_2$	$-\dfrac{6k_2}{l_2^2}s_2 c_2 + g_2 s_2 c_2$
P_{Ue}	$-\dfrac{3k_2}{l_2}s_2$	$-\dfrac{3k_2}{l_2}s_2 + \dfrac{3k_3}{l_3}s_3$	$-\dfrac{6k_2}{l_2^2}s_2^2 - g_2 c_2^2$	$+\dfrac{6k_2}{l_2^2}s_2^2 + \dfrac{6k_3}{l_3^2}s_3^2 + g_2 c_2^2 + g_3 c_3^2$	$-\dfrac{6k_2}{l_2^2}s_2 c_2 + g_2 s_2 c_2$	$+\dfrac{6k_2}{l_2^2}s_2 c_2 + \dfrac{6k_3}{l_3^2}s_3 c_3 - g_2 s_2 c_2 - g_3 s_3 c_3$
P_{Vd}	$-\dfrac{3k_1}{l_1}c_1 + \dfrac{3k_2}{l_2}c_2$	$+\dfrac{3k_2}{l_2}c_2$	$+\dfrac{6k_1}{l_1^2}s_1 c_1 + \dfrac{6k_2}{l_2^2}s_2 c_2 - g_1 s_1 c_1 - g_2 s_2 c_2$	$-\dfrac{6k_2}{l_2^2}s_2 c_2 + g_2 s_2 c_2$	$+\dfrac{6k_1}{l_1^2}c_1^2 + \dfrac{6k_2}{l_2^2}c_2^2 + g_1 s_1^2 + g_2 s_2^2$	$-\dfrac{6k_2}{l_2^2}c_2^2 - g_2 s_2^2$
P_{Ve}	$-\dfrac{3k_2}{l_2}c_2$	$-\dfrac{3k_2}{l_2}c_2 + \dfrac{3k_3}{l_3}c_3$	$-\dfrac{6k_2}{l_2^2}s_2 c_2 + g_2 s_2 c_2$	$+\dfrac{6k_2}{l_2^2}s_2 c_2 + \dfrac{6k_3}{l_3^2}s_3 c_3 - g_2 s_2 c_2 - g_3 s_3 c_3$	$-\dfrac{6k_2}{l_2^2}c_2^2 - g_2 s_2^2$	$+\dfrac{6k_2}{l_2^2}c_2^2 + \dfrac{6k_3}{l_3^2}c_3^2 + g_2 s_2^2 + g_3 s_3^2$

chungen ermitteln. Wählen wir — im Einklang mit der gerade ausgeführten Umformung — als unabhängige Verschiebung $q_{udn} = u_{dn}$, können wir entweder die Lösung in üblicher Weise finden, oder das oben angegebene System linearer homogener Gleichungen durch die Gleichung $u_{dn} = q_{udn}$ ergänzen und das System

$$\begin{bmatrix} +1 & ; & 0 & ; & 0; & 0 \\ \dfrac{c_1 s_2 - c_2 s_1}{s_2} & ; & \dfrac{s_1(c_1 s_3 - s_2 c_3)}{s_2 c_3} & ; & 0; & 0 \\ -c_2 & ; & \dfrac{(c_2 s_3 - s_2 c_3)}{s_3} & ; & s_2; & 0 \\ 0 & ; & -c_3 & ; & 0; & s_3 \end{bmatrix} \begin{bmatrix} u_{dn} \\ u_{en} \\ v_{dn} \\ v_{en} \end{bmatrix} = \begin{bmatrix} q_{udn} \\ 0 \\ 0 \\ 0 \end{bmatrix}$$

auflösen, in dem die Matrix der Beiwerte der Verschiebungen u_n, v_n quadratisch und regulär ist. Durch Auflösen und Ausmultiplizieren bestimmen wir [Gl. (224)]

$$\mathbf{p}_n = \mathbf{k}^T \mathbf{q}_n \, ,$$

$$\begin{bmatrix} u_{dn} \\ u_{en} \\ v_{dn} \\ v_{en} \end{bmatrix} = \begin{bmatrix} +1 \\ \dfrac{s_3(s_1 c_2 - s_2 c_1)}{s_1(s_3 c_2 - c_3 s_2)} + \dfrac{c_1}{s_1} \\ \dfrac{c_3(s_1 c_2 - s_2 c_1)}{s_1(s_3 c_2 - c_3 s_2)} \end{bmatrix} [q_{udn}] = \begin{bmatrix} 1 \\ \dfrac{\sin \alpha_3 \sin(\alpha_1 - \alpha_2)}{\sin \alpha_1 \sin(\alpha_3 - \alpha_2)} \\ \operatorname{cotg} \alpha_1 \\ \dfrac{\cos \alpha_3 \sin(\alpha_1 - \alpha_2)}{\sin \alpha_1 \sin(\alpha_3 - \alpha_2)} \end{bmatrix} [q_{udn}] \, .$$

Die ganze Beziehung zwischen den neuen und reduzierten Unbekannten ist durch die Gl. (230) beschrieben:

$$\Phi_n = \mathbf{K}^T \Phi_n \, ,$$

$$\begin{bmatrix} \varphi_n \\ \mathbf{p}_n \end{bmatrix} = \begin{bmatrix} \mathbf{I}; & \mathbf{0} \\ \mathbf{0}; & \mathbf{k}^T \end{bmatrix} \begin{bmatrix} \varphi_n \\ \mathbf{q}_n \end{bmatrix} \, .$$

Kennen wir die Matrix $\mathbf{K}^T$ und damit auch Matrix $\mathbf{K}$, bestimmen wir Matrix $\mathbf{D}_n$ nach der Gleichung (242):

$$\mathbf{D}_n = \mathbf{K} \mathbf{D} \mathbf{K}^T \, .$$

Führen wir die bezeichneten Operationen aus, so hat in unserem Falle Matrix $\mathbf{D}_n$ die Form

D_n	φ_{dn}	φ_{en}	q_{udn}
P_{Mdn}	$2k_1 + 2k_2$	k_2	$\dfrac{3k_1}{l_1 \sin \alpha_1} + \dfrac{3k_2 \sin(\alpha_3 - \alpha_1)}{l_2 \sin \alpha_1 \sin(\alpha_3 - \alpha_2)}$
P_{Men}	k_2	$2k_2 + 2k_3$	$\dfrac{3k_2 \sin(\alpha_3 - \alpha_1)}{l_2 \sin \alpha_1 \sin(\alpha_3 - \alpha_2)} + \dfrac{3k_3 \sin(\alpha_2 - \alpha_1)}{l_3 \sin \alpha_1 \sin(\alpha_3 - \alpha_2)}$
P_{qun}	$\dfrac{3k_1}{l_1 \sin \alpha_1} + \dfrac{3k_2 \sin(\alpha_3 - \alpha_1)}{l_2 \sin \alpha_1 \sin(\alpha_3 - \alpha_2)}$	$\dfrac{3k_2 \sin(\alpha_3 - \alpha_1)}{l_2 \sin \alpha_1 \sin(\alpha_3 - \alpha_2)} + \dfrac{3k_3 \sin(\alpha_2 - \alpha_1)}{l_3 \sin \alpha_1 \sin(\alpha_3 - \alpha_2)}$	$\dfrac{6k_1}{l_1^2 \sin^2 \alpha_1} + \dfrac{6k_2 \sin^2(\alpha_3 - \alpha_1)}{l_2^2 \sin^2 \alpha_1 \sin^2(\alpha_3 - \alpha_2)} + \dfrac{6k_3 \sin^2(\alpha_2 - \alpha_1)}{l_3^2 \sin^2 \alpha_1 \sin^2(\alpha_3 - \alpha_2)}$

Dabei ist

$$\mathbf{P}_n = \mathbf{KP}.$$

Wie ersichtlich, bereitet selbst in einem komplizierteren Falle der Übergang von der allgemeinen zur vereinfachten Berechnung der Konstruktion nach der Deformationsmethode keine Schwierigkeiten.

Bemerkung: Bei der Berechnung von Rahmenkonstruktionen auf Rechenautomaten wäre es (wegen Platzersparnis im Speicher der Maschine) vorteilhaft, die Aufstellung der Matrix $\mathbf{D}$ als Summe

$$\mathbf{D} = \sum_{i=1}^{m} \mathbf{A}_i \overline{\mathbf{C}}_i \mathbf{A}_i^T$$

zu programmieren, wo $\mathbf{A}_i$ und $\overline{\mathbf{C}}_i$ die dem i-ten Stab zugehörigen Untermatrizen der Matrizen $\mathbf{A}$ und $\mathbf{C}$ sind, gegebenenfalls auch weitere Ausdrücke ähnlich umzuformen. Das aber sind bereits Fragen, die mit dem Programmieren der Berechnung zusammenhängen; hier beschränken wir uns bloß auf diese Feststellung.

5. Kraftgrößenmethode

5.1. Ableitung der Matrizenform der Kraftgrößenmethode

Bei der Ableitung der Matrizenform der Kraftgrößenmethode können wir in verschiedener Weise vorgehen. Eine Möglichkeit besteht darin, in üblicher Weise die Bedingungsgleichungen für die Berechnung der statisch unbestimmten Größen in allgemeiner Form aufzustellen und unter Benützung des Prinzips der virtuellen Arbeiten die Beiwerte δ_{ik}, δ_{ip} in Matrizenform zu bestimmen. Einen derartigen Vorgang, bei dem wir die Matrizenrechnung nur als Berechnungsmethode in einer üblichen Berechnungsstruktur benützen, können wir allerdings nicht als Berechnung in Matrizenform bezeichnen. Daher werden wir bei der Ableitung einen andern Weg einschlagen — wir werden vom Matrizenausdruck der Formänderungsarbeit und der Castiglianoschen Sätze ausgehen. Wenn auch der Vorgang der Ableitung, den wir später zeigen werden, zu allgemeineren Ausdrücken führt, wollen wir zuerst die Matrizenform der Berechnung einer allgemeinen Rahmenkonstruktion in üblicher Weise ableiten.

In Kap. 3 haben wir die Formänderungsarbeit einer allgemeinen Rahmenkonstruktion als Funktion der inneren Kräfte in den Endquerschnitten der einzelnen Stäbe ausgedrückt. Nach den eingeführten Annahmen ist diese Konstruktion s-fach statisch unbestimmt. Wir wählen ein beliebiges statisch bestimmtes Grundsystem und führen als statisch unbestimmte Größen $X_1 \div X_s$ ein. Bezüglich der Art des Grundsystems bedarf es keiner besonderen Überlegungen, da mit Hilfe von Gruppenlasten die für die einzelnen Grundsysteme geltenden Beziehungen gegenseitig ineinander übergeführt werden können (s. [12]).

Die einzige Beschränkung bei der Wahl des Grundsystems ist die Forderung, daß die Anzahl der Systemstäbe sich nicht ändert, d.h. die Verbindungen können immer nur in den Endquerschnitten der Stäbe gelöst werden. Einen beliebigen Stab der Konstruktion bezeichnen wir mit dem Index i, seine Endquerschnitte mit a, b. Für den i-ten Stab können wir die inneren Kräfte in den Endquerschnitten als Funktion der statisch unbestimmten Größen ausdrücken nach den Beziehungen

$$M_{ai} = {}^iM_{a1}X_1 + {}^iM_{a2}X_2 + \ldots + {}^iM_{at}X_t + \ldots +$$
$$+ {}^iM_{as}X_s + {}^iM_{a0},$$
$$M_{bi} = {}^iM_{b1}X_1 + {}^iM_{b2}X_2 + \ldots + {}^iM_{bt}X_t + \ldots +$$
$$+ {}^iM_{bs}X_s + {}^iM_{b0},$$
$$N_i = {}^iN_1X_1 + {}^iN_2X_2 + \ldots + {}^iN_tX_t + \ldots +$$
$$+ {}^iN_sX_s + {}^iN_0, \tag{283}$$

wo ${}^iM_{at}$, ${}^iM_{bt}$, ${}^iN_t$ Werte der Biegemomente und Normalkräfte infolge $X_t = 1$, und ${}^iM_{a0}$, ${}^iM_{b0}$, ${}^iN_0$ Werte derselben Größen infolge der Knotenbelastung im eingeführten statisch bestimmten Grundsystem sind*. Wenn wir drei derartige Gleichungen für jeden der m Stäbe anschreiben, können wir das System dieser $3m$ Gleichungen durch die Matrizengleichung

$$\mathbf{S} = \mathbf{S}_1\mathbf{X} + \mathbf{S}_0 \tag{284}$$

beschreiben, wo

$\mathbf{S}_1$ eine rechteckige Matrix des Typs $(3m \cdot s)$ ist. Ihre Elemente sind die Werte der inneren Kräfte in den Stabendquerschnitten der Reihe nach, infolge aller $X_t = 1$;

$\mathbf{X}$ eine Spaltenmatrix aller eingeführten statisch unbestimmten Größen X_t ist. Sie ist vom Typ $(s \cdot 1)$;

$\mathbf{S}_0$ eine Spaltenmatrix vom Typ $(3m \cdot 1)$ ist. Ihre Elemente sind die Werte ${}^iM_{a0}$, ${}^iM_{b0}$, ${}^iN_0$. Diese Dreiergruppen reihen wir hintereinander, nach steigendem Index i.

Mit Rücksicht auf die Möglichkeit einer besseren weiteren Behandlung schreiben wir Gl. (284) als Produkt zweier Matrizen

$$\mathbf{S} = [\mathbf{S}_1;\, \mathbf{S}_0]\begin{bmatrix}\mathbf{X}\\ 1\end{bmatrix} \tag{284a}$$

und bestimmen noch

$$\mathbf{S}^T = [\mathbf{X}^T;\, 1]\begin{bmatrix}\mathbf{S}_1^T\\ \mathbf{S}_0^T\end{bmatrix}. \tag{284b}$$

---

* Bemerkung: Die Wahl des einigermaßen ungewohnten t als Index ist bedingt durch das Bestreben, Symbole womöglich nicht zu wiederholen.

Wenn wir die Gleichungen (284a) und (284b) in Gl. (83) einsetzen, drücken wir die Formänderungsarbeit als Funktion der statisch unbestimmten Größen X_t aus:

$$\Pi = \tfrac{1}{2}\mathbf{S}^T\mathbf{CS} = \tfrac{1}{2}[\mathbf{X}^T;\ 1]\begin{bmatrix}\mathbf{S}_1^T\\ \mathbf{S}_0^T\end{bmatrix}[\mathbf{C}]\,[\mathbf{S}_1;\ \mathbf{S}_0]\begin{bmatrix}\mathbf{X}\\ 1\end{bmatrix}. \tag{285}$$

Die Matrix $\mathbf{C}$ ist quadratisch, symmetrisch, und somit ist auch das Produkt der drei inneren Matrizen eine quadratische, symmetrische Matrix. Die Gleichung (285) ist eine quadratische Form, die Größen X_t sind Kräfte oder Momente. Leiten wir Gl. (285) gemäß den Regeln über die Ableitung quadratischer Formen [Gl. (68)] nach allen X_t ab, dann ist

$$\begin{bmatrix}\dfrac{\partial}{\partial X_t}\end{bmatrix}(\Pi) = \begin{bmatrix}\mathbf{S}_1^T\\ 0\end{bmatrix}[\mathbf{C}]\,[\mathbf{S}_1;\ \mathbf{S}_0]\begin{bmatrix}\mathbf{X}\\ 1\end{bmatrix}. \tag{286}$$

Die Ableitung der als Funktion der verallgemeinerten Kräfte ausgedrückten Formänderungsarbeit ist jedoch gleich den verallgemeinerten Verschiebungen der Angriffspunkte dieser Kräfte in ihrer Richtung und ihrem Sinne. Diese aber sind unter den angegebenen Annahmen bei unserer Konstruktion gleich null; wir können somit Gl. (286) anschreiben in der Form

$$[\mathbf{S}_1^T]\,[\mathbf{C}]\,[\mathbf{S}_1;\ \mathbf{S}_0]\begin{bmatrix}\mathbf{X}\\ 1\end{bmatrix} = \Delta_x = \mathbf{O}. \tag{287}$$

Wenn wir die bezeichneten Produkte ausführen, können wir Gl. (287) in folgender Form ausschreiben:

$$\mathbf{S}_1^T\mathbf{CS}_1\mathbf{X} + \mathbf{S}_1^T\mathbf{CS}_0 = \mathbf{O}. \tag{288}$$

Bezeichnen wir

$$\mathbf{S}_1^T\mathbf{CS}_1 = \mathbf{F};\quad \mathbf{S}_1^T\mathbf{CS}_0 = \delta_0 \tag{289}$$

[für die Typen dieser Matrizen gilt $(s\,.\,3m)\,(3m\,.\,3m)\,(3m\,.\,s) = (s\,.\,s)$ und $(s\,.\,3m)\,(3m\,.\,3m)\,(3m\,.\,1) = (s\,.\,1)$], dann beschreibt die Gleichung

$$\mathbf{FX} + \delta_0 = \mathbf{O} \tag{290}$$

das System der Bedingungsgleichungen zur Berechnung der statisch unbestimmten Größen der angenommenen allgemeinen Rahmenkonstruktion bei Wahl eines bestimmten Grundsystems. Die Gleichungen (289) geben dann Hinweise, wie die Elemente der Matrizen in Gl. (290)

als Produkt von Matrizen zu berechnen sind, von Matrizen aus den elementaren Werten: Nachgiebigkeit der Stäbe, innere Kräfte infolge der Belastung durch die Kräfte $X_t = 1$ sowie durch die gegebene Knotenbelastung. Die Matrix $\boldsymbol{\delta}_0$ enthält die Beiwerte δ_{tp} aus der üblichen Berechnung nach der Kraftgrößenmethode.

Bezüglich der Matrix $\mathbf{F}$ kann man — auf Grund der physikalischen Bedeutung — direkt erklären, daß sie regulär ist (selbstverständlich bei richtigem Vorgehen und richtiger Wahl der Größen X_t) und den Rang $h_F = s$ hat. Das kann so nachgewiesen werden: $\mathbf{C}$ ist, wie aus der Definition hervorgeht, eine quadratische, symmetrische Matrix mit dem Rang $h_c = 3m$. Matrix $\mathbf{S}_1$ ist vom Typ $(3m \cdot s)$, und ihr Rang h_s wird nicht kleiner als s sein $(3m > s)$. Die Matrix ist eine Zusammenstellung der Momentewerte in den Endquerschnitten aller Stäbe und der Normalkräfte infolge der Belastung mit allen $X_t = 1$. Diese Größen können wir Komponenten der statisch unbestimmten Größen nennen (s. [12]); sie stehen in einem gegenseitigen festen Verhältnis. Der Wert irgendeiner Komponente genügt zur Bestimmung aller anderen. In jeder Spalte steht somit nur ein unabhängiger Wert — z.B. entspricht er der gewählten Größe X_t. Wenn wir beispielsweise als statisch Unbekannte s Momentewerte in den Stabendquerschnitten und die Werte der Normalkräfte wählen (denn bei einer andern Wahl können wir auf derartige Größen übergehen), dann treten in den zugehörigen s Zeilen die Einheiten jeweils nur in einer der s Spalten auf. Die übrigen $(3m - s)$ Zeilen werden lineare Kombinationen dieser s Zeilen sein. Das bedeutet, daß die Matrix $\mathbf{S}_1$ immer den Rang $h_s = s$ haben wird. Den gleichen Rang hat auch die Matrix $\mathbf{S}_1^T$. Wie aus den Sätzen über den Rang von Matrizenprodukten hervorgeht, ist dann $h_F = s$. Matrix $\mathbf{F}$ ist regulär; daher existiert die inverse Matrix $\mathbf{F}^{-1}$.

Durch Multiplizieren von links der Gl. (290) mit der Matrix $\mathbf{F}^{-1}$ bestimmen wir

$$\mathbf{X} = -\mathbf{F}^{-1}\boldsymbol{\delta}_0 \qquad (291)$$

oder

$$\mathbf{X} = -(\mathbf{S}_1^T\mathbf{C}\mathbf{S}_1)^{-1}(\mathbf{S}_1^T\mathbf{C}\mathbf{S}_0) = -\mathbf{F}^{-1}(\mathbf{S}_1^T\mathbf{C}\mathbf{S}_0)\,, \qquad (292)$$

d.h. wir haben sämtliche Werte der statisch unbestimmten Größen X_t für das gewählte Grundsystem berechnet. Durch Einsetzen von Gl. (291) oder (292) in Gl. (284) berechnen wir die resultierenden inneren Kräfte in den Endquerschnitten aller Stäbe infolge der Knotenbelastung:

$$\mathbf{S} = -\mathbf{S}_1\mathbf{F}^{-1}(\mathbf{S}_1^T\mathbf{C}\mathbf{S}_0) + \mathbf{S}_0\,. \qquad (293)$$

Die vorstehende Berechnung ist die Matrizenform der Kraftgrößenmethode. Mit Rücksicht auf die angenommene Knotenbelastung kann
die ganze Berechnung auch anders gestaltet werden.

Erwägen wir allgemein, daß in jedem Knoten drei Komponenten
der Knotenbelastung wirken: eine lotrechte Kraft positiv nach unten,
eine waagrechte Kraft positiv nach rechts und ein Moment positiv
im Uhrzeigersinne. Bei n Knoten werden also $3n$ Komponenten von
Knotenlasten wirken. Setzen wir jede Lastkomponente gleich eins und
bestimmen wir für alle $P_j = 1$ den Verlauf der Biegemomente und Normalkräfte. Wenn wir am i-ten Stab mit ${}^iM_{apj}$, ${}^iM_{bpj}$, ${}^iN_{pj}$ die Werte der
Endmomente und der Normalkraft infolge $P_j = 1$ bezeichnen, können
wir in die Gleichungen (283) einsetzen:

$$
\begin{aligned}
{}^iM_{a0} &= {}^iM_{ap1}P_1 + {}^iM_{ap2}P_2 + \ldots + {}^iM_{apj}P_j + \\
&\quad + \ldots + {}^iM_{ap3n}P_{3n}\,, \\
{}^iM_{b0} &= {}^iM_{bp1}P_1 + {}^iM_{bp2}P_2 + \ldots + {}^iM_{bpj}P_j + \\
&\quad + \ldots + {}^iM_{bp3n}P_{3n}\,, \\
{}^iN_0 &= {}^iN_{p1}P_1 + {}^iN_{p2}P_2 + \ldots + {}^iN_{pj}P_j + \\
&\quad + \ldots + {}^iN_{p3n}P_{3n}\,.
\end{aligned}
\tag{294}
$$

Die Gleichung (284) kann geschrieben werden in der Form

$$
\mathbf{S} = \mathbf{S_1 X} + \mathbf{S}_p\mathbf{P}
\tag{295}
$$

oder

$$
\mathbf{S} = [\mathbf{S}_1;\ \mathbf{S}_p]\begin{bmatrix}\mathbf{X}\\\mathbf{P}\end{bmatrix}.
\tag{295a}
$$

$\mathbf{P}$ ist die Spaltenmatrix aller Knotenlastkomponenten vom Typ $(3n\,.\,1)$,
$\mathbf{S}_p$ ist die rechteckige Matrix der Werte der Endmomente und Normalkräfte aller Stäbe infolge aller $P_j = 1$; sie ist vom Typ $(3m\,.\,3n)$.

Die Formänderungsarbeit drücken wir [Gl. (83)] aus in der Form

$$
\Pi = \tfrac{1}{2}[\mathbf{X}^T;\ \mathbf{P}^T]\begin{bmatrix}\mathbf{S}_1^T\\\mathbf{S}_p^T\end{bmatrix}[\mathbf{C}][\mathbf{S}_1;\ \mathbf{S}_p]\begin{bmatrix}\mathbf{X}\\\mathbf{P}\end{bmatrix}
\tag{296}
$$

und bestimmen durch Ableitung

$$
[\mathbf{S}_1^T][\mathbf{C}][\mathbf{S}_1;\ \mathbf{S}_p]\begin{bmatrix}\mathbf{X}\\\mathbf{P}\end{bmatrix} = \Delta_x = \mathbf{O}
\tag{297}
$$

oder nach Ausmultiplizieren

$$(\mathbf{S}_1^T \mathbf{C} \mathbf{S}_1)\, \mathbf{X} + (\mathbf{S}_1^T \mathbf{C} \mathbf{S}_p)\, \mathbf{P} = \mathbf{O}\,. \tag{298}$$

Mit der Bezeichnung

$$\mathbf{S}_1^T \mathbf{C} \mathbf{S}_p = \mathbf{G}^T\,, \tag{299}$$

$$(s\,.\,3m)\,(3m\,.\,3m)\,(3m\,.\,3n) = (s\,.\,3n)\,,$$

können wir Gl. (298) in der Form

$$\mathbf{F}\mathbf{X} + \mathbf{G}^T\mathbf{P} = \mathbf{O} \tag{298a}$$

schreiben und berechnen

$$\mathbf{X} = -\mathbf{F}^{-1}\mathbf{G}^T\mathbf{P} = \overline{\overline{\mathbf{X}}}\mathbf{P}\,. \tag{300}$$

Die resultierenden Werte der inneren Kräfte in den Stabendquerschnitten
ermitteln wir aus der Beziehung

$$\mathbf{S} = (\mathbf{S}_1\overline{\overline{\mathbf{X}}} + \mathbf{S}_p)\, \mathbf{P} = (\mathbf{S}_p - \mathbf{S}_1\mathbf{F}^{-1}\mathbf{G}^T)\, \mathbf{P}\,. \tag{301}$$

Die Richtigkeit der Rechnung können wir nach Gl. (287) kontrollieren.
Diese Gleichung kann mit Rücksicht auf Gl. (284a) geschrieben werden
in der Form

$$\mathbf{S}_1^T \mathbf{C} \mathbf{S} = \mathbf{O}\,. \tag{302}$$

Wenn wir in die letzte Gleichung die berechneten Werte der resultierenden inneren Kräfte in den Stabendquerschnitten einsetzen (das Produkt
$\mathbf{S}_1^T \mathbf{C}$ haben wir bereits von früher her vorbereitet), haben wir eine schnelle
und einfache Kontrolle für die Richtigkeit der Rechnung. Die Gl. (302)
ist auch eine weitere Form der Bedingungsgleichungen der aus der
Ableitung der Formänderungsarbeit hervorgehenden Kraftgrößenmethode. Wenn wir in diese Gleichung die Beziehung

$$\mathbf{S} = \overline{\mathbf{C}}\boldsymbol{\Theta} \tag{303}$$

einsetzen, dann ist

$$\mathbf{S}_1^T \mathbf{C} \overline{\mathbf{C}}\boldsymbol{\Theta} = \mathbf{O} \tag{304}$$

und somit

$$\mathbf{S}_1^T \boldsymbol{\Theta} = \mathbf{O}\,. \tag{305}$$

Diese Gleichung können wir aber auch direkt anschreiben als Bedingung,
daß die virtuelle Arbeit aller inneren Kräfte in den Stabendquerschnitten
bei den ihnen entsprechenden Verschiebungen infolge derselben Belastung bei Knotenbelastung gleich null ist.

Soll die Matrizenform der Kraftgrößenmethode als Grundlage für die Berechnung auf einem Rechenautomaten dienen, braucht der Statiker als Eingabewerte nur die Matrizen **P**, **C** und $\mathbf{S}_1$, $\mathbf{S}_p$ für das gewählte Grundsystem vorzubereiten. Die ganze weitere Rechnung kann er dem Automaten überlassen.

Die Berechnung kann durch das nebenstehende Flußdiagramm beschrieben werden.

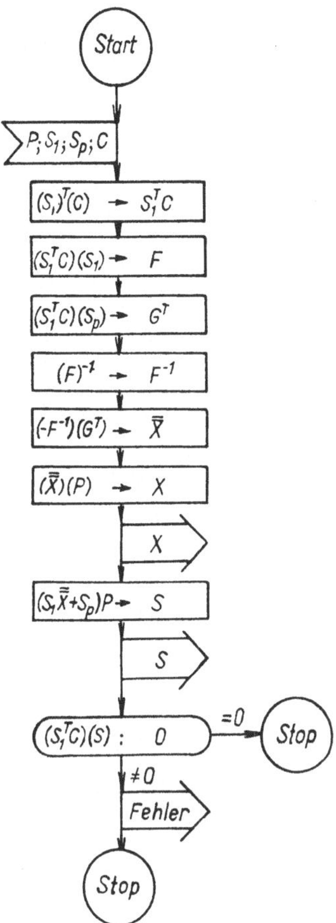

5.2. Erweiterte Matrizenform der Kraftgrößenmethode

Durch die Gleichung (296) ist die Formänderungsarbeit als Funktion der statisch unbestimmten Größen X_t und der Komponenten der Knotenbelastung P_j ausgedrückt. Diese Gleichung können wir als quadratische Form $f(\mathbf{X}, \mathbf{P})$ ansehen. Wenn wir sie nach allen X_t und P_j

(beide sind verallgemeinerte Kräfte) ableiten, sind diese Ableitungen nach den Sätzen von Castigliano gleich den zugehörigen Verschiebungskomponenten der Angriffspunkte dieser Kräfte. Die Verschiebungen der Angriffspunkte der statisch unbestimmten Größen (Δ_x) sind null, die Verschiebungen der Angriffspunkte der Knotenlastkomponenten sind gleich den resultierenden verallgemeinerten Knotenverschiebungen. Nach dieser Ableitung erhalten wir

$$\begin{bmatrix} \mathbf{S}_1^T \\ \mathbf{S}_p^T \end{bmatrix} [\mathbf{C}] [\mathbf{S}_1; \mathbf{S}_p] \begin{bmatrix} \mathbf{X} \\ \mathbf{P} \end{bmatrix} = \begin{bmatrix} \Delta_x \\ \Phi \end{bmatrix} = \begin{bmatrix} \mathbf{O} \\ \Phi \end{bmatrix}, \tag{306}$$

wo $\mathbf{O}$ eine Spaltennullmatrix vom Typ $(s.1)$ ist und Φ die Matrix der verallgemeinerten Knotenverschiebungen. Durch Ausmultiplizieren bestimmen wir hierauf

$$\begin{bmatrix} \mathbf{S}_1^T\mathbf{C}\mathbf{S}_1; & \mathbf{S}_1^T\mathbf{C}\mathbf{S}_p \\ \mathbf{S}_p^T\mathbf{C}\mathbf{S}_1; & \mathbf{S}_p^T\mathbf{C}\mathbf{S}_p \end{bmatrix} \begin{bmatrix} \mathbf{X} \\ \mathbf{P} \end{bmatrix} = \begin{bmatrix} \mathbf{O} \\ \Phi \end{bmatrix}. \tag{306a}$$

Die aus Matrizenprodukten zusammengesetzte Matrix ist, mit Rücksicht auf die Typen der einzelnen Matrizen vom Typ $(s + 3n)(s + 3n)$, demnach quadratisch und, wie aus den Eigenschaften der Glieder hervorgeht, symmetrisch.

Wir bezeichnen die einzelnen Produkte durch die Symbole

$$\mathbf{F} = \mathbf{S}_1^T\mathbf{C}\mathbf{S}_1, \quad \mathbf{G}^T = \mathbf{S}_1^T\mathbf{C}\mathbf{S}_p$$
$$\mathbf{G} = \mathbf{S}_p^T\mathbf{C}\mathbf{S}_1, \quad \mathbf{H} = \mathbf{S}_p^T\mathbf{C}\mathbf{S}_p \tag{307}$$

und schreiben

$$\begin{bmatrix} \mathbf{F}; & \mathbf{G}^T \\ \mathbf{G}; & \mathbf{H} \end{bmatrix} \begin{bmatrix} \mathbf{X} \\ \mathbf{P} \end{bmatrix} = \begin{bmatrix} \mathbf{O} \\ \Phi \end{bmatrix}. \tag{306b}$$

Die Beziehung (306b) können wir als Matrizengleichung ansehen, deren Matrizen in Felder zerlegt sind.

Matrix $\mathbf{F}$ ist quadratisch, vom Typ $(s.s)$ und identisch mit der Matrix der Bedingungsgleichungen der üblichen Kraftgrößenmethode. Wenn wir die Beziehung (306b) als zwei Matrizengleichungen ausschreiben,

$$\mathbf{F}\mathbf{X} + \mathbf{G}^T\mathbf{P} = \mathbf{O},$$
$$\mathbf{G}\mathbf{X} + \mathbf{H}\mathbf{P} = \Phi, \tag{306c}$$

stellt die erste Gleichung die Matrizenniederschrift der Bedingungsgleichungen der Kraftgrößenmethode dar, wobei das Produkt $\mathbf{G}^T\mathbf{P}$

die Spaltenmatrix der Beiwerte δ_{tp} bedeutet. Die zweite Gleichung können wir vorerst als Ausdruck für die Berechnung der Verschiebungskomponenten der einzelnen Knoten ansehen.

Wie nachgewiesen wurde, ist Matrix $\mathbf{F}$ regulär; daher existiert die inverse Matrix $\mathbf{F}^{-1}$. Matrix $\mathbf{H}$ ist ebenfalls quadratisch, vom Typ $(3n \cdot 3n)$. Bei dieser Matrix können dieselben Erwägungen angestellt werden wie bei Matrix $\mathbf{F}$. Das ist aber nicht nötig. Aus der physikalischen Bedeutung der Gl. (306b) folgt direkt, daß bei stabilen Konstruktionen, nicht in der Nähe von Ausnahmsfällen, die ganze Matrix regulär, vom Rang $h = (s + 3n)$ ist.

Wir bestimmen also die zur Matrix aus Gl. (306b) inverse Matrix nach den Regeln über die Berechnung einer Matrix, die zu der in Felder zerlegten Matrix invers ist. Die Elemente der inversen Matrix bezeichnen wir mit $\mathbf{T}$, $\mathbf{U}^T$, $\mathbf{U}$, $\mathbf{W}$ (die zu einer symmetrischen Matrix inverse ist wieder symmetrisch). Es muß gelten

$$\begin{bmatrix} \mathbf{F}; & \mathbf{G}^T \\ \mathbf{G}; & \mathbf{H} \end{bmatrix} \begin{bmatrix} \mathbf{T}; & \mathbf{U}^T \\ \mathbf{U}; & \mathbf{W} \end{bmatrix} = \begin{bmatrix} \mathbf{I}; & \mathbf{O} \\ \mathbf{O}; & \mathbf{I} \end{bmatrix}, \qquad (306d)$$

wo $\mathbf{I}$ die Einheitsmatrix ist.

Mit Rücksicht auf die Regularität der Matrix $\mathbf{F}$ folgt aus Gl. (306d):

$$\mathbf{W} = (\mathbf{H} - \mathbf{G}\mathbf{F}^{-1}\mathbf{G}^T)^{-1},$$
$$\mathbf{U}^T = -\mathbf{F}^{-1}\mathbf{G}^T\,\mathbf{W},$$
$$\mathbf{T} = \mathbf{F}^{-1} - \mathbf{F}^{-1}\mathbf{G}^T(-\mathbf{W}\mathbf{G}\mathbf{F}^{-1}). \qquad (308)$$

Multiplizieren wir Gl. (306b) von links mit der inversen Matrix, ist

$$\begin{bmatrix} \mathbf{X} \\ \mathbf{P} \end{bmatrix} = \begin{bmatrix} \mathbf{T}; & \mathbf{U}^T \\ \mathbf{U}; & \mathbf{W} \end{bmatrix} \begin{bmatrix} \mathbf{O} \\ \Phi \end{bmatrix}. \qquad (309)$$

Schreiben wir Gl. (309) in der Form von zwei Matrizengleichungen aus,

$$\mathbf{X} = \mathbf{T}\mathbf{O} + \mathbf{U}^T\Phi,$$
$$\mathbf{P} = \mathbf{U}\mathbf{O} + \mathbf{W}\Phi, \qquad (309a)$$

folgt aus der zweiten Gleichung

$$\mathbf{P} = \mathbf{W}\Phi. \qquad (309b)$$

Diese Gleichung ist jedoch identisch mit der Gleichung, durch die wir bei der Berechnung der Konstruktion nach der Deformationsmethode das Gleichungssystem ausdrücken würden; somit muß gelten

$$W = (H - GF^{-1}G^T)^{-1} = D, \tag{309c}$$

wo D die Matrix der Bedingungsgleichungen bei der Berechnung nach der Deformationsmethode ist.

Aus Gl. (309b) folgt

$$\Phi = W^{-1}P = D^{-1}P = (H - GF^{-1}G^T)P. \tag{309d}$$

Durch Einsetzen in die erste der Gleichungen (309a), die die Abhängigkeit der Werte X_t von den Komponenten der Knotenverschiebungen bedeutet, erhält man

$$X = U^T\Phi = -F^{-1}G^TW\Phi = -F^{-1}G^TWW^{-1}P,$$
$$X = -F^{-1}G^TP. \tag{309e}$$

Das Produkt G^TP stellt wieder eine Spaltenmatrix des Typs $(s.3n)$. $.(3n.1) = (s.1)$ dar, deren Elemente die Beiwerte δ_{tp} aus der Berechnung nach der Kraftmethode sind. $G^TP = \delta_0$, und somit ist auch $G^T = S_1^TCS_p$. Die resultierenden Werte der statischen Größen, der Momente in den Stabendpunkten und der Normalkräfte, berechnen wir aus Gl. (295):

$$S = S_1X + S_pP = S_1(-F^{-1}G^T)P + S_pP,$$
$$S = (S_p - S_1F^{-1}G^T)P. \tag{310}$$

Wie aus den Typen der einzelnen Matrizen hervorgeht, sind sämtliche Matrizenprodukte definiert.

Die angegebenen Beziehungen kann man auch aus Gl. (306c) ermitteln.

Aus der ersten Gleichung berechnen wir

$$FX = -G^TP$$

und

$$X = -F^{-1}G^TP.$$

Durch Einsetzen in die zweite Gleichung erhält man

$$G(-F^{-1}G^TP) + HP = \Phi,$$
$$(H - GF^{-1}G^T)P = \Phi$$

und demnach

$$W^{-1}P = D^{-1}P = \Phi.$$

Bei dieser Berechnungsart bestimmen wir aus einem Gleichungssystem die Werte der statisch unbestimmten Größen sowie die Komponenten der Knotenverschiebungen. Durch Inversion allein der Submatrix $\mathbf{F}$ gewinnen wir auch die inverse Matrix $\mathbf{D}^{-1}$ und können auch die Matrix $\mathbf{D}$ berechnen; die vorstehenden Gleichungen bestimmen also den Zusammenhang der Gleichungen der Kraftgrößen- und Deformationsmethode. Aus Gl. (309) folgt auch die Beziehung

$$\mathbf{F}\mathbf{U}^T = -\mathbf{G}^T\mathbf{D}\,, \tag{311}$$

die aber nur für die Kontrolle von Bedeutung ist. Zu diesen Abhängigkeiten werden wir noch zurückkehren.

Soweit nötig und zweckmäßig, können wir die Gl. (306c) so umformen, daß sie ein Gleichungssystem zur Berechnung der Unbekannten $\mathbf{X}$ und $\mathbf{\Phi}$ bilden. (Das Symbol $-\mathbf{O}$ der besseren Orientierung wegen mit Vorzeichen belassen.)

Dann ist

$$\mathbf{F}\mathbf{X} - \mathbf{O}\mathbf{\Phi} = -\mathbf{G}^T\mathbf{P}\,,$$

$$\mathbf{G}\mathbf{X} - \mathbf{I}\mathbf{\Phi} = -\mathbf{H}\mathbf{P} \tag{306e}$$

oder

$$\begin{bmatrix} \mathbf{F}\,; & -\mathbf{O} \\ \mathbf{G}\,; & -\mathbf{I} \end{bmatrix} \begin{bmatrix} \mathbf{X} \\ \mathbf{\Phi} \end{bmatrix} = - \begin{bmatrix} \mathbf{G}^T \\ \mathbf{H} \end{bmatrix} [\mathbf{P}]\,. \tag{306f}$$

Matrix $\mathbf{O}$ ist hier vom Typ $(s\,.\,3n)$, $\mathbf{I}$ vom Typ $(3n\,.\,3n)$. Zur Matrix der Beiwerte der Unbekannten in der letzten Gleichung können wir die inverse Matrix aufstellen — die Existenz der Matrix $\mathbf{F}^{-1}$ vorausgesetzt.

$$\begin{bmatrix} \mathbf{F}\,; & -\mathbf{O} \\ \mathbf{G}\,; & -\mathbf{I} \end{bmatrix}^{-1} = \begin{bmatrix} \mathbf{F}^{-1} & ; & -\mathbf{O} \\ \mathbf{G}\mathbf{F}^{-1}; & -\mathbf{I} \end{bmatrix}\,.$$

Wenn wir Gl. (306) von links mit der gerade berechneten inversen Matrix multiplizieren, bestimmen wir

$$\begin{bmatrix} \mathbf{X} \\ \mathbf{\Phi} \end{bmatrix} = - \begin{bmatrix} \mathbf{F}^{-1} & ; & -\mathbf{O} \\ \mathbf{G}\mathbf{F}^{-1}; & -\mathbf{I} \end{bmatrix} \begin{bmatrix} \mathbf{G}^T \\ \mathbf{H} \end{bmatrix} [\mathbf{P}]\,. \tag{306g}$$

Durch Ausmultiplizieren der Produkte auf der rechten Seite der letzten Gleichung erhält man die bereits früher abgeleiteten Beziehungen (309e) und (309d).

5.3. Einfluß der Stützensenkung
und Berechnung der Reaktionen

Bisher haben wir angenommen, daß keine Stützensenkung eintritt. In Übereinstimmung mit den Grundvoraussetzungen nehmen wir an, daß r Stabendquerschnitte einer allgemeinen Rahmenkonstruktion in die Stützen eingespannt sind, d.h. daß $3r$ Komponenten äußerer Reaktionen entstehen. Ihren positiven Sinn nehmen wir, um einen Vergleich der Berechnungen nach verschiedenen Methoden zu ermöglichen, in Übereinstimmung mit dem positiven Sinne der Komponenten der Knotenbelastung an. Wir setzen ferner voraus, daß bei sämtlichen r Stützen alle drei Komponenten der Stützensenkung entstehen, eine lotrechte und eine waagrechte Verschiebung und eine Verdrehung. Ihr positiver Sinn stimmt überein mit dem positiven Sinne der zugehörigen Komponenten der Stützenreaktionen.

Weiters könnten wir Beziehungen ableiten, zuerst für die ursprüngliche Form der Kraftgrößenmethode, dann für die Berechnung nach der erweiterten Matrizenform dieser Methode. Da aber die ursprüngliche Form bloß ein einfacherer Sonderfall der erweiterten Form ist und es keine Schwierigkeiten bereitet, von den für die erweiterte Methode geltenden Beziehungen auf die für die ursprüngliche Methode geltenden überzugehen, stellen wir die weiteren Überlegungen bereits für die erweiterte Matrizenform der Kraftgrößenmethode an.

Wenn Stützensenkung vorliegt, ist die Ableitung der Formänderungsarbeit nach den statisch unbestimmten Größen gleich der virtuellen Arbeit der äußeren Kräfte und Reaktionen, infolge jener Einserbelastung, die der Größe entspricht, nach der abgeleitet wird. Dieser Satz kann beim angegebenen erweiterten Ausdruck der Formänderungsarbeit auch auf die Kräfte P_j, die Komponenten der Knotenbelastung, erweitert werden.

Wenn wir für alle Belastungszustände $X_t = 1$ und $P_j = 1$ die Komponenten der äußeren Reaktionen im gewählten Grundsystem ermitteln, können wir für jeden Belastungszustand den Wert der virtuellen Arbeit anschreiben. Sofern irgendein X_t eine Reaktionskomponente ist, wird sie in den Ausdruck einbezogen. Beim Belastungszustand $X_t = 1$ ist

$$L_{t\Delta} = R_{xt1}\,\Delta_1 + R_{xt2}\,\Delta_2 + \ldots + X_t\,\Delta_t + \ldots + R_{xt3r}\,\Delta_{3r}\,.$$

Beim Belastungszustand $P_j = 1$ ist

$$L_{j\Delta} = R_{pj1}\,\Delta_1 + R_{pj2}\,\Delta_2 + \ldots + R_{pj3r}\,\Delta_{3r} + P_1\Phi_1 + P_2\Phi_2 + \ldots + P_{3n}\Phi_{3n}\,.$$

Wenn wir für alle X_t und P_j solche Gleichungen aufstellen, ergibt das ein Gleichungssystem, das wir in Matrizenform anschreiben

$$\mathbf{L}_\Delta = [\mathbf{L}] \begin{bmatrix} \Delta \\ \Phi \end{bmatrix}, \tag{312}$$

worin bedeuten:

$\mathbf{L}_\Delta$ die Spaltenmatrix der Werte aller virtuellen Arbeiten bei Einserbelastungszuständen; sie ist vom Typ $(s + 3n)\,(1)$;

$\mathbf{L}$ die rechteckige Matrix der Reaktionswerte bei Einserbelastungszuständen; Typ $(s + 3n)\,(3r + 3n)$;

Δ die Spaltenmatrix aller Komponenten der Stützensenkung, von denen wir annehmen, daß sie bekannt sind, vom Typ $(3r \,.\, 1)$; diese Komponenten werden nach der gewählten Bezifferung gereiht;

Φ wie früher: die Spaltenmatrix aller Komponenten der Knotenverschiebungen vom Typ $(3n \,.\, 1)$.

Somit ist $(s + 3n)\,(1) = [(s + 3n)\,(3r + 3n)]\,[(3r + 3n)\,(1)]$ erfüllt und das Produkt definiert.

Matrix $\mathbf{L}$ kann in 4 Untermatrizen zerlegt werden:

$$\mathbf{L} = \begin{bmatrix} \mathbf{L}_1; & \mathbf{L}_2 \\ \mathbf{L}_3; & \mathbf{L}_4 \end{bmatrix}, \tag{313}$$

wo $\mathbf{L}_1$ vom Typ $(s \,.\, 3r)$ ist und die Reaktionskomponenten R_{xt} infolge aller $X_t = 1$ enthält. $\mathbf{L}_3$ vom Typ $(3n \,.\, 3r)$ enthält die Komponenten der Reaktionen R_{pj} infolge aller $P_j = 1$. Diese beiden Matrizen können Elemente allgemeiner Werte enthalten.

$\mathbf{L}_2$ vom Typ $(s \,.\, 3n)$ muß notwendigerweise eine Nullmatrix sein. Beim Belastungszustand $X_t = 1$ leisten die äußeren Kräfte keine Arbeit in der Richtung der Verschiebungen Φ_j.

$\mathbf{L}_4$ ist eine quadratische Matrix vom Typ $(3n \,.\, 3n)$ und Einheitsmatrix. Auf den Wegen der Φ_j können bloß die zugehörigen Komponenten der Knotenlasten Arbeit leisten − in diesem Falle Einheitslasten. Somit können wir schreiben

$$\mathbf{L} = \begin{bmatrix} \mathbf{L}_1; & \mathbf{O} \\ \mathbf{L}_3; & \mathbf{I} \end{bmatrix}. \tag{314}$$

Wenn wir unter den angegebenen Voraussetzungen die Ableitung der Formänderungsarbeit bestimmen und wie früher umformen, gelangen wir zu einer Gleichung, deren linke Seite mit der Gl. (306b) übereinstimmt, deren rechte Seite aber die Form

$$\begin{bmatrix} \Delta_x \\ \Phi \end{bmatrix} = \mathbf{L}_\Delta = [\mathbf{L}] \begin{bmatrix} \Delta \\ \Phi \end{bmatrix} \tag{312a}$$

hat. Demnach ist

$$\begin{bmatrix} \mathbf{F}; & \mathbf{G}^T \\ \mathbf{G}; & \mathbf{H} \end{bmatrix} \begin{bmatrix} \mathbf{X} \\ \mathbf{P} \end{bmatrix} = [\mathbf{L}] \begin{bmatrix} \Delta \\ \Phi \end{bmatrix}. \tag{315}$$

Die Produkte sind definiert, denn

$$[(s + 3n)(s + 3n)] \, [(s + 3n)(1)] =$$
$$= [(s + 3n)(3r + 3n)] \, [(3r + 3n)(1)] \, .$$

Die Gl. (315) multiplizieren wir von links mit der zur ersten Matrix inversen Matrix und bezeichnen mit Rücksicht auf die früher angeführten Beziehungen (306d)

$$\begin{bmatrix} \mathbf{X} \\ \mathbf{P} \end{bmatrix} = \begin{bmatrix} \mathbf{T}; & \mathbf{U}^T \\ \mathbf{U}; & \mathbf{D} \end{bmatrix} [\mathbf{L}] \begin{bmatrix} \Delta \\ \Phi \end{bmatrix}. \tag{316}$$

Nach Ausmultiplizieren wäre mit Rücksicht auf Gl. (314) die weitere Berechnung, d.i. die Bestimmung der inneren Kräfte, ähnlich der einer Konstruktion, bei der Stützensenkung nicht in Rechnung gestellt wurde.

Verfolgen wir weiter, welche Beziehungen zwischen den s statisch unbestimmten Größen und den $3r$ Komponenten der äußeren Reaktionen gelten werden; irgendeine dieser Komponenten kann selbstverständlich auch eine statisch unbestimmte Größe sein. Auch die Knotenlasten P_j wollen wir berücksichtigen.

Jede Komponente der äußeren Reaktion ist im allgemeinen eine Funktion sowohl von X_t als auch von P_j. Die statisch unbestimmten Größen beeinflussen selbstverständlich in keiner Weise die Kräfte P_j.

Wir schreiben

$$R_k = R_{x1k}X_1 + R_{x2k}X_2 + \ldots +$$
$$+ R_{xsk}X_s + R_{p1k}P_1 + R_{p2k}P_2 + \ldots + R_{p3nk}P_{3n} \, . \tag{317}$$

Derartiger Gleichungen können $3r$ angeschrieben werden.

Ergänzen wir die Beziehung durch

$$P_j = 0 \cdot X_1 + \ldots + 0 \cdot X_s + 0 \cdot P_1 + 0 \cdot P_2 + \ldots +$$
$$+ 1 \cdot P_j + \ldots + 0 \cdot P_{3n} \, . \tag{318}$$

Solcher Gleichungen werden $3n$ sein; demnach besteht das ganze System aus $(3r + 3n)$ Gleichungen beider Typen, im allgemeinen mit $(s + 3n)$ Gliedern.

Schreiben wir es in der Form

$$\begin{bmatrix} \mathbf{R} \\ \mathbf{P} \end{bmatrix} = [\overline{\mathbf{L}}] \begin{bmatrix} \mathbf{X} \\ \mathbf{P} \end{bmatrix}, \tag{319}$$

wo $\mathbf{R}$ die Spaltenmatrix aller Komponenten der äußeren Reaktionen vom Typ $(3r \,.\, 1)$ ist. (Die Bezifferung der Elemente stimmt überein mit der Bezifferung der entsprechenden Elemente der Matrix Δ.)

Matrix $\overline{\mathbf{L}}$ zerlegen wir in Felder:

$$\overline{\mathbf{L}} = \begin{bmatrix} \overline{\mathbf{L}}_1; & \overline{\mathbf{L}}_2 \\ \overline{\mathbf{L}}_3; & \overline{\mathbf{L}}_4 \end{bmatrix}. \tag{320}$$

Das Element $\overline{\mathbf{L}}_1$ enthält alle Reaktionskomponenten infolge $X_t = 1$; es ist vom Typ $(3r \,.\, s)$. Das Element $\overline{\mathbf{L}}_2$ enthält alle Reaktionskomponenten infolge $P_j = 1$ und ist vom Typ $(3r \,.\, 3n)$. Matrix $\overline{\mathbf{L}}_3$ des Typs $(3n \,.\, s)$ ist notwendigerweise eine Nullmatrix (als solche wurde sie eingeführt), und Matrix $\overline{\mathbf{L}}_4$ des Typs $(3n \,.\, 3n)$ ist eine Einheitsmatrix.

Demnach ist dann

$$\begin{bmatrix} \mathbf{R} \\ \mathbf{P} \end{bmatrix} = \begin{bmatrix} \overline{\mathbf{L}}_1; & \overline{\mathbf{L}}_2 \\ \mathbf{O}; & \mathbf{I} \end{bmatrix} \begin{bmatrix} \mathbf{X} \\ \mathbf{P} \end{bmatrix} \tag{321}$$

oder ausgeschrieben:

$$\mathbf{R} = \overline{\mathbf{L}}_1 \mathbf{X} + \overline{\mathbf{L}}_2 \mathbf{P},$$
$$\mathbf{P} = \mathbf{P}. \tag{321a}$$

Wie ersichtlich, berechnen wir aus der ersten Gleichung alle Komponenten der Reaktionen; die zweite beschreibt die Identität, die wir mit Gl. (318) eingeführt haben. Das hat scheinbar keinen Sinn. Die Identität wurde jedoch in Hinsicht auf die spätere Verwendung eingeführt.

In Gl. (319) führen wir die Beziehung (316) ein.

$$\begin{bmatrix} \mathbf{R} \\ \mathbf{P} \end{bmatrix} = [\overline{\mathbf{L}}] \begin{bmatrix} \mathbf{T}; & \mathbf{U}^T \\ \mathbf{U}; & \mathbf{D} \end{bmatrix} [\mathbf{L}] \begin{bmatrix} \Delta \\ \Phi \end{bmatrix}. \tag{322}$$

Die Produkte sind definiert. $(3r + 3n)(1) = [(3r + 3n)(s + 3n)] \,.$
$.\, [(s + 3n)(s + 3n)] \, [(s + 3n)(3r + 3n)] \, [(3r + 3n)(1)].$

Wie aus den angedeuteten ausgeschriebenen Gleichungen und ihrer Bedeutung hervorgeht, ist $\bar{\mathbf{L}} = \mathbf{L}^T$. Die Richtigkeit folgt auch aus der folgenden Überlegung. Gl. (322) stellt die Abhängigkeit zwischen den äußeren Kräften und Reaktionen, den Stützensenkungen und den Komponenten der Knotendeformationen dar, also Zusammenhänge zwischen Kräften und Verschiebungen. Die Matrix einer solchen Beziehung muß aber mit Rücksicht auf den Bettischen Satz symmetrisch sein. Die Matrix

$$\begin{bmatrix} \mathbf{T}; & \mathbf{U}^T \\ \mathbf{U}; & \mathbf{D} \end{bmatrix}$$

ist symmetrisch quadratisch, und die Matrizen $\mathbf{L}$ und $\bar{\mathbf{L}}$ werden gegenseitig transponiert sein. Demnach können wir schreiben

$$\begin{bmatrix} \mathbf{R} \\ \mathbf{P} \end{bmatrix} = \begin{bmatrix} \mathbf{L}^T \end{bmatrix} \begin{bmatrix} \mathbf{X} \\ \mathbf{P} \end{bmatrix} . \tag{319a}$$

Aus den angegebenen Fakten folgt, daß wir bezeichnen können

$$\bar{\mathbf{L}}_1 = \mathbf{L}_1^T, \quad \bar{\mathbf{L}}_3 = \mathbf{L}_2^T = \mathbf{O} ;$$
$$\bar{\mathbf{L}}_2 = \mathbf{L}_3^T, \quad \bar{\mathbf{L}}_4 = \mathbf{L}_4^T = \mathbf{I}$$

und schreiben dürfen

$$\begin{bmatrix} \mathbf{R} \\ \mathbf{P} \end{bmatrix} = \begin{bmatrix} \mathbf{L}^T \end{bmatrix} \begin{bmatrix} \mathbf{T}; & \mathbf{U}^T \\ \mathbf{U}; & \mathbf{D} \end{bmatrix} \begin{bmatrix} \mathbf{L} \end{bmatrix} \begin{bmatrix} \Delta \\ \Phi \end{bmatrix} . \tag{322a}$$

Die Bedeutung dieser Gleichung erläutern wir noch in Kap. 6. Oben angegebene Beziehungen können wir aber auch anders umformen und, ähnlich wie im vorangehenden Kapitel, die Matrizen $\mathbf{X}$ und Φ, allenfalls $\mathbf{R}$, explizit berechnen.

Wir schreiben Gl. (315) in Hinsicht auf Gl. (314) in zwei Matrizengleichungen aus:

$$\mathbf{F}\mathbf{X} + \mathbf{G}^T\mathbf{P} = \mathbf{L}_1\Delta + \mathbf{O}\Phi ,$$
$$\mathbf{G}\mathbf{X} + \mathbf{H}\mathbf{P} = \mathbf{L}_3\Delta + \mathbf{I}\Phi . \tag{315a}$$

Formen wir diese Gleichungen so um, daß die Unbekannten nur auf der linken Seite vorkommen:

$$\mathbf{F}\mathbf{X} - \mathbf{O}\Phi = \mathbf{L}_1\Delta - \mathbf{G}^T\mathbf{P} ,$$
$$\mathbf{G}\mathbf{X} - \mathbf{I}\Phi = \mathbf{L}_3\Delta - \mathbf{H}\mathbf{P} .$$

Wenn wir wieder zur komplexen Schreibweise zurückkehren, stellt Gleichung

$$\begin{bmatrix} \mathbf{F}; & -\mathbf{O} \\ \mathbf{G}; & -\mathbf{I} \end{bmatrix} \begin{bmatrix} \mathbf{X} \\ \mathbf{\Phi} \end{bmatrix} = \begin{bmatrix} \mathbf{L}_1; & -\mathbf{G}^T \\ \mathbf{L}_3; & -\mathbf{H} \end{bmatrix} \begin{bmatrix} \Delta \\ \mathbf{P} \end{bmatrix}$$

das System der Bedingungsgleichungen zur Berechnung aller X_t und Φ_j dar. Die erste Matrix auf der linken Seite ist regulär, und es existiert auch die zu ihr inverse Matrix. Durch Ausmultiplizieren von links der letzten Gleichung mit der inversen Matrix bestimmen wir

$$\begin{bmatrix} \mathbf{X} \\ \mathbf{\Phi} \end{bmatrix} = \begin{bmatrix} \mathbf{F}^{-1}; & -\mathbf{O} \\ \mathbf{GF}^{-1}; & -\mathbf{I} \end{bmatrix} \begin{bmatrix} \mathbf{L}_1; & -\mathbf{G}^T \\ \mathbf{L}_3; & -\mathbf{H} \end{bmatrix} \begin{bmatrix} \Delta \\ \mathbf{P} \end{bmatrix} \tag{315b}$$

oder

$$\begin{bmatrix} \mathbf{X} \\ \mathbf{\Phi} \end{bmatrix} = \begin{bmatrix} \mathbf{F}^{-1}\mathbf{L}_1 & ; & -\mathbf{F}^{-1}\mathbf{G}^T \\ (\mathbf{GF}^{-1}\mathbf{L}_1 - \mathbf{L}_3); & (\mathbf{H} - \mathbf{GF}^{-1}\mathbf{G}^T) \end{bmatrix} \begin{bmatrix} \Delta \\ \mathbf{P} \end{bmatrix}.$$

Wenn wir die letzte Gleichung ausschreiben, erhalten wir Ausdrücke für die direkte Berechnung der Größen X_t und Φ_j:

$$\mathbf{X} = \mathbf{F}^{-1}\mathbf{L}_1\Delta - \mathbf{F}^{-1}\mathbf{G}^T\mathbf{P};$$
$$\mathbf{\Phi} = \left(\mathbf{GF}^{-1}\mathbf{L}_1 - \mathbf{L}_3\right)\Delta + \left(\mathbf{H} - \mathbf{GF}^{-1}\mathbf{G}^T\right)\mathbf{P} =$$
$$= \left(\mathbf{GF}^{-1}\mathbf{L}_1 - \mathbf{L}_3\right)\Delta + \mathbf{D}^{-1}\mathbf{P}.$$

Wenn wir ferner aus Gl. (319) ausdrücken

$$\mathbf{R} = \mathbf{L}_1^T\mathbf{X} + \mathbf{L}_3^T\mathbf{P}$$

und für $\mathbf{X}$ den oben bestimmten Ausdruck einsetzen, dann ist nach Umformung

$$\mathbf{R} = \mathbf{L}_1^T\mathbf{F}^{-1}\mathbf{L}_1\Delta + \left(\mathbf{L}_3^T - \mathbf{L}_1^T\mathbf{F}^{-1}\mathbf{G}^T\right)\mathbf{P}.$$

Durch Verbindung der Ausdrücke für $\mathbf{\Phi}$ und $\mathbf{R}$ können wir dann die Gleichung aufstellen

$$\begin{bmatrix} \mathbf{R} \\ \mathbf{\Phi} \end{bmatrix} = \begin{bmatrix} \mathbf{L}^T\mathbf{F}^{-1}\mathbf{L}_1 & ; & (\mathbf{L}_3^T - \mathbf{L}^T\mathbf{F}^{-1}\mathbf{G}^T) \\ (\mathbf{GF}^{-1}\mathbf{L}_1 - \mathbf{L}_3); & \mathbf{D}^{-1} \end{bmatrix} \begin{bmatrix} \Delta \\ \mathbf{P} \end{bmatrix}.$$

Zum selben Ergebnis gelangen wir selbstverständlich auch durch Umformung der Gl. (322).

5.4. Berechnung der Formänderung der Konstruktion

Wenn die betrachtete Konstruktion als Problem nach der erweiterten Matrizenform der Kraftgrößenmethode gelöst wird, berechnen wir als Zwischenergebnis auch die Werte der Komponenten der verallgemeinerten Knotenverschiebungen (Matrix Φ). In einem solchen Falle ist es am besten, die Formänderung der Konstruktion nach dem in Kap. 4 angegebenen Verfahren zu berechnen.

Sofern die Aufgabe mittels der ursprünglichen Form der Kraftgrößenmethode nach den in den vorangehenden Abschnitten abgeleiteten Beziehungen gelöst wird, erweist es sich auch hier als vorteilhaft, die Knotenverschiebungskomponenten nach der bei der Deformationsmethode beschriebenen Weise zu berechnen. Im Kap. 4 haben wir Gl. (203) abgeleitet, d.i.

$$\Phi = {}^{-1}\mathbf{B}\Theta \, .\tag{323}$$

Die dort abgeleitete Gleichung

$$\mathbf{S}_i = \overline{\mathbf{C}}\Theta\tag{324}$$

können wir mit Rücksicht auf die Gültigkeit der Beziehung

$$\overline{\mathbf{C}}^{-1} = \mathbf{C}$$

überführen in die Form

$$\Theta = \mathbf{C}\mathbf{S} \, ,\tag{325}$$

die in Verbindung mit Gl. (323) die Beziehung ergibt

$$\Phi = {}^{-1}\mathbf{B}\mathbf{C}\mathbf{S} \, .\tag{326}$$

Wenn wir die inneren Kräfte in den Endquerschnitten aller Stäbe für die angenommene Belastung kennen, d.h. die Matrix $\mathbf{S}$, können wir aus Gl. (326) sämtliche Komponenten der Knotenverschiebungen berechnen. Weiter setzen wir dann nach der in Kap. 4 beschriebenen Art fort.

Sonst können wir zur Bestimmung der Matrix Φ auch die in Abschnitt 5.7 abgeleiteten Beziehungen oder die in Abschnitt 5.7 hergeleitete Gl. (355) benützen.

5.5. Berechnung der Einflußlinien

Bei der Ermittlung der Einflußlinien der statischen Größen gehen wir nach der Kraftgrößenmethode gewöhnlich so vor, daß wir die Einflußlinien der statisch unbestimmten Größen X_t bestimmen und die übrigen Einflußlinien durch Superposition ermitteln. In ähnlicher Weise werden wir auch bei der Matrizenrechnung verfahren.

Wir gehen von der einfachsten Gleichung aus:

$$\mathbf{F}\mathbf{X} + \delta_0 = \mathbf{O}\,. \tag{327}$$

Zur Bestimmung der Einflußlinie der Größe X_t setzen wir in die letzte Gleichung für δ_0 die Matrix δ_{0f} ein, die vom gleichen Typ ist wie δ_0; ihre Elemente sind aber gleich null; nur in der Zeile, die der Größe X_t, deren Einflußlinie wir bestimmen, entspricht, steht eine Eins. (Dies folgt aus der allgemeinen Definition der Einflußlinie einer statisch unbestimmten Größe.) Durch Auflösen dieser Gleichung berechnen wir dann sämtliche der betrachteten Einflußlinie entsprechenden Werte X_t. Die Spaltenmatrix dieser Werte bezeichnen wir mit $\mathbf{X}_{tf}$. Somit ist

$$\mathbf{F}\mathbf{X}_{tf} + \delta_{0f} = \mathbf{O} \tag{328}$$

und

$$\mathbf{X}_{tf} = -\mathbf{F}^{-1}\delta_{0f}\,. \tag{329}$$

Mit den berechneten Werten der Größen X_{tf} belasten wir das gewählte Grundsystem und bestimmen die Biegelinie, die bereits die gesuchte Einflußlinie ist. Zur Bestimmung der Biegelinie wäre wieder die Berechnung der Komponenten der Knotenverschiebungen erforderlich. Deshalb wird es besser sein, von der erweiterten Form der Kraftgrößenmethode auszugehen. Vorher aber ziehen wir noch eine weitere Eigenschaft der Matrix $\mathbf{F}^{-1}$ in Betracht.

Wenn wir die Einflußlinien aller statisch Unbekannten ermitteln wollen, müssen wir im ganzen s Spaltenmatrizen δ_{0f} einsetzen, in denen, schrittweise in allen Zeilen, ein Nichtnullelement, eine Eins, vorkommt. Die ganze Rechnung können wir aber in einem ausführen. Alle Matrizen δ_{0f} ergeben geordnet eine quadratische Einheitsmatrix vom Typ $(s \cdot s)$. Wenn wir statt δ_{0f} in die Gl. (328) die Einheitsmatrix einsetzen, berechnen wir nicht einen Wert, sondern s Wertegruppen der statisch unbestimmten Größen X_{tf}, die schrittweise der Berechnung aller Einflußlinien der statisch unbestimmten Größen entsprechen. Die Matrix, die wir mit $\mathbf{X}_f$ bezeichnen, ist dann vom Typ $(s \cdot s)$. Somit ist

$$\mathbf{F}\mathbf{X}_f + \mathbf{I} = \mathbf{O}\,, \tag{330}$$

wonach

$$\mathbf{X}_f = -\mathbf{F}^{-1}\mathbf{I} = -\mathbf{F}^{-1}. \tag{331}$$

Die einzelnen Spalten der inversen Matrix $-\mathbf{F}^{-1}$ sind Wertegruppen X_{tf}, die zur Berechnung der Einflußlinien gehören, der Reihe nach für die einzelnen Größen X_t.

Wie bereits erwähnt wurde, ist es vorteilhafter, von der erweiterten Form der Kraftgrößenmethode auszugehen, u.zw. von Gl. (316), die wir in zwei Matrizengleichungen ausschreiben:

$$\mathbf{F}\mathbf{X} + \mathbf{G}^T\mathbf{P} = \mathbf{L}_1\Delta + \mathbf{O}\Phi,$$
$$\mathbf{G}\mathbf{X} + \mathbf{H}\mathbf{P} = \mathbf{L}_3\Delta + \mathbf{I}\Phi. \tag{332}$$

Hier setzen wir $\mathbf{G}^T\mathbf{P} = \mathbf{I}, \mathbf{H}\mathbf{P} = \mathbf{O}$, gegebenenfalls $\Delta = \mathbf{O}$. Dann müssen wir allerdings für $\mathbf{X}$ die Matrix $\mathbf{X}_f$ einführen und für Φ die Matrix Φ_{xf} vom Typ $(3n \cdot s)$. Dann ist

$$\mathbf{F}\mathbf{X}_f + \mathbf{I} = \mathbf{O} \Rightarrow \mathbf{X}_f = -\mathbf{F}^{-1},$$
$$\mathbf{G}\mathbf{X}_f = \Phi_{xf} \Rightarrow \Phi_{xf} = -\mathbf{G}\mathbf{F}^{-1}. \tag{333}$$

Aus der ersten Gleichung berechnen wir $\mathbf{X}_f$ und aus der zweiten die Matrix Φ_{xf}; ihre Spalten sind der Reihe nach Spaltenmatrizen der Komponenten der Knotenverschiebungen, die den gesuchten Einfluß-linien der statisch unbestimmten Größen entsprechen. Aus ihnen bestimmen wir dann nach dem im Kapitel über die Deformationsmethode angebenen Verfahren die Biegelinien, die bereits die gesuchten Ein-flußlinien sind.

Die Einflußlinien der inneren Kräfte in den Stabendquerschnitten und der äußeren Reaktionen bestimmen wir durch Superposition nach den Grundbeziehungen. In gleicher Weise ermitteln wir die Einflußlinien der statischen Größen in den Zwischenquerschnitten.

Da wir leicht von der Wahl eines Grundsystems zu einem andern über-gehen können, ist es möglich, Gl. (333) auch zur Bestimmung der Ein-flußlinien der Größen M_{ai}, M_{bi}, N_i, gegebenenfalls weiterer Größen zu benützen. Wir führen das gewählte Grundsystem so in ein anderes über, daß unter den Größen X_t auch die gesuchten Biegemomente oder Nor-malkräfte sind. Der weitere Vorgang ist bereits identisch.

Den Übergang von einem Grundsystem zum andern kann man auch durch eine Matrizengleichung beschreiben. Wenn wir die die statisch unbestimmten Größen enthaltende Matrix bei der einen Wahl des Grundsystems mit $^1\mathbf{X}$, bei der zweiten Wahl mit $^2\mathbf{X}$ bezeichnen, gilt die Gleichung

$$^1\mathbf{X} = \mathbf{x}_{12}\,^2\mathbf{X}, \tag{334}$$

wo $\mathbf{x}_{12}$ eine quadratische Matrix vom Typ $(s \,.\, s)$ ist; ihre Elemente sind Werte der Kräfte und Momente in den Angriffsstellen der Größen ^2X_t (ihrem Charakter entsprechend) im Grundsystem, das nacheinander mit allen $^1X_t = 1$ belastet wird. Wie leicht nachzuweisen, gilt auch

$$^2\mathbf{X} = \mathbf{x}_{21}\,^1\mathbf{X} = \mathbf{x}_{12}^{-1}(^1\mathbf{X}). \tag{335}$$

Die Einflußlinien der Formänderungsgrößen bestimmen wir — nach der Definition — als Biegelinien infolge der Belastung durch die verallgemeinerte Kraft gleich eins an der Stelle und im angenommenen Sinne der gesuchten Größe.

5.6. Statisch unbestimmte Grundsysteme

Für die Berechnung der statisch unbestimmten Größen stellten wir bei einer bestimmten Wahl des Grundsystems die Gleichung (298a) auf:

$$\mathbf{FX} + \mathbf{G}^T\mathbf{P} = \mathbf{O}$$

oder (290):

$$\mathbf{FX} + \boldsymbol{\delta}_0 = \mathbf{O}.$$

Für die weitere Berechnung müssen wir die zu $\mathbf{F}$ inverse Matrix $\mathbf{F}^{-1}$ kennen. Eine der mathematischen Möglichkeiten besteht in der Verwendung der Methode der Zerlegung von Matrix $\mathbf{F}$ in Felder. Wir wollen die statische Bedeutung dieser mathematischen Operation zeigen. Matrix $\mathbf{F}$ zerlegen wir in vier Felder; die einzelnen Untermatrizen bezeichnen wir mit $\mathbf{F}_{11}$, $\mathbf{F}_{12} = \mathbf{F}_{21}^T$, $\mathbf{F}_{21} = \mathbf{F}_{12}^T$, $\mathbf{F}_{22}$. In Übereinstimmung mit dieser Teilung zerlegen wir auch die Matrizen $\mathbf{X}$ und $\boldsymbol{\delta}_0$ in zwei Untermatrizen; die Untermatrizen bezeichnen wir mit $\mathbf{X}_1$, $\mathbf{X}_2$, $^1\boldsymbol{\delta}_0$, $^2\boldsymbol{\delta}_0$. Die Zerlegung können wir beliebig vornehmen; die einzige Bedingung ist, daß die Matrix $\mathbf{F}_{11}$ (und damit auch Matrix $\mathbf{F}_{22}$) quadratisch ist. Matrix $\mathbf{F}$ zerlegen wir so, daß für die Typen der einzelnen Untermatrizen gilt:

$$\mathbf{F}_{11} : (s_1 \,.\, s_1) ; \quad \mathbf{F}_{12} : (s_1 \,.\, s_2) ; \quad \mathbf{X}_1 : (s_1 \,.\, 1) ; \quad ^1\boldsymbol{\delta}_0 : (s_1 \,.\, 1),$$

$$\mathbf{F}_{12}^T : (s_2 \,.\, s_1) ; \quad \mathbf{F}_{22} : (s_2 \,.\, s_2) ; \quad \mathbf{X}_2 : (s_2 \,.\, 1) ; \quad ^2\boldsymbol{\delta}_0 : (s_2 \,.\, 1).$$

Den Typ der Matrix $\mathbf{F}$ können wir dann in der Form $(s_1 + s_2)(s_1 + s_2)$ schreiben.

Die letzte Gleichung wollen wir in der Form schreiben

$$\begin{bmatrix} \mathbf{F}_{11}; & \mathbf{F}_{12} \\ \mathbf{F}_{12}^{T}; & \mathbf{F}_{22} \end{bmatrix} \begin{bmatrix} \mathbf{X}_1 \\ \mathbf{X}_2 \end{bmatrix} + \begin{bmatrix} {}^{1}\delta_0 \\ {}^{2}\delta_0 \end{bmatrix} = \mathbf{O} \, . \tag{336}$$

Die Gleichung (336) schreiben wir in zwei Matrizengleichungen aus:

$$\mathbf{F}_{11}\mathbf{X}_1 + \mathbf{F}_{12}\mathbf{X}_2 + {}^{1}\delta_0 = \mathbf{O} \, ,$$
$$\mathbf{F}_{12}^{T}\mathbf{X}_1 + \mathbf{F}_{22}\mathbf{X}_2 + {}^{2}\delta_0 = \mathbf{O} \, . \tag{337}$$

Ist Matrix $\mathbf{F}$ regulär, sind auch die Matrizen $\mathbf{F}_{11}$ und $\mathbf{F}_{22}$ regulär. Wir bestimmen Matrix $\mathbf{F}_{11}^{-1}$ und berechnen aus der ersten Gleichung $\mathbf{X}_1$:

$$\mathbf{X}_1 = -\left(\mathbf{F}_{11}^{-1}\mathbf{F}_{12}\mathbf{X}_2 + \mathbf{F}_{11}^{-1}\,{}^{1}\delta_0\right) \, . \tag{338}$$

Durch Einsetzen von Gl. (338) in die zweite Gleichung (337) eliminieren wir aus dieser $\mathbf{X}_1$. Nach Umformung ist

$$\left(\mathbf{F}_{22} - \mathbf{F}_{12}^{T}\mathbf{F}_{11}^{-1}\mathbf{F}_{12}\right)\mathbf{X}_2 + \left({}^{2}\delta_0 - \mathbf{F}_{12}^{T}\mathbf{F}_{11}^{-1}\,{}^{1}\delta_0\right) = \mathbf{O} \, . \tag{339}$$

Wenn wir mit

$$\mathbf{F}_{22}' = \left(\mathbf{F}_{22} - \mathbf{F}_{12}^{T}\mathbf{F}_{11}^{-1}\mathbf{F}_{12}\right) \, ; \quad {}^{2}\delta_0' = \left({}^{2}\delta_0 - \mathbf{F}_{12}^{T}\mathbf{F}_{11}^{-1}\,{}^{1}\delta_0\right) \tag{340}$$

bezeichnen, können wir Gl. (339) in der Form schreiben

$$\mathbf{F}_{22}'\mathbf{X}_2 + {}^{2}\delta_0' = \mathbf{O} \, . \tag{341}$$

In Hinsicht auf die Typen der Matrizen sind sämtliche Produkte definiert. Aus der letzten Gleichung kann $\mathbf{X}_2$ berechnet werden, d.h. ein Teil der statisch unbestimmten Größen:

$$\mathbf{X}_2 = -\left(\mathbf{F}_{22}'\right)^{-1}\,{}^{2}\delta_0' \, . \tag{342}$$

Wenn wir mit Hilfe der Untermatrizen auch die Gleichung für die Berechnung der resultierenden inneren Kräfte in der Form ausschreiben

$$\mathbf{S} = \begin{bmatrix} \mathbf{S}_{11}; & \mathbf{S}_{12} \end{bmatrix} \begin{bmatrix} \mathbf{X}_1 \\ \mathbf{X}_2 \end{bmatrix} + \mathbf{S}_0 = \mathbf{S}_{11}\mathbf{X}_1 + \mathbf{S}_{12}\mathbf{X}_2 + \mathbf{S}_0 \tag{343}$$

[Matrix $\mathbf{S}_{11}$ ist vom Typ $(3m \, . \, s_1)$, $\mathbf{S}_{12}$ vom Typ $(3m \, . \, s_2)$], für $\mathbf{X}_1$ aus Gl. (338) einsetzen und umformen, ist

$$\mathbf{S} = \left(\mathbf{S}_{12} - \mathbf{S}_{11}\mathbf{F}_{11}^{-1}\mathbf{F}_{12}^{T}\right)\mathbf{X}_2 + \left(\mathbf{S}_0 - \mathbf{S}_{11}\mathbf{F}_{11}^{-1}\,{}^{1}\delta_0\right) \, . \tag{344}$$

Mit den Bezeichnungen

$$\mathbf{S}'_{12} = (\mathbf{S}_{12} - \mathbf{S}_{11}\mathbf{F}_{11}^{-1}\mathbf{F}_{12}); \quad \mathbf{S}'_{02} = (\mathbf{S}_0 - \mathbf{S}_{11}\mathbf{F}_{11}^{-1}{}^1\delta_0) \qquad (345)$$

können wir Gl. (344) vereinfacht in der Form schreiben

$$\mathbf{S} = \mathbf{S}'_{12}\mathbf{X}_2 + \mathbf{S}'_{02}. \qquad (346)$$

Die Gleichungen (341) und (346) beschreiben die Berechnung der Konstruktion, bei der die Unbekannten bloß die in der Matrix $\mathbf{X}_2$ vom Typ $(s_2 . 1)$ enthaltenen Größen sind.

Aus dem angegebenen Verfahren geht bereits hervor, daß die Gleichungen (341) und (346) die Berechnung der betrachteten Konstruktion bei Verwendung eines s_1-fach statisch unbestimmten Grundsystems beschreiben; das ist die statische Bedeutung der Zerlegung der Matrizen aus Gl. (327) in Felder.

5.7. Reduktionssatz

Im folgenden Teil werden wir zeigen, wie man die Ableitung des Reduktionssatzes einfach in Matrizenform schreiben kann. Obwohl die Ableitung für einen ganz allgemeinen Fall nicht viel komplizierter wäre (den Angriffspunkt jeder Kraft $\tilde{P}$ würden wir als weiteren Knoten ansehen), bleiben wir bei der Annahme der Knotenbelastung. Auf die betrachtete Konstruktion möge ein bestimmtes System von Knotenlasten wirken, das durch die früher angegebene Matrix $\mathbf{P}$ beschrieben ist. Als zweiten, unabhängigen Belastungszustand betrachten wir das System der Knotenlasten $\bar{P}_j$. Ihre Komponenten beziffern wir in gleicher Art wie die der Lasten P_j. Ihre geordnete Zusammenstellung ist die Matrix $\bar{\mathbf{P}}$ vom Typ $(3n . 1)$. Mit Rücksicht darauf, daß auch das zweite Belastungssystem durch Knotenlasten gebildet wird, sind die Komponenten der Verschiebungen der Angriffspunkte in der Richtung dieser Kräfte infolge des ersten Systems gleich den Verschiebungskomponenten Φ_j der Knoten; somit erhält man durch ihre geordnete Zusammenstellung die Matrix Φ.

Die Gleichheitsbedingung der virtuellen Arbeiten der äußeren und inneren Kräfte (die Arbeit des Systems der Lasten $\bar{P}_j$ in der Richtung der Verschiebungen, die zur gegebenen ursprünglichen Knotenbelastung gehören) können wir in der Form

$$\bar{\mathbf{P}}^T\Phi = \bar{\mathbf{S}}^T\Theta \qquad (347)$$

schreiben, wo $\overline{\mathbf{S}}^T$ eine Matrix ist, deren Elemente die resultierenden Momente und Normalkräfte in den Endquerschnitten der einzelnen Stäbe infolge des Systems der Kräfte $\overline{P}_j$ sind. Ihre Struktur stimmt mit der der Matrix $\mathbf{S}$ überein. Sie ist vom Typ $(1 \cdot 3m)$; $\overline{\mathbf{P}}^T$ ist die zu $\overline{\mathbf{P}}$ transponierte Matrix. Die Produkte auf beiden Seiten obiger Gleichung sind demnach definiert, und das Ergebnis ist eine Zahl, der Wert der virtuellen Arbeit. In Gl. (347) setzen wir nun für Θ die bekannte Beziehung (325) ein, durch die die Abhängigkeit der Verschiebungen der Stabendquerschnitte von den inneren Kräften bestimmt ist. Dann ist

$$\overline{\mathbf{P}}^T \Phi = \overline{\mathbf{S}}^T \mathbf{C} \mathbf{S} \, . \tag{348}$$

Weiters drücken wir die inneren Kräfte in den Endquerschnitten aller Stäbe als Funktion der statisch unbestimmten Größen und der Komponenten der Knotenbelastung aus. Die Matrix, die die statisch unbestimmten Größen enthält, die der Belastung durch die Lasten $\overline{P}_j$ entsprechen, bezeichnen wir mit $\overline{\mathbf{X}}$. Sie ist vom Typ $(s \cdot 1)$. Das Grundsystem wird bei beiden Belastungsfällen gleich gewählt.

$$\mathbf{S} = \mathbf{S}_1 \mathbf{X} + \mathbf{S}_p \mathbf{P} = \mathbf{S}_1 \mathbf{X} + \mathbf{S}_0 \, ,$$
$$\overline{\mathbf{S}} = \mathbf{S}_1 \overline{\mathbf{X}} + \mathbf{S}_p \overline{\mathbf{P}} = \mathbf{S}_1 \overline{\mathbf{X}} + \overline{\mathbf{S}}_0 \, . \tag{349}$$

Wenn wir die erste Gleichung (349) in Gl. (348) einsetzen, ist nach Umformung

$$\overline{\mathbf{P}}^T \Phi = \overline{\mathbf{S}}^T \mathbf{C} \mathbf{S}_1 \mathbf{X} + \overline{\mathbf{S}}^T \mathbf{C} \mathbf{S}_p \mathbf{P} \, . \tag{350}$$

Da

$$\overline{\mathbf{S}}^T \mathbf{C} \mathbf{S}_1 = \mathbf{O} \, ,$$

d.h. daß dieses Produkt eine der möglichen Formen der Bedingungsgleichungen zur Berechnung der Kräfte $\overline{X}_t$ ist, folgt

$$\overline{\mathbf{P}}^T \Phi = \overline{\mathbf{S}}^T \mathbf{C} \mathbf{S}_p \mathbf{P} \tag{351}$$

oder

$$\overline{\mathbf{P}}^T \Phi = \overline{\mathbf{S}}^T \mathbf{C} \mathbf{S}_0 \, . \tag{351a}$$

Wenn wir die zweite Gl. (349) in Gl. (348) einsetzen, erhalten wir nach Umformung

$$\overline{\mathbf{P}}^T \Phi = \overline{\mathbf{X}}^T \mathbf{S}_1^T \mathbf{C} \mathbf{S} + \overline{\mathbf{P}}^T \mathbf{S}_p^T \mathbf{C} \mathbf{S} \, . \tag{352}$$

Hier gilt (302)

$$\mathbf{S}_1^T \mathbf{C} \mathbf{S} = \mathbf{O} \, .$$

Dieses Produkt ist eine Schreibweise der Bedingungsgleichungen zur Berechnung der statisch unbestimmten Größen X_t. (In beiden Fällen setzen wir voraus, daß weder eine Stützensenkung eintritt noch Risse entstehen.) Dann ist

$$\bar{\mathbf{P}}^T\mathbf{\Phi} = \bar{\mathbf{P}}^T\mathbf{S}_p^T\mathbf{CS} \tag{353}$$

oder

$$\bar{\mathbf{P}}^T\mathbf{\Phi} = \bar{\mathbf{S}}_0^T\mathbf{CS}\,, \tag{353a}$$

wobei $\bar{\mathbf{S}}_0$ die Matrix der inneren Kräfte in den Endquerschnitten der einzelnen Stäbe im Grundsystem infolge der Belastung durch das Kräftesystem $\bar{P}_j$ ist.

Die Gleichung

$$\bar{\mathbf{P}}^T\mathbf{\Phi} = \bar{\mathbf{S}}^T\mathbf{CS}_0 = \bar{\mathbf{S}}_0^T\mathbf{CS} \tag{354}$$

drückt (unter den angegebenen Voraussetzungen) den Reduktionssatz in Matrizenform aus.

Die abgeleiteten Beziehungen könnten wir noch verallgemeinern, wenn wir die Schlußfolgerungen des Kapitels über statisch unbestimmte Grundsysteme benützen würden. Die Ableitung dieser weiteren Gleichungen ist bereits analog und bereitet keine Schwierigkeiten.

Bemerkung: Den Reduktionssatz könnten wir auch zur Berechnung der Komponenten Φ_j der Knotenverschiebungen benützen, wenn wir die Konstruktion nach der ursprünglichen Form der Kraftgrößenmethode berechnen. Dann wäre es vorteilhaft, statt $\bar{\mathbf{P}}^T$ die Matrix $\bar{\mathbf{P}}_f^T$ vom Typ $(3n \, . \, 3n)$ einzuführen, die eine Einheitsmatrix wäre, d.h. wir würden alle $\bar{P}_{jf} = 1$ setzen. Dann geht $\bar{\mathbf{S}}_0^T$ in die Matrix $\bar{\mathbf{S}}_{0f}^T$ vom Typ $(3n \, . \, 3m)$ über, deren Elemente die inneren Kräfte in den Stabendquerschnitten infolge der Kräfte $P_j = 1 \ (j = 1 \div 3n)$ sind, d.h. es gilt die Gleichheit

$$\bar{\mathbf{S}}_{0f}^T = \mathbf{S}_p^T\,.$$

Dann ist mit Rücksicht auf die angegebenen Fakten

$$\mathbf{\Phi} = \mathbf{S}_p^T\mathbf{CS} \tag{355}$$

[diese Gleichung kann Gl. (326) ersetzen].

Wenn wir für $\mathbf{S}$ die erste Gl. (349) einsetzen, ist

$$\mathbf{\Phi} = \mathbf{S}_p^T\mathbf{CS}_1\mathbf{X} + \mathbf{S}_p^T\mathbf{CS}_p\mathbf{P}\,, \tag{356}$$

oder mit der früher eingeführten Bezeichnung:

$$\Phi = \mathbf{GX} + \mathbf{HP}\,. \tag{356a}$$

Wir gelangten demnach auf anderem Wege zur zweiten Gl. (306c).

5.8. Vernachlässigung des Einflusses der Normalkräfte

Bisher haben wir, in Übereinstimmung mit den Grundvoraussetzungen, den Einfluß der Normalkräfte auf die Verformung der Konstruktion berücksichtigt. Der Vollständigkeit halber muß untersucht werden, wie sich die Struktur der abgeleiteten Rechenverfahren ändert, wenn wir den Einfluß der Normalkräfte vernachlässigen wollen.

Wie im Kapitel 3 angeführt wurde, wird der Einfluß der Normalkräfte auf die Formänderung der Konstruktion durch die Struktur der Matrix $\mathbf{C}$ ausgedrückt. Wenn wir die Berechnung unter Vernachlässigung des Einflusses der Normalkräfte und bei kleinstmöglicher Störung des Rechenalgorithmus ausführen wollen, können wir folgendermaßen vorgehen. Wir stellen die Matrizen $\mathbf{C}_i$ neu so auf, daß sie der eingeführten Vereinfachung entsprechen. Das bedeutet, daß wir bei der Berechnung der Elemente von $\mathbf{C}_i$ für gekrümmte Stäbe nur die ersten der drei Glieder in die Rechnung einführen, durch die die Werte der Elemente bestimmt sind [Gl. (80)]. Bei geraden Stäben setzen wir $v_i = 0$, und die letzte Zeile und letzte Spalte der Matrix $\mathbf{C}_i$ werden zu null.

Wenn wir mit den so umgebildeten Matrizen $\mathbf{C}_i$ die Matrix $\mathbf{C}_n$ aufstellen und diese in die Gleichungen zur Berechnung der Konstruktion nach der ursprünglichen Kraftgrößenmethode einführen, berechnen wir alle verlangten Größen unter der Annahme, daß die Stäbe infolge der Normalkräfte ihre Länge nicht ändern. Von großem Vorteil ist, daß der ganze Rechenalgorithmus unverändert bleibt.

Wenn wir die veränderte Matrix $\mathbf{C}_n$ in die Beziehungen einführen, die die erweiterte Form der Kraftgrößenmethode beschreiben, können wir die abgeleiteten Beziehungen bis Gl. (306c) unverändert verwenden. Wenn wir den Einfluß der Stablängenänderung nicht berücksichtigen, können wir nicht annehmen, daß Matrix $(\mathbf{H} - \mathbf{GF}^{-1}\mathbf{G}^T)$ regulär ist, und können nicht die Inversion der ganzen erweiterten Matrix vornehmen.

Wir können allein aus der ersten Gleichung (306c) unter Voraussetzung der Regularität der Matrix $\mathbf{F}_n$

$$\mathbf{X}_n = -\mathbf{F}_n^{-1}\mathbf{G}_n^T\mathbf{P} \tag{357}$$

bestimmen und, durch Einsetzen in die zweite,

$$\boldsymbol{\Phi}_n = \left(\mathbf{H}_n - \mathbf{G}_n\mathbf{F}_n^{-1}\mathbf{G}_n^T\right)\mathbf{P} \tag{358}$$

berechnen, d.h. wir können nur die Komponenten der Knotenverschiebungen infolge der in Betracht gezogenen Knotenbelastung berechnen. Da aber die ganze Berechnung unter der Voraussetzung der Nichtzusammendrückbarkeit der Stäbe vorgenommen wird, entsprechen die berechneten Komponenten der Knotenverschiebungen auch bereits dieser Annahme.

Bemerkung: Sobald wir die veränderte Matrix $\mathbf{C}_n$ in die Rechnung einführen, handelt es sich bereits um eine Berechnung unter anderen Voraussetzungen, und sämtliche von dieser Annahme beeinflußten Größen und auch die Matrizen müssen abweichend von früher bezeichnet werden. Daher wurde bei allen geänderten Matrizen der Index n hinzugefügt. Die veränderte Matrix $\mathbf{C}$ bezeichnen wir mit $\mathbf{C}_n$.

Ähnlich müssen wir auch bei der Berechnung vorgehen, wenn wir die Senkung der Stützen berücksichtigen.

In ähnlicher Weise wie im vorangehenden Falle können wir bis Gl. (315) gelangen, die wir bei einer Bezeichnungsweise, aus der hervorgeht, daß es sich um eine Berechnung ohne Berücksichtigung des Einflusses der Normalkräfte auf die Formänderung handelt, schreiben können in der Form

$$\begin{bmatrix}\mathbf{F}_n; & \mathbf{G}_n^T \\ \mathbf{G}_n; & \mathbf{H}_n\end{bmatrix}\begin{bmatrix}\mathbf{X}_n \\ \mathbf{P}\end{bmatrix} = \begin{bmatrix}\mathbf{L}\end{bmatrix}\begin{bmatrix}\Delta \\ \boldsymbol{\Phi}_n\end{bmatrix}. \tag{359}$$

Im Hinblick auf Gl. (314) schreiben wir diese Gleichung in zwei Matrizengleichungen aus:

$$\mathbf{F}_n\mathbf{X}_n + \mathbf{G}_n^T\mathbf{P} = \mathbf{L}_1\Delta\,,$$

$$\mathbf{G}_n\mathbf{X}_n + \mathbf{H}_n\mathbf{P} = \mathbf{L}_3\Delta + \mathbf{I}\boldsymbol{\Phi}_n\,. \tag{360}$$

Aus der ersten Gleichung berechnen wir

$$\mathbf{X}_n = \mathbf{F}_n^{-1}\mathbf{L}_1\Delta - \mathbf{F}_n^{-1}\mathbf{G}_n^T\mathbf{P} \tag{361}$$

und erhalten durch Einsetzen in die zweite, nach Umformung,

$$\mathbf{\Phi}_n = \left(\mathbf{G}_n\mathbf{F}_n^{-1}\mathbf{L}_1 - \mathbf{L}_3\right)\Delta + \left(\mathbf{H}_n - \mathbf{G}_n\mathbf{F}_n^{-1}\mathbf{G}_n^T\right)\mathbf{P}\,. \tag{362}$$

5.9. Übergang von der allgemeinen Methode zur Berechnung ohne Berücksichtigung des Einflusses der Normalkräfte

Wir wollen nun zeigen, wie man von der Berechnung nach der Kraftgrößenmethode unter allgemeinen Voraussetzungen zur vereinfachten Berechnung übergehen kann.

Nehmen wir an, die ganze Rechnung unter Berücksichtigung der Normalkräfte sei durchgeführt, d.h. wir haben die Matrizen $\mathbf{F}$, $\mathbf{F}^{-1}$, $\mathbf{G}$, $\mathbf{P}$, $\mathbf{X}$, $\mathbf{S}$ bestimmt.

Wenn wir nun die Größen X_t und S_i ohne Einfluß der Normalkräfte ermitteln wollen, können wir, sofern wir ein Programm aufgestellt und abgestimmt haben, die ganze Rechnung von neuem bei Einführung der veränderten Matrix $\mathbf{C}_n$ statt $\mathbf{C}$ ausführen. Die längste Operation aber pflegt das Invertieren der Matrix $\mathbf{F}$ zu sein. Daher ist manchmal ein anderes Verfahren vorteilhaft und kürzer. Wir bestimmen Matrix $\mathbf{C}_0$, die den Unterschied der Matrizen $\mathbf{C}$ und $\mathbf{C}_n$ charakterisiert:

$$\mathbf{C}_0 = \mathbf{C} - \mathbf{C}_n\,. \tag{363}$$

Die umgeformte Gl. (363) setzen wir in die Beziehungen zur Berechnung der Matrizen $\mathbf{F}$ und $\mathbf{G}$ ein:

$$\mathbf{F} = \mathbf{S}_1^T\mathbf{C}\mathbf{S}_1 = \mathbf{S}_1^T\mathbf{C}_n\mathbf{S}_1 + \mathbf{S}_1^T\mathbf{C}_0\mathbf{S}_1 = \mathbf{F}_n + \mathbf{F}_0\,,$$

$$\mathbf{G}^T = \mathbf{S}_1^T\mathbf{C}\mathbf{S}_p = \mathbf{S}_1^T\mathbf{C}_n\mathbf{S}_p + \mathbf{S}_1^T\mathbf{C}_0\mathbf{S}_p = \mathbf{G}_n^T + \mathbf{G}_0^T\,. \tag{364}$$

Selbstverständlich können wir Matrix $\mathbf{F}_0$ auch direkt als Differenz von $\mathbf{F}$ und $\mathbf{F}_n$ ermitteln. Matrix $\mathbf{F}_0$ können wir als Matrix der Korrekturen der Elemente zur Matrix $\mathbf{F}$ ansehen und $\mathbf{F}_n^{-1}$ als korrigierte Matrix $\mathbf{F}^{-1}$ berechnen.

Wir schreiben

$$\mathbf{F}_n = \mathbf{F} - \mathbf{F}_0 \tag{365}$$

und nehmen durch „Herausheben" der Matrix $\mathbf{F}$ nach rechts eine Umformung vor:

$$\mathbf{F}_n = (\mathbf{I} - \mathbf{F}_0\mathbf{F}^{-1})\,\mathbf{F}\,. \tag{365a}$$

Matrix $(\mathbf{I} - \mathbf{F}_0\mathbf{F}^{-1})$, die auch vom Typ $(s\,.\,s)$ ist, wird einfacher sein als Matrix $\mathbf{F}_n$; in vielen Fällen sind die Glieder außerhalb der Diagonale klein und viele von ihnen allenfalls gleich null. Sofern diese Matrix regulär ist, kann die zu ihr inverse bestimmt werden:

$$\mathbf{F}_n^{-1} = \mathbf{F}^{-1}(\mathbf{I} - \mathbf{F}_0\mathbf{F}^{-1})^{-1}\,. \tag{366}$$

Wir bezeichnen

$$\mathbf{F}_0\mathbf{F}^{-1} = \widetilde{\mathbf{F}}\,.$$

Die Inversion der Matrix $(\mathbf{I} - \widetilde{\mathbf{F}})$ kann durch Reihenentwicklung vorgenommen werden, sofern allerdings für die Norm der Matrix $\widetilde{\mathbf{F}}$ gilt $\|\widetilde{\mathbf{F}}\| < 1$. Diese Bedingung ist aber, mit Rücksicht auf ihre physikalische Bedeutung, meistens erfüllt. Dann ist

$$\mathbf{F}_n^{-1} = \mathbf{F}^{-1}(\mathbf{I} + \widetilde{\mathbf{F}} + \widetilde{\mathbf{F}}^2 + \widetilde{\mathbf{F}}^3 + \ldots)\,. \tag{367}$$

In üblichen Fällen wird die Bestimmung einiger Anfangsglieder der Entwicklung genügen. Mit der Bezeichnung

$$\mathbf{F}_{KR} = (\mathbf{I} + \widetilde{\mathbf{F}} + \widetilde{\mathbf{F}}^2 + \widetilde{\mathbf{F}}^3 + \ldots) \tag{368}$$

ist

$$\mathbf{F}_n^{-1} = \mathbf{F}^{-1}\mathbf{F}_{KR}\,. \tag{369}$$

Die statisch unbestimmten Größen berechnen wir aus der Beziehung

$$\mathbf{X}_n = -\mathbf{F}^{-1}\mathbf{F}_{KR}(\mathbf{G}^T - \mathbf{G}_0^T)\,\mathbf{P}\,. \tag{370}$$

Mit den Bezeichnungen

$$\mathbf{F}_{KR}(\mathbf{G}^T - \mathbf{G}_0^T) = \mathbf{G}_{KR}^T \quad \text{und} \quad \mathbf{F}^{-1}\mathbf{G}_{KR}^T = \overline{\overline{\mathbf{X}}}_{KR} \tag{371}$$

ist

$$\mathbf{X}_n = -\mathbf{F}^{-1}\mathbf{G}_{KR}^T\mathbf{P} = \overline{\overline{\mathbf{X}}}_{KR}\mathbf{P} \tag{372}$$

und

$$\mathbf{S}_n = (\mathbf{S}_1\overline{\overline{\mathbf{X}}}_{KR} + \mathbf{S}_p)\,\mathbf{P}\,.$$

Etwas anders können wir die oben angegebenen Ausdrücke umformen, wenn wir für die Bildung der inversen Matrix $\mathbf{F}_n^{-1}$ mit Hilfe der Matrix $\mathbf{F}^{-1}$ die in Abschnitt 4.11 abgeleitete Beziehung benützen, oder — was identisch ist — Gl. (367) umschreiben in die Form

$$\mathbf{F}_n^{-1} = \mathbf{F}^{-1} + \mathbf{F}^{-1}(\tilde{\mathbf{F}} + \tilde{\mathbf{F}}^2 + \ldots),$$

$$\mathbf{F}_n^{-1} = \mathbf{F}^{-1} + \mathbf{F}_d. \tag{373}$$

Dann bestimmen wir

$$\mathbf{X}_n = -\mathbf{F}_n^{-1}(\mathbf{G}^T - \mathbf{G}_0^T)\,\mathbf{P} = -(\mathbf{F}^{-1} + \mathbf{F}_d)\,(\mathbf{G}^T - \mathbf{G}_0^T)\,\mathbf{P}. \tag{374}$$

Nach Umformung und mit der Bezeichnung

$$-(\mathbf{F}_d\mathbf{G}^T - \mathbf{F}_n^{-1}\mathbf{G}_0^T) = \overline{\overline{\mathbf{X}}}_d\,; \quad \mathbf{X}_d = \overline{\overline{\mathbf{X}}}_d\mathbf{P}$$

ist

$$\mathbf{X}_n = -\mathbf{F}^{-1}\mathbf{G}^T\mathbf{P} - (\mathbf{F}_d\mathbf{G}^T - \mathbf{F}_n^{-1}\mathbf{G}_0^T)\,\mathbf{P} \tag{375}$$

und

$$\mathbf{X}_n = \overline{\overline{\mathbf{X}}}\mathbf{P} + \overline{\overline{\mathbf{X}}}_d\mathbf{P} = \mathbf{X} + \mathbf{X}_d. \tag{376}$$

Für die Berechnung der Beanspruchung der Stabendquerschnitte gilt dann

$$\mathbf{S}_n = (\mathbf{S}_1\overline{\overline{\mathbf{X}}}_n + \mathbf{S}_p)\,\mathbf{P} = (\mathbf{S}_1\overline{\overline{\mathbf{X}}} + \mathbf{S}_p)\,\mathbf{P} + \mathbf{S}_1\overline{\overline{\mathbf{X}}}_d\mathbf{P},$$

$$\mathbf{S}_n = \mathbf{S} + \mathbf{S}_d. \tag{377}$$

Ähnlich bestimmen wir auch die neuen Verschiebungskomponenten. Wenn wir $\mathbf{F}_n^{-1}$ aus Gl. (369) berechnen, dann ist

$$\boldsymbol{\Phi}_n = \left(\mathbf{H}_n - \mathbf{G}_n\mathbf{F}^{-1}\mathbf{F}_{KR}\mathbf{G}_n^T\right)\mathbf{P}. \tag{378}$$

Wenn man zur Bestimmung von $\mathbf{F}_n^{-1}$ Gl. (373) verwendet, erhält man nach Umformung

$$\boldsymbol{\Phi}_n = \boldsymbol{\Phi} + \boldsymbol{\Phi}_d, \tag{379}$$

wobei

$$\boldsymbol{\Phi}_d = \left[-\mathbf{H}_0 - (\mathbf{G}_0\mathbf{F}_n^{-1}\mathbf{G}_0^T) + (\mathbf{G}_0\mathbf{F}_n^{-1}\mathbf{G}^T) + (\mathbf{G}\mathbf{F}_n^{-1}\mathbf{G}_0^T) - \mathbf{G}\mathbf{F}_d\mathbf{G}^T\right].$$

$$\tag{380}$$

Das aber sind schon recht lange, für die Verwendung unpraktische Ausdrücke; wir führen sie nur der Vollständigkeit wegen an.

5.10. Verschiedene Ergänzungen

Der Vollständigkeit halber müssen noch einige weitere Fragen beachtet werden. Wenn sich bei irgendeinem Stab die Querschnittsabmessungen ändern, zeigt sich diese Änderung nur in der Matrix C, und wir können entweder die ganze Rechnung nach den angegebenen Algorithmen wiederholen, wobei sich nur Matrix C in Matrix C_n verändert, oder wir können in analoger Weise (wie in Abschn. 5.9 angegeben wurde) die Matrizen C_0 und F_0 bestimmen und die Matrix F_n^{-1} mittels F^{-1} berechnen.

Sofern in der Konstruktion nicht alle Verbindungen fest sind, bereitet das bei der Kraftgrößenmethode keine prinzipiellen Schwierigkeiten, nur der Grad der statischen Unbestimmtheit wird beeinflußt. Wir wählen wiederum ein statisch bestimmtes Grundsystem und führen die ganze weitere Rechnung mit denselben Gleichungen durch, die wir früher abgeleitet haben.

Ferner muß überlegt werden, auf welche Weise es möglich wäre, die Werte der inneren Kräfte auch in anderen Querschnitten als an den Stabenden zu ermitteln. Eine Möglichkeit besteht darin, ähnlich vorzugehen, wie in Kap. 4 angegeben wurde, oder die für eingespannte Träger geltenden Beziehungen (Kap. 9) zu benützen. Hier wollen wir eine andere Möglichkeit aufzeigen. Durch Berechnung der Konstruktion nach dem abgeleiteten Algorithmus bestimmen wir auch die Elemente der Matrix S oder der Matrizen S_i. Wenn wir den i-ten Stab der Konstruktion (der Einfachheit wegen betrachten wir einen geraden Stab) in m Teile der Länge d teilen, berechnen wir dann die Werte der statischen Größen in allen diesen Querschnitten infolge der Knotenbelastung nach den Gleichungen

$$M_x = \frac{M_{ai}x'' - M_{bi}x'}{l_i},$$

$$Q_x = -\frac{M_{ai} + M_{bi}}{l_i},$$

$$N_x = N_i. \tag{381}$$

Mit den Bezeichnungen

$$\frac{x''}{l_i} = \zeta''\,;\quad \frac{x'}{l_i} = \zeta'$$

können wir die ganze Rechnung beschreiben durch die Matrizengleichung

$$
\begin{bmatrix} M_{ai} = M_{i0} \\[4pt] M_{i1} \\ \vdots \\ M_{im} = M_{bi} \\[6pt] Q_{ai} = Q_{i0} \\[6pt] Q_{i1} \\ \vdots \\ Q_{im} = Q_{bi} \\[6pt] N_{ai} = N_{i0} \\ \vdots \\ N_{im} = N_{bi} \end{bmatrix}
=
\begin{bmatrix}
\zeta''_0 = 1\,; & -\zeta'_0 = 0\,; & \\[4pt]
\zeta''_1\,; & -\zeta'_1\,; & \\
\vdots & \vdots & \\
\zeta''_m = 0\,; & -\zeta'_m = 1\,; & \\[6pt]
-\dfrac{1}{l_i}\,; & -\dfrac{1}{l_i}\,; & \\[6pt]
-\dfrac{1}{l_i}\,; & -\dfrac{1}{l_i}\,; & \\[2pt]
\vdots & \vdots & \\
-\dfrac{1}{l_i}\,; & -\dfrac{1}{l_i}\,; & \\[6pt]
& & 1 \\
& & \vdots \\
& & 1
\end{bmatrix}
\begin{bmatrix} \mathbf{S}_i \end{bmatrix}.
\tag{382}
$$

In ähnlicher Weise könnten wir nach den in Kap. 3 angegebenen Beziehungen auch die Berechnung bei gekrümmten Stäben durchführen. Bei Zerlegung sämtlicher Stäbe in die gleiche Teilanzahl wird die Transformationsmatrix der letzten Gleichung nur von l_i abhängig sein und im Aufbau bei allen Stäben die gleiche Form haben. Wenn auch die Berechnung nach dieser Art leicht ist, wird es wahrscheinlich vorteilhafter sein, die in Kap. 9 abgeleiteten Beziehungen zu benützen. Nach dem hier angegebenen Verfahren müssen wir bei Bestimmung der resultierenden inneren Kräfte für Feldbelastung bei jedem Stabe noch die Werte unter Annahme vollkommener Einspannung der Endquerschnitte hinzuzählen. Nach den Gleichungen des 9. Kapitels führen wir beide Rechnungen gleichzeitig durch.

Ein weiteres Problem, dem wir bei der Berechnung von Konstruktionen nach der Kraftgrößenmethode begegnen können, ist die Orthogonalisation der statisch unbestimmten Größen. Der Vorteil dieses Verfahrens ist die Überführung des Systems von s linearen Gleichungen mit s Unbekannten in ein System von s linearen Gleichungen, von denen jede nur eine Unbekannte enthält.

Allerdings ist das ganze Verfahren bei komplizierten Konstruktionen keineswegs leicht, da die Eigenwerte von Matrix **F** bestimmt werden müssen. Wenn wir annehmen, daß die Berechnung auf elektronischen Rechenanlagen vorgenommen wird, ist die Inversion auch umfangreicherer Matrizen nicht so mühsam wie früher. Daher ist die Orthogonalisation der statisch unbestimmten Größen vom Standpunkt der Matrizenmethoden aus insofern wichtig, als sie die statische Bedeutung der Eigenwerte von Matrix **F** zeigt. Rein für die Berechnung der Konstruktion hätte jedoch diese Umformung in dem Falle Bedeutung, wenn wir zur Ermittlung der Eigenwerte von Matrix **F** eine vorbereitete und programmierte gute und schnelle Berechnungsmethode hätten. Sonst wird wohl die übliche Methode annehmbarer sein. In einfachen Fällen, wenn wir die statisch Unbestimmten im Schwerpunkt der elastischen Gewichte einführen können, erhalten wir direkt die orthogonalen statisch unbestimmten Größen. Dieses Rechenverfahren kann auch in Matrizenform abgeleitet werden. Da es sich aber um einen einfachen Fall handelt, werden wir uns damit nicht ausführlicher befassen.

Bemerkung: Ähnlich wie bei der Deformationsmethode, wäre es auch hier bei der Programmierung der Berechnung nach der Kraftgrößenmethode vorteilhaft, bei der Aufstellung der Matrix **F** die Beziehung

$$\mathbf{F} = \sum_{i=1}^{m} {}^{i}\mathbf{S}_1^T \mathbf{C}_i \, {}^{i}\mathbf{S}_1$$

zu benützen, wo ${}^{i}\mathbf{S}_1$, ${}^{i}\mathbf{S}_1^T$ und $\mathbf{C}_i$ Untermatrizen der zum i-ten Stab gehörigen Matrizen $\mathbf{S}_1$, $\mathbf{S}_1^T$ und $\mathbf{C}$ sind. Allerdings ist das wieder eine Programmierungsfrage, die mit der Besetzung der Stellen im Speicher des Automaten zusammenhängt.

Beispiel 5.1.

Die Konstruktion des Beispiels 4.1 werden wir nach der Kraftgrößenmethode berechnen. Wir wählen das statisch bestimmte Grundsystem und bestimmen den Verlauf der Momente und Normalkräfte infolge aller $X_i = 1$ und der Knotenbelastung (Abb. 19). Wir stellen die Matrizen $\mathbf{S}_1$ und $\mathbf{S}_0$ zusammen. Der Übersichtlichkeit wegen führen wir sie wieder tabellarisch an.

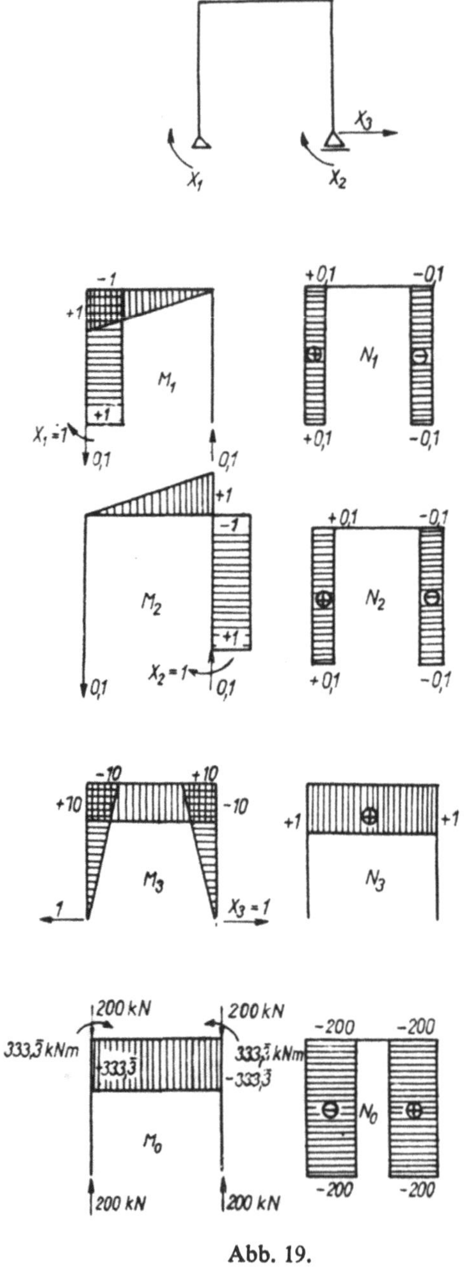

Abb. 19.

S_1	X_1	X_2	X_3		S_0
M_{a1}	$+1$				0
M_{b1}	-1		-10		0
N_1	$+0,1$	$+0,1$			-200
M_{a2}	$+1$		$+10$		$+333,\overline{3}$
M_{b2}		$+1$	-10		$-333,\overline{3}$
N_2			$+1$		0
M_{a3}		-1	$+10$		0
M_{b3}		$+1$			0
N_3	$-0,1$	$-0,1$			-200

Die Bedingungsgleichungen für die Berechnung der statisch unbestimmten Größen stellen wir nach Gl. (288) auf. (Matrix $\mathbf{C}$ wurde in Beisp. 4.1 bestimmt.)

$$\frac{1}{EJ_v}\begin{bmatrix} +\;8,8912\overline{7}; & -\;1,1087\overline{2}; & +\;\;\;66,6\overline{6} \\ -\;1,1087\overline{2}; & +10,2246\overline{1}; & -\;\;\;73,3\overline{3} \\ +66,6\overline{6}\;\;\;\; ; & -73,3\overline{3}\;\;\;\; ; & +1155,6\overline{5} \end{bmatrix}\begin{bmatrix} X_1 \\ X_2 \\ X_3 \end{bmatrix} + \frac{1}{EJ_v}\begin{bmatrix} +\;1111,\overline{8} \\ -\;1110,\overline{3} \\ +22222,\overline{2} \end{bmatrix} =$$

$$= \begin{bmatrix} 0 \\ 0 \\ 0 \end{bmatrix}.$$

Wir berechnen die inverse Matrix $\mathbf{F}^{-1}$ und sämtliche X_t.

$EJ_v\mathbf{F}^{-1}$	δ_{10}	δ_{20}	δ_{30}		$\mathbf{X}$	
X_1	$+0,30337$	$-0,16998$	$-0,02828$		X_1	$+102,551$ kNm
X_2	$-0,16998$	$+0,27474$	$+0,02724$		X_2	$-111,275$ kNm
X_3	$-0,02828$	$+0,02724$	$+0,00422$		X_3	$-\;32,206$ kN

Weiters berechnen wir die inneren Kräfte in den Endquerschnitten der einzelnen Stäbe nach Gl. (284).

	S_i	$(S)_1$	$(S)_2$	$(S)_3$	
$(S)_1$	M_{ai}	$+102{,}551$	$+113{,}823$	$-210{,}786$	kNm
$(S)_2$	M_{bi}	$+219{,}510$	$-122{,}547$	$-111{,}275$	kNm
$(S)_3$	N_i	$+200{,}872$	$-\ 32{,}206$	$-199{,}127$	kN

$$S = \begin{bmatrix} (S)_1 \\ (S)_2 \\ (S)_3 \end{bmatrix}$$

Um ferner die Matrizen aus Gl. (306b) aufstellen zu können, bestimmen wir den Verlauf der Biegemomente und Normalkräfte im statisch bestimmten Grundsystem nacheinander, infolge aller Kräfte $P_j = 1$ (Abb. 20).

Aus den Werten der Biegemomente und Normalkräfte stellen wir Matrix S_p zusammen. Wir wollen sie gemeinsam mit Matrix S_1 in eine Tabelle eintragen.

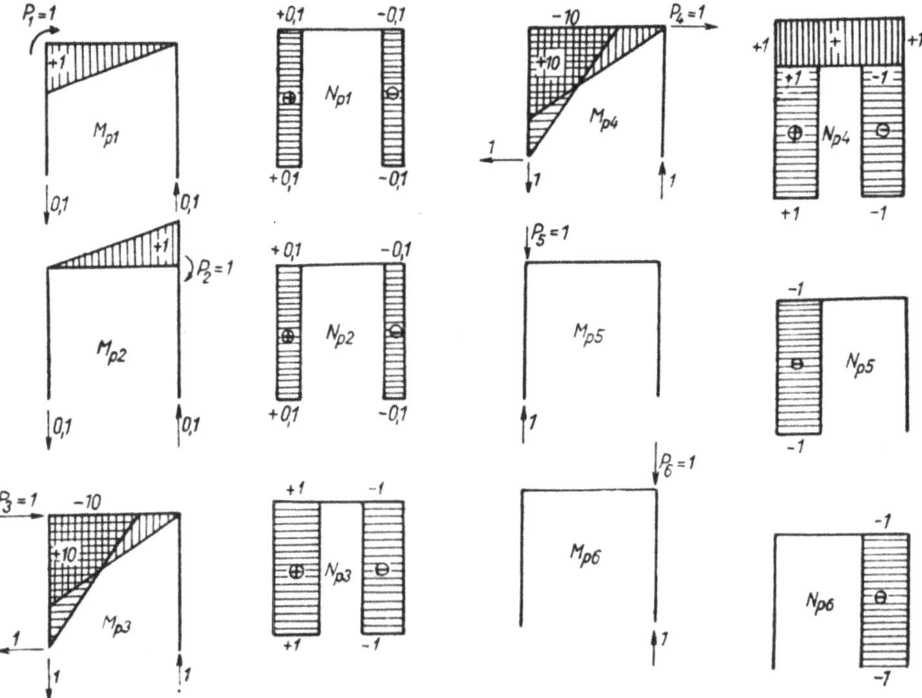

Abb. 20.

$S_p; S_1$	P_1	P_2	P_3	P_4	P_5	P_6	X_1	X_2	X_3	
M_{a1}							$+1$			(1)
M_{b1}			-10	-10			-1		-10	(2)
N_1	$+0,1$	$+0,1$	$+1$	$+1$	-1		$+0,1$	$+0,1$		(3)
M_{a2}	$+1$		$+10$	$+10$			$+1$		$+10$	(4)
M_{b2}		$+1$						$+1$	-10	(5)
N_2				$+1$					$+1$	(6)
M_{a3}								-1	$+10$	(7)
M_{b3}								$+1$		(8)
N_3	$-0,1$	$-0,1$	-1	-1		-1	$-0,1$	$-0,1$		(9)

Wenn wir die in Gl. (306a) angedeuteten Produkte bilden, bestimmen wir die Elemente der Matrix aus Gl. (306b) (s. S. 174).

Diese Matrix ist regulär; wir berechnen die zu ihr inverse (s. S. 175).

Aus Gl. (309) berechnen wir sowohl alle X_t als auch sämtliche Φ_j.

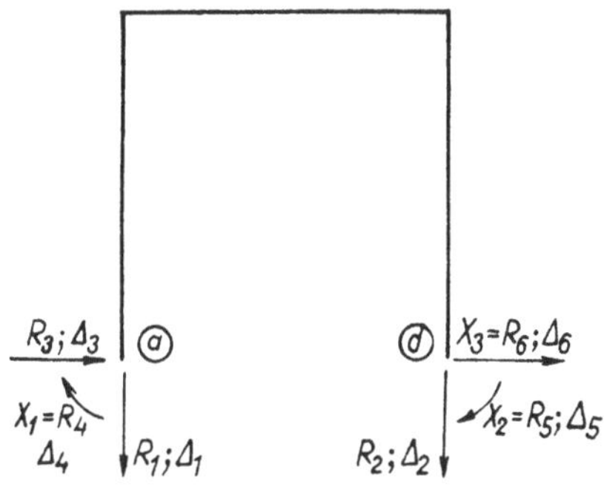

Abb. 21.

Die Rechnung wollen wir noch um den Einfluß der Stützensenkung erweitern. Die Richtungssinne der resultierenden Reaktionen (und die mit ihnen übereinstimmenden Richtungssinne der Stützenverschiebungen) wählen wir wie in Beisp. 4.1 (Abb. 21). Wir stellen Matrix **L** zusam-

$$\begin{bmatrix} F; & G^T \\ G; & H \end{bmatrix}$$

	X_1	X_2	X_3	P_1	P_2	P_3	P_4	P_5	P_6
$\varDelta_{x1}$	$+\,8,8912\overline{7}$	$-\,1,1087\overline{2}$	$+\,66,\overline{6}$	$+\,2,2246\overline{1}$	$-\,1,1087\overline{2}$	$+\,55,579\overline{4}$	$+\,55,579\overline{4}$	$-0,01$	$+0,013\overline{8}$
$\varDelta_{x2}$	$-\,1,1087\overline{2}$	$+\,10,2246\overline{1}$	$-\,73,\overline{3}$	$-\,1,1087\overline{2}$	$+\,2,2246\overline{1}$	$-\,11,087\overline{2}$	$-\,11,087\overline{2}$	$-0,01$	$+0,013\overline{8}$
$\varDelta_{x3}$	$+66,\overline{6}$	$-73,\overline{3}$	$+1155,6\overline{5}$	$+33,\overline{3}$	$-33,\overline{3}$	$+555,\overline{5}$	$+555,6\overline{5}$	0	0
φ_b	$+\,2,2246\overline{1}$	$-\,1,1087\overline{2}$	$+\,33,\overline{3}$	$+\,2,2246\overline{1}$	$-\,1,1087\overline{2}$	$+\,22,246\overline{1}$	$+\,22,246\overline{1}$	$-0,01$	$+0,013\overline{8}$
φ_c	$-\,1,1087\overline{2}$	$+\,2,2246\overline{1}$	$-\,33,\overline{3}$	$-\,1,1087\overline{2}$	$+\,2,2246\overline{1}$	$-\,11,087\overline{2}$	$-\,11,087\overline{2}$	$-0,01$	$+0,013\overline{8}$
u_b	$+55,579\overline{4}$	$-11,087\overline{2}$	$+\,555,\overline{5}$	$+22,246\overline{1}$	$-11,087\overline{2}$	$+444,68\overline{3}$	$+444,68\overline{3}$	$-0,10$	$+0,13\overline{8}$
u_c	$+55,579\overline{4}$	$-11,087\overline{2}$	$+\,555,6\overline{5}$	$+22,246\overline{1}$	$-11,087\overline{2}$	$+444,68\overline{3}$	$+444,78\overline{3}$	$-0,10$	$+0,13\overline{8}$
v_b	$-\,0,01$	$-\,0,01$	0	$-\,0,01$	$-\,0,01$	$-\,0,10$	$-\,0,10$	$+0,10$	0
v_c	$+\,0,013\overline{8}$	$+\,0,013\overline{8}$	0	$+\,0,013\overline{8}$	$+\,0,013\overline{8}$	$+\,0,13\overline{8}$	$+\,0,13\overline{8}$	0	$+0,13\overline{8}$

$$\begin{bmatrix} \mathbf{T}; & \mathbf{U}^T \\ \mathbf{U}; & \mathbf{D} \end{bmatrix}$$

	Δ_{x1}	Δ_{x2}	Δ_{x3}	φ_b	φ_c	u_b	u_c	v_b	v_c
X_1	$+0,6$			$+0,3$		$-0,09$			
X_2		$+0,5$	$+0,075$		$+0,25$		$-0,075$		
X_3		$+0,075$	$+0,015$		$+0,075$		$-0,015$		
P_1	$+0,3$			$+1,2$	$+0,3$	$-0,09$		$+0,09$	$-0,09$
P_2		$+0,25$	$+0,075$	$+0,3$	$+1,1$		$-0,075$	$+0,09$	$-0,09$
P_3	$-0,09$			$-0,09$		$+10,018$	$-10,0$		
P_4		$-0,075$	$-0,015$		$-0,075$	$-10,0$	$+10,015$		
P_5				$+0,09$	$+0,09$			$+10,018$	$-0,018$
P_6				$-0,09$	$-0,09$			$-0,018$	$+7,218$

men. Die Größen der Reaktionen infolge $X_t = 1$ und $P_j = 1$ sind in den Abb. 19 und 20 bestimmt.

L	Δ_1	Δ_2	Δ_3	Δ_4	Δ_5	Δ_6	φ_b	φ_c	u_b	u_c	v_b	v_c
X_1	+0,1	−0,1		1								
X_2	+0,1	−0,1			1							
X_3			−1			1						
P_1	+0,1	−0,1					1					
P_2	+0,1	−0,1						1				
P_3	+1	−1	−1						1			
P_4	+1	−1	−1							1		
P_5	−1										1	
P_6		−1										1

Wenn wir Matrix **L** bereits kennen, können wir die Transformationsmatrix in Gl. (322) berechnen:

$$\begin{bmatrix} \mathbf{R} \\ \mathbf{P} \end{bmatrix} = \begin{bmatrix} \mathbf{L}^T \end{bmatrix} \begin{bmatrix} \mathbf{T}; & \mathbf{U}^T \\ \mathbf{U}; & \mathbf{D} \end{bmatrix} \begin{bmatrix} \mathbf{L} \end{bmatrix} \begin{bmatrix} \Delta \\ \Phi \end{bmatrix}.$$

Durch Ausmultiplizieren der angedeuteten Produkte berechnen wir die Matrix, die, bis auf die Reihung der Untermatrizen, mit der Matrix $\mathbf{D}_\Delta$ im Beisp. 4.1 identisch ist. Deshalb führen wir sie hier nicht an.

Leicht überzeugen wir uns, daß der Rang dieser Matrix $h = 9$ ist und somit keine zu ihr inverse Matrix existiert.

Wenn wir nun die Größe der Knotenverschiebungen zu ermitteln hätten und die Konstruktion nur nach der ursprünglichen, nicht erweiterten Kraftgrößenmethode berechnet worden ist, könnten wir die Verschiebungen nach den Gleichungen (323) und (324) ermitteln, müßten aber Matrix **B** aufstellen und Matrix $^{-1}\mathbf{B}$ berechnen. Daher ist es besser, die Gl. (422) zu benützen. Matrix $^{-1}\mathbf{N}$ bestimmen wir nach Gl. (423) sehr leicht.

$\dfrac{1}{EJ_v}{}^{-1}\mathbf{N}$	M_{a1}	M_{b1}	N_1	M_{a2}	M_{b2}	N_2	M_{a3}	M_{b3}	N_3
φ_b			$+0{,}01$	$+2{,}\bar{2}$	$-1{,}\bar{1}$				$-0{,}013\bar{8}$
φ_c			$+0{,}01$	$-1{,}\bar{1}$	$+2{,}\bar{2}$				$-0{,}013\bar{8}$
u_b	$+11{,}\bar{1}$	$-22{,}\bar{2}$	$+0{,}1$	$+22{,}\bar{2}$	$-11{,}\bar{1}$				$-0{,}13\bar{8}$
u_c	$+11{,}\bar{1}$	$-22{,}\bar{2}$	$+0{,}1$	$+22{,}\bar{2}$	$-11{,}\bar{1}$				$-0{,}13\bar{8}$
v_b			$-0{,}1$						
v_c									$-0{,}13\bar{8}$

Die resultierenden Verschiebungen berechnen wir nach Gl. (422), also nach der Gleichung

$$\boldsymbol{\Phi} = {}^{-1}\mathbf{N}\mathbf{S} = \mathbf{S}_p^T\mathbf{C}\mathbf{S},$$

die mit Gl. (355) identisch ist.

Wenn es nötig wäre, noch Matrix $\mathbf{F}$ ohne Berücksichtigung des Einflusses der Normalkräfte auf die Formänderung der Konstruktion zu bestimmen, können wir aus Matrix $\mathbf{C}$ durch Nullsetzen der Elemente v_i Matrix $\mathbf{C}_n$ bilden. Nach Gl. (363) ermitteln wir die Matrizen $\mathbf{C}_0$ und $\mathbf{C}_n$ und nach Gl. (364) $\mathbf{F}_0$ und $\mathbf{F}_n$.

$\dfrac{1}{EJ_v}\mathbf{F}_0$

$+0{,}0023\bar{8}$	$+0{,}0023\bar{8}$	0
$+0{,}0023\bar{8}$	$+0{,}0023\bar{8}$	0
0	0	$+0{,}1$

$\dfrac{1}{EJ_v}\mathbf{F}_n$

$+\ 8{,}\bar{8}$	$-\ 1{,}\bar{1}$	$+66{,}\bar{6}$
$-\ 1{,}\bar{1}$	$+10{,}\bar{2}$	$-73{,}\bar{3}$
$+66{,}\bar{6}$	$-73{,}\bar{3}$	$1155{,}\bar{5}$

Wir berechnen das Produkt $\mathbf{F}_0\mathbf{F}^{-1}$.

$\mathbf{F}_0\mathbf{F}^{-1}$

$+0{,}000318$	$+0{,}00025$	$-0{,}000002$
$+0{,}000318$	$+0{,}00025$	$-0{,}000002$
$-0{,}002829$	$+0{,}00272$	$+0{,}000423$

$(\mathbf{F}_0\mathbf{F}^{-1})^2$

$+0{,}0000002$	$+0{,}0000001$	0
$+0{,}0000002$	$+0{,}0000001$	0
$-0{,}0000012$	$+0{,}0000011$	$0{,}0000002$

Diese Matrix erfüllt die Bedingung $\|\mathbf{F}_0\mathbf{F}^{-1}\| < 1$; durch Entwicklung des Ausdruckes $(\mathbf{I} - \mathbf{F}_0\mathbf{F}^{-1})^{-1}$ in eine Reihe bestimmen wir entweder Matrix $\mathbf{F}_{KR}$ oder Matrix $\mathbf{F}_d$. Für eine Genauigkeit von fünf Dezimalstellen genügt in diesem Falle die Bestimmung der zweiten Potenz des Produktes $(\mathbf{F}_0\mathbf{F}^{-1})$.

Matrix $\mathbf{F}_n^{-1}$ berechnen wir nach Gl. (373) oder (369).

$EJ_v\mathbf{F}_n^{-1}$	P_1	P_2	P_3	$\mathbf{X}_n$
X_{1n}	$+0{,}303493$	$-0{,}170030$	$-0{,}028299$	$+102{,}743$
X_{2n}	$-0{,}170030$	$+0{,}274844$	$+0{,}027251$	$-111{,}283$
X_{3n}	$-0{,}028299$	$+0{,}027251$	$+0{,}004227$	$-\;32{,}222$

Wie ersichtlich, ist der Einfluß der Normalkräfte in diesem Falle wirklich unbedeutend.

6. Beziehungen zwischen Kraftgrößen- und Deformationsmethode

In Kapitel 5 erhielten wir nach der Kraftgrößenmethode die Gleichung (322a), die die Beziehung zwischen den Knotenlasten und Reaktionskomponenten sowie zwischen den Stützensenkungen und Verschiebungskomponenten der Knoten ausdrückt. Diese Gleichung schreiben wir so um, daß in der Kräftematrix zuerst die Komponenten der Knotenbelastung stehen, dann die Reaktionskomponenten, und in der Verschiebungsmatrix zuerst die Verschiebungskomponenten der Knoten und dann die Komponenten der Stützensenkung. Die umgeformte Matrix $\mathbf{L}$ bezeichnen wir mit $\mathbf{L}^*$.

$$\begin{bmatrix} \mathbf{P} \\ \mathbf{R} \end{bmatrix} = [\mathbf{L}^*]^T \begin{bmatrix} \mathbf{D} & ; & \mathbf{U} \\ \mathbf{U}^T & ; & \mathbf{T} \end{bmatrix} [\mathbf{L}^*] \begin{bmatrix} \mathbf{\Phi} \\ \mathbf{\Delta} \end{bmatrix} . \tag{383}$$

Dabei ist

$$\mathbf{L}^* = \begin{bmatrix} \mathbf{I} & ; & \mathbf{L}_3 \\ \mathbf{O} & ; & \mathbf{L}_1 \end{bmatrix} .$$

$\mathbf{D}$ ist die Matrix der Bedingungsgleichungen nach der Deformationsmethode. Die Gleichung (383) drückt die Abhängigkeit zwischen Kräften und Deformationen aus. Die gegenseitige Abhängigkeit der gleichen Größen haben wir aber für die betrachtete allgemeine Konstruktion in Kap. 4 nach der Deformationsmethode durch die Gl. (183) ausgedrückt, d.i.

$$\begin{bmatrix} \mathbf{P} \\ \mathbf{R} \end{bmatrix} = \mathbf{A}_\Delta \overline{\mathbf{C}} \mathbf{A}_\Delta^T \begin{bmatrix} \mathbf{\Phi} \\ \mathbf{\Delta} \end{bmatrix} = \mathbf{D}_\Delta \begin{bmatrix} \mathbf{\Phi} \\ \mathbf{\Delta} \end{bmatrix} . \tag{384}$$

Beide Gleichungen drücken für dieselbe Konstruktion die Beziehungen zwischen den gleichen Größen aus; sie müssen deshalb identisch sein.

Somit können wir schreiben

$$\mathbf{D}_\Delta = \mathbf{A}_\Delta \overline{\mathbf{C}} \mathbf{A}_\Delta^T = [\mathbf{L}^*]^T \begin{bmatrix} \mathbf{D} & ; & \mathbf{U} \\ \mathbf{U}^T; & \mathbf{T} \end{bmatrix} [\mathbf{L}^*] . \tag{385}$$

Nach den Prinzipien der Deformations- und auch der Kraftgrößen-methode erhielten wir dieselbe Gleichung.

Verfolgen wir weiter, welche Zusammenhänge zwischen den einzelnen Matrizen in Gl. (383) und den Matrizen bestehen, aus denen $\mathbf{D}_\Delta$ durch Produktbildung hervorgeht.

Kehren wir zu Gl. (315) in Kap. 5 zurück und schreiben wir sie so, daß die Reihenfolge der Untermatrizen der oben eingeführten Anordnung entspricht.

$$\begin{bmatrix} \mathbf{S}_P^T \\ \mathbf{S}_1^T \end{bmatrix} [\mathbf{C}] [\mathbf{S}_p; \mathbf{S}_1] \begin{bmatrix} \mathbf{P} \\ \mathbf{X} \end{bmatrix} = [\mathbf{L}^*] \begin{bmatrix} \Phi \\ \Delta \end{bmatrix} . \tag{386}$$

Matrix $\mathbf{C}$ ist quadratisch, symmetrisch, vom Typ $(3m \cdot 3m)$ und regulär. Matrix $[\mathbf{S}_p; \mathbf{S}_1]$ ist, wie bereits gezeigt wurde, vom Typ $(3m)(3n + s)$. Für eine allgemeine Rahmenkonstruktion mit steifen Verbindungen, wie wir sie voraussetzen, gilt zur Bestimmung des Grades der statischen Unbestimmtheit

$$s = 3m - 3n . \tag{387}$$

Daraus ist, bei einem bestimmten, bereits ermittelten s,

$$3m = s + 3n . \tag{388}$$

Daher ist Matrix $[\mathbf{S}_p; \mathbf{S}_1]$ vom Typ $(3m)(3m)$ und quadratisch. Aus der früheren Untersuchung des Ranges der Matrizen $\mathbf{S}_1$ und $\mathbf{S}_p$ geht hervor, daß die Matrix $[\mathbf{S}_p; \mathbf{S}_1]$ den Rang $h = s + 3n = 3m$ hat, regulär ist und die zu ihr inverse Matrix existiert. Daher können wir schreiben

$$\left(\begin{bmatrix} \mathbf{S}_p^T \\ \mathbf{S}_1^T \end{bmatrix} [\mathbf{C}] [\mathbf{S}_p; \mathbf{S}_1] \right)^{-1} = [\mathbf{S}_p; \mathbf{S}_1]^{-1} [\mathbf{C}]^{-1} \begin{bmatrix} \mathbf{S}_p^T \\ \mathbf{S}_1^T \end{bmatrix}^{-1} . \tag{389}$$

Durch Multiplizieren der Gl. (386) mit dieser inversen Matrix von links bestimmen wir

$$\begin{bmatrix} \mathbf{P} \\ \mathbf{X} \end{bmatrix} = [\mathbf{S}_p; \mathbf{S}_1]^{-1} [\mathbf{C}]^{-1} \begin{bmatrix} \mathbf{S}_p^T \\ \mathbf{S}_1^T \end{bmatrix}^{-1} [\mathbf{L}^*] \begin{bmatrix} \Phi \\ \Delta \end{bmatrix} . \tag{390}$$

Wir formen weiters Gl. (319a) in Kap. 5 nach der neueingeführten Reihenfolge der Untermatrizen um:

$$\begin{bmatrix} \mathbf{P} \\ \mathbf{R} \end{bmatrix} = \begin{bmatrix} \mathbf{L}^* \end{bmatrix}^T \begin{bmatrix} \mathbf{P} \\ \mathbf{X} \end{bmatrix} \tag{391}$$

und setzen aus Gl. (390) in Gl. (391) ein:

$$\begin{bmatrix} \mathbf{P} \\ \mathbf{R} \end{bmatrix} = \begin{bmatrix} \mathbf{L}^* \end{bmatrix}^T \begin{bmatrix} \mathbf{S}_p; \mathbf{S}_1 \end{bmatrix}^{-1} \begin{bmatrix} \mathbf{C} \end{bmatrix}^{-1} \begin{bmatrix} \mathbf{S}_p^T \\ \mathbf{S}_1^T \end{bmatrix}^{-1} \begin{bmatrix} \mathbf{L}^* \end{bmatrix} \begin{bmatrix} \mathbf{\Phi} \\ \mathbf{\Delta} \end{bmatrix}. \tag{392}$$

Mit Rücksicht auf die früher nachgewiesene Gültigkeit der Beziehung

$$\mathbf{C}^{-1} = \overline{\mathbf{C}}$$

und aus dem Vergleich der Gleichungen (392) und (384) folgt

$$\mathbf{A}_\Delta = \begin{bmatrix} \mathbf{L}^* \end{bmatrix}^T \begin{bmatrix} \mathbf{S}_p; \mathbf{S}_1 \end{bmatrix}^{-1} ; \quad \mathbf{B}_\Delta = \mathbf{A}_\Delta^T = \begin{bmatrix} \mathbf{S}_p^T \\ \mathbf{S}_1^T \end{bmatrix}^{-1} \begin{bmatrix} \mathbf{L}^* \end{bmatrix}. \tag{393}$$

Aus Gründen, die wir später erläutern, bezeichnen wir

$$\begin{bmatrix} \mathbf{S}_p; \mathbf{S}_1 \end{bmatrix}^{-1} = \mathbf{A}_s ; \quad \begin{bmatrix} \mathbf{S}_p^T \\ \mathbf{S}_1^T \end{bmatrix}^{-1} = \mathbf{A}_s^T = \mathbf{B}_s. \tag{394}$$

Die Gl. (392) können wir dann in der Form schreiben

$$\begin{bmatrix} \mathbf{P} \\ \mathbf{R} \end{bmatrix} = \mathbf{L}^{*T} \mathbf{A}_s \overline{\mathbf{C}} \mathbf{A}_s^T \mathbf{L}^* \begin{bmatrix} \mathbf{\Phi} \\ \mathbf{\Delta} \end{bmatrix} = \mathbf{A}_\Delta \overline{\mathbf{C}} \mathbf{A}_\Delta^T \begin{bmatrix} \mathbf{\Phi} \\ \mathbf{\Delta} \end{bmatrix}. \tag{395}$$

Wir gelangten demnach mit dem Verfahren nach der Kraftgrößenmethode zu Matrizen, die in anderer Weise bereits nach der Deformationsmethode abgeleitet wurden.

Weiters wollen wir untersuchen, ob auch der umgekehrte Vorgang möglich ist, wobei wir von Gl. (384) ausgehen. Setzen wir ein gewisses statisch bestimmtes Grundsystem voraus (wir wählen dasselbe wie bei der Kraftgrößenmethode), für das gilt

$$\begin{bmatrix} \mathbf{P} \\ \mathbf{R} \end{bmatrix} = \begin{bmatrix} \mathbf{L}^* \end{bmatrix}^T \begin{bmatrix} \mathbf{P} \\ \mathbf{X} \end{bmatrix}.$$

Matrix $(\mathbf{L}^*)^T$ ist vom Typ $(3n + 3r)(3n + s)$. Wie die Bedeutung der Symbole zeigt, wird immer $(3n + 3r) > (3n + s)$ sein; somit kann eine der möglichen links inversen Matrizen (sofern sie existiert) aufgestellt werden nach der Beziehung

$$^{-1}(\mathbf{L}^{*T}) = (\mathbf{L}^*\mathbf{L}^{*T})^{-1}\,(\mathbf{L}^{*T})\,. \tag{396}$$

Dann können wir ermitteln

$$\begin{bmatrix} \mathbf{P} \\ \mathbf{X} \end{bmatrix} = {}^{-1}(\mathbf{L}^{*T}) \begin{bmatrix} \mathbf{P} \\ \mathbf{R} \end{bmatrix}. \tag{397}$$

Für $\mathbf{P}$, $\mathbf{R}$ setzen wir aus Gl. (384) ein:

$$\begin{bmatrix} \mathbf{P} \\ \mathbf{X} \end{bmatrix} = {}^{-1}(\mathbf{L}^{*T}) \, [\mathbf{D}_\Delta] \begin{bmatrix} \Phi \\ \Delta \end{bmatrix}. \tag{398}$$

Diese Gleichung ist identisch mit der Lösung der Gl. (286), d.i. mit Gl. (316) im Kapitel über die Kraftgrößenmethode oder mit Gl. (390). Aus Gl. (398) berechnen wir, nachdem wir sie in zwei Matrizengleichungen ausgeschrieben und aufgelöst haben, die statisch unbestimmten Größen im gewählten Grundsystem. Das bedeutet, daß wir diese Größen aus den Gleichungen ermittelt haben, die zur Berechnung der Konstruktion nach der Deformationsmethode (natürlich bei Benützung der Matrix $\mathbf{L}^{*T}$) aufgestellt wurden, ohne die Gleichungen nach der Kraftgrößenmethode zusammengestellt zu haben.

Versuchen wir nun, aus den für die Deformationsmethode geltenden Gleichungen auch die Matrix $\mathbf{F}$ der Kraftgrößenmethode abzuleiten.

Mit den Gleichungen (393) und (394) haben wir bestimmt

$$\mathbf{A}_\Delta = [\mathbf{L}^*]^T \, [\mathbf{S}_p;\mathbf{S}_1]^{-1} = [\mathbf{L}^*]^T \, \mathbf{A}_s\,. \tag{399}$$

Die Existenz der Matrix $^{-1}(\mathbf{L}^{*T})$ vorausgesetzt, können wir aus Gl. (399) berechnen

$$\mathbf{A}_s = {}^{-1}(\mathbf{L}^{*T}) \, \mathbf{A}_\Delta\,. \tag{400}$$

Wenn wir Gl. (398) in der Form ausschreiben

$$\begin{bmatrix} \mathbf{P} \\ \mathbf{X} \end{bmatrix} = {}^{-1}(\mathbf{L}^{*T}) \, \mathbf{A}_\Delta \overline{\mathbf{C}} \mathbf{A}_\Delta^T \begin{bmatrix} \Phi \\ \Delta \end{bmatrix}, \tag{398a}$$

können wir mit Rücksicht auf Gl. (400) schreiben

$$\begin{bmatrix} \mathbf{P} \\ \mathbf{X} \end{bmatrix} = \mathbf{A}_s \overline{\mathbf{C}} \mathbf{A}_\Delta^T \begin{bmatrix} \Phi \\ \Delta \end{bmatrix}. \tag{398b}$$

Um bezüglich Matrix $\mathbf{A}_s$ Schlüsse ziehen zu können, betrachten wir nochmals Gl. (397). Wenn wir diese Matrizengleichung in ein System linearer Gleichungen ausschreiben, drücken die ersten $3n$ Zeilen die Größe der Kräfte $\mathbf{P}$ als Funktionen von Kräften und Reaktionen aus. Zu dieser scheinbar absurden Gleichung gelangen wir deshalb, weil wir in Kap. 5 bei der Aufstellung der Matrix $\mathbf{L}^T$ im System der linearen Gleichungen die Identität $\mathbf{P} = \mathbf{IP}$ und die Matrix $\mathbf{L}_2^T = \mathbf{O}$ ergänzt haben. Bei gegebenen P_j und daraus bestimmten X_t und R_k ist diese Beziehung erfüllt. Um diese Unübersichtlichkeit zu vermeiden, stellen wir auf andere Weise die Matrix auf, die die gleiche Eigenschaft hat wie $^{-1}(\mathbf{L}^{*T})$. In der ausgeschriebenen Gleichung (391)

$$\mathbf{P} = \mathbf{IP} + \mathbf{OX} ,$$

$$\mathbf{R} = \mathbf{L}_3^T\mathbf{P} + \mathbf{L}_1^T\mathbf{X} \tag{401}$$

berechnen wir aus der zweiten Gleichung

$$\mathbf{L}_1^T\mathbf{X} = -\mathbf{L}_3^T\mathbf{P} + \mathbf{R} . \tag{402}$$

Mit Rücksicht auf den Typ der Matrix $\mathbf{L}_1^T$ können wir nach Gl. (396) Matrix $^{-1}(\mathbf{L}_1^T)$, sofern sie existiert, bestimmen; multiplizieren wir (402) von links. Dann ist

$$\mathbf{X} = -\left(^{-1}\mathbf{L}_1^T\mathbf{L}_3^T\mathbf{P}\right) + \left(^{-1}\mathbf{L}_1^T\mathbf{R}\right) , \tag{403}$$

d.h. wir berechnen aus der gegebenen Belastung und den resultierenden Reaktionen sämtliche X_t. Wenn wir zu dieser Gleichung die Beziehung

$$\mathbf{P} = \mathbf{IP} + \mathbf{OR} \tag{404}$$

hinzufügen, können wir beide Gleichungen verbinden und schreiben

$$\begin{bmatrix} \mathbf{P} \\ \mathbf{X} \end{bmatrix} = \begin{bmatrix} \mathbf{I} & ; & \mathbf{O} \\ -\left(^{-1}\mathbf{L}_1^T\mathbf{L}_3^T\right); & ^{-1}\mathbf{L}_1^T \end{bmatrix} \begin{bmatrix} \mathbf{P} \\ \mathbf{R} \end{bmatrix} . \tag{405}$$

Dabei ist die Bedingung erfüllt, daß

$$\begin{bmatrix} \mathbf{I} & ; & \mathbf{O} \\ -\left(^{-1}\mathbf{L}_1^T\mathbf{L}_3^T\right); & ^{-1}\mathbf{L}_1^T \end{bmatrix} \begin{bmatrix} \mathbf{I} ; & \mathbf{O} \\ \mathbf{L}_3^T; & \mathbf{L}_1^T \end{bmatrix} = \begin{bmatrix} \mathbf{I} ; & \mathbf{O} \\ \mathbf{O} ; & \mathbf{I} \end{bmatrix} .$$

Wenn wir statt der früher bestimmten Matrix $^{-1}(\mathbf{L}^{*T})$ die Transformationsmatrix aus Gl. (405) in Gl. (400) einführen, ist bei Berücksichtigung der Teilungsmöglichkeit der Matrix $\mathbf{A}_\Delta$ in Felder

$$
\begin{aligned}
\mathbf{A}_s &= \begin{bmatrix} \mathbf{I} & ; & \mathbf{O} \\ -({}^{-1}\mathbf{L}_1^T\mathbf{L}_3^T); & {}^{-1}\mathbf{L}_1^T \end{bmatrix}\begin{bmatrix} \mathbf{A} \\ \mathbf{A}_R \end{bmatrix} = \\
&= \begin{bmatrix} \mathbf{A} \\ -({}^{-1}\mathbf{L}_1^T\mathbf{L}_3^T\mathbf{A}) + ({}^{-1}\mathbf{L}_1^T\mathbf{A}_R) \end{bmatrix} = \begin{bmatrix} \mathbf{A} \\ \mathbf{A}_x \end{bmatrix}.
\end{aligned}
\tag{406}
$$

Matrix $\mathbf{A}_x$ ist vom Typ $(3m \cdot s)$. Wenn als statisch unbestimmte Größen — soweit das überhaupt möglich ist — nur Komponenten der äußeren Reaktionen gewählt werden, kann die ganze Rechnung weiter vereinfacht und gezeigt werden, daß die Matrix $\mathbf{A}_x$, wie aber auch augenscheinlich sofort klar ist, dann eine Untermatrix von $\mathbf{A}_R$ ist. Matrix $\mathbf{A}_s$ besteht also aus den Untermatrizen $\mathbf{A}$ und $\mathbf{A}_x$, ähnlich wie Matrix $\mathbf{A}_\Delta$ aus den Matrizen $\mathbf{A}$ und $\mathbf{A}_R$ besteht. Es ist nicht schwierig, für das gewählte Grundsystem der betrachteten Konstruktion die Matrix $\mathbf{A}_x$ direkt anzuschreiben. Aus der Beziehung

$$
\begin{bmatrix} \mathbf{P} \\ \mathbf{R} \end{bmatrix} = \mathbf{A}_R\mathbf{S} \; ; \quad \begin{bmatrix} \mathbf{P} \\ \mathbf{X} \end{bmatrix} = \mathbf{A}_s\mathbf{S} = \begin{bmatrix} \mathbf{A} \\ \mathbf{A}_x \end{bmatrix}\mathbf{S} \; ; \quad \begin{matrix} \mathbf{P} = \mathbf{A}\mathbf{S} \\ \mathbf{X} = \mathbf{A}_x\mathbf{S} \end{matrix}
\tag{407}
$$

ist ersichtlich, daß die Elemente von $\mathbf{A}_x$ erkennen lassen, welche statischen Größen in den Endquerschnitten der einzelnen Stäbe als statisch Unbestimmte gewählt wurden.

Bemerkung: Wenn wir ein Grundsystem wählen und die statisch unbestimmten Größen einführen, müssen wir ständig die Bedingung beachten, daß wir keinen Stab durch Freimachung der Verbindung in zwei Stäbe zerlegen dürfen. Damit wäre die ganze Struktur der Berechnung gestört, und wir müßten den ganzen Algorithmus der Rechnung richtigstellen.

In Kap. 4 haben wir gezeigt, daß zwischen den Matrizen $\mathbf{A}$ und $\mathbf{B}$ (bzw. $\mathbf{A}_\Delta$ und $\mathbf{B}_\Delta$) die Beziehung besteht [Gl. (158)]

$$
\mathbf{A}^T = \mathbf{B} \; ; \quad \mathbf{A}_\Delta^T = \mathbf{B}_\Delta^T ,
$$

und haben die Gl. (181) abgeleitet

$$
\Theta = \mathbf{B}_\Delta \begin{bmatrix} \Phi \\ \Delta \end{bmatrix}.
$$

Mit Rücksicht auf die Gültigkeit von Gl. (400) muß auch die Beziehung gelten

$$\Theta = \mathbf{A}_\Delta^T \begin{bmatrix} \Phi \\ \Delta \end{bmatrix} = \mathbf{A}_s^T [\mathbf{L}^*] \begin{bmatrix} \Phi \\ \Delta \end{bmatrix}. \tag{408}$$

Im Kap. 5 haben wir gezeigt, daß

$$[\mathbf{L}^*] \begin{bmatrix} \Phi \\ \Delta \end{bmatrix} = \begin{bmatrix} \Phi \\ \Delta_x \end{bmatrix}. \tag{409}$$

Die letzte Gleichung hat gegenüber der in Kap. 5 angegebenen Beziehung (312a) eine geänderte Reihung der Untermatrizen.

Wenn wir die Bezeichnung nach Gl. (409) in Gl. (408) einführen und gleichzeitig den Wert für $\mathbf{A}_s^T$ aus der transponierten Gl. (400) einsetzen, ist

$$\Theta = \mathbf{A}_\Delta^T \begin{bmatrix} \Phi \\ \Delta \end{bmatrix} = \mathbf{A}_\Delta^T \left[{}^{-1}(\mathbf{L}^{*T}) \right]^T \begin{bmatrix} \Phi \\ \Delta_x \end{bmatrix} = \mathbf{A}_s^T \begin{bmatrix} \Phi \\ \Delta_x \end{bmatrix}. \tag{410}$$

Aus der Bedeutung von Gl. (410) folgt, daß

$$\begin{bmatrix} \Phi \\ \Delta \end{bmatrix} = \left[{}^{-1}(\mathbf{L}^{*T}) \right]^T \begin{bmatrix} \Phi \\ \Delta_x \end{bmatrix}. \tag{411}$$

Setzen wir aus Gl. (411) in Gl. (398b) ein, so ist nach Umformung

$$\begin{bmatrix} \mathbf{P} \\ \mathbf{X} \end{bmatrix} = \mathbf{A}_s \overline{\mathbf{C}} \mathbf{A}_s^T \begin{bmatrix} \Phi \\ \Delta_x \end{bmatrix}. \tag{412}$$

Diese Gleichung ist jedoch bereits identisch mit Gl. (309), zu der wir nach der Kraftgrößenmethode gelangt sind (für $\Delta_x = \mathbf{O}$ und bei anderer Reihung der Untermatrizen).

Mit der Bezeichnung nach Gl. (394) ist

$$\begin{bmatrix} \mathbf{P} \\ \mathbf{X} \end{bmatrix} = [\mathbf{S}_p; \mathbf{S}_1]^{-1} [\overline{\mathbf{C}}] \begin{bmatrix} \mathbf{S}_p^T \\ \mathbf{S}_1^T \end{bmatrix}^{-1} \begin{bmatrix} \Phi \\ \Delta_x \end{bmatrix}; \tag{413}$$

durch Inversion bestimmen wir

$$\begin{bmatrix} \mathbf{S}_p^T \\ \mathbf{S}_1^T \end{bmatrix} [\mathbf{C}] [\mathbf{S}_p; \mathbf{S}_1] \begin{bmatrix} \mathbf{P} \\ \mathbf{X} \end{bmatrix} = \begin{bmatrix} \Phi \\ \Delta_x \end{bmatrix} \tag{414}$$

oder

$$\begin{bmatrix} \mathbf{H} \; ; \; \mathbf{G} \\ \mathbf{G}^T; \; \mathbf{F} \end{bmatrix} \begin{bmatrix} \mathbf{P} \\ \mathbf{X} \end{bmatrix} = \begin{bmatrix} \Phi \\ \Delta_x \end{bmatrix}. \tag{415}$$

Die letzte Gleichung ist identisch mit Gl. (306), die wir nach der Kraftgrößenmethode aufgestellt haben. Jetzt erhielten wir sie nach der Deformationsmethode und bestimmten auch die Matrix **F**, was wir beweisen wollten.

Bemerkung: Wie ersichtlich, bestimmen wir durch Inversion der Matrizen A_s oder A_s^T, die wir bei der Berechnung nach der Deformationsmethode aufstellen (oder aus den Matrizen A_Δ und A_Δ^T erhalten), auch die Werte der Momente und Normalkräfte in den Endquerschnitten der einzelnen Stäbe infolge aller $P_j = 1$ und $X_t = 1$, ohne daß wir sie in der üblichen Weise berechnen.

Wir werden noch die Abhängigkeit der Matrix $(L*)^T$ von den Ausgangsmatrizen beider Grundmethoden zeigen.

Aus der Schlußfolgerung im Kapitel über die Berechnung nach der Deformationsmethode folgt auch die Beziehung [Gl. (181, 182)]

$$\begin{bmatrix} P \\ R \end{bmatrix} = A_\Delta S = \begin{bmatrix} A \\ A_R \end{bmatrix} S . \tag{416}$$

Wir drücken die inneren Kräfte in den Endquerschnitten der einzelnen Stäbe als Funktion der Größen X_t, P_j aus:

$$S = [S_p ; S_1] \begin{bmatrix} P \\ X \end{bmatrix} \tag{417}$$

und setzen in Gl. (399) ein:

$$\begin{bmatrix} P \\ R \end{bmatrix} = \begin{bmatrix} A \\ A_R \end{bmatrix} [S_p ; S_1] \begin{bmatrix} P \\ X \end{bmatrix} . \tag{416a}$$

Das angedeutete Produkt multiplizieren wir aus:

$$\begin{bmatrix} P \\ R \end{bmatrix} = \begin{bmatrix} AS_p & ; & AS_1 \\ A_R S_p ; & A_R S_1 \end{bmatrix} \begin{bmatrix} P \\ X \end{bmatrix} . \tag{416b}$$

Aus dem Vergleich der Gleichungen (399b) und (391) [oder aus der statischen Deutung der Gl. (399b)] folgt

$$AS_p = I ; \quad AS_1 = O ,$$
$$A_R S_p = L_3^T ; \quad A_R S_1 = L_1^T . \tag{418}$$

Weiters können wir auf Grund von Gl. (394) schreiben:

$$\begin{bmatrix} \mathbf{A} \\ \mathbf{A}_x \end{bmatrix} \begin{bmatrix} \mathbf{S}_p; \mathbf{S}_1 \end{bmatrix} = \mathbf{I} \quad \text{oder} \quad \begin{bmatrix} \mathbf{S}_p^T \\ \mathbf{S}_1^T \end{bmatrix} \begin{bmatrix} \mathbf{B}; \mathbf{B}_x \end{bmatrix} = \mathbf{I} \tag{419}$$

und daraus:

$$\mathbf{A}\mathbf{S}_p = \mathbf{I}\,; \quad \mathbf{A}\mathbf{S}_1 = \mathbf{O}\,, \quad \mathbf{S}_p^T\mathbf{B} = \mathbf{I}\,, \quad \mathbf{S}_p^T\mathbf{B}_x = \mathbf{O}\,,$$
$$\mathbf{A}_x\mathbf{S}_p = \mathbf{O}\,; \quad \mathbf{A}_x\mathbf{S}_1 = \mathbf{I}\,, \quad \mathbf{S}_1^T\mathbf{B} = \mathbf{O}\,, \quad \mathbf{S}_1^T\mathbf{B}_x = \mathbf{I}\,. \tag{420}$$

In den vorangehenden Abschnitten gelangten wir zur Gl. (355), also

$$\mathbf{\Phi} = \mathbf{S}_p^T\mathbf{C}\mathbf{S}\,.$$

In Kap. 4 haben wir für die Abhängigkeit der inneren Kräfte in den Endquerschnitten der einzelnen Stäbe von den Komponenten der Knotenverschiebungen die Gleichungen (157b), (158), (159) abgeleitet:

$$\mathbf{S} = \mathbf{N}\mathbf{\Phi} = \overline{\mathbf{C}}\mathbf{B}\mathbf{\Phi}\,. \tag{421}$$

Die Matrix $\mathbf{N}$ ist vom Typ $(3m \cdot 3n)$, wobei, wie bereits gezeigt wurde, für die betrachtete allgemeine Konstruktion gilt, daß $3m > 3n$. Wir können somit zur Matrix $\mathbf{N}$ die links inverse $^{-1}\mathbf{N}$ bestimmen (sofern sie existiert) und aus Gl. (421) berechnen

$$\mathbf{\Phi} = {}^{-1}\mathbf{N}\mathbf{S}\,. \tag{422}$$

Aus dem Vergleich der Gl. (355) und (422) folgt, daß

$$^{-1}\mathbf{N} = \mathbf{S}_p^T\mathbf{C} \tag{423}$$

und somit $\mathbf{S}_p^T\mathbf{C}$ eine der möglichen zu $\mathbf{N}$ links inversen Matrizen ist. Von der Richtigkeit dieser Überlegung können wir uns auch folgendermaßen überzeugen: Wir multiplizieren Gl. (423) von rechts mit der Matrix $\mathbf{N}$:

$$^{-1}\mathbf{N}\mathbf{N} = \mathbf{I} = \mathbf{S}_p^T\mathbf{C}\mathbf{N} \tag{424}$$

und setzen für $\mathbf{N}$ das Produkt $\overline{\mathbf{C}}\mathbf{B}$ ein [s. Kap. 4, Gl. (159)]. Dann ist

$$\mathbf{I} = \mathbf{S}_p^T\mathbf{C}\overline{\mathbf{C}}\mathbf{B} = \mathbf{S}_p^T\mathbf{B}\,. \tag{425}$$

Diese Gleichung entspricht auch einer der Gl. (420); aus ihr folgt auch der Schluß, daß Matrix $\mathbf{S}_p^T$ eine der möglichen, zu $\mathbf{B}$ links inversen Matrizen ist.

Wie aus den in diesem Kapitel abgeleiteten Gleichungen hervorgeht, können wir nicht nur sowohl nach der Deformations- als auch nach der Kraftgrößenmethode die identischen Gleichungen (383) oder (384) ableiten, sondern auch von einer Methode zur andern übergehen.

Der Vollständigkeit halber sei noch angeführt, daß wir bei einfacheren Konstruktionen, bei denen es möglich ist, als statisch Unbekannte nur Komponenten der äußeren Reaktionen zu wählen, die Beziehungen zwischen den beiden Methoden etwas einfacher ableiten können, wenn wir die Zerlegung von **R** und anderen Matrizen in Felder anwenden.

Bemerkung: Im Schrifttum erscheinen häufig die Begriffe Steifigkeitsmatrix und Nachgiebigkeitsmatrix der Konstruktion. Das sind Transformationsmatrizen, die die Abhängigkeit der Komponenten der verallgemeinerten Kräfte von den Komponenten der verallgemeinerten Verschiebungen ausdrücken. Bei der betrachteten Konstruktion wird diese Abhängigkeit beschrieben durch die Gleichungen

$$\mathbf{P} = \mathbf{D\Phi}\,; \quad \mathbf{\Phi} = \mathbf{D}^{-1}\mathbf{P}\,.$$

Matrix **D**, die wir im Kap. 4 abgeleitet haben, ist demnach die Steifigkeitsmatrix und $\mathbf{D}^{-1}$ die Matrix der Nachgiebigkeit. Diesen Ausdruck führte G. Kron [36] ein, der auch bereits in Matrizenform den Satz ausdrückte, den im Jahre 1884 R. Krohn [35] aussprach: „Die Matrix, die die inneren Kräfte in die äußeren Kräfte bestimmter Konstruktionselemente transformiert, ist die transponierte zu einer Matrix, die die Verschiebungskomponenten der äußeren Kräfte in die Verschiebungskomponenten der inneren, am betrachteten Konstruktionselement wirkenden Kräfte transformiert". Durch verallgemeinerte Anwendung dieses Satzes können wir auch die Schlußfolgerungen bestätigen, die wir in den Kap. 4 und 5 hinsichtlich der Matrizen abgeleitet haben, die analoge Transformationen vermitteln.

Beispiel 6.1.

An der Konstruktion der Beispiele 4.1 und 5.1 wollen wir die Gültigkeit der in Kap. 6 abgeleiteten Abhängigkeiten zeigen.

Die Gleichungen (383) und (384) wurden für die betrachtete Konstruktion in den vorhergehenden Beispielen aufgestellt. Durch Überführung in eine Stufenform zeigen wir, daß der Rang der Matrix $[\mathbf{S}_p; \mathbf{S}_1]$ $h = 3m$ ist. Die Zahlen bei den einzelnen Zeilen beziehen sich auf die Zeilenänderungen der im Beisp. 5.1 angegebenen Matrix.

+1									(4) + (2)
	+1								(5) + (7)
		+1	+1			+0,1		+1	−0,1 (2)
			+1					+1	(6)
				+1	+1				−(3) − (9)
					+1				−(9) − 0,1 [(4) + (5)]
						+1			(1)
							+1		(8)
								+1	0,1 [(7) + (8)].

Die Matrix $[\mathbf{S}_p; \mathbf{S}_1]$ ist demnach regulär, und wir können die zu ihr inverse Matrix berechnen.

$[\mathbf{S}_p; \mathbf{S}_1]^{-1} =$ $= \mathbf{A}_s$	M_{a1}	M_{b1}	N_1	M_{a2}	M_{b2}	N_2	M_{a3}	M_{b3}	N_3
P_1		+1		+1					
P_2					+1		+1		
P_3	−0,1	−0,1				−1			
P_4						+1	−0,1	−0,1	
P_5			−1	+0,1	+0,1				
P_6				−0,1	−0,1				−1
X_1	+1								
X_2								+1	
X_3							+0,1	+0,1	

Wir bestimmen nun das Produkt $[\mathbf{L}^*]^T [\mathbf{S}_p; \mathbf{S}_1]^{-1}$. Die Matrix $\mathbf{L}$ des Beispiels 5.1 führen wir zuerst in die Matrix $\mathbf{L}^*$ über und berechnen dann nach (399) $[\mathbf{L}^*]^T [\mathbf{S}_p; \mathbf{S}_1]^{-1} = \mathbf{A}_\Delta$.

$\mathbf{L^*}$	φ_b	φ_c	u_b	u_c	v_b	v_c	$\varDelta_1$	$\varDelta_2$	$\varDelta_3$	$\varDelta_4$	$\varDelta_5$	$\varDelta_6$
φ_b	$+1$						$+0,1$	$-0,1$				
φ_c		$+1$					$+0,1$	$-0,1$				
u_b			$+1$				$+1$	-1	-1			
u_c				$+1$			$+1$	-1	-1			
v_b					$+1$		-1					
v_c						$+1$	-1					
$\varDelta_{x1}$							$+0,1$	$-0,1$		$+1$		
$\varDelta_{x2}$							$+0,1$	$-0,1$			$+1$	
$\varDelta_{x3}$									-1			$+1$

$\mathbf{A_\Delta}$	M_{a1}	M_{b1}	N_1	M_{a2}	M_{b2}	N_2	M_{a3}	M_{b3}	N_3
P_1		$+1$		$+1$					
P_2					$+1$		$+1$		
P_3	$-0,1$	$-0,1$				-1			
P_4						$+1$	$-0,1$	$-0,1$	
P_5			-1	$+0,1$	$+0,1$				
P_6				$-0,1$	$-0,1$				-1
R_1		$+1$							
R_2									$+1$
R_3	$+0,1$	$+0,1$							
$R_4 = X_1$	$+1$								
$R_5 = X_2$								$+1$	
$R_6 = X_3$							$+0,1$	$+0,1$	

Da wir die Komponenten der äußeren Reaktionen als statisch Unbestimmte gewählt haben, ist $\mathbf{A}_s$ direkt Teil der Matrix $\mathbf{A}_R$. Die berechnete Matrix ist identisch mit der des Beispiels 4.1.

Weiters berechnen wir Matrix $^{-1}(\mathbf{L}*)^T$ nach Gl. (405), was einfacher ist als die Berechnung nach Gl. (396).

$^{-1}(\mathbf{L}*)^T$	P_1	P_2	P_3	P_4	P_5	P_6	R_1	R_2	R_3	R_4	R_5	R_6
P_1	+1											
P_2		+1										
P_3			+1									
P_4				+1								
P_5					+1							
P_6						+1						
X_1	−0,01923	−0,01923	−0,19230	−0,19230	+0,09615	−0,09615	+0,09615	−0,09615		+0,98076	−0,01923	
X_2	−0,01923	−0,01923	−0,19230	−0,19230	+0,09615	−0,09615	+0,09615	−0,09615		−0,01923	+0,98076	
X_3			−0,5	−0,5					−0,5			+0,5

Wenn wir Matrix $^{-1}(\mathbf{L}*)^T$ kennen, überzeugen wir uns schon leicht von der Gültigkeit der weiteren Beziehungen.

7. Methode der Kräfte- und Momenteverteilung

7.1. Berechnung einer allgemeinen Konstruktion

In Kap. 4 haben wir die Bedingungsgleichungen für die Bestimmung der Komponenten der Knotenverschiebungen in der Form von Gl. (168) angeschrieben

$$\mathbf{D\Phi} = \mathbf{P}\,, \tag{426}$$

wo [Gl. (167)]

$$\mathbf{D} = \mathbf{A\overline{C}A}^{T}\,.$$

Zur Berechnung der resultierenden Komponenten der inneren Kräfte in den Endquerschnitten der einzelnen Stäbe haben wir die Beziehung [Gl. (172)] abgeleitet

$$\mathbf{S} = \mathbf{\overline{C}A}^{T}\mathbf{\Phi} = \mathbf{\overline{C}A}^{T}\mathbf{D}^{-1}\mathbf{P}\,. \tag{427}$$

Bezüglich der Matrix $\mathbf{D}^{-1}$, der inversen zu $\mathbf{D}$, haben wir gezeigt, daß sie existiert, aber hinsichtlich der Berechnungsart keine genaueren Schlüsse gezogen. Zur Berechnung der inversen Matrix besteht eine Reihe von Methoden — direkter und indirekter. Eine der Näherungsmethoden führen Frazer-Duncan-Collar in ihrem Buche über die Matrizenrechnung und ihre Anwendungen an [17].

Wir wollen bei der Berechnung der Matrix $\mathbf{D}^{-1}$ eine Modifikation dieser Methode benützen.

Die Matrix $\mathbf{D}$ drücken wir als Differenz aus:

$$\mathbf{D} = \mathbf{\hat{D}} - \mathbf{D}'\,. \tag{428}$$

$\mathbf{\hat{D}}$ ist eine Diagonalmatrix, die nur die Elemente der Hauptdiagonale der Matrix $\mathbf{D}$ enthält; die Matrix $\mathbf{D}'$ enthält die Elemente außerhalb der Diagonale von $\mathbf{D}$ mit umgekehrtem Vorzeichen. Wenn $\mathbf{D}$ regulär ist, dann ist auch $\mathbf{\hat{D}}$ regulär, und es existiert Matrix $\mathbf{\hat{D}}^{-1}$, die wir mit Rücksicht darauf, daß es sich um eine Diagonalmatrix handelt, sehr leicht bestimmen.

In Gl. (428) heben wir nach rechts $\hat{\mathbf{D}}$ heraus. Dann ist

$$\mathbf{D} = (\mathbf{I} - \mathbf{D}'\hat{\mathbf{D}}^{-1})\,\hat{\mathbf{D}}\,. \tag{429}$$

Mit den Bezeichnungen

$$\mathbf{D}'\hat{\mathbf{D}}^{-1} = \mathbf{Q}' \quad \text{und} \quad (\mathbf{I} - \mathbf{Q}') = \mathbf{Q} \tag{430}$$

[beide Matrizen sind vom Typ $(3n \,.\, 3n)$; $\mathbf{I}$ ist die Einheitsmatrix vom Typ $(3n \,.\, 3n)$]

können wir Gl. (429) dann in der Form schreiben

$$\mathbf{D} = (\mathbf{I} - \mathbf{Q}')\,\hat{\mathbf{D}} \tag{431}$$

oder

$$\mathbf{D} = \mathbf{Q}\hat{\mathbf{D}}\,. \tag{431a}$$

Durch Einsetzen der so gestalteten Matrix $\mathbf{D}$ in die Gl. (426) bestimmen wir

$$(\mathbf{I} - \mathbf{Q}')\,\hat{\mathbf{D}}\Phi = \mathbf{P} \tag{432}$$

oder

$$\mathbf{Q}\hat{\mathbf{D}}\Phi = \mathbf{P}\,. \tag{432a}$$

In den letzten Gleichungen ist Φ die Matrix der Unbekannten.

Statt der Unbekannten Φ_j führen wir neue Unbekannte $\hat{P}_j$ ein. Die Abhängigkeit der neuen Unbekannten von den ursprünglichen wollen wir in der Form wählen

$$\hat{\mathbf{P}} = \hat{\mathbf{D}}\Phi\,. \tag{433}$$

Die Matrix $\hat{\mathbf{P}}$ ist vom Typ $(3n \,.\, 1)$. Wir berechnen

$$\Phi = \hat{\mathbf{D}}^{-1}\hat{\mathbf{P}} \tag{433a}$$

und setzen diese Beziehung in Gl. (432) ein:

$$(\mathbf{I} - \mathbf{Q}')\,\hat{\mathbf{P}} = \mathbf{P}\,. \tag{434}$$

Durch diese Umformung haben wir das ursprüngliche Gleichungssystem in ein neues übergeführt, das zur Bestimmung der Unbekannten $\hat{P}_j$ dient. Die Lösung der Gleichung (434) können wir in der Form

$$\hat{\mathbf{P}} = (\mathbf{I} - \mathbf{Q}')^{-1}\,\mathbf{P} = \mathbf{Q}^{-1}\mathbf{P} \tag{434a}$$

schreiben. Mit Rücksicht auf die Regularität der Matrix $\mathbf{D}$ können wir auch hinsichtlich der Matrix $\mathbf{Q}$ annehmen, daß sie regulär ist und auch die zu ihr inverse Matrix $\mathbf{Q}^{-1}$ existiert.

Sofern die Bedingung erfüllt wird, daß die Norm der Matrix $\mathbf{Q}'$ kleiner als 1 ist, kann der Ausdruck $(\mathbf{I} - \mathbf{Q}')$ in eine Matrizen-Potenzreihe entwickelt werden.

$$(\mathbf{I} - \mathbf{Q}')^{-1} = (\mathbf{I} + \mathbf{Q}' + \mathbf{Q}'^2 + \mathbf{Q}'^3 + \ldots). \tag{435}$$

Gleichung (434a) geht in die Form über

$$\hat{\mathbf{P}} = (\mathbf{I} + \mathbf{Q}' + \mathbf{Q}'^2 + \mathbf{Q}'^3 + \ldots)\,\mathbf{P}. \tag{436}$$

Die letzte Gleichung stellt die Näherungsrechnung der Matrix $\hat{\mathbf{P}}$ dar.

Wir können aber noch weitere Überlegungen anstellen. Die Komponenten der Knotenverschiebungen bestimmen wir aus Gl. (433a) und die resultierenden inneren Kräfte in den Endquerschnitten aus Gl. (427), wo wir für $\mathbf{\Phi}$ aus Gl. (433a) einsetzen

$$\mathbf{S} = \overline{\mathbf{C}}\mathbf{A}^T\hat{\mathbf{D}}^{-1}\hat{\mathbf{P}}. \tag{437}$$

Da wir $\hat{\mathbf{D}}^{-1}$ bereits früher bei den Umformungen der Matrix $\mathbf{D}$ bestimmt haben, können wir in Gl. (437)

$$\overline{\mathbf{C}}\mathbf{A}^T\hat{\mathbf{D}}^{-1} = \hat{\mathbf{S}} \tag{438}$$

bezeichnen und $\hat{\mathbf{S}}$ im vorhinein berechnen. Dann gilt für die Berechnung der Werte von $\mathbf{S}$ die Beziehung

$$\mathbf{S} = \hat{\mathbf{S}}\hat{\mathbf{P}}, \tag{439}$$

wo $\hat{\mathbf{S}}$ eine rechteckige Matrix vom Typ $(3m \cdot 3n)$ ist.

Die angegebene Berechnungsart hat auch statische Bedeutung. Wie die Anwendung der Methode bei einer einfacheren Konstruktion zeigt, ist die gerade abgeleitete Näherungsrechnung identisch mit der Berechnung nach der Methode der Kräfte- und Momenteverteilung, wenn wir die Verteilung in regelmäßigen und systematisch sich wiederholenden Zyklen vornehmen. Notwendige Bedingung aber ist, daß $\|\mathbf{Q}'\| < 1$. Das aber können wir bei einer allgemeinen Konstruktion nicht im vorhinein voraussetzen. Wir werden weiterhin zeigen, wie die Berechnung gestaltet werden kann, damit die angegebene Bedingung erfüllt wird.

Wenn aber die Bedingung $\|\mathbf{Q}'\| < 1$ erfüllt ist, beschreiben die oben angegebenen Gleichungen die allgemeine Form der Methode der Kräfte- und Momenteverteilung.

7.2. Berechnung einer orthogonalen Konstruktion ohne Berücksichtigung des Einflusses der Normalkräfte

Bisher haben wir eine allgemeine Rahmenkonstruktion betrachtet. Um leichter die statische Bedeutung der einzelnen Operationen zeigen und weitere Ableitungen so vornehmen zu können, daß ihr Vergleich mit der üblichen Berechnungsweise nach der Methode Cross-Dašek möglich ist, führen wir einige vereinfachende Annahmen hinsichtlich der Konstruktion ein.

Im weiteren Teil wollen wir annehmen, daß die betrachtete Rahmenkonstruktion orthogonal ist und aus geraden Stäben besteht. Den Einfluß der Normalkräfte vernachlässigen wir. Unter diesen Voraussetzungen ändern sich die Typen aller Matrizen, so daß wir sie neu definieren müssen. (Die Annahme der Knotenbelastung und fester Verbindungen gilt weiter.) Hat die Konstruktion n_1 freie Knoten, entstehen n_1 Knotenverdrehungen, die wir mit φ_{nj} bezeichnen. Wir nehmen an, daß auf die Konstruktion auch n_1 Momentekomponenten der Knotenbelastung wirken, die wir mit P_{Mj} bezeichnen. Können in der betrachteten Konstruktion n_2 Stockwerk- oder Stielverschiebungen auftreten (wir bezeichnen sie mit q_{nj}), dann gibt es im ganzen $n_0 = n_1 + n_2$ unbekannte Verdrehungs- und Verschiebungskomponenten der Knoten, und die Matrix $\mathbf{\Phi}_n$, deren Elemente diese Größen sind, ist vom Typ $(n_1 + n_2)(1) = (n_0 . 1)$.

In Matrix $\mathbf{\Phi}_n$ reihen wir zuerst die Komponenten φ_{nj} ein, dann q_{nj}.

$$\mathbf{\Phi}_n = \begin{bmatrix} \boldsymbol{\varphi}_n \\ \mathbf{q}_n \end{bmatrix}. \tag{440}$$

Setzen wir voraus, daß in der Richtung jeder möglichen Verschiebung eine Knotenlast P_q wirkt (ihr Angriffspunkt ist irgendein Endknoten des Riegels oder des Stiels). Solcher Lasten gibt es n_2. Die Matrix $\mathbf{P}_n$ der Komponenten der Knotenbelastung ist vom Typ $(n_1 + n_2)(1) = (n_0 . 1)$. In $\mathbf{P}_n$ ordnen wir wieder zuerst die Momente- und dann die Kraftkomponenten ein.

$$\mathbf{P}_n = \begin{bmatrix} \mathbf{P}_M \\ \mathbf{P}_q \end{bmatrix}. \tag{441}$$

Die Matrix $\mathbf{A}_n$ können wir unter den vereinfachten Bedingungen nach den Folgerungen der Abschn. 4.7 und 4.8 aufstellen; sie ist vom Typ $(n_0 \,.\, 2m)$, Matrix $\overline{\mathbf{C}}_n$ dann $(2m \,.\, 2m)$ und Matrix $\mathbf{S}_n$ vom Typ $(2m \,.\, 1)$.

Wir stellen nun die im vorhergehenden Abschnitte für diesen vereinfachten Fall angegebenen Gleichungen auf. Auch die weiteren Matrizen wollen wir mit dem Index n versehen und damit andeuten, daß es sich um eine Berechnung unter vereinfachten Bedingungen handelt:

$$\mathbf{D}_n\Phi_n = \mathbf{P}_n\,,$$
$$\mathbf{S}_n = \mathbf{C}_n\mathbf{A}_n^T\Phi_n\,. \qquad (442)$$

Zerlegen wir Matrix $\mathbf{D}_n$ und führen auch die weiteren Rechenoperationen in gleicher Weise aus wie im vorigen Abschnitte:

$$\mathbf{D}_n = \left(\mathbf{I} - \mathbf{D}_n'\hat{\mathbf{D}}_n^{-1}\right)\hat{\mathbf{D}}_n\,,$$
$$\mathbf{D}_n = \left(\mathbf{I} - \mathbf{Q}_n'\right)\hat{\mathbf{D}}_n = \mathbf{Q}_n\hat{\mathbf{D}}_n\,,$$
$$\left(\mathbf{I} - \mathbf{Q}_n'\right)\hat{\mathbf{D}}_n\Phi_n = \mathbf{P}_n\,,$$
$$\mathbf{Q}_n\hat{\mathbf{D}}_n\Phi_n = \mathbf{P}_n\,. \qquad (443)$$

In diesem Falle ist Matrix $\mathbf{I}$ vom Typ $(n_0 \,.\, n_0)$. Die neuen Unbekannten $\hat{\mathbf{P}}_n$ führen wir durch die Beziehung

$$\hat{\mathbf{P}}_n = \hat{\mathbf{D}}_n\Phi_n\,,$$
$$\Phi_n = \hat{\mathbf{D}}_n^{-1}\hat{\mathbf{P}}_n \qquad (444)$$

ein. Das neue System der Bedingungsgleichungen wird beschrieben durch die Gleichung ·

$$\left(\mathbf{I} - \mathbf{Q}_n'\right)\hat{\mathbf{P}}_n = \mathbf{P}_n\,. \qquad (445)$$

Die Berechnung der Unbekannten $\hat{\mathbf{P}}_n$ führen wir wieder — vorausgesetzt, daß die Norm der Matrix $\mathbf{Q}_n'$ kleiner als 1 ist — mit Reihenentwicklung durch, d.h. wir bestimmen

$$\hat{\mathbf{P}}_n = \left(\mathbf{I} + \mathbf{Q}_n' + \mathbf{Q}_n'^2 + \mathbf{Q}_n'^3 + \ldots\right)\mathbf{P}_n \qquad (446)$$

und berechnen die resultierenden inneren Kräfte in den Endquerschnitten der Stäbe nach der Gleichung

$$\mathbf{S}_n = \overline{\mathbf{C}}_n\mathbf{A}_n^T\hat{\mathbf{D}}_n^{-1}\hat{\mathbf{P}}_n = \hat{\mathbf{S}}_n\hat{\mathbf{P}}_n\,. \qquad (447)$$

Zur Gleichung

$$\mathbf{Q}_n\hat{\mathbf{D}}_n^{-1}\Phi_n = \mathbf{P}_n \qquad (448)$$

kann man auch direkt in der Weise gelangen, daß die Matrix $\mathbf{D}_n$ durch „Herausheben" der Matrix der Diagonalelemente nach rechts in das Produkt zweier Matrizen zerlegt wird. Matrix $\mathbf{Q}_n$ hat dann in der Hauptdiagonale Einser. Zusammen mit der Gleichung

$$\Phi_n = \hat{\mathbf{D}}_n^{-1}\hat{\mathbf{P}}_n, \qquad (449)$$

nach der Verdrehungen und Verschiebungen der Knoten aus den unbekannten $\hat{\mathbf{P}}_n$ so bestimmt werden können, daß jede Komponente $\hat{P}_{nj}$ durch das zugehörige Diagonalelement der Matrix $\mathbf{D}_n$ geteilt wird, zeigt diese Operation, daß die Elemente außerhalb der Diagonale der Matrix $\mathbf{Q}_n$ Verteilungsbeiwerte nach der Methode Cross-Dašek (s. [11] oder [12], [63], [64]) sind und daß die einzelnen Größen $\hat{P}_{nj}$ identisch sind mit den Größen $\overline{M}$ und $\overline{K}$ der gleichen Methode. Gleichung (446) ist die Matrizenschreibweise des Verteilungsprozesses, wenn wir Kräfte und Momente schrittweise in regelmäßig sich wiederholender Ordnung verteilen. Gleichung (447) ist dann die Matrizenschreibweise der letzten Verteilung der Werte $\overline{M}$ und $\overline{K}$ in die „benachbarten" Stäbe.

Wenn wir also zur Berechnung der zu $\mathbf{D}_n$ inversen Matrix die modifizierte Frazer-Methode verwenden, leiten wir damit die Matrizenform der Methode Cross-Dašek ab. Gleichzeitig zeigen wir damit auch die statische Bedeutung dieser Näherungsmethode.

Aus dem Angeführten geht hervor, daß die in Abschn. 7.1 abgeleiteten Beziehungen die allgemeine Form der Methode der Kräfte- und Momenteverteilung beschreiben, bei der wir in jedem Knoten alle drei Komponenten der Knotenbelastung verteilen und bei der in der Konstruktion auch gekrümmte Stäbe vorkommen können.

Bemerkung: Bei dieser Berechnungsart könnte uns noch die Frage interessieren, wie viele Glieder der Matrizen-Potenzreihe wir bestimmen müssen, um die Größen $\hat{P}_{nj}$ mit der gewählten Genauigkeit zu erhalten.

Wir gehen vom Ausdruck für die Fehlerschätzung aus, also von der Ungleichheit

$$\|(\mathbf{I} - \mathbf{Q}_n')^{-1} - (\mathbf{I} + \mathbf{Q}_n' + \mathbf{Q}_n'^2 + \ldots + \mathbf{Q}_n'^k)\| \leqq \frac{\|\mathbf{Q}_n'\|^{k+1}}{1 - \|\mathbf{Q}_n'\|}. \qquad (450)$$

Aus dieser Ungleichheit berechnen wir bei der gewählten Genauigkeit die höchste nötige Potenz k, die wir in Betracht ziehen müssen, um diese Genauigkeit zu erzielen.

7.3. Gestaltung der Berechnung zur Sicherung der Konvergenz

Wir wollen uns weiterhin mit einigen Fragen beschäftigen, die sich bei der Berechnung nach der Verteilungsmethode in Matrizenform ergeben.

Die Typen der Matrizen und die Definiertheit der Produkte, die sich aus dem obigen Text ergeben, werden wir nicht ausdrücklich anführen.

Bei der praktischen Berechnung der inversen Matrix durch Reihenentwicklung ist es nicht nötig, alle Potenzen von $\mathbf{Q}'_n$ zu berechnen; ihre geraden Potenzen genügen. Die Summe der Reihenglieder bis zu einer beliebigen ungeraden Potenz bestimmen wir dann aus der Beziehung

$$\left(\mathbf{I} + \sum_k \mathbf{Q}'^k_n\right) = \left(\mathbf{I} + \mathbf{Q}'^2_n + \mathbf{Q}'^4_n + \mathbf{Q}'^6_n + \ldots\right) +$$
$$+ \left(\mathbf{I} + \mathbf{Q}'^2_n + \mathbf{Q}'^4_n + \mathbf{Q}'^6_n + \ldots\right) \mathbf{Q}'_n =$$
$$= \left(\mathbf{I} + \mathbf{Q}'^2_n + \mathbf{Q}'^4_n + \mathbf{Q}'^6_n + \ldots\right)\left(\mathbf{I} + \mathbf{Q}'_n\right), \qquad (451)$$

oder wir zählen zur Summe aus der Einheitsmatrix und sämtlichen geraden Potenzen noch ihr $\mathbf{Q}'_n$-Vielfaches hinzu.

Wenn wir die inverse Matrix $\left(\mathbf{I} - \mathbf{Q}'_n\right)^{-1}$ in dieser Weise berechnen, sind die einzelnen Glieder der Entwicklung (451) identisch mit den Werten, die wir bei der Berechnung der Rahmenkonstruktion durch Verteilung über zwei Stäbe erhalten (s. [11]), allerdings wiederum unter der Voraussetzung, daß die Verteilung in regelmäßigen Zyklen vorgenommen wird.

Um die Berechnung nach der Verteilungsmethode in Matrizenform zu ermöglichen, muß die Konvergenzbedingung für die Entwicklung von $\left(\mathbf{I} - \mathbf{Q}'_n\right)^{-1}$ erfüllt sein. Die Anwendung des Konvergenzkriteriums auf die Matrizen-Potenzreihe, das aus den charakteristischen Zahlen der Matrix hervorgeht, ist hier nicht vorteilhaft. Die Konvergenz kann mittels der Norm der Matrix beurteilt werden, entweder in der Form $\|\mathbf{Q}'_n\| = \sqrt{\left(\sum_{i,j} Q^2_{ijn}\right)}$ oder nach dem für die Konvergenz der Ritzschen Iterationsmethode geltenden Satze. Darnach genügt es, daß die Summe der Absolutwerte der Elemente jeder Zeile oder Spalte der Matrix $\mathbf{Q}'_n$ kleiner als 1 ist. [Die Methode nach Frazer ist identisch mit der Ritzschen Methode zur Lösung der Gleichung $\left(\mathbf{I} - \mathbf{Q}'_n\right) \hat{\mathbf{P}}_n = \mathbf{P}_n.$] Dieses Kriterium (und gewöhnlich auch das Kriterium bezüglich der Norm der ganzen Matrix) pflegt, wie aus der statischen Bedeutung der Elemente der Matrix $\mathbf{Q}'_n$ hervorgeht, in den Fällen erfüllt zu sein, in denen es sich um eine Konstruktion mit unverschieblichen Knoten und Stäben konstanten Querschnitts handelt (und in üblichen Fällen auch mit Stäben veränderlichen Querschnitts). Mit Rücksicht auf Gl. (451) genügt es aber, daß die Konvergenzbedingung für $\mathbf{Q}_n'^2$ erfüllt ist.

Wird die Konvergenzbedingung nicht erfüllt, kann kein allgemeines Verfahren gefunden werden, das die Berechnung der inversen Matrix $(\mathbf{I} - \mathbf{Q}_n')^{-1}$ durch schrittweise Annäherung ermöglicht. Das weitere Vorgehen muß nach dem Charakter der Matrix $\mathbf{Q}_n'$ gewählt werden. Führen wir einige Möglichkeiten des Vorgehens an.

Beispielsweise wird bei Stockwerkrahmen mit verschieblichen Knoten gewöhnlich die Konvergenz ungünstig durch die Elemente der Matrix $\mathbf{Q}_n'$ beeinflußt, die den in der Richtung der möglichen Verschiebungen wirkenden Knotenlasten entsprechen. In solchen Fällen kann man Matrix $\mathbf{Q}_n$ in Felder zerlegen, wobei die Zerlegung so vorzunehmen ist, daß eine der dabei entstehenden quadratischen Matrizen das Konvergenzkriterium erfüllt. (Allenfalls vertauschen wir vorher noch Spalten und Zeilen der Matrix $\mathbf{Q}_n$ und führen die entsprechenden Änderungen in der Reihung der Elemente der Vektoren $\hat{\mathbf{P}}_n$ und $\mathbf{P}_n$ so durch, daß die angegebene Zerlegung möglich ist.) Die abgeänderte Gleichung schreiben wir in der Form von Untermatrizen ($\mathbf{Q}_{n1}$ und $\mathbf{Q}_{n4}$ sind quadratische Matrizen)

$$\begin{bmatrix} \mathbf{Q}_{n1}; & \mathbf{Q}_{n2} \\ \mathbf{Q}_{n3}; & \mathbf{Q}_{n4} \end{bmatrix} \begin{bmatrix} \hat{\mathbf{P}}_M \\ \hat{\mathbf{P}}_q \end{bmatrix} = \begin{bmatrix} \mathbf{P}_M \\ \mathbf{P}_q \end{bmatrix} . \tag{452}$$

und nehmen an, Matrix $\mathbf{Q}_{n1}'$ erfülle z.B. bereits das Konvergenzkriterium. (Im betrachteten Falle trifft es bei der Matrix zu, die der Berechnung der Konstruktion mit unverschieblichen Knoten entspricht.)

Die vorstehende Beziehung schreiben wir in zwei Gleichungen aus:

$$\mathbf{Q}_{n1}\hat{\mathbf{P}}_M + \mathbf{Q}_{n2}\hat{\mathbf{P}}_q = \mathbf{P}_M ,$$
$$\mathbf{Q}_{n3}\hat{\mathbf{P}}_M + \mathbf{Q}_{n4}\hat{\mathbf{P}}_q = \mathbf{P}_q . \tag{452a}$$

Die inverse Matrix $\mathbf{Q}_{n1}^{-1}$ können wir durch Reihenentwicklung ermitteln:

$$\mathbf{Q}_{n1}^{-1} = (\mathbf{I} - \mathbf{Q}_{n1}')^{-1} = \mathbf{I} + \mathbf{Q}_{n1}' + \mathbf{Q}_{n1}'^2 + \mathbf{Q}_{n1}'^3 \cdots$$

Mit der Bezeichnung $\mathbf{Q}_{n1}^{-1}\mathbf{P}_M = \hat{\mathbf{P}}_M^*$ bestimmen wir

$$\hat{\mathbf{P}}_M = \mathbf{Q}_{n1}^{-1}\mathbf{P}_M - \mathbf{Q}_{n1}^{-1}\mathbf{Q}_{n2}\hat{\mathbf{P}}_q = \hat{\mathbf{P}}_M^* - \mathbf{Q}_{n1}^{-1}\mathbf{Q}_{n2}\hat{\mathbf{P}}_q \tag{452b}$$

und

$$\mathbf{Q}_{n3}(\hat{\mathbf{P}}_M^* - \mathbf{Q}_{n1}^{-1}\mathbf{Q}_{n2}\hat{\mathbf{P}}_q) + \mathbf{Q}_{n4}\hat{\mathbf{P}}_q = \mathbf{P}_q ,$$
$$\mathbf{Q}_{n3}\hat{\mathbf{P}}_M^* - \mathbf{Q}_{n3}\mathbf{Q}_{n1}^{-1}\mathbf{Q}_{n2}\hat{\mathbf{P}}_q + \mathbf{Q}_{n4}\hat{\mathbf{P}}_q = \mathbf{P}_q .$$

Daraus ist

$$\left(\mathbf{Q}_{n4} - \mathbf{Q}_{n3}\mathbf{Q}_{n1}^{-1}\mathbf{Q}_{n2}\right)\hat{\mathbf{P}}_q = \mathbf{P}_q - \mathbf{Q}_{n3}\hat{\mathbf{P}}_M^* ,$$

$$\hat{\mathbf{P}}_q = \left(\mathbf{Q}_{n4} - \mathbf{Q}_{n3}\mathbf{Q}_{n1}^{-1}\mathbf{Q}_{n2}\right)^{-1}\left(\mathbf{P}_q - \hat{\mathbf{Q}}_{n3}\mathbf{P}_M^*\right).$$

Mit den Bezeichnungen

$$\mathbf{P}_q^* = \left(\mathbf{P}_q - \mathbf{Q}_{n3}\hat{\mathbf{P}}_M^*\right) \quad \text{und} \quad \mathbf{Q}_{II}^{-1} = \left(\mathbf{Q}_{n4} - \mathbf{Q}_{n3}\mathbf{Q}_{n1}^{-1}\mathbf{Q}_{n2}\right)^{-1}$$

ist dann

$$\hat{\mathbf{P}}_q = \mathbf{Q}_{II}^{-1}\mathbf{P}_q^* \tag{453}$$

Die Matrix $\mathbf{Q}_{II}$ ist, wie aus den Beziehungen für zerlegte Matrizen hervorgeht, quadratisch, und es besteht, sofern das ursprüngliche System regulär war, die zu ihr inverse Matrix. Wenn nach der Zerlegung $\mathbf{Q}_{II} = (\mathbf{I} - \mathbf{Q}_{II}')$ Matrix $\mathbf{Q}_{II}'$ die Konvergenzbedingungen erfüllt, können wir die inverse Matrix $\mathbf{Q}_{II}^{-1}$ auch durch Reihenentwicklung bestimmen und $\hat{\mathbf{P}}_M$ und $\hat{\mathbf{P}}_q$ berechnen.

Dieses Verfahren entspricht der Elimination der Unbekannten durch Verteilung in Gruppen. (Von Vorteil ist dabei, daß wir gleichzeitig einige Größen unter vereinfachenden Annahmen selbständig berechnen, z.B. für unverschiebliche Knoten.)

Wenn $\mathbf{Q}_{n4}$ eine Einheitsmatrix ist, vereinfacht sich die Rechnung etwas. Das kann man beispielsweise bei Stockwerkrahmen dadurch direkt erreichen, daß man in den aus der Deformationsmethode hervorgehenden Ausgangsgleichungen die relativen gegenseitigen Verschiebungen der einzelnen Stockwerke als Unbekannte wählt und die Stockwerksbedingungen als Gleichgewichtsbedingungen des ganzen über dem Schnitt verbleibenden Systems anschreibt. Wenn es nicht darauf ankommt, daß die inverse Matrix unabhängig von der rechten Seite der Matrizengleichung bestimmt wird, kann das Gleichungssystem, dessen Beiwerte die Matrix $\mathbf{Q}_n$ bilden, durch elementare Operationen so umgebildet werden, daß $\mathbf{Q}_{n4}$ nach der Zerlegung in Felder zur Einheitsmatrix wird.

Falls $\mathbf{Q}_{II}'$ das Konvergenzkriterium nicht erfüllt, kann man wieder die Methode der Zerlegung in Felder anwenden und auch bei der Bestimmung von $(\mathbf{Q}_{II})^{-1}$ in ähnlicher Weise wie oben vorgehen.

Für den Fall, daß für $\mathbf{Q}_n'$ die Konvergenzbedingung nicht erfüllt ist, ergibt sich eine weitere Möglichkeit des Vorgehens aus dem folgenden. Nach den bei der Methode von Hotelling (s. [48]) angewandten Beziehungen gilt, wenn wir z.B. irgendeine Näherung $\mathbf{Q}_*^{-1}$ der zu $\mathbf{Q}_n$ inversen Matrix des Systems $\mathbf{Q}_n \cdot \hat{\mathbf{P}}_n = \mathbf{P}_n$, kennen, daß

$$\mathbf{Z}' = \mathbf{I} - \mathbf{Q}_n\mathbf{Q}_*^{-1} \tag{454}$$

und

$$\mathbf{Q}_n\mathbf{Q}_*^{-1} = (\mathbf{I} - \mathbf{Z}') = \mathbf{Z}, \tag{454a}$$

wobei mit $\mathbf{Z}'$ die Fehlermatrix bezeichnet wird, mit der die Elemente der Matrix $\mathbf{Z} = \mathbf{Q}_n\mathbf{Q}_*^{-1}$ annähernd die Elemente der Einheitsmatrix $\mathbf{I}$ bestimmen.

Dann ist

$$\mathbf{Q}_n^{-1} = \mathbf{Q}_*^{-1}(\mathbf{I} - \mathbf{Z}')^{-1} . \tag{454b}$$

Wenn die Näherung $\mathbf{Q}_*^{-1}$ derart ist, daß $\|\mathbf{Z}'\| < 1$, kann der Ausdruck $(\mathbf{I} - \mathbf{Z}')^{-1}$ in eine Potenzreihe entwickelt werden, die konvergiert.

Diese Beziehungen benützen wir und schreiben

$$\mathbf{Q}_n = (\mathbf{I} - \mathbf{Z}')\,\mathbf{Q}_* = \mathbf{Z}\mathbf{Q}_* .$$

In die Ausgangsgleichung

$$\mathbf{Q}_n\hat{\mathbf{P}}_n = \mathbf{P}_n$$

eingesetzt, erhalten wir

$$\mathbf{Z}\mathbf{Q}_*\hat{\mathbf{P}}_n = \mathbf{P}_n . \tag{455}$$

Wir führen nun neue Unbekannte $\hat{\mathbf{P}}'$ ein, die lineare Kombinationen der ursprünglichen Unbekannten $\hat{\mathbf{P}}_n$ sind:

$$\hat{\mathbf{P}}' = \mathbf{Q}_*\hat{\mathbf{P}}_n \quad \text{und} \quad \hat{\mathbf{P}}_n = \mathbf{Q}_*^{-1}\hat{\mathbf{P}}' . \tag{455a}$$

Durch Einsetzen erhält man

$$\mathbf{Z}\mathbf{Q}_*\mathbf{Q}_*^{-1}\hat{\mathbf{P}}' = \mathbf{P}_n ,$$

$$(\mathbf{I} - \mathbf{Z}')\,\hat{\mathbf{P}}' = \mathbf{P}_n .$$

Die durch Reihenentwicklung berechnete inverse Matrix $(\mathbf{I} - \mathbf{Z}')$ wird unter den obigen Voraussetzungen bereits konvergieren. Wir können deshalb folgern: Bestimmen wir in geeigneter Weise die Matrix $\mathbf{Q}_*^{-1}$, können wir jedes System $\mathbf{Q}_n . \hat{\mathbf{P}}_n = \mathbf{P}_n$ nach Umformung durch schrittweise Näherung lösen; somit besteht auch in dieser Schlußfolgerung Identität zwischen der Matrizenform und der üblichen Art der Verteilungsmethode.

Die letzte Umformung entspricht der Substitution der Unbekannten durch teilweises Verteilen. Wiederum läßt sich keine allgemeine Vorschrift für die Bestimmung der Matrix $\mathbf{Q}_*^{-1}$ angeben; man muß von Fall zu Fall je nach dem Typ der Konstruktion vorgehen.

Eine Möglichkeit ist z.B. wieder die Zerlegung der Matrix $\mathbf{Q}_n$ in Felder; darnach kann man schreiben

$$\hat{\mathbf{P}}_M = \mathbf{Q}_{n1}^{-1}\mathbf{P}_M - \mathbf{Q}_{n1}^{-1}\mathbf{Q}_{n2}\hat{\mathbf{P}}_q = \hat{\mathbf{P}}_M^* - \mathbf{Q}_{n1}^{-1}\mathbf{Q}_{n2}\hat{\mathbf{P}}_q ,$$

$$\hat{\mathbf{P}}_q = (\mathbf{Q}_{n4} - \mathbf{Q}_{n3}\mathbf{Q}_{n1}^{-1}\mathbf{Q}_{n2})^{-1}\,\mathbf{P}_q -$$

$$- (\mathbf{Q}_{n4} - \mathbf{Q}_{n3}\mathbf{Q}_{n1}^{-1}\mathbf{Q}_{n2})^{-1}\,\mathbf{Q}_{n3}\mathbf{Q}_{n1}^{-1}\mathbf{P}_M . \tag{456}$$

Die Zerlegung führen wir so durch, daß die Elemente von $\mathbf{Q}_n$, die ungünstig die Konvergenz beeinflussen, abgeteilt werden. Als günstig erweist es sich wiederum, wenn $\mathbf{Q}_{n4}$ eine Einheitsmatrix ist. Nun kann, je nach dem Charakter der Gleichungen, als Matrix $\mathbf{Q}_*^{-1}$ eine zweckmäßig vereinfachte Matrix der Matrizenkoeffizienten bei den Werten P_{Mj} und P_{qj} gewählt werden.

Allerdings darf man nicht irgendwie verallgemeinern; immer muß man entsprechend dem Charakter der Konstruktion vorgehen.

Die Zerlegung von $\mathbf{Q}_n$ in Felder ermöglicht noch eine andere Berechnungsart. Um

$$
\hat{\mathbf{P}}_M = \mathbf{Q}_{n1}^{-1}\mathbf{P}_M - \mathbf{Q}_{n1}^{-1}\mathbf{Q}_{n2}\hat{\mathbf{P}}_q = \hat{\mathbf{P}}_M^* - \mathbf{Q}_{n1}^{-1}\mathbf{Q}_{n2}\hat{\mathbf{P}}_q \, ,
$$
$$
\hat{\mathbf{P}}_q = (\mathbf{Q}_{n1} - \mathbf{Q}_{n3}\mathbf{Q}_{n1}^{-1}\mathbf{Q}_{n2})^{-1}(\mathbf{P}_q - \mathbf{Q}_{n3}\hat{\mathbf{P}}_M^*) \tag{457}
$$

zu bestimmen, können wir durch schrittweise Annäherung $\mathbf{Q}_{n1}^{-1}$ ermitteln und $\hat{\mathbf{P}}_M^*$ berechnen. ($\hat{\mathbf{P}}_M^*$ gilt unter der Voraussetzung unverschieblicher Knoten.)

Die zweite Gleichung (457) schreiben wir aus in der Form

$$
(\mathbf{Q}_{n4} - \mathbf{Q}_{n3}\mathbf{Q}_{n1}^{-1}\mathbf{Q}_{n2})\,\hat{\mathbf{P}}_q = (\mathbf{P}_q - \mathbf{Q}_{n3}\hat{\mathbf{P}}_M^*) \, . \tag{458}
$$

Wenn wir $\hat{\mathbf{P}}_M^*$ kennen, ist die rechte Seite der Gleichung eine Spaltenmatrix von Absolutwerten, und die ganze Gleichung stellt das Gleichungssystem für die Berechnung von $\hat{\mathbf{P}}_q$ dar. Dieses System können wir durch irgendeine direkte Methode lösen. Die errechneten Werte $\hat{P}_{qj}$ setzen wir in die erste Gleichung ein. Die angegebene Umformung stellt die Kombination einer iterativen und einer direkten Methode dar und entspricht der modifizierten Verteilungsmethode, wie sie z.B. Guldan für die Berechnung von Stockwerkrahmen mit verschieblichen Knoten anwendet.

Die Matrizenformulierung der Verteilungsmethode vermerkt in übersichtlicher symbolischer Weise alle Operationen, ermöglicht den Ausdruck ihrer verschiedenen Beziehungen und bewährt sich bei der Untersuchung allgemeiner Zusammenhänge sowie der Mechanisierung der Berechnung. Bei einer konkreten, „von Hand" durchgeführten Berechnung ist zweifellos die übliche Verteilungsmethode vorteilhafter, bei der die Berechnung in übersichtlichen Tabellen zusammengestellt wird. Dabei kann man vorteilhaft die Konvergenz bereits durch die Wahl des Vorgehens beeinflussen sowie Geschicklichkeit und Erfahrungen des Rechners ausnützen, gegebenenfalls können Abänderungen in der Berechnung und der Wahl von Substitutionen leicht vorgenommen werden.

Bemerkung: Die oben angeführten Beziehungen — namentlich die Ausgangsbeziehungen — können wir aber auch als Hilfsmittel zur Berechnung der Konstruktionen durch Verteilung in üblicher Form benützen. Bei komplizierteren gegliederten Rahmen (z.B. mit nichtdurchlaufenden Stützen oder Riegeln) kann manchmal die Ermittlung der Verteilungsbeiwerte Schwierigkeiten bereiten. Das System der Bedingungsgleichungen nach der Deformationsmethode bei Benützung der Beziehung $\mathbf{D}_n = \mathbf{A}_n \overline{\mathbf{C}}_n \mathbf{A}_n^T$ stellen wir in jedem beliebigen Falle im ganzen leicht auf. (Und ohne Gefahr von Vorzeichenfehlern bei Einführung der Komponenten der Knotenverschiebungen statt der Winkel ψ.) Daraus können nach den Grundbeziehungen des Matrizenausdruckes der Methode sehr einfach (auch hinsichtlich des Vorzeichens) die Verteilungsbeiwerte bestimmt werden, da jede Spalte der Matrix $\mathbf{Q}'_n$ Werte der Koeffizienten für die Verteilungstabelle der zugehörigen Größe liefert (und gleichzeitig auch zeigt, welche Größen der verteilte Wert beeinflußt).

Im ersten Abschnitt dieses Kapitels haben wir Beziehungen für die Matrizenform der Berechnung einer allgemeinen Konstruktion nach der Verteilungsmethode abgeleitet. Bedingung für die Möglichkeit der Reihenentwicklung des Ausdruckes $(\mathbf{I} - \mathbf{Q}')^{-1}$ war, daß $\|\mathbf{Q}'\| < 1$.

Im zweiten Abschnitt haben wir einige Möglichkeiten der Abänderung der Berechnung aufgezeigt, jedoch für eine vereinfachte Konstruktion. Die einzelnen aus dem Wesen der Matrizenrechnung hervorgehenden Arten haben, wie gezeigt wurde, ihre statische Bedeutung und entsprechen den Vereinfachungen, die Dašek in seinem Buch über die Verteilungsmethode angibt ([11]).

Und gerade zur Vergleichsmöglichkeit wurden die einzelnen Änderungen im Algorithmus der Berechnung einer vereinfachten Konstruktion gezeigt. Diese Umgestaltungen können wir jedoch auch bei der Berechnung einer allgemeinen Konstruktion benützen und dann nach dieser Methode auch eine beliebige Konstruktion allgemeiner Art berechnen.

Bei einer solchen Berechnung können wir Matrix $\mathbf{Q}$ in vier oder auch in neun Felder teilen. Bei einer Teilung in vier Felder trennen wir die Momente- und Kräftekomponenten ab, bei der Teilung in neun Felder die Momentekomponenten, die lotrechten und waagrechten Komponenten der verallgemeinerten Kräfte P_j und auch der neueingeführten Unbekannten $\hat{P}_j$. Sämtliche Prozesse sind analog denen, die im zweiten Abschnitt dieses Kapitels beschrieben wurden.

Auch bei einer allgemeinen Konstruktion wird es manchmal vorteilhaft sein, statt der Unbekannten $\hat{\mathbf{P}}$ ihre linearen Kombinationen in die Rechnung einzuführen und im Zusammenhang mit dieser Transformation das ganze Gleichungssystem umzuformen, das durch die Gleichung

$$\mathbf{Q}\hat{\mathbf{P}} = \mathbf{P} \tag{459}$$

beschrieben wird.

Wenn wir die Transformationsmatrix, die vom Typ $(3n \cdot 3n)$ ist, mit dem Symbol $\mathbf{b}$ bezeichnen, gilt zwischen den neuen und den ursprünglichen Unbekannten die Beziehung

$$\hat{\mathbf{P}}_b = \mathbf{b}\hat{\mathbf{P}} \quad \text{und} \quad \hat{\mathbf{P}} = \mathbf{b}^{-1}\hat{\mathbf{P}}_b \,. \tag{460}$$

Ermitteln wir noch die Matrix $(\mathbf{b}^{-1})^T$, multiplizieren damit die Gl. (459) von links und setzen für $\hat{\mathbf{P}}$ aus Gl. (460) ein, stellt die Beziehung

$$(\mathbf{b}^{-1})^T \mathbf{Q}\mathbf{b}^{-1}\hat{\mathbf{P}}_b = (\mathbf{b}^{-1})^T \mathbf{P} \tag{461}$$

das umgestaltete Gleichungssystem dar, das wir lösen wollen.

Mit den Bezeichnungen

$$\mathbf{Q}_b = (\mathbf{b}^{-1})^T \mathbf{Q}\mathbf{b}^{-1} \quad \text{und} \quad \mathbf{P}_b = (\mathbf{b}^{-1})^T \mathbf{P} \tag{462}$$

können wir Gl. (461) in der Form

$$\mathbf{Q}_b\hat{\mathbf{P}}_b = \mathbf{P}_b \tag{461a}$$

anschreiben. Durch eine geeignete Wahl der Matrix $\mathbf{b}$ können wir erreichen, daß in der Gleichung

$$(\mathbf{I} - \mathbf{Q}_b')\,\hat{\mathbf{P}}_b = \mathbf{P}_b \tag{463}$$

$\|\mathbf{Q}_b'\| < 1$ erfüllt ist und wir die Berechnung der inversen Matrix $(\mathbf{I} - \mathbf{Q}_b')^{-1}$ ohne weitere Umformungen durch Reihenentwicklung vornehmen können, also nach der Verteilungsmethode. Dann allerdings müssen wir auch Gl. (439) durch Einsetzen aus Gl. (460) herrichten. Somit ist

$$\mathbf{S} = \hat{\mathbf{S}}\mathbf{b}^{-1}\hat{\mathbf{P}}_b = \hat{\mathbf{S}}\hat{\mathbf{P}} \,. \tag{464}$$

Wie aus den Typen der Matrizen hervorgeht, sind sämtliche Produkte definiert.

Aus den Ausführungen dieses Kapitels folgt der Schluß, daß die Methode der Kräfte- und Momenteverteilung in Matrizenform eigentlich nur eine Art der Berechnung der inversen Matrix der Bedingungsgleichungen nach der Deformationsmethode ist, daß sie demnach aus ihr hervorgeht und eng mit ihr zusammenhängt.

Wie wir bereits festgestellt haben, stellen die oben angegebenen Gleichungen die Verteilungsmethode in einer Form dar, wie sie Dašek ausgearbeitet hat. Zeigen wir noch, durch welche Gleichungen die Berechnung nach der urspünglichen Form der Cross-Methode beschrieben wird. Wenn wir in die Gl. (439), die die Berechnung der resultierenden statischen Größen in den Endquerschnitten der Stäbe beschreibt, für $\hat{\mathbf{P}}$ aus Gl. (436) einsetzen, dann ist

$$\mathbf{S} = \hat{\mathbf{S}}(\mathbf{I} + \mathbf{Q}' + \mathbf{Q}'^2 + \mathbf{Q}'^3 + ...)\,\mathbf{P}\,. \tag{465}$$

Die letzte Gleichung drückt die iterative Berechnung der statischen Größen in den Endquerschnitten der einzelnen Stäbe aus und ist demnach die Matrizenschreibweise des ursprünglichen Verteilungsverfahrens.

7.4. Berechnung der Formänderung und der Einflußlinien

Wenn wir auch die Formänderung der nach der Methode der Kräfte- und Momenteverteilung berechneten Konstruktion bestimmen wollen, ermitteln wir nach Gl. (433a) aus den berechneten Werten $\hat{\mathbf{P}}$ die Komponenten der Knotenverschiebungen:

$$\mathbf{\Phi} = \hat{\mathbf{D}}^{-1}\hat{\mathbf{P}}\,.$$

Kennen wir diese, erfolgt die weitere Berechnung der Formänderung am besten nach dem in den Kap. 4 und 9 beschriebenen Verfahren.

Sollen für die betrachtete Konstruktion auch die Einflußlinien der statischen Größen ermittelt werden, können wir folgendermaßen vorgehen.

Bei der Berechnung der Einflußlinien der Größen $\hat{P}_j$ gehen wir von Gl. (433) aus, also von

$$\hat{\mathbf{P}} = \hat{\mathbf{D}}\mathbf{\Phi}\,. \tag{466}$$

Nach dieser Gleichung könnten wir die Einflußlinien der Größen $\hat{P}_j$ aus denen der Größen Φ_j bestimmen. Haben wir jedoch diese Einflußlinien nicht vorher bestimmt, ist es besser, die Einflußlinien der Größen $\hat{P}_j$ direkt zu ermitteln. Die Einflußlinie der Größe Φ_j ist die Biegelinie infolge der Belastung durch die Kraft $P_j = 1$, die hinsichtlich Angriffspunkt, Richtung, Sinn und Charakter der Größe Φ_j entspricht. Da uns die Einflußlinien der Größen Φ_j nicht direkt interessieren, sondern ihre

$\hat{D}_{jj}$-Vielfachen ($\hat{\mathbf{D}}$ ist eine Diagonalmatrix), können wir die Einflußlinie der Größe $\hat{P}_j$ direkt so bestimmen, daß wir die Biegelinie infolge
der Belastung durch die Knotenlast $P_{jf} = \hat{D}_{jj}$ berechnen. Die Berechnung
führen wir nach der Verteilungsmethode durch und bestimmen aus den
berechneten Werten $\hat{\mathbf{P}}_f$ nach Gl. (433a) Φ_f. Die Biegelinie berechnen
wir dann nach der bei der Deformationsmethode oder im Kap. 9 beschriebenen Art.

Sofern die Einflußlinien der statischen Größen in den Endquerschnitten der Stäbe bestimmt werden müssen, gehen wir von der Beziehung

$$\mathbf{S} = \hat{\mathbf{S}}\hat{\mathbf{P}}$$

aus. Wenn wir für $\hat{\mathbf{P}}$ aus Gl. (466) einsetzen und Matrix $\hat{\mathbf{S}}$ ausschreiben,
ist

$$\mathbf{S} = \overline{\mathbf{C}}\mathbf{B}\hat{\mathbf{D}}^{-1}\hat{\mathbf{D}}\Phi = \mathbf{N}\Phi. \tag{467}$$

Wir können somit auch bei der Verteilungsmethode dasselbe Verfahren
anwenden, das bei der Deformationsmethode abgeleitet wurde, d.h. wir
können nachweisen, daß die Einflußlinien der Größen S_i Biegelinien
für eine fiktive Knotenbelastung sind.

$$\mathbf{P}_f = \mathbf{N}^T. \tag{468}$$

Für diese Belastung berechnen wir nach der Verteilungsmethode die
Größen $\hat{P}_{jf}$ und bestimmen

$$\Phi_f = \hat{\mathbf{D}}^{-1}\mathbf{P}_f.$$

Die Berechnung der Biegelinien führen wir wieder nach der in den
Kap. 4 und 9 beschriebenen Art durch.

Abschließend vermerken wir der Vollständigkeit halber noch, daß wir
für die Berechnung der resultierenden inneren Kräfte in den End- und
Zwischenquerschnitten ein Verfahren nach der Deformations- oder der
Kraftgrößenmethode verwenden.

Beispiel 7.1.

Die Konstruktion aus Beispiel 4.1 werden wir nach der Methode der
Kräfte- und Momenteverteilung berechnen. Um mit der üblichen
Berechnungsart vergleichen zu können, vernachlässigen wir den Einfluß
der Normalkräfte. Wir gehen von der in Beispiel 4.1 ermittelten Matrix
$\mathbf{D}_n$ aus, zerlegen sie nach Gl. (443) und berechnen die Matrizen $\mathbf{Q}_n$
und $\mathbf{Q}_n'$.

$\dfrac{1}{EJ_v}\,\hat{D}_n^{-1}$	φ_{bn}	φ_{cn}	u_{bn}
P_{1n}	$0,8\overline{3}$		
P_{2n}		$0,\overline{90}$	
P_{bn}			$30,\overline{30}$

Q_n	$\hat{P}_{1n}$	$\hat{P}_{2n}$	$\hat{P}_{3n}$
P_{1n}	1	$+0,\overline{27}$	$-2,\overline{72}$
P_{2n}	$+0,25$	1	$-2,\overline{27}$
P_{bn}	$-0,075$	$-0,068\overline{1}$	1

Q'_n	$\hat{P}_{1n}$	$\hat{P}_{2n}$	$\hat{P}_{3n}$
P_{1n}		$-0,\overline{27}$	$+2,\overline{72}$
P_{2n}	$-0,25$		$+2,\overline{27}$
P_{bn}	$+0,075$	$+0,068\overline{1}$	

Die Elemente der Matrix Q'_n sind bereits die Verteilungskoeffizienten nach der Verteilungsmethode. Um Q_n^{-1} durch Reihenentwicklung bestimmen zu können, muß die Bedingung $\|Q'_n\| < 1$ erfüllt sein. In unserem Falle ist sie aber nicht erfüllt. Deshalb benützen wir die Transformierung [Gl. (460)]:

$$\hat{P}_b = b\hat{P}_n\,, \qquad \hat{P}_n = b^{-1}\hat{P}_b$$

und bestimmen mit der Bezeichnung $Q_b = Q_n b^{-1}$ [Matrix $(b^{-1})^T$ brauchen wir hier nicht benützen]

$$Q_n b^{-1}\hat{P}_b \doteq Q_b\hat{P}_b = P_n = (I - Q'_b)\,\hat{P}_b\,.$$

b^{-1}	$\hat{P}_{1b}$	$\hat{P}_{2b}$	$\hat{P}_{3b}$
$\hat{P}_{1n}$	1		$+2$
$\hat{P}_{2n}$		1	$+2$
$\hat{P}_{3n}$			$+1$

b	$\hat{P}_{1n}$	$\hat{P}_{2n}$	$\hat{P}_{3n}$
$\hat{P}_{1b}$	1		-2
$\hat{P}_{2b}$		1	-2
$\hat{P}_{3b}$			1

Q'_b	$\hat{P}_{1b}$	$\hat{P}_{2b}$	$\hat{P}_{3b}$
P_{1n}	0	$-0,\overline{27}$	$+0,\overline{18}$
P_{2n}	$-0,25$	0	$-0,2\overline{27}$
P_{bn}	$+0,075$	$+0,068\overline{1}$	$+0,28\overline{63}$

Matrix Q'_b erfüllt bereits das Konvergenzkriterium; somit können wir Q_b^{-1} durch Reihenentwicklung bestimmen. Zur Beschleunigung der

Rechnung benützen wir das Verfahren nach Gl. (451) und berechnen nur die geraden Potenzen der Matrix $\mathbf{Q}'_b$.

$$\mathbf{P}_n = \begin{bmatrix} +333,\overline{3} \\ -333,\overline{3} \\ 0 \end{bmatrix} ; \quad \hat{\mathbf{P}}_n = \begin{bmatrix} +466,87 \\ -438,41 \\ +\;\;5,12 \end{bmatrix}$$

$\mathbf{Q}'^2_b$			
	$+0,0\overline{81}$	$+0,0123$	$+0,1140$
	$-0,0170$	$+0,0526$	$-0,1105$
	$+0,0044$	$-0,0009$	$+0,0801$

$\mathbf{Q}'^4_b$			
	$+0,0069$	$+0,0015$	$+0,0171$
	$-0,0027$	$+0,0024$	$-0,0166$
	$+0,0007$	$-0,0000$	$+0,0070$

$\mathbf{Q}'^6_b$			
	$+0,0006$	$+0,0001$	$+0,0019$
	$-0,0003$	$+0,0001$	$-0,0019$
	$+0,0000$	$-0,0000$	$-0,0006$

$\mathbf{Q}^{-1}_b$			
	$+1,0958$	$-0,2739$	$+0,3661$
	$-0,2936$	$+1,0519$	$-0,4015$
	$+0,0870$	$+0,0717$	$+1,4005$

$\mathbf{Q}^{-1}_n$			
	$+1,2701$	$-0,1304$	$+3,1672$
	$-0,1195$	$+1,1954$	$+2,3915$
	$+0,0871$	$+0,0717$	$+1,4005$

$\hat{\mathbf{S}}_n$	$\hat{P}_{1n}$	$\hat{P}_{2n}$	$\hat{P}_{3n}$
M_{a1}	$0,25$		$-2,\overline{72}$
M_{b1}	$0,5$		$-2,\overline{72}$
M_{a2}	$0,5$	$0,\overline{27}$	
M_{b2}	$0,25$	$0,\overline{54}$	
M_{a3}		$0,\overline{45}$	$-2,\overline{27}$
M_{b3}		$0,2\overline{27}$	$-2,\overline{27}$

$\mathbf{S}_n$	kNm
M_{a1}	$+102,719$
M_{b1}	$+219,436$
M_{a2}	$+113,889$
M_{b2}	$-122,419$
M_{a3}	$-210,905$
M_{b3}	$-111,296$

In der Tabelle sind die ersten vier Dezimalstellen angeführt. Die Abrundung ist nur bei Matrix $\mathbf{Q}^{-1}_n$ vorgenommen.

Die Matrizen $\mathbf{Q}^{-1}_n$ und $\hat{\mathbf{P}}_n$ bestimmen wir aus den Beziehungen

$$\hat{\mathbf{P}}_b = \mathbf{Q}^{-1}_b \mathbf{P}_n ,$$

$$\hat{\mathbf{P}}_n = \mathbf{b}^{-1}\hat{\mathbf{P}}_b = \mathbf{b}^{-1}\mathbf{Q}^{-1}_b \mathbf{P}_n = \mathbf{Q}^{-1}_n \mathbf{P}_n .$$

Weiters stellen wir die Matrix $\hat{\mathbf{S}}_n$ [Gl. (442)] zusammen und berechnen die Werte der Elemente zu Matrix $\mathbf{S}_n$.

Wir wollen noch andere Möglichkeiten für die Berechnung der Matrix $\mathbf{Q}_n^{-1}$ anführen. Eine davon ist die Zerlegung in Untermatrizen [Gl. (452a und weitere)]. In unserem Falle ist $\mathbf{Q}_{n4}'$ eine Einheitsmatrix. Matrix $\mathbf{Q}_{n1}^{-1}$ erfüllt bereits das Kriterium, weshalb wir sie durch Reihenentwicklung bestimmen. (Die Inversion kann in diesem einfachen Falle direkt vorgenommen werden; hier geht es aber darum, die Anwendung der Methode zu zeigen.)

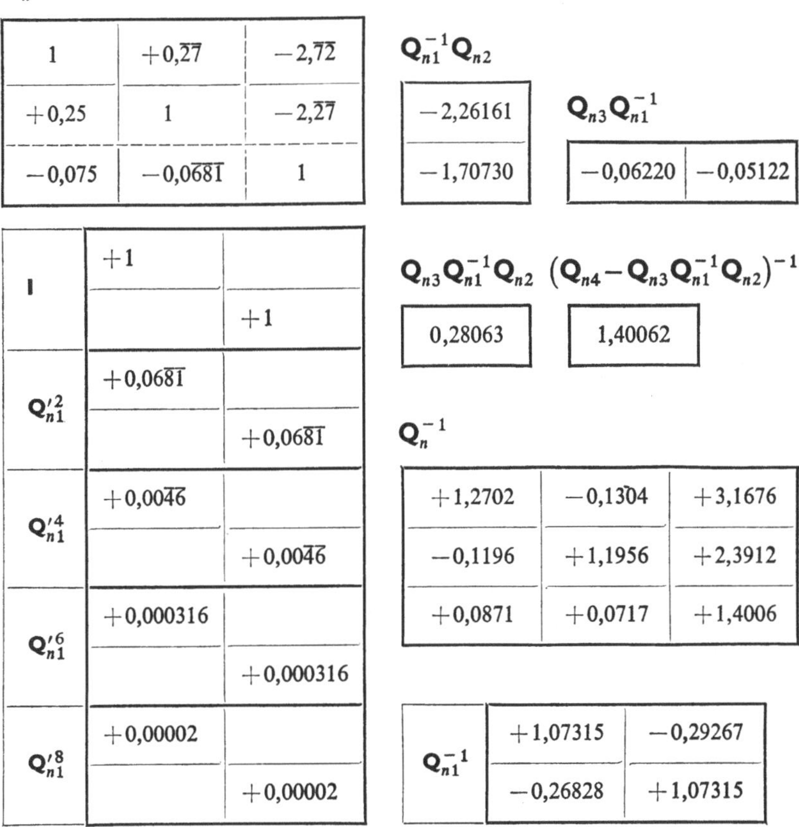

$\mathbf{Q}_n$

1	$+0,\overline{27}$	$-2,\overline{72}$
$+0,25$	1	$-2,\overline{27}$
$-0,075$	$-0,0\overline{681}$	1

I	$+1$	
		$+1$
$\mathbf{Q}_{n1}'^2$	$+0,0\overline{681}$	
		$+0,0\overline{681}$
$\mathbf{Q}_{n1}'^4$	$+0,00\overline{46}$	
		$+0,00\overline{46}$
$\mathbf{Q}_{n1}'^6$	$+0,000316$	
		$+0,000316$
$\mathbf{Q}_{n1}'^8$	$+0,00002$	
		$+0,00002$

$\mathbf{Q}_{n1}^{-1}\mathbf{Q}_{n2}$

$-2,26161$
$-1,70730$

$\mathbf{Q}_{n3}\mathbf{Q}_{n1}^{-1}$

$-0,06220$	$-0,05122$

$\mathbf{Q}_{n3}\mathbf{Q}_{n1}^{-1}\mathbf{Q}_{n2}$ $(\mathbf{Q}_{n4}-\mathbf{Q}_{n3}\mathbf{Q}_{n1}^{-1}\mathbf{Q}_{n2})^{-1}$

$0,28063$		$1,40062$

$\mathbf{Q}_n^{-1}$

$+1,2702$	$-0,13\overline{0}4$	$+3,1676$
$-0,1196$	$+1,1956$	$+2,3912$
$+0,0871$	$+0,0717$	$+1,4006$

$\mathbf{Q}_{n1}^{-1}$	$+1,07315$	$-0,29267$
	$-0,26828$	$+1,07315$

Eine weitere Möglichkeit der Berechnung von $\mathbf{Q}_n^{-1}$ liegt in der Verwendung von Näherungswerten der inversen Matrizen [Gl. (454 und weitere)]. Wir ermitteln einen Näherungswert $\mathbf{Q}_{n1*}^{-1}$ aus den ersten zwei Gliedern der (oben beschriebenen) Entwicklung und berechnen auch die übrigen Produkte.

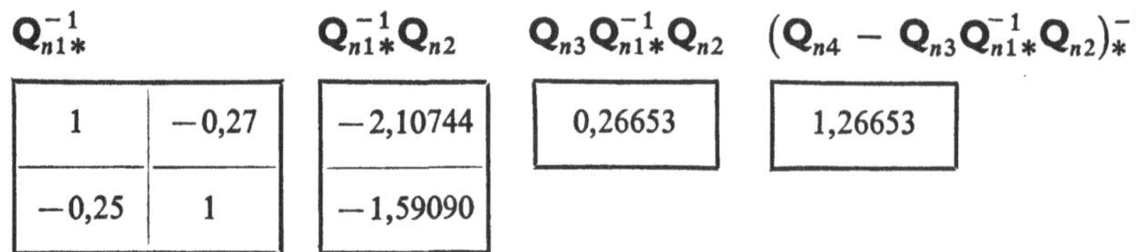

$$\mathbf{Q}_{n1*}^{-1} \qquad \mathbf{Q}_{n1*}^{-1}\mathbf{Q}_{n2} \qquad \mathbf{Q}_{n3}\mathbf{Q}_{n1*}^{-1}\mathbf{Q}_{n2} \qquad (\mathbf{Q}_{n4} - \mathbf{Q}_{n3}\mathbf{Q}_{n1*}^{-1}\mathbf{Q}_{n2})_{*}^{-1}$$

1	$-0{,}27$	$-2{,}10744$	$0{,}26653$	$1{,}26653$
$-0{,}25$	1	$-1{,}59090$		

Den letzten Ausdruck bestimmen wir wieder als Summe der ersten zwei
Glieder der Entwicklung.

Als $\mathbf{Q}_{*}^{-1}$ werden wir die unten angegebene Matrix ansehen und $\mathbf{Z}$
nach Gl. (449) berechnen.

$$\mathbf{Q}_{*}^{-1}$$

1		$+2{,}10744$
	1	$+1{,}59090$
		$+1{,}2663$

$$\mathbf{Z} \qquad\qquad\qquad\qquad \mathbf{Z}'^2$$

1	$+0{,}27$	$-0{,}9128$	$+0{,}13664$	$+0{,}06224$	$-0{,}20747$
$+0{,}25$	1	$-0{,}76072$	$+0{,}05705$	$+0{,}12005$	$-0{,}22820$
$-0{,}075$	$-0{,}0681$	1	$-0{,}01705$	$-0{,}02045$	$+0{,}12033$

Matrix $\mathbf{Z}'$ erfüllt noch nicht das Konvergenzkriterium. Nach Gl. (451)
kann man die Entwicklung so gestalten, daß man nur die geraden Potenzen der Matrix bestimmt, d.h. daß für die Konvergenz die Norm der
Matrix $\mathbf{Z}'^2$ entscheidend ist, und diese entspricht sichtlich dem Kriterium.
Sie konvergiert aber langsam (für die gewährleistete dritte Dezimalstelle
müssen 6 gerade Potenzen der Matrix $\mathbf{Z}'$ bestimmt werden). Matrix $\mathbf{Q}_{n}^{-1}$
ermitteln wir dann aus Gl. (449b). Das Ergebnis stimmt mit dem der
vorhergehenden Alternative überein. Wie bereits angeführt, entspricht
dieses Verfahren der Substitution der Unbekannten durch teilweise
Verteilung nach der üblichen Form der Verteilungsmethode.

Die Konvergenz der Reihe $(\mathbf{I} + \mathbf{Z}'^2 + \mathbf{Z}'^4 + \ldots)$ beschleunigen
wir beträchtlich, wenn wir nach den Gl. (452a, b) und (453) die ganze
Matrix $\mathbf{Q}_{*}^{-1}$ aus den ebenso angenähert bestimmten Werten der Matrizen
$\mathbf{Q}_{n1*}^{-1}$ und $(\mathbf{Q}_{n4} - \mathbf{Q}_{n3}\mathbf{Q}_{n1*}^{-1}\mathbf{Q}_{n2})_{*}^{-1}$ berechnen.

$$\mathbf{Q}_*^{-1}$$

$+1{,}12213$	$-0{,}17214$	$+2{,}66914$
$-0{,}15781$	$+1{,}0793$	$+2{,}01492$
$+0{,}05795$	$+0{,}0473$	$+1{,}26653$

$$\mathbf{Z} \qquad\qquad \mathbf{Z}'^2$$

$+0{,}92105$	$-0{,}00679$	$-0{,}23531$
$-0{,}00898$	$+0{,}92876$	$-0{,}19627$
$-0{,}01545$	$-0{,}01338$	$+0{,}92896$

$+0{,}00016$	$-0{,}00010$	$-0{,}00322$
$-0{,}00019$	$+0{,}00019$	$-0{,}00452$
$+0{,}00034$	$+0{,}00075$	$+0{,}00663$

Wie aus den angegebenen Werten hervorgeht, ist die zweite Schätzung beträchtlich besser und die Summe der ersten drei Entwicklungsglieder, d.i. $\mathbf{I}$; $\mathbf{Z}'^2$; $\mathbf{Z}'^4$, ergibt bereits die Matrix mit gewährleisteter Genauigkeit der 5. Dezimalstelle. Matrix $\mathbf{Q}_n^{-1}$ ermitteln wir aus Gl. (454b); die weitere Rechnung führt zu den gleichen Werten, wie wir sie bei der ersten Alternative der Berechnung bestimmt haben.

8. Weitere Methoden

8.1. Fortleitung der Deformationen

Im Kapitel über die Verteilungsmethode benützten wir für die Berechnung der zur Matrix der Beiwerte der Bedingungsgleichungen nach der Deformationsmethode inversen Matrix eine Modifikation der iterativen Methode Frazer-Duncan-Collar. Verwenden wir diese Methode in der Form, wie sie in [17] angegeben ist, und zeigen wir ihre statische Bedeutung.

Wir wollen voraussetzen, daß wir eine vereinfachte Konstruktion berechnen, wie wir sie im Abschn. 7.2 in Betracht gezogen haben, und verwenden auch die gleichen Bezeichnungen. Für die Typen der Matrizen gelten die in dem erwähnten Kapitel angeführten Voraussetzungen.

Zerlegen wir wiederum die Matrix $\mathbf{D}_n$ aus Gleichung

$$\mathbf{D}_n\mathbf{\Phi}_n = \mathbf{P}_n \tag{469}$$

in die Differenz aus der Diagonalmatrix $\hat{\mathbf{D}}_n$ der Elemente der Hauptdiagonale und der Matrix $\mathbf{D}_n'$ in der Form

$$\mathbf{D}_n = (\hat{\mathbf{D}}_n - \mathbf{D}_n') = \hat{\mathbf{D}}_n(\mathbf{I} - \hat{\mathbf{D}}_n^{-1}\mathbf{D}_n') . \tag{470}$$

Entgegen dem früheren Vorgehen haben wir Matrix $\hat{\mathbf{D}}_n$ nach links vor die Klammer herausgehoben. Wir führen die folgenden Bezeichnungen ein:

$$\hat{\mathbf{D}}_n^{-1}\mathbf{D}_n' = (\mathbf{Q}_n')^T \quad \text{und} \quad [\mathbf{I} - (\mathbf{Q}_n')^T] = \mathbf{Q}_n^T . \tag{471}$$

Ihre Richtigkeit folgt aus der Beziehung ($\mathbf{D}_n'$ ist symmetrisch, $\hat{\mathbf{D}}_n^{-1}$ eine Diagonalmatrix):

$$(\hat{\mathbf{D}}_n^{-1}\mathbf{D}_n')^T = (\mathbf{D}_n')^T (\hat{\mathbf{D}}_n^{-1})^T = \mathbf{D}_n'\hat{\mathbf{D}}_n^{-1} . \tag{471a}$$

Durch Einsetzen in die Ausgangsgleichung bestimmen wir

$$\hat{\mathbf{D}}_n\mathbf{Q}_n^T\mathbf{\Phi}_n = \mathbf{P}_n ,$$
$$\mathbf{Q}_n^T\mathbf{\Phi}_n = \hat{\mathbf{D}}_n^{-1}\mathbf{P}_n . \tag{472}$$

Mit der Bezeichnung

$$\hat{\mathbf{D}}_n^{-1}\mathbf{P}_n = \mathbf{\Phi}_R \qquad (473)$$

ist dann

$$\mathbf{Q}_n^T\mathbf{\Phi}_n = \mathbf{\Phi}_R \qquad (474)$$

und

$$\left[\mathbf{I} - (\mathbf{Q}_n')^T\right]\mathbf{\Phi}_n = \mathbf{\Phi}_R \,.$$

Wenn die Matrix $(\mathbf{Q}_n')^T$ das Konvergenzkriterium erfüllt, kann die inverse Matrix $(\mathbf{Q}_n^T)^{-1}$ durch Reihenentwicklung bestimmt werden nach den Beziehungen

$$\mathbf{\Phi}_n = \left[\mathbf{I} - (\mathbf{Q}_n')^T\right]^{-1}\mathbf{\Phi}_R \,,$$

$$\mathbf{\Phi}_n = \left\{\mathbf{I} + (\mathbf{Q}_n')^T + \left[(\mathbf{Q}_n')^T\right]^2 + \left[(\mathbf{Q}_n')^T\right]^3 + \left[(\mathbf{Q}_n')^T\right]^4 + \ldots\right\}\mathbf{\Phi}_R \,. \qquad (475)$$

Diese Gleichung beschreibt im Wesen die Methode der Fortleitung der Deformationen. Um noch einige weitere Zusammenhänge aufzuzeigen, beschränken wir uns auf solche Matrizen $\mathbf{D}_n$, die für Konstruktionen mit unverschieblichen Knoten aufgestellt sind. Matrix $\mathbf{\Phi}_R$ ist dann nichts anderes als die Matrix der primären Verdrehungen, mit denen bei der Fortleitung der Deformationen gearbeitet wird [32].

Durch eine ähnliche Analyse, wie wir sie bei der Verteilung vorgenommen haben, können wir zeigen, daß die einzelnen Glieder der Entwicklung die schrittweise Fortleitung der Deformationen in der Konstruktion vorstellen. Die Matrix, die durch Addition der Reihe entsteht — bezeichnen wir sie mit $\mathbf{r}$ —, drückt die Abhängigkeit der resultierenden von den primären Deformationskomponenten aus (bei der angeführten Beschränkung der Aufgabe sind es Knotendrehwinkel). Das bedeutet, daß die Diagonalglieder der Matrix $\mathbf{r}$ die Werte (oder ihre Näherungen, je nachdem, wie viele Glieder der Reihe addiert wurden) der Koeffizienten darstellen, die bei der Methode der Fortleitung der Deformationen mit k bezeichnet werden; die übrigen Glieder sind bereits die gehörig ausmultiplizierten Fortleitungsbeiwerte, und die Gleichung

$$\mathbf{\Phi}_n = \left(\mathbf{r}_d + \mathbf{r}'\right)\mathbf{\Phi}_R = \mathbf{\Phi}_\mathrm{I} + \mathbf{\Phi}_\mathrm{II} \qquad (476)$$

(wo $\mathbf{r}_d$ die Matrix der Diagonalglieder der Matrix $\mathbf{r}$ ist und $\mathbf{r}'$ die Matrix der Glieder außerhalb der Diagonale) ist der Matrizenausdruck der Deformationsfortleitung. $\mathbf{\Phi}_\mathrm{I}$ ist dann die Matrix der Deformationen, die durch die Belastung jedes Knotens für sich entstanden sind und $\mathbf{\Phi}_\mathrm{II}$ die Matrix der Deformationen infolge der Belastung der anderen Knoten.

Bei der Methode der Fortleitung der Deformationen arbeiten wir mit einer Potenzreihe der Matrizen $(\mathbf{Q}'_n)^T$, bei der Kräfte- und Momenteverteilung mit einer Reihe der Matrizen $\mathbf{Q}'_n$. Somit sind die Bedingungen der Konvergenz und deren Raschheit in beiden Fällen gleich.

Aus Gleichung

$$[\mathbf{I} - (\mathbf{Q}'_n)^T]\,\boldsymbol{\Phi}_n = \boldsymbol{\Phi}_R \tag{477}$$

folgt, daß wir die resultierenden Werte der Deformationskomponenten in der gleichen Weise tabellarisch berechnen können, wie wir die Elementewerte der Matrix $\hat{\mathbf{P}}_n$ bei der Verteilungsmethode bestimmen. Jede Spalte der Matrix $(\mathbf{Q}'_n)^T$ (oder jede Zeile von $\mathbf{Q}'_n$) bestimmt dann die Verteilungsbeiwerte; gleichzeitig gibt sie an, in welcher Richtung verteilt werden muß.

Nach der Analogie beider Arten wäre es möglich, die Erörterung der Matrizenform der Deformationsfortleitung fortzusetzen, z.B. den Ausdruck „Primärverschiebung" einzuführen, selbständig die resultierenden Knotenverschiebungen zu berechnen und Erwägungen anzustellen über weitere Möglichkeiten der Rechnungsgestaltung. Da aber üblicherweise die Bestimmung der resultierenden Momente, der Quer- und Normalkräfte das Ziel der Rechnung ist, ist es nicht nötig, daß wir uns eingehender mit dieser Berechnungsart befassen. Bei der Verteilungsmethode arbeiten wir direkt mit Momenten und brauchen nicht von den Momenten zu Deformationen überzugehen und umgekehrt. Es sei noch bemerkt, daß bei Konstruktionen mit unverschieblichen Knoten die Elemente der Matrix $[(\mathbf{Q}'_n)^T]^2$ Beiwerte, die bei der Deformationsfortleitung mit a bezeichnet werden, oder deren Summen sind. Und so, wie sie bei der Näherungsrechnung nach der Methode der Deformationsfortleitung benützt werden, wäre es möglich, sie [mit Rücksicht auf den Zusammenhang von $\mathbf{Q}'_n$ und $(\mathbf{Q}'_n)^T$] zur Näherungsrechnung auch bei der Verteilungsmethode heranzuziehen.

Für den Fall, daß man aus irgendeinem Grunde gezwungen wäre, nur mit Deformationen zu rechnen, und die resultierenden Momente nicht brauchte, könnte man vorteilhafter die angegebenen Matrizenbeziehungen der Methode der Deformationsfortleitung statt der Methode der Momenteverteilung benützen.

Man könnte ebenso die Methode der Deformationsfortleitung verallgemeinern für eine allgemeine Rahmenkonstruktion. Mit Rücksicht darauf, daß es sich vom Standpunkte der Verwendung von Rechenautomaten im Grunde nur um eine andere Berechnungsart der inversen Matrix handelt, werden wir uns jedoch nicht weiter mit dieser Methode befassen.

8.2. Gemischte Methode

Eine weitere Methode, deren Matrizenausdruck einen besseren Einblick in die Struktur der Rechnung gewährt, ist die gemischte Methode [37]. Zu ihrer Ableitung können wir die in den Kapiteln 4 und 5 gezogenen Schlußfolgerungen benützen. Die allgemeinen Voraussetzungen hinsichtlich der Konstruktion gelten weiter, nur der besseren Anschauung und Bezeichnungsmöglichkeit wegen ziehen wir die konkrete Konstruktion nach Abb. 22 in Betracht. Zerlegen wir sie in zwei Teile. Den unteren

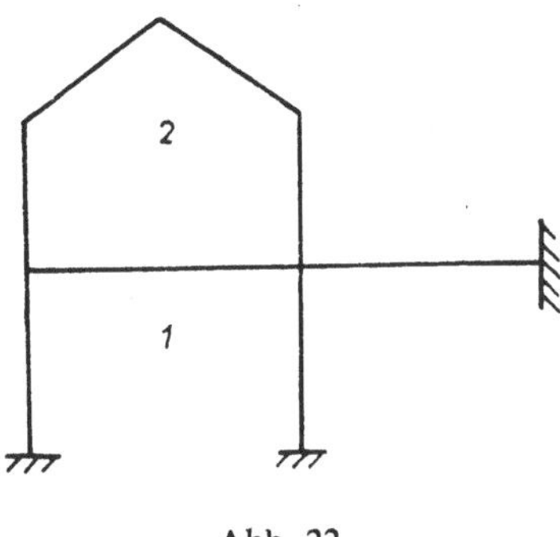

Abb. 22.

Teil bezeichnen wir mit 1, den oberen mit 2. Teil 2 kann als Rahmen mit nachgiebigen Stützen angesehen werden. Wir berechnen ihn nach der Kraftgrößenmethode. Benützen wir die früher abgeleiteten Beziehungen und schreiben wir bei einem beliebig gewählten, statisch bestimmten Grundsystem für den oberen Teil [Gl. (315a)]:

$$\mathbf{F}_2\mathbf{X}_2 + \mathbf{G}_2^T\mathbf{P}_2 = {}^2\mathbf{L}_1\Delta_2 + \mathbf{O}\Phi_2,$$
$$\mathbf{G}_2\mathbf{X}_2 + \mathbf{H}_2\mathbf{P}_2 = {}^2\mathbf{L}_3\Delta_2 + \mathbf{I}\Phi_2. \tag{478}$$

Die Stützensenkungen Δ_2 sind aber gleich den zugehörigen Deformationskomponenten der Knoten des Teils 1, also Φ_1; die erste der Gleichungen (478) bringen wir somit auf die Form

$$\mathbf{F}_2\mathbf{X}_2 + \mathbf{G}_2^T\mathbf{P}_2 = {}^2\mathbf{L}_1\Phi_1, \quad -{}^2\mathbf{L}_1\Phi_1 + \mathbf{F}_2\mathbf{X}_2 = -\mathbf{G}_2^T\mathbf{P}_2. \tag{478a}$$

Die Reaktionskomponenten des oberen Teils bestimmen wir aus Gl. (319a):

$$\begin{bmatrix} \mathbf{R}_2 \\ \mathbf{P}_2 \end{bmatrix} = \begin{bmatrix} {}^2\mathbf{L}_1^T; & {}^2\mathbf{L}_3^T \\ \mathbf{O}; & \mathbf{I} \end{bmatrix} \begin{bmatrix} \mathbf{X}_2 \\ \mathbf{P}_2 \end{bmatrix}$$

oder

$$\mathbf{R}_2 = {}^2\mathbf{L}_1^T\mathbf{X}_2 + {}^2\mathbf{L}_3^T\mathbf{P}_2.$$

Den unteren Teil 1 berechnen wir nach der Deformationsmethode.
Die Bedingungsgleichungen können wir, ohne Rücksicht auf den oberen
Teil, in der Form von Gl. (167) schreiben

$$\mathbf{D}_1\mathbf{\Phi}_1 = \mathbf{P}_1\,.$$

In den Knoten ist jedoch der untere Teil nicht nur durch die Lasten P_{j1},
sondern auch durch die Stützendrücke des Teils 2 belastet. In Hinsicht
auf Teil 2 und das Prinzip von Aktion und Reaktion muß man schreiben

$$\mathbf{D}_1\mathbf{\Phi}_1 = \mathbf{P}_1 - \mathbf{R}_2$$

und

$$\mathbf{D}_1\mathbf{\Phi}_1 + \mathbf{R}_2 = \mathbf{P}_1\,. \tag{479}$$

Für $\mathbf{R}_2$ setzen wir den früher angeschriebenen Ausdruck ein und ordnen

$$\mathbf{D}_1\mathbf{\Phi}_1 + {}^2\mathbf{L}_1^T\mathbf{X}_2 = \mathbf{P}_1 - {}^2\mathbf{L}_3^T\mathbf{P}_2\,. \tag{480}$$

Diese Gleichung zusammen mit der zweiten Gleichung (478a) bildet das
System

$$\mathbf{D}_1\mathbf{\Phi}_1 + {}^2\mathbf{L}_1^T\mathbf{X}_2 = \mathbf{P}_1 - {}^2\mathbf{L}_3^T\mathbf{P}_2\,,$$
$$-{}^2\mathbf{L}^T\mathbf{\Phi}_1 + \mathbf{F}_2\mathbf{X}_2 = -\mathbf{G}_2^T\mathbf{P}_2 \tag{481}$$

oder

$$\begin{bmatrix} \mathbf{D}_1 \;; & {}^2\mathbf{L}_1^T \\ -{}^2\mathbf{L}_1\;; & \mathbf{F}_2 \end{bmatrix}\begin{bmatrix} \mathbf{\Phi}_1 \\ \mathbf{X}_2 \end{bmatrix} = \begin{bmatrix} \mathbf{I}\;; & -{}^2\mathbf{L}_3^T \\ \mathbf{O}\;; & -\mathbf{G}_2^T \end{bmatrix}\begin{bmatrix} \mathbf{P}_1 \\ \mathbf{P}_2 \end{bmatrix}\,. \tag{481a}$$

Wie aus ihrer Bedeutung hervorgeht, sind $\mathbf{D}_1$ und $\mathbf{F}_2$ quadratische,
reguläre Matrizen; man kann also aus Gleichung (481) $\mathbf{\Phi}_1\;; \mathbf{X}_2$ berechnen.

Diese Gleichungen sind die Gleichungen der gemischten Methode.
Aus ihnen ist auch zu ersehen, wie die Beiwerte allgemein zu bestimmen
sind, die aus der Deformations- und Kraftgrößenmethode nicht hervor-
gehen. (Die Bedeutung der einzelnen Matrizen wurde früher erläutert.)
Selbstverständlich kann die Berechnungsart auch bei komplizierteren
Konstruktionen verwendet werden, bei denen ein Teil besser nach der
Kraftgrößenmethode, der andere nach der Deformationsmethode
zu berechnen ist. Die Matrizentypen sind davon abhängig, wie die
Konstruktion zerlegt wird.

Bemerkung: Die resultierenden Werte S_i bestimmen wir dann aus
Φ_{j2} und X_{t1} auf Grund des Superpositionsgesetzes aus der Beziehung

$$\mathbf{S} = \mathbf{N}_2\mathbf{\Phi}_2 + \mathbf{S}_1\mathbf{X}_1\,. \tag{482}$$

8.3. Methode nach Kani

Um die Matrizenform der Methode nach Kani zu zeigen, betrachten wir wieder eine Konstruktion mit Knotenbelastung unter den vereinfachten Annahmen wie im Abschn. 8.1.

Wir gehen von der Gleichung aus, die das System der Bedingungsgleichungen (167) zur Bestimmung der Knotenverschiebungen bei der Deformationsmethode beschreibt:

$$\mathbf{D}_n\mathbf{\Phi}_n = \mathbf{P}_n \, . \tag{483}$$

Um eine Vergleichsmöglichkeit mit den übrigen Methoden zu haben, behalten wir auch hier die eingeführte Vorzeichenregel bei. Zerlegen wir Matrix $\mathbf{D}_n$ in die Differenz

$$\mathbf{D}_n = \hat{\mathbf{D}}_n - \mathbf{D}_n' \tag{484}$$

(die Matrizen und ihre Typen wurden im Abschn. 7.2 definiert), können wir Gl. (483) auf die Form bringen

$$\hat{\mathbf{D}}_n\mathbf{\Phi}_n = \mathbf{P}_n + \mathbf{D}_n'\mathbf{\Phi}_n \, . \tag{485}$$

Durch Umordnung dieser Gleichung erhalten wir eine Beziehung, die die Lösung des betrachteten Gleichungssystems nach der Iterationsmethode Gauß-Seidel beschreibt:

$$\hat{\mathbf{D}}_n{}^{(k+1)}\mathbf{\Phi}_n = \mathbf{P}_n + {}^u\mathbf{D}_n'{}^{(k+1)}\mathbf{\Phi}_n + {}^o\mathbf{D}_n'{}^{(k)}\mathbf{\Phi}_n \, , \tag{486}$$

wo ${}^u\mathbf{D}_n'$ und ${}^o\mathbf{D}_n'$ die aus $\mathbf{D}'$ gebildete untere und obere Dreiecksmatrix sind. Der linke obere Index bei Matrix $\mathbf{\Phi}$ ist der Ordnungsindex der Iterationsschritte.

Wenn wir noch Gl. (486) durch Multiplikation von links mit der existierenden und leicht bestimmbaren Matrix $\hat{\mathbf{D}}_n^{-1}$ umformen, ist

$$^{(k+1)}\mathbf{\Phi}_n = \hat{\mathbf{D}}_n^{-1}\left[\mathbf{P}_n + {}^u\mathbf{D}_n'{}^{(k+1)}\mathbf{\Phi}_n + {}^o\mathbf{D}_n'{}^{(k)}\mathbf{\Phi}_n\right] \, , \tag{487}$$

und wir haben den Ausdruck für die $(k+1)$-te Näherung der Matrix $\mathbf{\Phi}_n$ bestimmt.

In der für die Berechnung der resultierenden Größen S_{ni} geltenden Gl. (233), d.i. in

$$\mathbf{S}_n = \mathbf{N}_n\mathbf{\Phi}_n \, , \tag{488}$$

schreiben wir Matrix $\mathbf{N}_n$ nach Gl. (241) aus:

$$\mathbf{N}_n = \overline{\mathbf{C}}_n\mathbf{A}_n^T\mathbf{\Phi}_n \tag{489}$$

und zerlegen Matrix $\overline{\mathbf{C}}_n$ in das Produkt

$$\overline{\mathbf{C}}_n = \overline{\mathbf{V}}_n \overline{\mathbf{C}}_n^{\times} . \tag{490}$$

Unter den angeführten vereinfachenden Bedingungen sind beide neu-eingeführten Matrizen vom Typ $(2m \, . \, 2m)$ und haben die Form

$$\overline{\mathbf{C}}_n = \begin{bmatrix} 2; & 1 & & & & \\ 1; & 2 & & & & \\ & & 2; & 1 & & \\ & & 1; & 2 & & \\ & & & & \ddots & \\ & & & & & 2; & 1 \\ & & & & & 1; & 2 \end{bmatrix} \begin{bmatrix} k_1 & & & & & \\ & k_1 & & & & \\ & & k_2 & & & \\ & & & k_2 & & \\ & & & & \ddots & \\ & & & & & k_m & \\ & & & & & & k_m \end{bmatrix} , \tag{490a}$$

wo $k_i = (EJ_i)/l_i$.

Für $\overline{\mathbf{C}}_n$ setzen wir in Gl. (489) den Ausdruck (490) ein.

Mit der Bezeichnung

$$\mathbf{S}'_n = \overline{\mathbf{C}}_n^{\times} \mathbf{A}_n^{T} \mathbf{\Phi}_n \tag{491}$$

können wir Gl. (488) in der Form

$$\mathbf{S}_n = \overline{\mathbf{V}}_n \mathbf{S}'_n \tag{492}$$

schreiben. Die einzelnen Elemente von $\mathbf{S}'_n$ sind dann die Werte der bei der Methode nach Kani eingeführten Verdrehungsmomente.

Wenn wir in Gl. (491) für $\mathbf{\Phi}_n$ den Ausdruck (487) einsetzen, ist mit der Bezeichnung

$$\overline{\mathbf{S}}'_n = \overline{\mathbf{C}}_n^{\times} \mathbf{A}_n^{T} \hat{\mathbf{D}}_n^{-1} \tag{493}$$

die Gleichung

$$^{(k+1)}\mathbf{S}'_n = \overline{\mathbf{S}}'_n \left[\mathbf{P}_n + {}^{u}\mathbf{D}'_n \, {}^{(k+1)}\mathbf{\Phi}_n + {}^{o}\mathbf{D}'_n \, {}^{(k)}\mathbf{\Phi}_n \right] \tag{494}$$

die Vorschrift für die Iterationsberechnung der Verdrehungsmomente. Die resultierenden Momente in den Endquerschnitten der einzelnen Stäbe berechnen wir aus Gl. (492), worin wir für $\mathbf{S}'_n$ die letzte nach Gl. (494) berechnete Näherung einsetzen.

Die angegebenen Beziehungen sind die Matrizenschreibweise der Methode nach Kani.

Um den Zusammenhang dieser Iterationsmethode mit den vorher-gehenden zu zeigen, gestalten wir die Rechnung ein wenig anders.

Die Gleichung (483) schreiben wir in der Form

$$(\hat{\mathbf{D}}_n - \mathbf{D}_n') \, \mathbf{\Phi}_n = \mathbf{P}_n \, . \tag{495}$$

Die ganze Gleichung multiplizieren wir von links mit der Matrix $\hat{\mathbf{D}}_n^{-1}$:

$$(\mathbf{I} - \hat{\mathbf{D}}_n^{-1} \mathbf{D}_n') \, \mathbf{\Phi}_n = \hat{\mathbf{D}}_n^{-1} \mathbf{P}_n \, . \tag{495a}$$

Wenn wir im Einklang mit Abschn. 8.1 bezeichnen

$$\hat{\mathbf{D}}_n^{-1} \mathbf{D}_n' = (\mathbf{Q}_n')^T \, , \tag{496}$$

können wir, die Existenz der zu $[\mathbf{I} - (\mathbf{Q}_n')^T]$ inversen Matrix vorausgesetzt,

$$\mathbf{\Phi}_n = [\mathbf{I} - (\mathbf{Q}_n')^T]^{-1} \, \hat{\mathbf{D}}_n^{-1} \mathbf{P}_n \tag{497}$$

bestimmen. Wenn im gegebenen Falle die Bedingung $\|(\mathbf{Q}_n')^T\| < 1$ erfüllt ist, können wir die inverse Matrix durch Reihenentwicklung ermitteln:

$$\mathbf{\Phi}_n = [\mathbf{I} + (\mathbf{Q}_n'^T) + (\mathbf{Q}_n'^T)^2 + \ldots] \, \hat{\mathbf{D}}_n^{-1} \mathbf{P}_n \, . \tag{498}$$

Das aber ist das gleiche Verfahren, das wir bei der Methode der Deformationsfortleitung verwendet haben. Wenn wir aus der letzten Gleichung den Ausdruck zur Bestimmung von $\mathbf{\Phi}_n$ in die Gleichung (491) einsetzen, beschreibt die Gleichung

$$\mathbf{S}_n' = \overline{\mathbf{C}}_n^{\times} \mathbf{A}_n^T [\mathbf{I} + (\mathbf{Q}_n'^T) + (\mathbf{Q}_n'^T)^2 + (\mathbf{Q}_n'^T)^3 + \ldots] \, \hat{\mathbf{D}}_n^{-1} \mathbf{P}_n \tag{499}$$

auch die Iterationsberechnung der Werte der Verdrehungsmomente. Dabei ist die k-te Näherung der Verdrehungsmomente durch die Gleichung (499) bestimmt, wenn wir in der Potenzreihe die ersten k Glieder addieren.

Auf diese Art, die — wie aus den letzten Gleichungen ersichtlich ist — mit der Methode der Deformationsfortleitung zusammenhängt, berechnen wir zwar die einzelnen Näherungen der Verdrehungsmomente, der Rechnungsvorgang entspricht aber nicht ganz dem Algorithmus der skalaren Form der Methode nach Kani. Wir formen deshalb Gl. (499) noch weiter um.

Die Gleichung (497) können wir mit Rücksicht auf die Gültigkeit der Beziehung

$$[\mathbf{I} - (\mathbf{Q}_n')^T]^{-1} = \hat{\mathbf{D}}_n^{-1} [\mathbf{I} - \mathbf{Q}_n']^{-1} \hat{\mathbf{D}}_n \tag{500}$$

[von deren Richtigkeit wir uns auf Grund der Gl. (471a) leicht überzeugen] in der Form

$$\mathbf{\Phi}_n = \hat{\mathbf{D}}_n^{-1} [\mathbf{I} - \mathbf{Q}_n']^{-1} \mathbf{P}_n \tag{497a}$$

schreiben. Mit der Bezeichnung nach (493) können wir dann Gl. (499) überführen in

$$S'_n = \overline{S}'_n[I + Q'_n + Q'^2_n + Q'^3_n + \dots] P_n. \qquad (499a)$$

Diese Gleichung ist zusammen mit Gl. (492) eine andere Matrizenschreibweise der Methode nach Kani.

Bei einer solchen Umformung ist der Zusammenhang der Methode nach Kani mit den Methoden der Momenteverteilung und Deformationsfortleitung klar ersichtlich. [Gl. (446) und (475).] Die gemeinsame Grundlage aller dieser Methoden ist die Entwicklung des Ausdruckes $[I - Q'_n]^{-1}$ in eine Matrizenpotenzreihe. Verschieden sind nur Anzahl und Charakter der Operationen, mit denen aus den Komponenten der Knotenbelastung die resultierenden Biegemomente berechnet werden. Aus dem Vergleich der Gleichungen (499a) und (492) mit Gl. (465) geht weiters hervor, daß die Methode nach Kani in die nach Cross übergeht, wenn wir aus jeder Näherung der Größen S'_{ni} sogleich die Größen S_{ni} berechnen.

Die Matrizenform der Methode nach Kani haben wir unter vereinfachten Annahmen abgeleitet, um den Vergleich mit den anderen Methoden zu ermöglichen.

Selbst bei dieser Methode wäre es nicht schwer, Gleichungen zur Berechnung einer allgemeinen Konstruktion abzuleiten und auch weitere Schlüsse zu ziehen über Möglichkeiten der Rechnungsvereinfachung, der Sicherung oder Beschleunigung der Konvergenz u.a. Da aber, vom Standpunkt der Verwendung von Rechenautomaten aus, es sich wieder nur um eine Abänderung der iterativen Berechnungsart der Bedingungsgleichungen bei der Deformationsmethode handelt, sehen wir von weiteren Erwägungen ab.

Beispiel 8.1.

Wir stellen die Matrizen der Methode der Deformationsfortleitung für die Konstruktion des Beispiels 4.1 auf, u.zw. bei Vernachlässigung des Einflusses der Normalkräfte und unter der Voraussetzung, daß keine waagrechte Verschiebung auftritt.

Diese Vereinfachung führen wir deshalb ein, um einen leichten Vergleich mit der üblichen Berechnungsart zu ermöglichen.

Unter den angegebenen Voraussetzungen stellen wir Gl. (469) auf und zerlegen Matrix D_n nach Gl. (470).

$$EJ_v \begin{bmatrix} 1{,}2; & 0{,}3 \\ 0{,}3; & 1{,}1 \end{bmatrix} \begin{bmatrix} \varphi_b \\ \varphi_c \end{bmatrix} = \begin{bmatrix} +333{,}\overline{3} \\ -333{,}\overline{3} \end{bmatrix},$$

$$\mathbf{D}_n = \hat{\mathbf{D}}_n(\mathbf{I} - \mathbf{D}_n^{-1}\mathbf{D}_n') = \hat{\mathbf{D}}_n\mathbf{Q}_n^T = \begin{bmatrix} 1{,}2; & 0 \\ 0; & 1{,}1 \end{bmatrix} \begin{bmatrix} 1; & 0{,}25 \\ 0{,}\overline{27}; & 1 \end{bmatrix}.$$

Wir berechnen die Matrix $\mathbf{\Phi}_R$ der primären Verdrehungen [Gl. (473)] und die Matrix $(\mathbf{Q}_n)^T$.

$$(\mathbf{Q}_n')^T = \begin{bmatrix} 0 & ; & -0{,}25 \\ -0{,}\overline{27}; & & 0 \end{bmatrix}; \quad \mathbf{\Phi}_R = \begin{bmatrix} +277{,}\overline{7} \\ -303{,}\overline{03} \end{bmatrix} \frac{1}{EJ_v}.$$

Zur Bestimmung der inversen Matrix $(\mathbf{Q}_n^T)^{-1}$ durch Reihenentwicklung berechnen wir die Potenzen von $(\mathbf{Q}_n')^T$. Wir geben nur die ersten vier an:

$$[(\mathbf{Q}_n')^T]^2 = \begin{bmatrix} +0{,}06\overline{81}; & 0 \\ 0 & ; & +0{,}06\overline{81} \end{bmatrix};$$

$$[(\mathbf{Q}_n')^T]^3 = \begin{bmatrix} 0 & ; & -0{,}0170\overline{45} \\ -0{,}018595; & 0 \end{bmatrix};$$

$$[(\mathbf{Q}_n')^T]^4 = \begin{bmatrix} +0{,}004648; & 0 \\ 0 & ; & +0{,}004648 \end{bmatrix}.$$

Durch Summierung der Reihe in Gl. (475) bestimmen wir (die Summierung wurde bis zur siebenten Potenz vorgenommen)

$$(\mathbf{Q}_n^T)^{-1} = \begin{bmatrix} +1{,}07147; & -0{,}26828 \\ -0{,}29267; & +1{,}07147 \end{bmatrix} = \mathbf{r} =$$

$$= \begin{bmatrix} \dfrac{1}{1 - a_{bc}'}; & \dfrac{\xi_{bc}}{1 - a_{cb}'} \\[2ex] \dfrac{\xi_{bc}}{1 - a_{bc}'}; & \dfrac{1}{1 - a_{cb}'} \end{bmatrix}.$$

Zum Vergleich führen wir auch die von Dr. Klouček eingeführte Bezeichnung an. Nach Gl. (476) berechnen wir

$$\mathbf{\Phi}_n = \begin{bmatrix} +379{,}395 \\ -406{,}495 \end{bmatrix} \frac{1}{EJ_v} \quad \text{oder} \quad \mathbf{\Phi}_\mathrm{I} = \begin{bmatrix} +298{,}096 \\ -325{,}196 \end{bmatrix} \frac{1}{EJ_v};$$

$$\mathbf{\Phi}_\mathrm{II} = \begin{bmatrix} 81{,}299 \\ 81{,}299 \end{bmatrix} \frac{1}{EJ_v}.$$

Die resultierenden Momente in kNm errechnen wir aus Gleichung

$$\mathbf{S}_n = \mathbf{N}_n \mathbf{\Phi}_n\,.$$

$EJ_v\mathbf{N}_n$	φ_b	φ_c	$\mathbf{S}_n$	$\mathbf{S}_n$ direkt bestimmt
M_{a1}	0,3		$+113{,}818$	$+113{,}821$
M_{b1}	0,6		$+227{,}637$	$+227{,}642$
M_{a2}	0,6	0,3	$+105{,}688$	$+105{,}691$
M_{b2}	0,3	0,6	$-130{,}078$	$-130{,}081$
M_{a3}		0,5	$-203{,}247$	$-203{,}325$
M_{b3}		0,25	$-101{,}623$	$-101{,}626$

Beispiel 8.2.

Die Konstruktion des Beispiels 8.1 berechnen wir unter den gleichen Annahmen noch nach der Methode nach Kani.

Wir benützen die zweite Fassung dieser Methode und stellen die Matrizen $\overline{\mathbf{V}}_n$ und $\overline{\mathbf{C}}_n^{\times}$ auf. Aus den in den Beispielen 4.1, 7.1 und 8.1 bestimmten Matrizen berechnen wir nach Gl. (490) die Matrix $\overline{\mathbf{S}}_n'$.

$$\overline{\mathbf{V}}_n = \begin{bmatrix} 2; & 1; & & & & \\ 1; & 2; & & & & \\ & & 2; & 1; & & \\ & & 1; & 2; & & \\ & & & & 2; & 1 \\ & & & & 1; & 2 \end{bmatrix}, \quad \overline{\mathbf{C}}_n^{\times} = \begin{bmatrix} 0{,}3 & & & & & \\ & 0{,}3 & & & & \\ & & 0{,}3 & & & \\ & & & 0{,}3 & & \\ & & & & 0{,}25 & \\ & & & & & 0{,}25 \end{bmatrix} EJ_v\,,$$

$$\overline{\mathbf{S}}_n' = \begin{bmatrix} 0 & ; & 0 \\ 0{,}25; & 0 \\ 0{,}25; & 0 \\ 0 & ; & 0{,}\overline{27} \\ 0 & ; & 0{,}2\overline{27} \\ 0 & ; & 0 \end{bmatrix}.$$

Aus Gl. (499a) erhalten wir die einzelnen Näherungen der Elemente der Matrix $\mathbf{S}'_n$. Die Zeilenbezeichnung entspricht der höchsten Potenz der Matrix $\mathbf{Q}'_n$, die bei der Reihensummierung berücksichtigt wird. Die resultierenden Momente berechnen wir nach Gl. (492).

Verdrehungsmomente:

$\mathbf{S}'_n$	M'_{a1}	M'_{b1}	M'_{a2}	M'_{b2}	M'_{a3}	M'_{b3}
0	0	$+\ 83,\overline{3}$	$+\ 83,\overline{3}$	$-\ 90,\overline{90}$	$-\ 75,\overline{75}$	0
1	0	$+106,\overline{06}$	$+106,\overline{06}$	$-113,\overline{63}$	$-\ 94,\overline{69}$	0
2	0	$+111,7\overline{42}$	$+111,7\overline{42}$	$-119,835$	$-\ 99,862$	0
3	0	$+113,292$	$+113,292$	$-121,384$	$-101,154$	0
4	0	$+113,679$	$+113,679$	$-121,807$	$-101,506$	0
5	0	$+113,785$	$+113,785$	$-121,912$	$-101,594$	0
6	0	$+113,811$	$+113,811$	$-121,941$	$-101,617$	0

Resultierende Momente:

$\mathbf{S}_n$	M_{a1}	M_{b1}	M_{a2}	M_{b2}	M_{a3}	M_{b3}
kNm	$+113,811$	$+227,622$	$+105,681$	$-130,071$	$-203,235$	$-101,617$

Berechnen wir aus jeder Näherung der Verdrehungsmomente sogleich auch die resultierenden Momente, bestimmen wir damit die einzelnen Näherungen der resultierenden Momente. Diese Näherungen sind identisch mit denen, die nach der Verteilungsmethode in der Form von Cross errechnet wurden. Zum Vergleich führen wir in der folgenden Tabelle die Näherungen der resultierenden Momente an:

	0	1	2	3	4	5	6	s_n
M_{a1}	$+\ 83{,}\overline{3}$	$+22{,}\overline{72}$	$+\ 5{,}68\overline{1}$	$+1{,}549\ 56$	$+0{,}387\ 39$	$+0{,}105\ 65$	$+0{,}026\ 41$	$+113{,}811$
M_{b1}	$+166{,}\overline{6}$	$+45{,}\overline{45}$	$+11{,}\overline{36}$	$+3{,}099\ 12$	$+0{,}774\ 78$	$+0{,}211\ 30$	$+0{,}052\ 82$	$+227{,}622$
M_{a2}	$+\ 75{,}\overline{75}$	$+22{,}\overline{72}$	$+\ 5{,}165\ 29$	$+1{,}549\ 56$	$+0{,}352\ 17$	$+0{,}105\ 65$	$+0{,}024\ 01$	$+105{,}681$
M_{b2}	$-\ 98{,}\overline{48}$	$-22{,}\overline{72}$	$-\ 6{,}714\ 88$	$-1{,}549\ 56$	$-0{,}457\ 83$	$-0{,}105\ 65$	$-0{,}031\ 21$	$-130{,}071$
M_{a3}	$-151{,}5\overline{1}$	$-37{,}\overline{87}$	$-10{,}330\ 58$	$-2{,}582\ 60$	$-0{,}704\ 35$	$-0{,}176\ 08$	$-0{,}048\ 02$	$-203{,}235$
M_{b3}	$-\ 75{,}\overline{75}$	$-18{,}\overline{93}$	$-\ 5{,}165\ 29$	$-1{,}291\ 30$	$-0{,}352\ 17$	$-0{,}088\ 04$	$-0{,}024\ 01$	$-101{,}617$

9. Der eingespannte Träger

9.1. Einleitung

Bei allen bisher angeführten Berechnungsmethoden von Rahmenkonstruktionen sind wir von der Annahme der Knotenbelastung ausgegangen. Als Rechenergebnis haben wir die statischen Größen in den Endquerschnitten der einzelnen Stäbe und die Komponenten der Knotenverschiebungen, gegebenenfalls die Verschiebungskomponenten der Endquerschnitte der einzelnen Stäbe bestimmt.

Zur Berechnung der Komponenten der Knotenbelastung aus der wirklichen Belastung benötigen wir, wie in Kap. 4 angegeben wurde, die statischen Größen in den Endquerschnitten jedes Stabes unter der Voraussetzung beiderseitiger vollkommener Einspannung, zur Bestimmung der resultierenden Werte der statischen Größen (auch der Verformungsgrößen) infolge der wirklichen Belastung dann auch den Verlauf dieser Größen bei jedem Stabe unter der gleichen Voraussetzung. Anders gesagt, wir müssen die Beanspruchung und Verformung des deformationsmäßig bestimmten Grundsystems ermitteln.

Deshalb müssen wir uns auch mit der Berechnung der beiderseitig vollkommen eingespannten Stäbe befassen. Die Berechnung der Beanspruchung und Verformung der Stäbe wird in Kap. 10 behandelt werden. Hier wollen wir zeigen, wie die in den Kap. 4 und 5 abgeleiteten Beziehungen zur Berechnung nicht nur der eingespannten Stäbe, sondern auch weiterer erforderlicher Größen verwendet werden können.

9.2. Der beiderseitig vollkommen eingespannte gerade Stab

Um den Verlauf der inneren Kräfte und auch die Formänderung des beiderseitig vollkommen eingespannten geraden Stabes zu bestimmen, können wir ihn als Rahmenkonstruktion ansehen mit je einem Knoten an der Angriffsstelle jeder Einzellast oder jedes Einzelmomentes, allenfalls auch in anderen Punkten, in denen wir die Verschiebungskomponenten bestimmen wollen. Unter einer solchen Annahme werden dann die „Stäbe", aus denen die gedachte Konstruktion zusammengesetzt ist, verschiedene Längen haben. Praktisch wird es vorteilhafter sein, die Stabachse in eine bestimmte größere Anzahl von Teilen so zu zerlegen, daß die einzelnen Kräfte und Momente in den Teilungspunkten wirken und auch allfällige Änderungen im Trägheitsmomenteverlauf in diese Teilungspunkte fallen. Dabei sind sämtliche Stäbe der gedachten Konstruktion gleich lang. Ihre Länge bezeichnen wir mit d. Die Anzahl der Teile, in die wir die Stabachse zerlegen, stimmt mit der Anzahl der gedachten Stäbe überein; deshalb bezeichnen wir ihre Anzahl mit dem Symbol m. In einer solchen Konstruktion gibt es dann $(m - 1)$ Knoten. In Übereinstimmung mit der in Kap. 4 eingeführten Bezeichnung setzen wir

$$(m - 1) = n \, . \tag{501}$$

In jedem Knoten können wir im allgemeinen drei Komponenten der Knotenbelastung annehmen — ein Moment, eine lotrechte und eine waagrechte Kraft. Sofern der Stab nur durch Einzelkräfte und Einzelmomente belastet wird, sind diese Größen direkt Komponenten der Knotenbelastung (nach Zerlegung der beliebig wirkenden Kräfte in Komponenten, die in der Stabachse und senkrecht zu ihr wirken). Wird der Stab auch stetig belastet oder wirken sämtliche Kräfte und Momente zwischen den Teilungspunkten, müssen wir wieder jeden Teil als vollkommen eingespannten Träger allgemein veränderlichen Querschnitts ansehen, ihn berechnen und nach Abschn. 4.4 die Knotenlasten bestimmen. In einem solchen Falle wäre die Berechnung ganz genau, praktisch jedoch unbrauchbar. Deshalb ersetzen wir die genaue Rechnung durch eine angenäherte.

Jeden Stabteil können wir mit einer gewissen Näherung als Stab konstanten Querschnitts ansehen, dessen Trägheitsmoment wir als Durchschnittswert der den zugehörigen Teilungspunkten entsprechenden Werte bestimmen oder auf andere geeignete Art, indem wir die stetige Veränderlichkeit des Trägheitsmomentes durch eine streckenweise konstante (stufenförmige) ersetzen. In einem solchen Falle erhalten wir zwar angenäherte Ergebnisse, aber bei hinreichend großer Teilanzahl wird die Berechnungsgenauigkeit auch ausreichend sein.

Mit der Erhöhung der Teilanzahl steigt auch die Anzahl der Unbekannten. Da wir aber voraussetzen, daß die Berechnung auf Rechenautomaten vorgenommen wird, ist die Vergrößerung der Anzahl der Unbekannten keine grundsätzliche Frage mehr, wie das bei der Rechnung „von Hand aus" der Fall war.

Bemerkung: Wenn alle Kräfte und Momente nur in den Teilungspunkten wirken und „außerhalb der Knoten" nur stetige Belastung vorkommt, dann können wir, um die Berechnung der einzelnen Teile als eingespannte Träger konstanten Querschnitts zu vermeiden, die stetige Belastung durch in den Teilungspunkten wirkende Einzellasten ersetzen, die wir in Matrizenform in ähnlicher Weise bestimmen, wie es in Kap. 10 beschrieben werden wird. Damit verschulden wir allerdings eine weitere Ungenauigkeit.

Nach den oben angeführten Erwägungen können wir einen geraden eingespannten Stab $\overline{ab}$ als gedachte Rahmenkonstruktion mit m Stäben und n Knoten ansehen, die nur in den Knoten belastet ist. Wenn wir zur Berechnung dieser Konstruktion den Algorithmus der allgemeinen Deformationsmethode anwenden, berechnen wir die Verschiebungskomponenten jedes der n Punkte des Stabes $\overline{ab}$ und bestimmen auch die Werte der inneren Kräfte in allen den angenommenen Knoten benachbarten Querschnitten und in denen der Stützen. (Diese Größen benötigen wir als Eingangswerte bei der Berechnung wirklicher Rahmenkonstruktionen.)

Haben wir ein Matrizenprogramm zur Berechnung einer allgemeinen Rahmenkonstruktion nach der allgemeinen Deformationsmethode aufgestellt, können wir dieses Hauptprogramm zuerst als Unterprogramm für die Berechnung der einzelnen Stäbe bei der gegebenen Belastung außerhalb der Knoten verwenden und so die erforderlichen Ausgangswerte für die Hauptrechnung der ganzen Konstruktion ermitteln.

Das Programm für die Berechnung einer allgemeinen Rahmenkonstruktion würde sicher so aufgestellt, daß es die Berechnung auch sehr komplizierter Konstruktionen mit einer großen Knotenzahl ermöglicht. Wenn wir dieses Programm zur Berechnung des eingespannten Stabes benützen, dann können wir die Stabachse in eine genügend große Anzahl von Teilen zerlegen und so eine hinreichende Genauigkeit erzielen.

Die auf diese Weise vorgenommene Berechnung der eingespannten Träger ist einfach, und die einzelnen Matrizen haben eine weit einfachere Struktur als bei der Berechnung einer allgemeinen Rahmenkonstruktion. Sofern wir zur Berechnung ein für eine allgemeine Konstruktion aufgestelltes Programm benützen, werden wir an der Struktur der Rechnung nichts ändern. Falls wir zur Berechnung der geraden eingespannten Stäbe ein selbständiges Programm aufstellen wollen, können wir die Rechnung einigermaßen abändern. Beachten wir einige mögliche Vereinfachungen.

In der Matrix $\mathbf{P}$ der Komponenten der Knotenbelastung reihen wir zuerst alle Momentekomponenten ein, dann die lotrechten, weiters die waagrechten Kräfte. Ähnlich ordnen wir die Elemente der Matrix $\boldsymbol{\Phi}$. Nach der in Kap. 4, Gl. (210), (211) angegebenen Bezeichnung ist

$$\mathbf{P} = \begin{bmatrix} \mathbf{P}_M \\ \mathbf{P}_V \\ \mathbf{P}_U \end{bmatrix} ; \quad \boldsymbol{\Phi} = \begin{bmatrix} \varphi \\ \mathbf{v} \\ \mathbf{u} \end{bmatrix} . \tag{502}$$

In der Matrix $\mathbf{S}$ reihen wir zuerst die Komponenten der Momente, dann die der Kräfte ein, in Matrix $\boldsymbol{\Theta}$ zuerst die Verdrehungen und dann die Stabverlängerungen.

$$\mathbf{S} = \begin{bmatrix} \mathbf{S}_M \\ \mathbf{S}_N \end{bmatrix} ; \quad \boldsymbol{\Theta} = \begin{bmatrix} \tau \\ \Delta l \end{bmatrix} . \tag{503}$$

Entsprechend dieser Reihung ändern wir auch die Struktur der Matrizen $\mathbf{A}$, $\mathbf{B}$, $\overline{\mathbf{C}}$. [Gl. (157a).] Die Matrix $\overline{\mathbf{C}}$ zerlegen wir wieder in die Untermatrizen $^1\overline{\mathbf{C}}$ und $^2\overline{\mathbf{C}}$:

$$\overline{\mathbf{C}} = \begin{bmatrix} ^1\overline{\mathbf{C}}; & \mathbf{O} \\ \mathbf{O}; & ^2\overline{\mathbf{C}} \end{bmatrix} . \tag{504}$$

Die zum i-ten Stab gehörige Matrix $^1\overline{\mathbf{C}}_i$ hat die Form

$$^1\overline{\mathbf{C}}_i = \begin{bmatrix} \overline{\omega}_{ai}; & \bar{\varepsilon}_i \\ \bar{\varepsilon}_i ; & \overline{\omega}_{bi} \end{bmatrix} . \tag{505}$$

Unter der angegebenen vereinfachenden Annahme hat jeder Stab der gedachten Konstruktion einen unveränderlichen Querschnitt; die Matrix $^1\overline{\mathbf{C}}_i$ können wir in der Form

$$^1\overline{\mathbf{C}}_i = \frac{2EJ_v}{d} e_i \begin{bmatrix} 2; & 1 \\ 1; & 2 \end{bmatrix} = \bar{e}_i \begin{bmatrix} 2; & 1 \\ 1; & 2 \end{bmatrix} \tag{506}$$

schreiben, wo J_v ein beliebig gewähltes Vergleichsträgheitsmoment ist und

$$e_i = \frac{J_i}{J_v} . \tag{507}$$

Mit dem Symbol $\bar{J}_i$ bezeichnen wir das eingeführte konstante Ersatzträgheitsmoment des i-ten Stabes.

Bemerkung: Sofern wir die Länge der Teile nicht als konstant einführen, schreiben wir statt d in Gl. (506) d_s, wobei d_s eine beliebig gewählte Vergleichslänge der Teile ist und der Beiwert e_i die Form

$$e_i = \frac{\bar{J}_i d_s}{J_v d_i}$$

hat.

Matrix ${}^2\overline{\mathbf{C}}_i$ ist

$$^2\overline{\mathbf{C}}_i = \left[\bar{v}_i\right]. \tag{508}$$

Bei der eingeführten Annahme können wir dann diese Matrix in der Form

$$^2\overline{\mathbf{C}}_i = \frac{2EJ_v}{d} f_i[1] = \bar{f}_i[1] \tag{509}$$

schreiben, wo

$$f_i = \frac{\bar{F}_i}{2J_v}. \tag{510}$$

Mit dem Symbol $\bar{F}_i$ bezeichnen wir die Querschnittsfläche, die dem eingeführten konstanten Ersatzträgheitsmomente entspricht. Wir können somit Matrix $\overline{\mathbf{C}}$ als Produkt ausschreiben:

$$\overline{\mathbf{C}} = \begin{bmatrix} \bar{\mathbf{c}} & \\ & \mathbf{I} \end{bmatrix} \begin{bmatrix} \bar{\mathbf{e}} & \\ & \bar{\mathbf{f}} \end{bmatrix}. \tag{511}$$

$\bar{\mathbf{c}}$ bezeichnet eine Matrix vom Typ $(2m \cdot 2m)$, die aus den Untermatrizen

$$\bar{\mathbf{c}}_i = \begin{bmatrix} 2; & 1 \\ 1; & 2 \end{bmatrix} \tag{512}$$

zusammengesetzt ist, $\bar{\mathbf{e}}$ eine Diagonalmatrix vom Typ $(2m \cdot 2m)$, deren Elemente die zweifach wiederholten Werte $\bar{e}_i$ sind, $\bar{\mathbf{f}}$ eine Diagonalmatrix vom Typ $(m \cdot m)$, deren Elemente die Werte $\bar{f}_i$ sind.

Weiters muß die Matrix $\mathbf{A}$ aufgestellt werden. In diesem einfachen Falle kann sie unmittelbar aus den Gleichgewichtsbedingungen der Knoten aufgestellt werden; wir können sie in Felder zerlegen, die der Zerlegung der Matrizen $\mathbf{P}$ und $\mathbf{S}$ entsprechen. Letztere bezeichnen wir, wie früher eingeführt, mit $\mathbf{S}_V$.

$$
\begin{bmatrix} \mathbf{P}_M \\ \mathbf{P}_V \\ \mathbf{P}_U \end{bmatrix} = \begin{bmatrix} \mathbf{A}_{11}; & \mathbf{A}_{12} \\ \mathbf{A}_{21}; & \mathbf{A}_{22} \\ \mathbf{A}_{31}; & \mathbf{A}_{32} \end{bmatrix} \begin{bmatrix} \mathbf{S}_{VM} \\ \mathbf{S}_{VN} \end{bmatrix}. \tag{513}
$$

In Anbetracht dessen, daß beim geraden Stabe die Längskräfte die Werte der Biegemomente nicht beeinflussen und die lotrechten Kräfte sowie die Momente ohne Einfluß auf die Normalkräfte sind, muß gelten

$$
\mathbf{A}_{31} = \mathbf{A}_{12} = \mathbf{A}_{22} = \mathbf{O} \tag{514}
$$

und somit

$$
\begin{bmatrix} \mathbf{P}_M \\ \mathbf{P}_V \\ \mathbf{P}_U \end{bmatrix} = \begin{bmatrix} \mathbf{A}_{11}; & \mathbf{O} \\ \mathbf{A}_{21}; & \mathbf{O} \\ \mathbf{O} \ ; & \mathbf{A}_{32} \end{bmatrix} \begin{bmatrix} \mathbf{S}_{VM} \\ \mathbf{S}_{VN} \end{bmatrix}. \tag{513a}
$$

Aus den in Kap. 4 nachgewiesenen Gründen gilt weiter [Gl. (213)]

$$
\begin{bmatrix} \tau \\ \Delta l \end{bmatrix} = \begin{bmatrix} \mathbf{A}_{11}^T; & \mathbf{A}_{21}^T; & \mathbf{O} \\ \mathbf{O} \ ; & \mathbf{O} \ ; & \mathbf{A}_{32}^T \end{bmatrix} \begin{bmatrix} \varphi \\ \mathbf{v} \\ \mathbf{u} \end{bmatrix} \tag{515}
$$

und

$$
\begin{bmatrix} \mathbf{S}_{VM} \\ \mathbf{S}_{VN} \end{bmatrix} = \begin{bmatrix} {}^1\overline{\mathbf{C}} & \\ & {}^2\overline{\mathbf{C}} \end{bmatrix} \begin{bmatrix} \tau \\ \Delta l \end{bmatrix}. \tag{515a}
$$

Durch Verbindung der letzten drei Gleichungen bestimmen wir

$$
\mathbf{P} = \mathbf{D}\Phi,
$$

$$
\begin{bmatrix} \mathbf{P}_M \\ \mathbf{P}_V \\ \mathbf{P}_U \end{bmatrix} = \begin{bmatrix} \mathbf{A}_{11}\,{}^1\overline{\mathbf{C}}\mathbf{A}_{11}^T; & \mathbf{A}_{11}\,{}^1\overline{\mathbf{C}}\mathbf{A}_{21}^T; & \mathbf{O} \\ \mathbf{A}_{21}\,{}^1\overline{\mathbf{C}}\mathbf{A}_{11}^T; & \mathbf{A}_{21}\,{}^1\overline{\mathbf{C}}\mathbf{A}_{21}^T; & \mathbf{O} \\ \mathbf{O} \ ; & \mathbf{O} \ ; & \mathbf{A}_{32}\,{}^2\overline{\mathbf{C}}\mathbf{A}_{32}^T \end{bmatrix} \begin{bmatrix} \varphi \\ \mathbf{v} \\ \mathbf{u} \end{bmatrix}. \tag{516}
$$

Wie ersichtlich, können wir Matrix $\mathbf{D}$ in neun Felder zerlegen, wobei vier Untermatrizen Nullmatrizen sind. Die Gleichung (516) können wir in zwei selbständige Gleichungen ausschreiben:

$$
\begin{bmatrix} \mathbf{P}_M \\ \mathbf{P}_V \end{bmatrix} = \begin{bmatrix} \mathbf{D}_{11}; & \mathbf{D}_{12} \\ \mathbf{D}_{21}; & \mathbf{D}_{22} \end{bmatrix} \begin{bmatrix} \varphi \\ \mathbf{v} \end{bmatrix} = \begin{bmatrix} \mathbf{D}_{\mathrm{I}} \end{bmatrix} \begin{bmatrix} \varphi \\ \mathbf{v} \end{bmatrix}, \tag{516a}
$$

$$
\begin{bmatrix} \mathbf{P}_U \end{bmatrix} = \begin{bmatrix} \mathbf{D}_{33} \end{bmatrix} \begin{bmatrix} \mathbf{u} \end{bmatrix} = \begin{bmatrix} \mathbf{D}_{\mathrm{II}} \end{bmatrix} \begin{bmatrix} \mathbf{u} \end{bmatrix}
$$

und die Untersuchung der Verschiebungen v und Verdrehungen φ von der Berechnung der Verschiebungen u trennen. Matrix $\mathbf{D}_{\mathrm{I}}$ ist vom Typ $(2n \cdot 2n)$, Matrix $\mathbf{D}_{\mathrm{II}}$ vom Typ $(n \cdot n)$.

Ähnlich können wir auch die Matrix **N** in Felder zerlegen. Durch Einsetzen in die Beziehung

$$\mathbf{S}_V = \mathbf{N}\mathbf{\Phi} = \overline{\mathbf{C}}\mathbf{B}\mathbf{\Phi} = \overline{\mathbf{C}}\mathbf{A}^T\mathbf{\Phi} \tag{517}$$

bestimmen wir

$$\begin{bmatrix} \mathbf{S}_{VM} \\ \mathbf{S}_{VN} \end{bmatrix} = \begin{bmatrix} \mathbf{N}_M \\ \mathbf{N}_N \end{bmatrix}\mathbf{\Phi} = \begin{bmatrix} {}^1\overline{\mathbf{C}}\mathbf{A}^T_{11}; & {}^1\overline{\mathbf{C}}\mathbf{A}^T_{21}; & \mathbf{O} \\ \mathbf{O}; & \mathbf{O}; & {}^2\overline{\mathbf{C}}\mathbf{A}^T_{32} \end{bmatrix}\mathbf{\Phi} = $$
$$= \begin{bmatrix} \mathbf{N}_{11}; & \mathbf{N}_{12}; & \mathbf{O} \\ \mathbf{O}; & \mathbf{O}; & \mathbf{N}_{23} \end{bmatrix}\begin{bmatrix} \varphi \\ v \\ u \end{bmatrix}. \tag{518}$$

Die letzte Gleichung können wir in zwei Gleichungen ausschreiben:

$$\mathbf{S}_{VM} = \mathbf{N}_{11}\varphi + \mathbf{N}_{12}v,$$
$$\mathbf{S}_{VN} = \mathbf{N}_{23}u \tag{518a}$$

und die Berechnung der Momente von der der Normalkräfte trennen.

Die Typen der einzelnen Untermatrizen ergeben sich aus denen der zerlegten Matrizen. Von der Definiertheit aller angedeuteten Operationen können wir uns leicht überzeugen.

Die Elemente der Matrix **A** sind in diesem Falle nur Einheiten oder Werte $1/d$, und die Struktur der übrigen Matrizen ist ebenfalls sehr einfach. Insbesondere im Falle des Stabes konstanten Querschnitts ist auch die Struktur der Matrix **D** sehr einfach, und auch die nach der Methode der Untermatrizen vorgenommene Inversion dieser Matrix vereinfacht sich einigermaßen dadurch, daß wir die zu $\mathbf{D}_{11}$ und $\mathbf{D}_{22}$ inversen Matrizen leicht bestimmen können.

Durch Auflösen der Gl. (516a) berechnen wir die Verschiebungen v, d.h. die Durchbiegungen in den einzelnen Punkten senkrecht zur Stabachse, und die Winkel φ, d.h. die Tangentenwinkel zur Biegelinie. Aus der zweiten Gleichung ermitteln wir die Verschiebungen der einzelnen Punkte in der Richtung der Stabachse.

Aus den Gl. (518a) bestimmen wir dann auch die Momente und Normalkräfte in den Enden der einzelnen Teile. Die Berechnung der Querkräfte bereitet bereits keine Schwierigkeiten.

Wir haben also den Verlauf der Formänderungskomponenten und auch der Beanspruchung im angenommenen eingespannten Stabe ermittelt. Diese Werte benützen wir bei der Berechnung der resultierenden Verformungen und Beanspruchungen des Stabes. Die Werte der inneren Kräfte in den Endquerschnitten verwenden wir zur Berechnung der Komponenten der Knotenbelastung. Nachteilig ist, daß diese Werte in den Matrizen S_{VM} und S_{VN} enthalten sind. Später werden wir zeigen, daß diese Werte selbständig bestimmt werden können.

9.3. Der beiderseitig vollkommen eingespannte gekrümmte Stab

Wir haben angenommen, daß die betrachtete allgemeine Rahmenkonstruktion sowohl aus geraden als auch aus gekrümmten Stäben besteht. Deshalb müssen wir uns noch zur Berechnung gekrümmter, beiderseitig vollkommen eingespannter Stäbe äußern.

Sofern in der Konstruktion ein gekrümmter Stab vorkommt, können wir die Berechnung der Beanspruchung nach den Grundsätzen der Kraftgrößenmethode vornehmen. Die Formänderungen müßten wir selbständig berechnen. Diese Lösung könnten wir sehr vorteilhaft in dem Falle benützen, in dem ein Rechenautomat zur Verfügung steht, der mit einem Unterprogramm zur Berechnung von Integralen ausgestattet ist.

Sonst können wir, wenn wir uns wieder mit einer Näherungsrechnung begnügen, auch die Berechnung des eingespannten gekrümmten Stabes auf die Berechnung einer gedachten Rahmenkonstruktion nach der allgemeinen Deformationsmethode zurückführen, da wir bei dieser Berechnungsart sowohl Beanspruchung als auch Formänderung ermitteln.

Die Mittellinie des gekrümmten Stabes zerlegen wir wieder nach den im vorigen Abschnitt angegebenen Grundsätzen in eine Anzahl von Teilen. Wenn die Teilung genügend eng ist, können wir jeden Teil als geraden Stab und jeden Teilungspunkt als Knoten ansehen. Sofern die Belastung in den Teilungspunkten angreift, ermitteln wir aus diesen Kräften und Momenten unmittelbar die Komponenten der Knotenlasten. Dabei können wir entweder die Orientierung der Knotenlastkomponenten so belassen, wie sie für die Konstruktion gilt, deren Bestandteil der betrachtete Stab ist, oder — falls das vorteilhaft ist — als waagrechte bzw. lotrechte Richtung die Verbindungslinie der Punkte a, b bzw. die Senkrechte hiezu ansehen. Die Koordinaten der Knoten sind durch die der einzelnen Punkte der Mittellinie gegeben. Auch hier ist es vorteilhaft, wenn die Länge d aller Teile gleich ist.

Die weitere Rechnung führen wir nach dem Algorithmus der allgemeinen Deformationsmethode durch.

Als Ergebnis erhalten wir wiederum die Beanspruchungen in den Endquerschnitten der Teile und die Biegelinie des Stabes in zwei senkrecht aufeinander stehenden Richtungen, und zwar entweder in der waagrechten und lotrechten Richtung oder der Richtung der Verbindungslinie $\overline{ab}$ und senkrecht zu ihr (vollkommene Einspannung des Stabes $\widehat{ab}$ vorausgesetzt). Die Komponenten der inneren Kräfte in den Querschnitten a und b benützen wir zur Bestimmung der Komponenten der Knotenbelastung.

Das beschriebene Verfahren können wir natürlich auch bei der Berechnung selbständiger Bogen verwenden.

9.4. Berechnung nach der erweiterten Form der Kraftgrößenmethode

Die vorstehenden Berechnungsweisen sind dann zweckmäßig, wenn für die Berechnung der Konstruktion nach der allgemeinen Deformationsmethode ein Programm zur Verfügung steht. Wenn auch die Anzahl der Unbekannten und damit auch der Typ der Matrix **D** beträchtlich groß wird, ist hingegen die Vorbereitung der Rechnung (d.i. die Aufstellung der Matrizen **A** und $\overline{\textbf{C}}$) einfach.

Sofern die Konstruktion, deren Bestandteil der Stab $\overline{ab}$ (oder $\widehat{ab}$) ist, nach der erweiterten Form der Kraftgrößenmethode berechnet wird, kann dieser Algorithmus auch zur Berechnung eingespannter Stäbe benützt werden.

Aus dem Stab bilden wir die gedachte Konstruktion in gleicher Weise, wie sie im Abschn. 9.3 eingeführt wurde. Sowohl der gerade als auch der gekrümmte Stab ist eine dreifach statisch unbestimmte Konstruktion. Wir wählen ein beliebiges Grundsystem und befolgen die Regel, daß durch Lösung der Verbindungen die Anzahl der Stäbe nicht vergrößert werden darf. Wir stellen [Gl. (295)] die Matrizen $\textbf{S}_1$ und $\textbf{S}_p$ zusammen, die für die gedachte Konstruktion vom Typ $(3m \cdot 3)$ und $(3m \cdot 3n)$ sind*. Für den i-ten Teil, d.h. für den geraden Stab der Länge d, hat Matrix $^1\textbf{C}_i$ die Form

$$^1\textbf{C}_i = \frac{d_i}{6EJ_v}\frac{J_v}{\bar{J}_i}\begin{bmatrix} 2; & -1 \\ -1; & 2 \end{bmatrix}; \quad ^2\textbf{C}_i = \frac{d_i}{EJ_v}\frac{J_v}{\bar{F}_i}[1], \tag{519}$$

---

* Die Reihenfolge der Elemente in der Matrix **S**, die wir mit $\textbf{S}_v$ bezeichnen, ist wieder gleich der des vorhergehenden Abschnittes. Die Aufstellung der Matrizen $\textbf{S}_1$ und $\textbf{S}_p$ ist etwas aufwendiger als die von **A** bei der Berechnung nach der Deformationsmethode.

und die Bedingungsgleichungen lauten (unter der Annahme $\Delta_x = \mathbf{O}$)

$$\begin{bmatrix} \mathbf{S}_1^T \\ \mathbf{S}_p^T \end{bmatrix} \begin{bmatrix} {}^1\mathbf{C} & \\ & {}^2\mathbf{C} \end{bmatrix} [\mathbf{S}_1; \mathbf{S}_p] \begin{bmatrix} \mathbf{X} \\ \mathbf{P} \end{bmatrix} = \begin{bmatrix} \mathbf{O} \\ \Phi \end{bmatrix} \qquad (520)$$

oder

$$\begin{bmatrix} \mathbf{F}; & \mathbf{G}^T \\ \mathbf{G}; & \mathbf{H} \end{bmatrix} \begin{bmatrix} \mathbf{X} \\ \mathbf{P} \end{bmatrix} = \begin{bmatrix} \mathbf{O} \\ \Phi \end{bmatrix}. \qquad (521)$$

Wenn wir Gl. (521) zerlegt in zwei Gleichungen schreiben:

$$\mathbf{F}\mathbf{X} + \mathbf{G}^T\mathbf{P} = \mathbf{O},$$

$$\mathbf{G}\mathbf{X} + \mathbf{H}\mathbf{P} = \Phi, \qquad (521a)$$

dann bestimmen wir durch Auflösen der ersten Gleichung — bei Inversion der Matrix $\mathbf{F}$ vom Typ $(3 . 3)$ —

$$\mathbf{X} = -\mathbf{F}^{-1}\mathbf{G}^T\mathbf{P} \qquad (522)$$

und berechnen aus der zweiten Gleichung — nach Einsetzen und Umformung — die Verschiebungskomponenten in allen Teilungspunkten:

$$\Phi = \left(\mathbf{H} - \mathbf{G}\mathbf{F}^{-1}\mathbf{G}^T\right)\mathbf{P} = \mathbf{D}^{-1}\mathbf{P}, \qquad (523)$$

wo Matrix $\mathbf{D}$ identisch mit der Matrix der Bedingungsgleichungen für die Berechnung derselben Konstruktion nach der Deformationsmethode ist.

Die Werte der Momente und Normalkräfte in den Teilungspunkten berechnen wir aus der Beziehung [Gl. (295)]

$$\mathbf{S}_V = [\mathbf{S}_1; \mathbf{S}_p] \begin{bmatrix} \mathbf{X} \\ \mathbf{P} \end{bmatrix}. \qquad (524)$$

Die in den Querschnitten a, b bestimmten Größen verwenden wir wieder zur Berechnung der Komponenten der Knotenbelastung.

Bei der Berechnung des geraden eingespannten Stabes können wir, wieder durch Zerlegung aller Matrizen in Felder und bei Wahl des frei aufliegenden Trägers als Grundsystem, die Berechnung der Normalkräfte abtrennen und ähnliche Vereinfachungen vornehmen, wie wir sie im vorigen Abschnitt eingeführt haben.

Bemerkung: Für die Erfordernisse weiterer Rechnungen schreiben wir die Gl. (521a) in allgemeiner Form, d.h. unter der Voraussetzung, daß $\Delta_x \neq \mathbf{O}$. Dann ist

$$\begin{bmatrix} \mathbf{F}; & \mathbf{G}^T \\ \mathbf{G}; & \mathbf{H} \end{bmatrix} \begin{bmatrix} \mathbf{X} \\ \mathbf{P} \end{bmatrix} = \begin{bmatrix} \Delta_x \\ \Phi \end{bmatrix} \tag{521b}$$

oder bei umgekehrter Anordnung der Spaltenmatrizen

$$\begin{bmatrix} \mathbf{H}; & \mathbf{G} \\ \mathbf{G}^T; & \mathbf{F} \end{bmatrix} \begin{bmatrix} \mathbf{P} \\ \mathbf{X} \end{bmatrix} = \begin{bmatrix} \Phi \\ \Delta_x \end{bmatrix} . \tag{521c}$$

9.5. Berechnung der Steifigkeiten

Wenn wir die Gleichungen zur Berechnung der gedachten Konstruktion um den Einfluß der Stützensenkung erweitern, können wir auch die weiteren für die Berechnung einer allgemeinen Konstruktion erforderlichen Größen bestimmen. Wie gezeigt wurde, gelangen wir zu den die Abhängigkeit der Knotenbelastung und Reaktionen von den Komponenten der Knotenverschiebungen und Stützensenkungen ausdrückenden Gleichungen sowohl beim Verfahren nach der Deformations- als auch nach der Kraftgrößenmethode.

Wir gehen von der Gleichung aus, zu der wir beim Verfahren nach der Deformationsmethode gelangt sind. Die in Kap. 6 eingeführte Bezeichnung behalten wir auch hier bei, obwohl es sich um die Berechnung einer gedachten, aus einem einzigen Stab gebildeten Konstruktion handelt.

$$\begin{bmatrix} \mathbf{P} \\ \mathbf{R} \end{bmatrix} = \begin{bmatrix} \mathbf{D} & ; & \mathbf{D}_{2\Delta} \\ \mathbf{D}_{2\Delta}^T; & \mathbf{D}_{3\Delta} \end{bmatrix} \begin{bmatrix} \Phi \\ \Delta \end{bmatrix} . \tag{525}$$

Wenn wir in der letzten, in zwei Matrizengleichungen ausgeschriebenen Gleichung $\mathbf{P} = \mathbf{O}$ setzen, für Matrix Δ, die hier vom Typ (6.1) ist, die Einheitsmatrix vom Typ (6.6) einführen und sämtliche Reaktionskomponenten berechnen, dann sind die einzelnen Spalten der Matrix, die wir mit $\mathbf{R}_c$ bezeichnen und die dann ebenfalls vom Typ (6.6) ist, gebildet durch die Werte $\bar{\omega}_a$, $\bar{\varepsilon}$, $\bar{\omega}_b$, $\bar{v}$ und deren Kombinationen, was aus den Grundbeziehungen für den geraden eingespannten Stab hervorgeht (s. [12], [24]). Für gekrümmte Stäbe berechnen wir so die Werte $\bar{\delta}_{11}$, $\bar{\delta}_{22}$, $\bar{\delta}_{33}$, $\bar{\delta}_{12}$, $\bar{\delta}_{23}$, $\bar{\delta}_{13}$ und ihre Kombinationen, d.s. die Elemente der Matrix $\overline{\mathbf{C}}_i$.

Die berechneten Werte sind nicht genau; es ist wieder eine Näherungsrechnung. Ihre Genauigkeit hängt von der Wahl der Anzahl der Teile ab, in die wir die Mittellinie des Stabes zerlegen.

Bestimmen wir nun auch die Verschiebungskomponenten Φ_j [Matrix Φ_c ist vom Typ $(3n \cdot 6)$], so bestimmen ihre einzelnen Spalten die Ordinaten der Einflußlinien der Momente, Quer- und Normalkräfte in den Querschnitten a, b, also die Einflußlinien, die wir in der weiteren Rechnung brauchen. Die Berechnung wird durch die Gleichungen

$$\mathbf{O} = \mathbf{D}\Phi_c + \mathbf{D}_{2\Delta}\mathbf{I},$$
$$\mathbf{R}_c = \mathbf{D}_{2\Delta}^T\Phi_c + \mathbf{D}_{3\Delta}\mathbf{I} \qquad (526)$$

beschrieben. Daraus ist

$$\Phi_c = -\mathbf{D}^{-1}\mathbf{D}_{2\Delta}\mathbf{I},$$
$$\mathbf{R}_c = \left(\mathbf{D}_{3\Delta} - \mathbf{D}_{2\Delta}^T\mathbf{D}^{-1}\mathbf{D}_{2\Delta}\right)\mathbf{I} = \left(\mathbf{D}_{3\Delta} - \mathbf{D}_{2\Delta}^T\mathbf{D}^{-1}\mathbf{D}_{2\Delta}\right). \qquad (527)$$

Bemerkung: In den Matrizen $\mathbf{R}$ und $\mathbf{R}_c$ können wir zuerst den Momenteanteil, die lotrechte und waagrechte Komponente der Reaktion im Punkte a einreihen und dann in der gleichen Reihenfolge die Reaktionskomponenten im Punkte b. Dieser Reihung passen wir auch die der Elemente der Matrix Δ an. Sonst können wir auch zuerst beide Momenteanteile, dann die waagrechten Komponenten einreihen. Die Reihung passen wir dem Zweck an, dem die Rechnung dient.

Die Gleichung (525) können wir aber auch bei der expliziten Berechnung der zur Bestimmung der Komponenten der Knotenbelastung erforderlichen Werte verwenden. Matrix $\mathbf{P}$ stellen wir aus der gegebenen Belastung, wie in den vorhergehenden Abschnitten beschrieben, zusammen; Matrix Δ setzen wir gleich null und berechnen

$$\Phi = \mathbf{D}^{-1}\mathbf{P} \quad \text{und} \quad \mathbf{R} = \mathbf{D}_{2\Delta}^T\mathbf{D}^{-1}\mathbf{P}, \qquad (528)$$

d.h. wir bestimmen die Verschiebungskomponenten der einzelnen Querschnitte des Stabes $\overline{ab}$ oder $\widehat{ab}$ und in den Einspannungen die Reaktionskomponenten, die wir zur Berechnung der Knotenbelastung der Konstruktion benötigen, deren Bestandteil der betrachtete Stab ist. Wenn wir die Reihung der Elemente der Matrix $\mathbf{R}$ den Forderungen des Kap. 4 anpassen, dann ist

$$\mathbf{R} = \mathbf{S}_{Vi}^{\times}. \qquad (529)$$

Diese Berechnungsart hat gegenüber der früher angegebenen den Vorteil, daß wir die zur Bestimmung der Komponenten der Knotenbelastung erforderlichen Größen in einer selbständigen Matrix ermitteln und nicht erst der in den Abschnitten 9.2 und 9.3 berechneten Matrix S_V entnehmen müssen.

9.6. Berechnung der Biegelinie und der inneren Kräfte

Bei der Berechnung einer allgemeinen Rahmenkonstruktion müssen auch die Formänderung und die Beanspruchung in den einzelnen Querschnitten jedes Stabes berechnet werden, und zwar nicht nur infolge der Knotenbelastung, sondern auch durch die wirkliche Belastung zwischen den Knoten.

Die resultierenden Werte der gesuchten Größen bestimmen wir durch Superposition der Größen, die für den betrachteten Stab unter Annahme von Knotenbelastung bestimmt, und der Größen, die am selben Stab infolge der wirklichen Belastung unter Annahme beiderseitiger, vollkommener Einspannung ermittelt wurden.

Die Gleichung (529) ermöglicht, diese Rechnung gleichzeitig auszuführen. Drückt in Gl. (525) die Matrix $\mathbf{P}$ die wirkliche zwischen den Knoten wirkende Feldbelastung aus und führen wir als Komponenten der Stützensenkung die resultierenden Verdrehungen der Knoten ein, an die der Stab $\overline{ab}$ mit seinen Endquerschnitten angeschlossen ist, dann sind sowohl die berechneten Formänderungen als auch die Beanspruchungen bereits deren resultierende Werte. Wenn wir die Reihung der Elemente der Matrizen $\mathbf{R}$ und Δ der Matrix $\Theta_s^\times$ anpassen, dann ist (bei gleichgewähltem Sinn der Komponenten $\Theta^\times$ und Δ)

$$\Delta = \Theta_{is}^\times = {}^2\mathbf{A}_i^T \, {}^1\mathbf{A}_i^T \boldsymbol{\Phi}_s \, . \tag{530}$$

(Durch den Index s der Matrizen $\boldsymbol{\Phi}$, $\Theta^\times$ unterscheiden wir hier die Matrix der Verschiebungen der ganzen Konstruktion infolge der Knotenbelastung von der Matrix der Verschiebungen der einzelnen Punkte der Mittellinie eines Stabes.)

Sofern wir nicht auch die resultierenden Reaktionskomponenten bestimmen wollen, benützen wir zur Berechnung nur die erste Gleichung der in zwei Matrizengleichungen ausgeschriebenen Gl. (525). Dann ist

$$\mathbf{P} = \mathbf{D}\boldsymbol{\Phi} + \mathbf{D}_{2\Delta}\Theta_{is}^\times \tag{531}$$

und

$$\Phi = D^{-1}P - D^{-1}D_{2\Delta}\Theta_{is}^{\times} .\qquad(532)$$

Die Elemente der Matrix Φ sind die resultierenden Verschiebungskomponenten der einzelnen Punkte der Mittellinie des Stabes $\overline{ab}$ (oder $\widehat{ab}$) infolge der wirklichen zwischen den Knoten angreifenden Belastung.

Wenn wir für den i-ten Stab auch die Matrix N aufstellen, dann berechnen wir aus der Gleichung

$$S_K = N\Phi\qquad(533)$$

die resultierenden inneren Kräfte in den Endquerschnitten der einzelnen Teile, in die der Stab $\overline{ab}$ zerlegt wurde.

Wenn wir derart jeden Stab der Konstruktion berechnen, ermitteln wir damit die resultierende Beanspruchung der ganzen Konstruktion infolge der wirklichen zwischen den Knoten angreifenden Belastung und die Verformung jedes Stabes in der Richtung der Verbindungslinie $\overline{ab}$ und senkrecht dazu. Aus diesen Werten bestimmen wir bereits leicht die Biegelinie der Konstruktion in beliebiger Richtung.

Benützen wir ein für die Berechnung der ganzen allgemeinen Konstruktion aufgestelltes Programm, dann können wir auch die errechneten resultierenden Reaktionen verwenden. Wenn wir nach Gleichung

$$R = D_{2\Delta}^{T}\Phi + D_{3\Delta}\Theta_{is}^{\times}\qquad(534)$$

die Komponenten der resultierenden Reaktionen jedes Stabes und daraus von neuem die Komponenten der Knotenbelastung auf die früher beschriebene Art berechnen, müssen alle diese Komponenten zu null werden, was den Gleichgewichtsbedingungen der Knoten entspricht. Somit können wir diese Operation als weitere Kontrolle für die Richtigkeit der Rechnung verwenden.

Ein Nachteil aller angegebenen Berechnungen ist, daß Matrix D vom Typ $(3n \cdot 3n)$ invertiert werden muß, auch wenn es durch geeignete Umformungen möglich ist, sie in neun Untermatrizen zu zerlegen, von denen vier Nullmatrizen sind. Dieses Verfahren wenden wir dann an, wenn wir ein Programm für die Berechnung einer allgemeinen Konstruktion nach der erweiterten Deformationsmethode vorbereitet haben.

Wenn wir nur den Stab $\overline{ab}$ für sich berechnen oder ein Programm für die Berechnung einer allgemeinen Konstruktion nach der erweiterten Kraftgrößenmethode vorbereitet haben, können wir sämtliche oben beschriebenen Berechnungen auch nach den für diese Methode abgeleiteten Gleichungen durchführen. In diesem Falle ist es besser, nicht von der resultierenden Gleichung (383)

$$\begin{bmatrix} \mathbf{P} \\ \mathbf{R} \end{bmatrix} = [\mathbf{L}^*]^T \begin{bmatrix} \mathbf{D} & ; & \mathbf{U} \\ \mathbf{U}^T & ; & \mathbf{T} \end{bmatrix} [\mathbf{L}^*] \begin{bmatrix} \mathbf{\Phi} \\ \Delta \end{bmatrix} \tag{535}$$

auszugehen, sondern die Beziehungen

$$\begin{bmatrix} \mathbf{H} & ; & \mathbf{G} \\ \mathbf{G}^T & ; & \mathbf{F} \end{bmatrix} \begin{bmatrix} \mathbf{P} \\ \mathbf{X} \end{bmatrix} = [\mathbf{L}^*] \begin{bmatrix} \mathbf{\Phi} \\ \Delta \end{bmatrix} \quad \text{und} \quad \begin{bmatrix} \mathbf{P} \\ \mathbf{R} \end{bmatrix} = [\mathbf{L}^*]^T \begin{bmatrix} \mathbf{P} \\ \mathbf{X} \end{bmatrix} \tag{536}$$

zu benützen, die wir als Gleichungen ausschreiben:

$$\mathbf{HP} + \mathbf{GX} = \mathbf{I}\mathbf{\Phi} + \mathbf{L}_3\Delta\,,$$
$$\mathbf{G}^T\mathbf{P} + \mathbf{FX} = \mathbf{O}\mathbf{\Phi} + \mathbf{L}_1\Delta\,,$$
$$\mathbf{R} = \mathbf{L}_3^T\mathbf{P} + \mathbf{L}_1^T\mathbf{X}\,. \tag{537}$$

Der Vorteil dieses Verfahrens ist, daß wir bloß Matrix $\mathbf{F}$ vom Typ $(3\,.\,3)$ invertieren müssen. Die Typen der anderen Matrizen folgen aus den eingeführten Annahmen und den früher definierten Typen.

Die Berechnung der Steifigkeiten und der Einflußlinien der statischen Größen in den Endquerschnitten wird bei diesem Verfahren durch die Gleichungen ($\mathbf{P} = \mathbf{O}$; $\Delta_c = \mathbf{I}$, Index c bedeutet, daß es sich um die Berechnung der Steifigkeiten handelt)

$$\mathbf{X}_c = -\mathbf{F}^{-1}\mathbf{L}_1\Delta_c\,,$$
$$\mathbf{R}_c = -\mathbf{L}_1^T\mathbf{F}^{-1}\mathbf{L}_1\Delta_c = -\mathbf{L}_1^T\mathbf{F}^{-1}\mathbf{L}_1\,,$$
$$\mathbf{\Phi}_c = \left(-\mathbf{L}_3 - \mathbf{GF}^{-1}\mathbf{L}_1\right)\Delta_c = -\left(\mathbf{L}_3 + \mathbf{GF}^{-1}\mathbf{L}_1\right) \tag{538}$$

beschrieben. In ähnlicher Weise gehen wir auch vor, wenn wir die resultierenden Formänderungen und die resultierende Beanspruchung infolge der wirklichen zwischen den Knoten angreifenden Belastung des angenommenen Stabes als Bestandteil einer bestimmten allgemeinen Rahmenkonstruktion berechnen. Wir setzen wieder bei gleicher Elementereihung $\Delta = \mathbf{\Theta}_{is}^\times$. (Matrix $\mathbf{\Theta}_{is}^\times$ bestimmen wir aber bei der Berechnung der Rahmenkonstruktion nach der erweiterten Kraftgrößenmethode nicht direkt. Aus der Berechnung können wir lediglich Matrix $\mathbf{\Theta}_{is}$ aus der Beziehung

$$\mathbf{\Theta}_{is} = \mathbf{C}_{is}\mathbf{S}_{is}$$

bestimmen. Die Transformierung von Matrix $\mathbf{\Theta}_{is}$ in Matrix $\mathbf{\Theta}_{is}^\times$ müssen wir dann selbständig vornehmen. Bei der Berechnung nach der erweiterten

Form der Kraftgrößenmethode können wir Matrix $\boldsymbol{\Phi}_s$ auch direkt zu Matrix $\boldsymbol{\Theta}_s^{\times}$ transformieren.)

Durch Einsetzen in Gl. (537) und Umformung bestimmen wir

$$\mathbf{X} = \mathbf{F}^{-1}\left(\mathbf{L}_1\boldsymbol{\Theta}_{is}^{\times} - \mathbf{G}^T\mathbf{P}\right)\,;\quad \mathbf{R} = \mathbf{L}_3^T\mathbf{P} + \mathbf{L}_1^T\mathbf{X}\,,$$

$$\boldsymbol{\Phi} = \mathbf{H}\mathbf{P} + \mathbf{G}\mathbf{F}^{-1}\left(\mathbf{L}_1\boldsymbol{\Theta}_{is}^{\times} - \mathbf{G}^T\mathbf{P}\right) - \mathbf{L}_3\boldsymbol{\Theta}_{is}^{\times} =$$

$$= \left(\mathbf{H} - \mathbf{G}\mathbf{F}^{-1}\mathbf{G}^T\right)\mathbf{P} + \left(\mathbf{G}\mathbf{F}^{-1}\mathbf{L}_1 - \mathbf{L}_3\right)\boldsymbol{\Theta}_{is}^{\times}\,,$$

$$\mathbf{S} = \left[\mathbf{S}_p;\, \mathbf{S}_1\right]\begin{bmatrix}\mathbf{P}\\\mathbf{X}\end{bmatrix}. \tag{539}$$

Damit haben wir die gesuchten Größen ermittelt.

Bemerkung: Auf beide angegebenen Arten können wir natürlich auch die Verformung der einzelnen Stäbe berechnen, wenn nur Knotenbelastung vorliegt. Dann setzen wir $\mathbf{P} = \mathbf{O}$ und $\boldsymbol{\Delta} = \boldsymbol{\Theta}_{is}^{\times}$; der ganze weitere Vorgang ist analog.

Wie aus dem Angeführten ersichtlich ist, kann der Algorithmus der Berechnung einer allgemeinen Konstruktion auch sehr vorteilhaft zur Näherungsrechnung einer Reihe von Größen einzelner Stäbe verwendet werden.

9.7. Berechnung der frei aufliegenden Träger

Die in Kap. 6 abgeleiteten Gleichungen können nach gehöriger Vereinfachung auch zur Näherungsrechnung, gerader oder gekrümmter Träger benützt werden.

Nach den gleichen Regeln wie in den vorstehenden Abschnitten dieses Kapitels führen wir den frei aufliegenden Träger in eine gedachte Konstruktion mit m Stäben und n Knoten über. Wollen wir nach der Kraftgrößenmethode vorgehen, dann gehen wir von der für den eingespannten Stab angeschriebenen Gl. (521c) aus, also von

$$\begin{bmatrix}\mathbf{H}; & \mathbf{G}\\\mathbf{G}^T; & \mathbf{F}\end{bmatrix}\begin{bmatrix}\mathbf{P}\\\mathbf{X}\end{bmatrix} = \begin{bmatrix}\boldsymbol{\Phi}\\\boldsymbol{\Delta}_x\end{bmatrix}. \tag{540}$$

[Matrix $\mathbf{F}$ ist hier vom Typ $(3 . 3)$, $\mathbf{X}$ und $\boldsymbol{\Delta}_x$ sind vom Typ $(3 . 1)$.] Wählen wir als Grundsystem entweder einen frei aufliegenden Träger oder einen Kragträger und setzen wir $\mathbf{X} = \mathbf{O}$, dann beschreiben die vereinfachten Gleichungen die Berechnung der gesuchten Größen im Grundsystem. Durch Ausschreiben der Gl. (540) und Umformung bestimmen wir [s. Gl. (306)]

$$\boldsymbol{\Phi} = \mathbf{S}_p^T \mathbf{C} \mathbf{S}_p \mathbf{P} = \mathbf{H} \mathbf{P} \; ; \quad \boldsymbol{\Delta}_x = \mathbf{G}^T \mathbf{P}$$

und

$$\mathbf{S} = \mathbf{S}_p \mathbf{P} \, . \tag{541}$$

Die erste Gleichung (541) können wir aber unmittelbar nach dem Prinzip der virtuellen Arbeiten anschreiben. Der Nachteil ist, daß wir Matrix $\mathbf{S}_p$, die auch zur Zusammenstellung der Matrix $\mathbf{H}$ notwendig ist, bestimmen müssen, was zwar einfach, aber aufwendig ist, selbst wenn zu ihrer Bestimmung die in den Kap. 10 und 11 abgeleiteten Beziehungen benützt werden können.

Die Elemente der Matrix $\boldsymbol{\Delta}_x$ sind dann die verallgemeinerten Verschiebungen der Angriffspunkte der angenommenen Kräfte X_t, die entweder null oder bekannt sind.

Wenn wir von Gl. (384)

$$\begin{bmatrix} \mathbf{P} \\ \mathbf{R} \end{bmatrix} = \mathbf{D}_\Delta \begin{bmatrix} \boldsymbol{\Phi} \\ \boldsymbol{\Delta} \end{bmatrix} \tag{542}$$

ausgehen, d.i. von der bei der Deformationsmethode abgeleiteten Gleichung, können wir in diesem Falle die Matrizen $\mathbf{R}$ und $\boldsymbol{\Delta}$ vom Typ $(6 . 1)$ weiter in zwei Untermatrizen vom Typ $(3 . 1)$ zerlegen

$$\mathbf{R} = \begin{bmatrix} \mathbf{X} \\ \mathbf{R}_0 \end{bmatrix} ; \quad \boldsymbol{\Delta} = \begin{bmatrix} \boldsymbol{\Delta}_x \\ \boldsymbol{\Delta}_0 \end{bmatrix} , \tag{543}$$

wenn $\mathbf{R}_0$ die Matrix der statisch bestimmten Reaktionskomponenten und $\boldsymbol{\Delta}_0$ die Matrix der zu diesen Reaktionen gehörigen Verschiebungen bedeuten. Wenn wir in diesem Falle

$$\mathbf{D}_\Delta = \mathbf{d} \tag{544}$$

bezeichnen [Matrix $\mathbf{d}$ ist vom Typ $(3n + 6)(3n + 6)$] und sie in neun Felder zerlegen, die den eingeführten Untermatrizen entsprechen, dann können wir Gl. (542) in der Form schreiben:

$$\begin{bmatrix} \mathbf{P} \\ \mathbf{X} \\ \mathbf{R}_0 \end{bmatrix} = \begin{bmatrix} \mathbf{d}_{11}; \; \mathbf{d}_{12}; \; \mathbf{d}_{13} \\ \mathbf{d}_{21}; \; \mathbf{d}_{22}; \; \mathbf{d}_{23} \\ \mathbf{d}_{31}; \; \mathbf{d}_{32}; \; \mathbf{d}_{33} \end{bmatrix} \begin{bmatrix} \boldsymbol{\Phi} \\ \boldsymbol{\Delta}_x \\ \boldsymbol{\Delta}_0 \end{bmatrix} . \tag{545}$$

Wenn wir den frei aufliegenden Träger oder den Kragträger (je nach dem gewählten Grundsystem) berechnen, dann ist Matrix $\mathbf{X}$ entweder eine Nullmatrix — wenn an den Stellen der angenommenen statisch unbestimmten Größen des ursprünglichen eingespannten Trägers keine Kräfte wirken — oder eine im vorhinein bekannte Matrix, die die an den Stellen der angenommenen statisch unbestimmten Größen wirkenden äußeren Kräfte und Momente enthält. Δ_x ist dann die Matrix weiterer unbekannter Verschiebungskomponenten der Angriffspunkte der angenommenen statisch unbestimmten Größen, Δ_0 die Matrix der gegebenen Stützenverschiebungen des Grundsystems — also der Konstruktion, die wir gerade berechnen — und $\mathbf{R}_0$ die Matrix der statisch bestimmten Reaktionen.

Durch Auflösen der Gl. (545) nach der Methode der Untermatrizen berechnen wir die unbekannten Verschiebungen — in diesem Falle die Formänderung des statisch bestimmten Trägers oder Freiträgers — und die Reaktionen. Ferner könnten wir ohne besondere Schwierigkeiten auch die Beanspruchung des Stabes in den Endquerschnitten der einzelnen Teile berechnen, in die wir den Stab $\overline{ab}$ zerlegt haben. Der konkrete Vorgang ist identisch mit der Berechnung der Matrix $\mathbf{S}$ bei der Deformationsmethode.

Setzen wir in der letzten Gleichung beim frei aufliegenden Träger als Grundsystem $\mathbf{P} = \mathbf{O}$ und für $\mathbf{X}$ nacheinander Matrizen ein, in denen nur ein einziges Element ungleich null und gleich eins ist, dann sind bei geraden Stäben die Werte ω, ε, v, bei gekrümmten δ_{ik}, also die Elemente der Nachgiebigkeitsmatrix des gedachten Stabes, Elemente der zugehörigen Matrizen Δ_x; durch die zugehörigen Matrizen Φ sind die Biegelinien des Stabes beschrieben, wenn die Endquerschnitte der Stäbe nacheinander durch Einheitsmomente und die Einheitsnormalkraft belastet werden, d.h. die Einflußlinien der Winkel τ und der Größe Δl. Bei der Berechnung müssen wir zwar die Matrix vom Typ $(3n + 3) \cdot (3n + 3)$ invertieren, dafür aber ist die Aufstellung der Gl. (545) nach der Deformationsmethode sehr leicht.

Die Berechnung aller dieser Größen, d.i. der Reaktionen, der Elemente der Nachgiebigkeitsmatrix, der Einflußlinien u.ä., können wir auch durch Benützung der für die Kraftgrößenmethode abgeleiteten Gleichungen durchführen, müssen aber statt von Gl. (540) von der Gleichung der erweiterten Kraftgrößenmethode ausgehen, also von Gl. (316):

$$\begin{bmatrix} \mathbf{H} & ; & \mathbf{G} \\ \mathbf{G}^T & ; & \mathbf{F} \end{bmatrix} \begin{bmatrix} \mathbf{P} \\ \mathbf{X} \end{bmatrix} = \begin{bmatrix} \mathbf{I} & ; & \mathbf{L}_3 \\ \mathbf{O} & ; & \mathbf{L}_1 \end{bmatrix} \begin{bmatrix} \Phi \\ \Delta \end{bmatrix}. \tag{546}$$

Matrix Δ zerlegen wir wieder in zwei Untermatrizen; in entsprechender
Weise zerlegen wir auch die Matrizen $\mathbf{L}_3$ und $\mathbf{L}_1$ in Felder:

$$\begin{bmatrix} \mathbf{H} & ; & \mathbf{G} \\ \mathbf{G}^T & ; & \mathbf{F} \end{bmatrix} \begin{bmatrix} \mathbf{P} \\ \mathbf{X} \end{bmatrix} = \begin{bmatrix} \mathbf{I} & ; & \mathbf{L}_{3x} & ; & \mathbf{L}_{30} \\ \mathbf{O} & ; & \mathbf{L}_{1x} & ; & \mathbf{L}_{10} \end{bmatrix} \begin{bmatrix} \Phi \\ \Delta_x \\ \Delta_0 \end{bmatrix}. \tag{547}$$

Die Matrizen $\mathbf{L}_{3x}$, $\mathbf{L}_{30}$, $\mathbf{L}_{1x}$ und $\mathbf{L}_{10}$ sind vom Typ $(3n\,.\,3)$, $(3n\,.\,3)$,
$(3\,.\,3)$ und $(3\,.\,3)$. Wenn wir den frei aufliegenden Träger als Grund-
system wählen, dann muß, wie aus der Bedeutung hervorgeht, $\mathbf{L}_{3x}$ eine
Nullmatrix, $\mathbf{L}_{1x}$ eine Einheitsmatrix sein, und Gl. (547) können wir in der
Form

$$\begin{bmatrix} \Phi \\ \Delta_x \end{bmatrix} = \begin{bmatrix} \mathbf{H} & ; & \mathbf{G} \\ \mathbf{G}^T & ; & \mathbf{F} \end{bmatrix} \begin{bmatrix} \mathbf{P} \\ \mathbf{X} \end{bmatrix} - \begin{bmatrix} \mathbf{L}_{30} \\ \mathbf{L}_{10} \end{bmatrix} \Delta_0 \tag{548}$$

schreiben. Der weitere Vorgang wäre analog dem der Berechnung, bei
der von den Grundlagen der Deformationsmethode ausgegangen wurde.

Der Vorteil dieser Alternativrechnung ist, daß man keine Matrix
invertieren muß; dafür aber ist, wie bereits gesagt wurde, die Zusammenstellung der Matrizen $\mathbf{S}_1$ und $\mathbf{S}_p$ etwas aufwendiger als die der
Matrix $\mathbf{d}$. In Kap. 10 zeigen wir, daß auch die Zusammenstellung
der Matrix $\mathbf{S}_p$ ganz mechanisch vorgenommen werden kann.

Beispiel 9.1.

Zur Illustration der angeführten Zusammenhänge stellen wir die zur Berechnung des beiderseitig eingespannten Trägers erforderlichen Matrizen
zusammen. Der Einfachheit halber nehmen wir einen Stab konstanten
Querschnitts an und zerlegen die Achse in vier Teile. Den Einfluß der
Normalkräfte trennen wir ab und lassen ihn unberücksichtigt. (Abb. 23.)

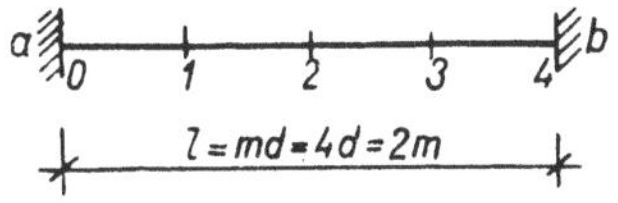

Abb. 23.

Wir stellen die Matrizen $^1\mathbf{A}$, $^1\overline{\mathbf{C}}$ und Matrix $\mathbf{D}_{\mathrm{I}}$ zusammen, wo

$$^1\mathbf{A} = \begin{bmatrix} \mathbf{A}_{11} \\ \mathbf{A}_{21} \end{bmatrix},$$

und berechnen $\mathbf{D}^{-1}$.

$^1\mathbf{A}$	M_{01}	M_{10}	M_{12}	M_{21}	M_{23}	M_{32}	M_{34}	M_{43}
P_{M1}		$+1$	$+1$					
P_{M2}				$+1$	$+1$			
P_{M3}						$+1$	$+1$	
P_{V1}	-2	-2	$+2$	$+2$				
P_{V2}			-2	-2	$+2$	$+2$		
P_{V3}					-2	-2	$+2$	$+2$

$\dfrac{2EJ_v}{d}\,^1\overline{\mathbf{C}}$	τ_{01}	τ_{10}	τ_{12}	τ_{21}	τ_{23}	τ_{32}	τ_{34}	τ_{43}
M_{01}	2	1						
M_{10}	1	2						
M_{12}			2	1				
M_{21}			1	2				
M_{23}					2	1		
M_{32}					1	2		
M_{34}							2	1
M_{43}							1	2

$\dfrac{2EJ_v}{d}\,\mathbf{D}_\mathrm{I}$	φ_1	φ_2	φ_3	v_1	v_2	v_3
P_{M1}	4	1			-6	
P_{M2}	1	4	1	6		-6
P_{M3}		1	4		6	
P_{V1}		6		48	-24	
P_{V2}	-6		6	-24	48	-24
P_{V3}		-6			-24	48

$\dfrac{d}{2EJ_v}\mathbf{D}_{\mathrm{I}}^{-1}$	P_{M1}	P_{M2}	P_{M3}	P_{V1}	P_{V2}	P_{V3}
φ_1	$+0{,}6562$	$-0{,}125$	$-0{,}3437$	$+0{,}1406$	$+0{,}25$	$+0{,}1093$
φ_2	$-0{,}125$	$+0{,}5$	$-0{,}125$	$-0{,}0625$	0	$+0{,}0625$
φ_3	$-0{,}3437$	$-0{,}125$	$+0{,}6562$	$-0{,}1093$	$-0{,}25$	$-0{,}1406$
v_1	$+0{,}1406$	$-0{,}0625$	$+0{,}1093$	$+0{,}0703$	$+0{,}08\overline{3}$	$+0{,}0338$
v_2	$+0{,}25$	0	$-0{,}25$	$+0{,}08\overline{3}$	$+0{,}1\overline{6}$	$+0{,}08\overline{3}$
v_3	$+0{,}1093$	$+0{,}0625$	$-0{,}1406$	$+0{,}0338$	$+0{,}08\overline{3}$	$+0{,}0703$

(Angeführt sind die ersten vier Dezimalstellen.)

Wir erweitern die Rechnung noch um den Einfluß der Stützensenkung. Nehmen wir an, daß Verdrehungen $\varDelta_1$, $\varDelta_2$ und lotrechte Senkungen $\varDelta_3$, $\varDelta_4$ auftreten. Die entsprechenden Reaktionskomponenten

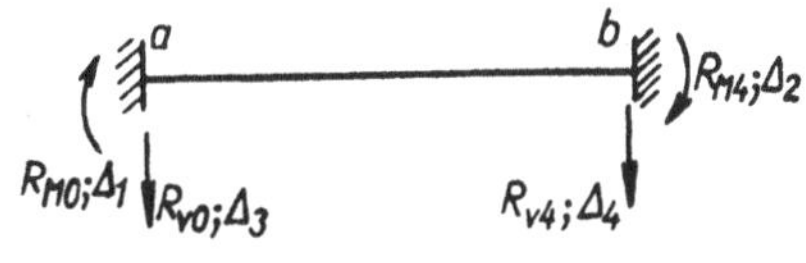

Abb. 24.

bezeichnen wir mit R_{M0}, R_{M4}, R_{V0}, R_{V4}. Die positiven Richtungen sind in Abb. 24 eingetragen. Wir stellen Matrix $^1\mathbf{A}_R$, Matrix $\mathbf{D}_{\mathrm{I}\varDelta}$, Matrix $\mathbf{N}_\varDelta = \left[\mathbf{N}_{11};\ \mathbf{N}_{12};\ \mathbf{N}_{1R}\right]$ zusammen.

$^1\mathbf{A}_R$	M_{01}	M_{10}	M_{12}	M_{21}	M_{23}	M_{32}	M_{34}	M_{43}
R_{M0}	$+1$							
R_{M4}								$+1$
R_{V0}	$+2$	$+2$						
R_{V4}							-2	-2

$\frac{2EJ_v}{d}\,{}^1\mathbf{N}_\Delta$	φ_1	φ_2	φ_3	v_1	v_2	v_3	Δ_1	Δ_2	Δ_3	Δ_4
M_{01}	$+1$			-6			$+2$		$+6$	
M_{10}	$+2$			-6			$+1$		$+6$	
M_{12}	$+2$	$+1$		$+6$	-6					
M_{21}	$+1$	$+2$		$+6$	-6					
M_{23}		$+2$	$+1$		$+6$	-6				
M_{32}		$+1$	$+2$		$+6$	-6				
M_{34}			$+2$			$+6$		$+1$		-6
M_{43}			$+1$			$+6$		$+2$		-6

$\frac{2EJ_v}{d}\,\mathbf{D}_{I\Delta}$	φ_1	φ_2	φ_3	v_1	v_2	v_3	Δ_1	Δ_2	Δ_3	Δ_4
P_{M1}	$+4$	$+1$			-6		$+1$		$+6$	
P_{M2}	$+1$	$+4$	$+1$	$+6$		-6				
P_{M3}		$+1$	$+4$		$+6$			$+1$		-6
P_{V1}		$+6$		$+48$	-24		-6		-24	
P_{V2}	-6		$+6$	-24	$+48$	-24				
P_{V3}		-6			-24	$+48$		$+6$		-24
R_{M0}	$+1$			-6			$+2$		$+6$	
R_{M4}			$+1$			$+6$		$+2$		-6
R_{V0}	$+6$			-24			$+6$		$+24$	
R_{V4}			-6			-24		-6		$+24$

Nach den Gl. (526) und (527) berechnen wir weiters $\mathbf{\Phi}_c$, d.h. die Ordinaten der Einflußlinien der einzelnen Größen Φ_j, und $\mathbf{R}_c$, d.s. die Steifigkeiten und ihre Kombinationen $[\overline{\omega}_a; \ \bar{\varepsilon}; \ \overline{\omega}_b; \ (\overline{\omega}_a + \bar{\varepsilon})/l; \ (\overline{\omega}_b + \bar{\varepsilon})/l; \ (\overline{\omega}_a + 2\bar{\varepsilon} + \overline{\omega}_b)/l]$.

$\mathbf{D}_I^{-1}\,\mathbf{D}_{2\Delta}$	$\Delta_1 = 1$	$\Delta_2 = 1$	$\Delta_3 = 1$	$\Delta_4 = 1$
φ_1	$-0,1875$	$+0,3125$	$+0,5625$	$-0,5625$
φ_2	$+0,25$	$+0,25$	$+0,75$	$-0,75$
φ_3	$+0,3125$	$-0,3125$	$+0,5625$	$-0,5625$
v_1	$-0,28125$	$+0,09375$	$-0,84375$	$-0,15625$
v_2	$-0,25$	$+0,25$	$-0,5$	$-0,5$
v_3	$-0,09375$	$+0,28125$	$-0,15625$	$-0,84375$

$\dfrac{2EJ_v}{d}\,\mathbf{R}_c$	$\Delta_1 = 1$	$\Delta_2 = 1$	$\Delta_3 = 1$	$\Delta_4 = 1$
R_{M0}	$+0,5$	$+0,25$	$+0,375$	$-0,375$
R_{M4}	$+0,25$	$+0,5$	$+0,375$	$-0,375$
R_{V0}	$+0,375$	$+0,375$	$+0,375$	$-0,375$
R_{V4}	$-0,375$	$-0,375$	$-0,375$	$+0,375$

Wir wollen noch die Berechnung desselben Trägers nach der erweiterten Form der Kraftgrößenmethode zeigen und stellen die Matrizen $\mathbf{S}_1$, $\mathbf{S}_p$ sowie $\mathbf{F}$, $\mathbf{G}$, $\mathbf{G}^T$, $\mathbf{H}$ zusammen. (Abb. 25.)

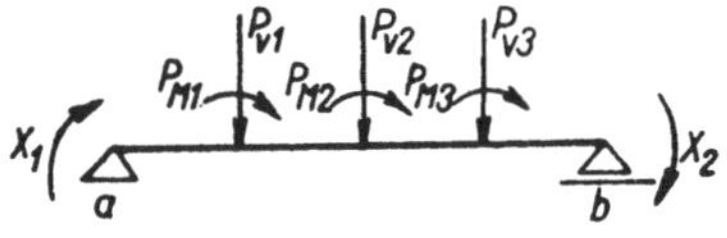

Abb. 25.

$\dfrac{d}{4}[\mathbf{S}_1; \mathbf{S}_p]$	X_1	X_2	P_{M1}	P_{M2}	P_{M3}	P_{V1}	P_{V2}	P_{V3}
M_{01}	$+8$	0	0	0	0	0	0	0
M_{10}	-6	$+2$	$+2$	$+2$	$+2$	-3	-2	-1
M_{12}	$+6$	-2	$+6$	-2	-2	$+3$	$+2$	$+1$
M_{21}	-4	$+4$	-4	$+4$	$+4$	-2	-4	-2
M_{23}	$+4$	-4	$+4$	$+4$	-4	$+2$	$+4$	$+2$
M_{32}	-2	$+6$	-2	-2	$+6$	-1	-2	-3
M_{34}	$+2$	-6	$+2$	$+2$	$+2$	$+1$	$+2$	$+3$
M_{43}	0	$+8$	0	0	0	0	0	0

Matrix $\mathbf{F}$ ist bereits auch die Nachgiebigkeitsmatrix des Stabes $\overline{ab}$; die letzten drei Zeilen beider Spalten der Matrix $\mathbf{G}$ geben die Ordinaten der Einflußlinien der Winkel $\varDelta_{x1}$ und $\varDelta_{x2}$ an (s. S. 249).

Weiters stellen wir Matrix $\mathbf{L}^*$ zusammen.

$\mathbf{L}^*$	φ_1	φ_2	φ_3	v_1	v_2	v_3	$\varDelta_1$	$\varDelta_2$	$\varDelta_3$	$\varDelta_4$
φ_1	1								$+0{,}5$	$-0{,}5$
φ_2		1							$+0{,}5$	$-0{,}5$
φ_3			1						$+0{,}5$	$-0{,}5$
v_1				1					$-0{,}75$	$-0{,}25$
v_2					1				$-0{,}5$	$-0{,}5$
v_3						1			$-0{,}25$	$-0{,}75$
$\varDelta_{x1}$							1		$+0{,}5$	$-0{,}5$
$\varDelta_{x2}$								1	$+0{,}5$	$-0{,}5$

$\dfrac{d}{2EJ_v}\begin{bmatrix} \mathbf{F};\ \mathbf{G}^T \\ \mathbf{G};\ \mathbf{H} \end{bmatrix}$	X_1	X_2	P_{M1}	P_{M2}	P_{M3}	P_{V1}	P_{V2}	P_{V3}
Δ_{x1}	$+2,\overline{6}$	$-1,\overline{3}$	$+0,91\overline{6}$	$-0,\overline{3}$	$-1,08\overline{3}$	$+0,875$	$+1$	$+0,625$
Δ_{x2}	$-1,\overline{3}$	$+2,\overline{6}$	$-1,08\overline{3}$	$-0,\overline{3}$	$+0,91\overline{6}$	$-0,625$	-1	$-0,875$
φ_1	$+0,91\overline{6}$	$-1,08\overline{3}$	$+1,1\overline{6}$	$-0,08\overline{3}$	$-0,8\overline{3}$	$+0,5$	$+0,75$	$+0,5$
φ_2	$-0,\overline{3}$	$-0,\overline{3}$	$-0,08\overline{3}$	$+0,\overline{6}$	$-0,08\overline{3}$	$-0,125$	0	$+0,125$
φ_3	$-1,08\overline{3}$	$+0,91\overline{6}$	$-0,8\overline{3}$	$-0,08\overline{3}$	$+1,1\overline{6}$	$-0,5$	$-0,75$	$-0,5$
v_1	$+0,875$	$-0,625$	$+0,5$	$-0,125$	$-0,5$	$+0,375$	$+0,458\,\overline{3}$	$+0,291\,\overline{6}$
v_2	$+1$	-1	$+0,75$	0	$-0,75$	$+0,458\,\overline{3}$	$+0,\overline{6}$	$+0,458\,\overline{3}$
v_3	$+0,625$	$-0,875$	$+0,5$	$+0,125$	$-0,5$	$+0,291\,\overline{6}$	$+0,458\,\overline{3}$	$+0,375$

Nach Gl. (538) können wir jetzt Matrix $\mathbf{R}_c$ ermitteln. Leicht überzeugen wir uns, daß diese Matrix identisch ist mit der Matrix $\mathbf{R}_c$, die mit dem Verfahren nach der Deformationsmethode bestimmt wurde. Weiters könnten wir auch die durch Gl. (539) beschriebenen Berechnungen ausführen, was wir jedoch hier unterlassen werden, da es sich um einfache Operationen handelt.

Beispiel 9.2.

Als Beispiel der Verwendbarkeit der in Kap. 9 zur Berechnung der resultierenden Formänderungen und Beanspruchungen eines beliebigen Stabes einer Rahmenkonstruktion abgeleiteten Beziehungen berechnen wir die resultierenden lotrechten Durchbiegungen, Verdrehungen und Biegemomente in vier Querschnitten des Stabes $\overline{bc}$ der Konstruktion in Bsp. 4.1. Die Zerlegung der Stabachse in nur vier Teile wurde gewählt, um wieder dem Leser ein leichteres Durchrechnen des Beispiels zu ermöglichen (Abb. 26).

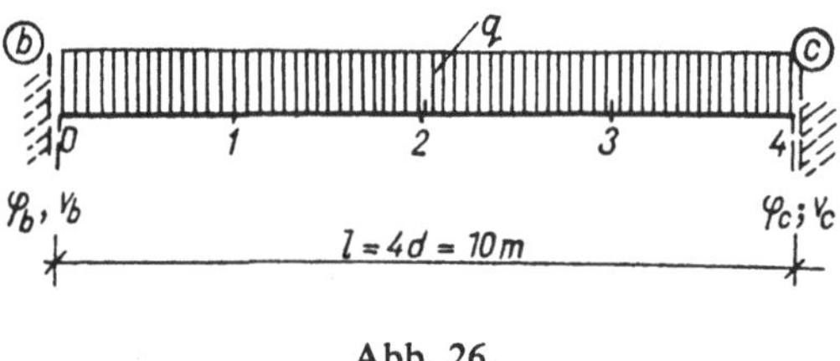

Abb. 26.

Stellen wir zuerst die Matrizen $\mathbf{P}$ und $\mathbf{\Theta}^{\times}$ zusammen.

$$\mathbf{P} = \begin{bmatrix} P_{M1} \\ P_{M2} \\ P_{M3} \\ P_{V1} \\ P_{V2} \\ P_{V3} \end{bmatrix} = \begin{bmatrix} 0 \\ 0 \\ 0 \\ 100 \\ 100 \\ 100 \end{bmatrix},$$

$$\mathbf{\Theta}_2^{\times} = \begin{bmatrix} +467{,}8352 \\ -477{,}6505 \\ +\ 24{,}1046 \\ +\ 33{,}1879 \end{bmatrix} d/2EJ_v = \begin{bmatrix} \varphi_b \\ \varphi_c \\ v_b \\ v_c \end{bmatrix} = \begin{bmatrix} \Delta_1 \\ \Delta_2 \\ \Delta_3 \\ \Delta_4 \end{bmatrix}.$$

Bemerkung: Da wir die gleiche Rechnungsstruktur wie im Beispiel 9.1 beibehalten, müssen wir die Werte der Elemente der Matrix $\boldsymbol{\Phi}$, die im Beispiel 4.1 als $1/(EJ_v)$-fache wirkliche Deformationsgrößen berechnet wurden, in die $d/(2EJ_2)$-fachen überführen.

Für den Stab $\overline{bc}$ stellen wir die Matrizen $\mathbf{D}_{\mathrm{I}}^{-1}$, $-\mathbf{D}_{\mathrm{I}}^{-1}\mathbf{D}_{2\Delta}$ und $^1\mathbf{N}_\Delta$ zusammen (Bezeichnung ähnlich wie im vorstehenden Beispiele) und berechnen $\boldsymbol{\Phi}_K$ und $\mathbf{S}_{MK}$.

$\dfrac{d}{2EJ_2}\mathbf{D}_{\mathrm{I}}^{-1}$	P_{M1}	P_{M2}	P_{M3}	P_{V1}	P_{V2}	P_{V3}
φ_1	$+0{,}6562$	$-0{,}125$	$-0{,}3437$	$+0{,}7031$	$+1{,}25$	$+0{,}5468$
φ_2	$-0{,}125$	$+0{,}5$	$-0{,}125$	$-0{,}3125$	0	$+0{,}3125$
φ_3	$-0{,}3437$	$-0{,}125$	$+0{,}6562$	$-0{,}5468$	$-1{,}25$	$-0{,}7031$
v_1	$+0{,}7031$	$-0{,}3125$	$-0{,}5468$	$+1{,}7578$	$+2{,}08\overline{3}$	$+0{,}8463$
v_2	$+1{,}25$	0	$-1{,}25$	$+2{,}08\overline{3}$	$+4{,}1\overline{6}$	$+2{,}08\overline{3}$
v_3	$+0{,}5468$	$+0{,}3125$	$-0{,}7031$	$+0{,}8463$	$+2{,}08\overline{3}$	$+1{,}7578$

$\mathbf{D}_{\mathrm{I}}^{-1}\mathbf{D}_{2\Delta}$	Δ_1	Δ_2	Δ_3	Δ_4
φ_1	$-0{,}1875$	$+0{,}3125$	$+0{,}1125$	$-0{,}1125$
φ_2	$+0{,}25$	$+0{,}25$	$+0{,}15$	$-0{,}15$
φ_3	$+0{,}3125$	$-0{,}1875$	$+0{,}1125$	$-0{,}1125$
v_1	$-1{,}40625$	$+0{,}46875$	$-0{,}84375$	$-0{,}15625$
v_2	$-1{,}25$	$+1{,}25$	$-0{,}5$	$-0{,}5$
v_3	$-0{,}46875$	$+1{,}40625$	$-0{,}15625$	$-0{,}84375$

$\dfrac{2EJ_2}{d}\,{}^1N_\Delta$	φ_1	φ_2	φ_3	v_1	v_2	v_3	Δ_1	Δ_2	Δ_3	Δ_4
M_{01}	+1			−1,2			+2		+1,2	
M_{10}	+2			−1,2			+1		+1,2	
M_{12}	+2	+1		+1,2	−1,2					
M_{21}	+1	+2		+1,2	−1,2					
M_{23}		+2	+1		+1,2	−1,2				
M_{32}		+1	+2		+1,2	−1,2				
M_{34}			+2			+1,2		+1		−1,2
M_{43}			+1			+1,2		+2		−1,2

$\dfrac{d}{2EJ_2}\,\Phi_K$	
φ_{1K}	+ 488,0067
φ_{2K}	+ 3,8163
φ_{3K}	− 484,7361
v_{1K}	+1376,0659
v_{2K}	+2043,8368
v_{3K}	+1391,5124
$\varphi_{0K}=\Delta_1$	+ 467,8352
$\varphi_{4K}=\Delta_2$	− 477,6505
$v_{0K}=\Delta_3$	+ 24,1046
$v_{4K}=\Delta_4$	+ 33,1879

S_{MK}	S_M	S_{MV}	S_{MK} (kNm)
M_{01}	−198,676	−20,8$\overline{3}$	−219,510
M_{10}	−178,505	+20,8$\overline{3}$	−157,671
M_{12}	+178,505	−20,8$\overline{3}$	+157,671
M_{21}	−305,685	+20,8$\overline{3}$	−284,852
M_{23}	+305,685	−20,8$\overline{3}$	+284,852
M_{32}	−182,866	+20,8$\overline{3}$	−162,033
M_{34}	+182,866	−20,8$\overline{3}$	+162,033
M_{43}	+189,953	+20,8$\overline{3}$	+210,786

Bemerkung: Da wir den Stab nur in eine sehr geringe Anzahl von Teilen zerlegt haben, müssen die Werte S_{MV} hinzugezählt werden, damit die Ergebnisse genau sind. Die (leicht direkt lösbaren) Beispiele wurden der Anschaulichkeit der Erklärung und leichten Vergleichsmöglichkeit wegen gewählt.

10. Berechnung der Formänderung des Stabes

10.1. Berechnung der ideellen Lasten

Für die Berechnung der Beanspruchung und Formänderung gerader Stäbe kann die Wirkung einer stetigen Belastung durch eine Reihe von Lasten ersetzt werden, die in den Grenzquerschnitten der Teile wirken, in die wir die Mittellinie zerlegen. Wenn nicht andere Gründe dagegen sprechen, wird vorteilhaft eine gleiche Teilung gewählt. Zerlegen wir die Stabachse in m Teile, können wir die Ersatzlasten an den Teilgrenzen nach einer der bekannten Arten bestimmen. Wir berechnen zuerst die Lasten, die die Wirkung einer allgemeinen stetigen Belastung des Stabes $\overline{ab}$ ersetzen. Das allgemeine Symbol m für die Anzahl der Teile wurde hier gewählt, um mit einigen Schlußfolgerungen des Kapitels 9 vergleichen zu können, wo diese Bezeichnung eingeführt und begründet wurde. Wenn wir mit dem Symbol **g** die Spaltenmatrix der Werte der stetigen Belastung in den Teilgrenzen bezeichnen — sie ist vom Typ $(m + 1) \, . \, (1)$ —, dann können wir die Berechnung der in den Punkten $0 \div m$ wirkenden Einzellasten (Abb. 27) bei trapezförmiger Ersatzbelastungslinie als Gleichung schreiben:

$$
\begin{bmatrix} w_0 \\ w_1 \\ w_2 \\ \cdot \\ \cdot \\ \cdot \\ w_{m-1} \\ w_m \end{bmatrix} = \frac{d}{6} \begin{bmatrix} 2; \ 1 & & & & \\ 1; \ 4; \ 1 & & & \\ & 1; \ 4; \ 1 & & \\ & & \cdot & & \\ & & & \cdot & \\ & & & & \cdot \\ & & & 1; \ 4; \ 1 \\ & & & 1; \ 2 \end{bmatrix} \begin{bmatrix} g_0 \\ g_1 \\ g_2 \\ \cdot \\ \cdot \\ \cdot \\ \cdot \\ g_m \end{bmatrix} , \qquad (549)
$$

$$\mathbf{w} \quad = \quad \mathbf{a} \qquad\qquad \mathbf{g}$$

wo Matrix **w** vom Typ $(m + 1) \, . \, (1)$ ist und Matrix **a** vom Typ $(m + 1) \, . \, (m + 1)$.

Ähnlich können wir auch die Gleichungen zur Berechnung der Ersatzlasten bei einer anderen Ersatzfunktion $g(x)$ schreiben.

Wenn wir ferner die Formänderung des geraden Stabes nach den Mohrschen Sätzen berechnen, dann können wir die Belastung des Stabes durch die reduzierte Momentefläche wieder in eine Belastung durch eine Reihe von Einzellasten überführen — in diesem Falle ideeller Lasten —,

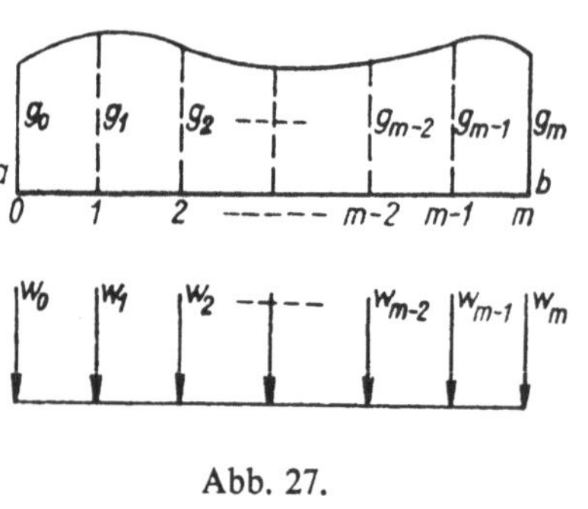

Abb. 27.

die in den Grenzen der Teile wirken, in die wir die Stabachse zerlegen. Setzen wir voraus, daß der betrachtete Stab veränderlichen Querschnitts ist und wir die Werte der Biegemomente in den Teilungspunkten bestimmt haben. Die Spaltenmatrix der Werte dieser Momente bezeichnen wir mit $\mathbf{M}$; sie ist vom Typ $(m + 1) \cdot (1)$. Bei der weiteren Rechnung können wir in verschiedener Weise vorgehen.

Wir beschreiben den tatsächlichen Verlauf der Trägheitsmomente des Stabes $\overline{ab}$ durch $(m + 1)$ Werte dieser Größen an den Teilgrenzen. Wählen wir ein beliebiges Vergleichsträgheitsmoment J_v und berechnen wir für alle betrachteten Punkte die Werte des Verhältnisses J_v/J_i. Sämtliche Werte $1/EJ_v \cdot J_v/J_i$ stellen wir in der Reihenfolge des Index $j = (0 \div m)$ in der Diagonalmatrix $\mathbf{J}$ vom Typ $(m + 1) \cdot (m + 1)$ zusammen. Dann bestimmt das Produkt

$$\mathbf{M_r} = \mathbf{JM} \qquad (550)$$

die Matrix $\mathbf{M_r}$ vom Typ $(m + 1) \cdot (1)$, die die Werte der reduzierten Momenteordinaten enthält. Die ideellen Lasten können wir — vorausgesetzt, daß die Momentelinie für die Ersatzlasten bestimmt wurde, d.h. daß sie zwischen den Teilgrenzen jeweils einen linearen Verlauf hat — aus der Beziehung

$$\mathbf{w}_M = \mathbf{aJM} = \mathbf{aM_r} \qquad (551)$$

bestimmen, wenn $\mathbf{w}_M$ die Matrix der ideellen, aus der reduzierten Momentefläche ermittelten Lasten und vom Typ $(m + 1) \cdot (1)$ ist.

Die ganze Rechnung können wir aber auch anders gestalten. Den allgemeinen Verlauf der Trägheitsmomente können wir durch einen zwischen den Teilgrenzen jeweils konstanten ersetzen, indem wir mit einer gewissen Ungenauigkeit annehmen, daß im Bereich eines jeden Teiles das Trägheitsmoment konstant ist. Seinen Wert bestimmen wir z.B. als Mittelwert der Trägheitsmomente an den Teilgrenzen. Dann können wir die Ausdrücke zur Berechnung der im Punkte j wirkenden ideellen Last w_j' umformen (Abb. 28) in

$$w_j' = \frac{d}{6EJ_v}\left[\frac{J_v}{\bar{J}_i}M_{j-1} + 2\left(\frac{J_v}{\bar{J}_j} + \frac{J_v}{\bar{J}_{j+1}}\right)M_j + \frac{J_v}{\bar{J}_{j+1}}M_{j+1}\right] =$$

$$= \frac{d}{6EJ_v}\left(\alpha_{j,j-1}M_{j-1} + \alpha_{j,j}M_j + \alpha_{j,j+1}M_{j+1}\right). \tag{552}$$

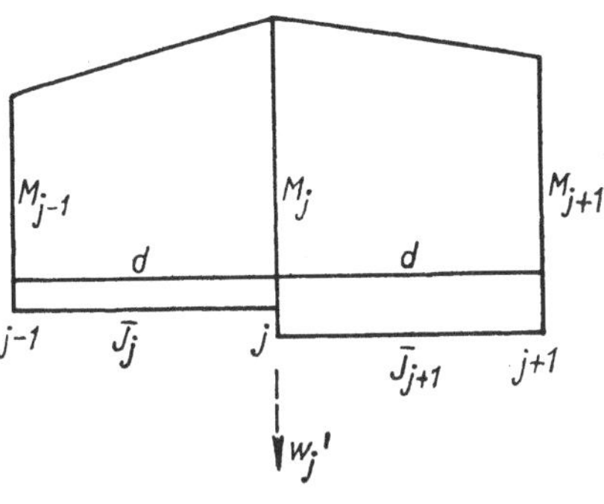

Abb. 28.

$$\begin{bmatrix} w_0' \\ w_1' \\ w_2' \\ \cdot \\ \cdot \\ \cdot \\ \cdot \\ \cdot \\ w_{m-1}' \\ w_m' \end{bmatrix} = \frac{d}{6EJ_v} \begin{bmatrix} \alpha_{00}; & \alpha_{01}; & & & & \\ \alpha_{10}; & \alpha_{11}; & \alpha_{12} & & & \\ & \alpha_{21}; & \alpha_{22}; & \alpha_{23} & & \\ & & & \ddots & & \\ & & & & \ddots & \\ & & \alpha_{(m-1)(m-2)}; & \alpha_{(m-1)(m-1)}; & \alpha_{(m-1)m} \\ & & & \alpha_{m(m-1)}; & \alpha_{mm} \end{bmatrix} \begin{bmatrix} M_0 \\ M_1 \\ M_2 \\ \cdot \\ \cdot \\ \cdot \\ \cdot \\ \cdot \\ \cdot \\ M_m \end{bmatrix},$$

$$\mathbf{w}_M = \frac{d}{6EJ_v}\,\mathbf{j}\mathbf{M}. \tag{553}$$

Dabei gilt $\alpha_{ik} = \alpha_{ki}$. Die Matrix $\mathbf{j}$ ist vom Typ $(m+1).(m+1)$.

Die soeben angegebene Berechnungsart der ideellen Lasten können wir aber weiter abändern. Wie aus der Ableitung (s. z.B. [12]) hervorgeht, wird jede Teilfläche der reduzierten Momentefläche durch zwei Lasten ersetzt, die in den anliegenden Teilgrenzen wirken. Diese Lasten werden dann addiert und ergeben resultierende Lasten. Die Beziehungen zur

Berechnung der ideellen Lasten schreiben wir dann so an, daß wir zuerst die beiden Teillasten berechnen. Diese beiden Teillasten, aus denen w'_j entsteht, bezeichnen wir mit $w^*_{j,j-1}$ und $w^*_{j,j+1}$. Dann haben die Gleichungen zur Berechnung dieser Lasten die Gestalt

$$
\begin{bmatrix} w^*_{01} \\ w^*_{10} \\ w^*_{12} \\ w^*_{21} \\ w^*_{23} \\ \cdot \\ \cdot \\ \cdot \\ \cdot \\ \cdot \\ \cdot \\ w^*_{m-1,m} \\ w^*_{m,m-1} \end{bmatrix}
=
\begin{bmatrix}
\dfrac{d}{3E\bar{J}_1} & ; & \dfrac{-d}{6E\bar{J}_1} & & & & \\[2ex]
\dfrac{-d}{6E\bar{J}_1} & ; & \dfrac{d}{3E\bar{J}_1} & & & & \\[2ex]
& & & \dfrac{d}{3E\bar{J}_2} & ; & \dfrac{-d}{6E\bar{J}_2} & \\[2ex]
& & & \dfrac{-d}{6E\bar{J}_2} & ; & \dfrac{d}{3E\bar{J}_2} & \\[2ex]
& & & & & & \ddots
\end{bmatrix}
\begin{bmatrix} M_{01} \\ M_{10} \\ M_{12} \\ M_{21} \\ M_{23} \\ \cdot \\ \cdot \\ \cdot \\ \cdot \\ \cdot \\ \cdot \\ M_{m-1;m} \\ M_{m;m-1} \end{bmatrix},
$$

$$
\mathbf{w}^*_M = {}^1\mathbf{C}\mathbf{M}^*.
$$

Die Matrizen $\mathbf{w}^*_M$ und $\mathbf{M}^*$ sind vom Typ $[2 + 2(m-1)] \cdot (1) = (2m) \cdot (1)$; ${}^1\mathbf{C}$ vom Typ $(2m \cdot 2m)$ ist eine quadratische Matrix. Matrix $\mathbf{M}^*$ können wir durch Transformation aus Matrix $\mathbf{M}$ bilden:

$$
\mathbf{M}^* = \boldsymbol{\beta}\mathbf{M},
$$

wo $\boldsymbol{\beta}$ eine Matrix vom Typ $[2 + 2(m-1)] \cdot (m+1) = (2m) \cdot (m+1)$ ist und die Form hat

$$
\boldsymbol{\beta} = \begin{bmatrix}
1 & & & & & \\
-1 & & & & & \\
1 & & & & & \\
& -1 & & & & \\
& 1 & & & & \\
& & -1 & & & \\
& & 1 & & & \\
& & & \ddots & & \\
& & & & -1 & \\
& & & & 1 & \\
& & & & & -1
\end{bmatrix}. \tag{554}
$$

Bemerkung: Da wir jetzt jeden Teil für sich betrachten und in die Rechnung die Werte der Biegemomente in den Endquerschnitten der Teile einführen, gilt für diese Momente die eingeführte Vorzeichenregel (Abb. 29). Bei dieser Umbildung ist die Transformationsmatrix mit der Nachgiebigkeitsmatrix der einzelnen Teile identisch und wird deshalb

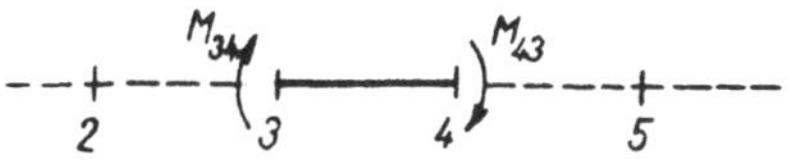

Abb. 29.

zu Recht mit $^1\mathbf{C}$ bezeichnet. Wir könnten demnach auch die einzelnen Teile als Stäbe veränderlichen Querschnitts ansehen und für die wirkliche Veränderlichkeit des Trägheitsmomentes die Werte der Koeffizienten ω und ε bestimmen, wodurch die Rechnung genauer würde.

Die summierten ideellen Lasten an den Teilgrenzen bestimmen wir aus den Teillasten in Matrizenform durch Transformation:

$$\mathbf{w}'_M = \overline{\boldsymbol{\beta}}\mathbf{w}^*_M = \boldsymbol{\beta}^T\mathbf{w}^*_M \,,$$

wo Matrix $\overline{\boldsymbol{\beta}}$ vom Typ $(m + 1) \cdot (2m)$ und, wie aus der Bedeutung hervorgeht, zur Matrix $\boldsymbol{\beta}$ transponiert ist.

Die ganze Berechnung ist dann beschrieben durch die Beziehung

$$\mathbf{w}'_M = \boldsymbol{\beta}^T \, ^1\mathbf{C}\boldsymbol{\beta}\mathbf{M} \,. \tag{554a}$$

10.2. Berechnung der Biegemomente und der Biegelinie des frei aufliegenden Trägers

Betrachten wir einen freiaufliegenden Träger $\overline{ab}$, der durch eine Reihe lotrechter, in gleichen Abständen wirkender Einzellasten w_j belastet ist. Eine derartige Belastung entsteht z.B. durch Überführung einer gewöhnlichen stetigen Belastung in Ersatzlasten. Wir berechnen die Werte der Biegemomente in den Angriffsstellen des angenommenen Lastensystems. Auf den Träger mögen $(m + 1)$ Einzellasten wirken (Abb. 30). Den Wert des Biegemomentes im Querschnitt j können wir aus der Beziehung

$$M_j = M_{j0}w_0 + M_{j1}w_1 + \ldots + M_{j,m-1}w_{m-1} + M_{jm}w_m \tag{555}$$

ermitteln. Derartiger Gleichungen stellen wir $m + 1$ zusammen und schreiben das System dieser Gleichungen als Matrizengleichung

$$\mathbf{M} = \mathbf{mw}, \tag{556}$$

in der $\mathbf{M}$ und $\mathbf{w}$ bereits früher definierte Matrizen sind und $\mathbf{m}$ eine quadratische Matrix vom Typ $(m + 1) \cdot (m + 1)$ ist. Wie ersichtlich,

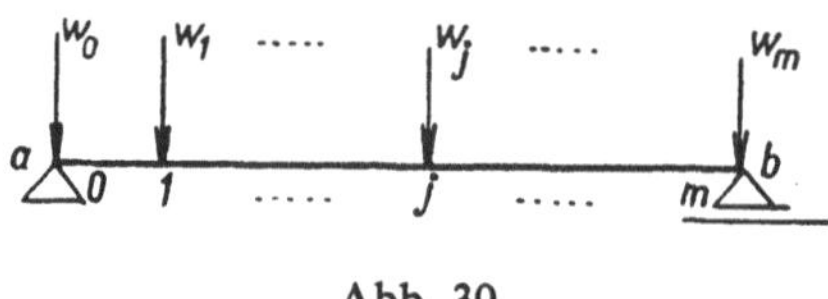

Abb. 30.

sind die Elemente der j-ten Zeile der Matrix $\mathbf{m}$ nichts anderes als die Ordinatenwerte der Einflußlinie des Momentes M_j am betrachteten Träger. Matrix $\mathbf{m}$ können wir somit leicht unmittelbar in allgemeiner Form schreiben:

$$\mathbf{m} = \frac{d}{m}\begin{bmatrix} 0; & 0; & 0; & & \ldots\,0; & 0; & 0; & 0 \\ 0; & (m-1); & (m-2); & (m-3); & \ldots\,3; & 2; & 1; & 0 \\ 0; & (m-2); & 2(m-2); & 2(m-3); & \ldots\,6; & 4; & 2; & 0 \\ 0; & (m-3); & 2(m-3); & 3(m-3); & \ldots\,9; & 6; & 3; & 0 \\ \vdots & \vdots & \vdots & \vdots & & \vdots & \vdots & \vdots \\ 0; & 3; & 6; & 9; & & & & \\ 0; & 2; & 4; & 6; & \ldots & 2(m-2); & (m-2); & 0 \\ 0; & 1; & 2; & 3; & \ldots & (m-2); & (m-1); & 0 \\ 0; & 0; & 0; & 0; & \ldots & 0; & 0; & 0 \end{bmatrix}. \tag{557}$$

Die erste und letzte Nullspalte und Nullzeile gehen aus den Randbedingungen hervor.

Ist der betrachtete Träger allgemein stetig belastet, dann können wir die Werte der Biegemomente in den Querschnitten $0 \div m$ aus den Beziehungen

$$\mathbf{M} = \mathbf{mw} \quad \text{und} \quad \mathbf{w} = \mathbf{ag} \tag{558}$$

bestimmen oder nach Einsetzen

$$\mathbf{M} = \mathbf{mag}. \tag{559}$$

Wollen wir auch die Biegelinie des angenommenen Trägers bestimmen, belasten wir, nach den Mohrschen Sätzen, denselben Träger mit der reduzierten Momentefläche und bestimmen die Biegelinie als Momentelinie. Dabei können wir — in Hinsicht auf die Schlußfolgerungen des vorstehenden Abschnittes — die ideellen Lasten benützen, die wir, wenn wir $\mathbf{m}' = \mathbf{J}\mathbf{m}$ bezeichnen, nach Gl. (551)

$$\mathbf{w}_M = \mathbf{a}\mathbf{J}\mathbf{M} = \mathbf{a}\mathbf{J}\mathbf{mag} = \mathbf{am'ag} \qquad (560)$$

berechnen oder nach Gl. (554):

$$\mathbf{w}'_M = \boldsymbol{\beta}^T\,{}^1\mathbf{C}\boldsymbol{\beta}\mathbf{M} = \boldsymbol{\beta}^T\,{}^1\mathbf{C}\boldsymbol{\beta}\mathbf{mag}\,. \qquad (561)$$

Die Werte der lotrechten Verschiebungen der einzelnen Punkte bestimmen wir dann durch wiederholte Anwendung von (556), wobei wir aber $\mathbf{M}$ mit der Matrix $\mathbf{v}$ vertauschen, d.i. mit der Matrix der gesuchten Verschiebungen, die vom Typ $(m + 1).(1)$ ist. Für $\mathbf{w}$ setzen wir entweder $\mathbf{w}_M$ oder $\mathbf{w}'_M$ ein:

Dann ist entweder

$$\mathbf{v} = \mathbf{m}\mathbf{w}_M = \mathbf{ma}\mathbf{J}\mathbf{mag} = \mathbf{mam'ag} \qquad (562)$$

oder

$$\mathbf{v} = \mathbf{m}\boldsymbol{\beta}^T\,{}^1\mathbf{C}\boldsymbol{\beta}\mathbf{mag}\,. \qquad (563)$$

Die letzte Gleichung können wir auch in der Form

$$\mathbf{v} = \mathbf{m}_\beta^T\,{}^1\mathbf{C}\mathbf{m}_\beta\mathbf{w} \qquad (563a)$$

schreiben, wobei bedeuten

$$\mathbf{m}_\beta^T = \mathbf{m}\boldsymbol{\beta}^T\,; \quad \mathbf{m}_\beta = \boldsymbol{\beta}\mathbf{m}\,.$$

Das Produkt $\mathbf{ag}$ stellt die Matrix der lotrechten Lasten $\mathbf{w}$ dar. Handelt es sich um die Berechnung der Momente und der Durchbiegung eines frei aufliegenden Trägers bei einer Belastung durch ein System von lotrechten Einzellasten, dann ersetzen wir in den letzten Gleichungen das Produkt $\mathbf{ag}$ durch die Matrix $\mathbf{P}$ vom Typ $(m + 1).(1)$, deren Elemente die wirkenden Kräfte sind.

Man muß sich bewußt sein, daß es sich im allgemeinen Falle um eine Näherungsrechnung handelt, deren Genauigkeit von der Anzahl der Teile abhängt, in die wir die Stabachse zerlegen.

Die derart vorgenommene Berechnung der einfachen Träger konstanten Querschnitts ist besonders einfach, da dann $\mathbf{J}$ eine skalare Matrix ist und das Produkt $\mathbf{mam}$ im vorhinein für verschiedene Teilungen des Stabes berechnet werden kann.

Erweitern wir noch die vorstehenden Überlegungen und nehmen wir an, daß auf den frei aufliegenden Träger $\overline{ab}$ in den Grenzen der Teile, in die wir die Stabachse bei der Berechnung der ideellen und Ersatzlasten zerlegt haben, einerseits lotrechte Einzelkräfte, anderseits Einzelmomente wirken. Die Kräfte in den Stützpunkten brauchen nicht berücksichtigt zu werden; sie beeinflussen nur die Größe der resultierenden Reaktionen. Die an den Stützen wirkenden Momente wollen wir mit X_a, X_b, die übrigen Momente mit P_M, die Kräfte mit P_V bezeichnen.

Ähnlich wie in Kap. 9 bezeichnen wir die Anzahl der zwischen den Stützen liegenden Teile mit dem Symbol n; dafür gilt die Beziehung

$$n = m - 1 .$$

Diese Bezeichnung wählen wir wegen der leichteren Vergleichsmöglichkeit der hier angegebenen Verfahren mit denen des Kap. 9.

Stellen wir alle Belastungen in einer Spaltenmatrix zusammen, in die wir zuerst die Komponenten P_{Mj} in der Reihenfolge, in der sie am Träger von links nach rechts wirken, einsetzen, dann die Komponenten P_{Vj} und schließlich die Momente X_a, X_b. Die einzelnen aus diesen Komponenten gebildeten Matrizen sind $\mathbf{P}_M$, $\mathbf{P}_V$ [beide sind vom Typ $(n\,.\,1)$], $\mathbf{X}_0$ [vom Typ $(2\,.\,1)$]. Die Werte der Biegemomente berechnen wir in den Endquerschnitten jedes Teiles. Die Matrix mit diesen Größen als Elementen bezeichnen wir mit $\mathbf{M}^*$.

Den in m Teile zerlegten Stab, auf den die Belastung nur in den Teilungspunkten wirkt, können wir als gedachte, in den Knoten belastete Rahmenkonstruktion aus m Stäben ansehen, wobei wir die Teilungspunkte als Knoten betrachten. Da Matrix $\mathbf{M}^*$ die Momentewerte in den Endquerschnitten der Teile enthält, d.i. in den Stabendquerschnitten der gedachten Konstruktion, können wir zu der in den Kap. 5 und 9 eingeführten Bezeichnung übergehen, d.h. wir bezeichnen

$$\mathbf{M}^* = \mathbf{S}_M .\tag{564}$$

Weiters stellen wir die Matrix der Einflußwerte zusammen, die in diesem Falle vom Typ $(2m\,.\,2m)$ ist, und bezeichnen sie mit $\mathbf{m}_M$. Ihre Elemente ermitteln wir in ähnlicher Weise wie die der Matrix $\mathbf{m}$. Die Berechnung der Biegemomente wird durch die Gleichung

$$\mathbf{M}^* = \mathbf{S}_M = \mathbf{m}_M \begin{bmatrix} \mathbf{P}_M \\ \mathbf{P}_V \\ \mathbf{X}_0 \end{bmatrix}\tag{565}$$

beschrieben.

Aus den ermittelten Werten der Biegemomente berechnen wir die ideellen Lasten, die in den Endquerschnitten der einzelnen Teile wirken.

$$\mathbf{w}_M^* = {}^1\mathbf{C}\mathbf{M}^* = {}^1\mathbf{C}\mathbf{m}_M \begin{bmatrix} \mathbf{P}_M \\ \mathbf{P}_V \\ \mathbf{X}_0 \end{bmatrix}. \tag{566}$$

Mit Hilfe dieser Lasten könnten wir, ähnlich wie in den vorangehenden Abschnitten, die Durchbiegungen in den einzelnen gedachten Knoten berechnen. Erweitern wir aber die Berechnung auch um die Bestimmung der Tangentenwinkel der Biegelinie, d.h. der Knotenverdrehung der gedachten Konstruktion. Bezeichnen wir diese Verdrehungen mit φ_j und die aus ihnen zusammengestellte Matrix vom Typ $(n \, . \, 1)$ mit $\boldsymbol{\varphi}$. (Die Bezeichnung verwenden wir wieder in Übereinstimmung mit der früher eingeführten.) Die lotrechten Verschiebungen der betrachteten Punkte bezeichnen wir mit v_j, ihre Matrix vom Typ $(n \, . \, 1)$ mit $\mathbf{v}$. Die Verdrehungswinkel in den Stützpunkten bezeichnen wir mit Δ_{xa}, Δ_{xb} und die Matrix aus diesen Elementen vom Typ $(2 \, . \, 1)$ mit Δ_{x0}. Die Berechnung der Verschiebungen und Verdrehungen wird durch ein System von $2m$ Gleichungen beschrieben, deren Matrizenschreibweise die Gleichung

$$\begin{bmatrix} \boldsymbol{\varphi} \\ \mathbf{v} \\ \Delta_{x0} \end{bmatrix} = (\mathbf{m}_M)^T \, \mathbf{w}_M^* \tag{567}$$

ist. Es ist nicht schwierig, die Transformationsmatrix $(\mathbf{m}_M)^T$ vom Typ $(2m \, . \, 2m)$ direkt aufzustellen. Das aber ist nicht nötig. Wenn wir in die letzte Gleichung für $\mathbf{w}_M^*$ den durch Gl. (566) bestimmten Ausdruck einsetzen, ist

$$\begin{bmatrix} \boldsymbol{\varphi} \\ \mathbf{v} \\ \Delta_{x0} \end{bmatrix} = \mathbf{m}_M^T \, {}^1\mathbf{C}\mathbf{m}_M \begin{bmatrix} \mathbf{P}_M \\ \mathbf{P}_V \\ \mathbf{X}_0 \end{bmatrix}. \tag{568}$$

Die letzte Gleichung beschreibt den Zusammenhang der verallgemeinerten Kräfte und Verschiebungen. Die Transformationsmatrix muß — mit Rücksicht auf den Maxwell-Bettischen Satz — symmetrisch sein. Matrix ${}^1\mathbf{C}$ ist eine symmetrische, quadratische Matrix und muß, damit auch die resultierende Transformationsmatrix symmetrisch ist, mit den gegenseitig transponierten Matrizen multipliziert werden.

Daher haben wir auch bereits eine dieser Bedingung entsprechende Bezeichnung eingeführt. Übrigens geht die Richtigkeit der eingeführten Bezeichnung auch aus dem Krohnschen Theorem hervor.

Zur Gl. (568) können wir aber auch auf andere Weise gelangen. In Kap. 9 haben wir die Berechnung des frei aufliegenden Trägers nach den vereinfachten Beziehungen der Kraftgrößenmethode angegeben. Dort sind wir von Gl. (521c) ausgegangen, d.i.

$$\begin{bmatrix} \boldsymbol{\Phi} \\ \Delta_x \end{bmatrix} = \begin{bmatrix} \mathbf{H} & ; & \mathbf{G} \\ \mathbf{G}^T & ; & \mathbf{F} \end{bmatrix} \begin{bmatrix} \mathbf{P} \\ \mathbf{X} \end{bmatrix} = \begin{bmatrix} \mathbf{S}_p^T \\ \mathbf{S}_1^T \end{bmatrix} \begin{bmatrix} {}^1\mathbf{C} & \\ & {}^2\mathbf{C} \end{bmatrix} [\mathbf{S}_p; \mathbf{S}_1] \begin{bmatrix} \mathbf{P} \\ \mathbf{X} \end{bmatrix}. \tag{569}$$

Betrachten wir die Elemente der Matrix $\mathbf{X}$ als bekannte gegebene Werte, dann sind die Elemente der Matrix Δ_x weitere Unbekannte — die verallgemeinerten Verschiebungen der Angriffspunkte der Kräfte X im gewählten Grundsystem. Wenn wir als statisch bestimmtes Grundsystem den frei aufliegenden Träger wählen, dann drückt Gl. (569) auch die Abhängigkeit der Verschiebungen der Angriffspunkte der äußeren Kräfte von diesen Kräften aus und stimmt somit, im statischen Sinne, mit Gl. (568) überein. Wenn wir $\boldsymbol{\Phi}$ und $\mathbf{P}$ mit Hilfe der Untermatrizen ausschreiben, dann ist

$$\begin{bmatrix} \boldsymbol{\varphi} \\ \mathbf{v} \\ \mathbf{u} \\ \Delta_x \end{bmatrix} = \begin{bmatrix} \mathbf{S}_p^T \\ \mathbf{S}_1^T \end{bmatrix} \begin{bmatrix} {}^1\mathbf{C} & \\ & {}^2\mathbf{C} \end{bmatrix} [\mathbf{S}_p; \mathbf{S}_1] \begin{bmatrix} \mathbf{P}_M \\ \mathbf{P}_V \\ \mathbf{P}_U \\ \mathbf{X} \end{bmatrix}, \tag{569a}$$

wo $\boldsymbol{\varphi}$, $\mathbf{v}$, $\mathbf{u}$, $\mathbf{P}_M$, $\mathbf{P}_V$, $\mathbf{P}_U$ Matrizen vom Typ $(n \cdot 1)$ und Δ_x, $\mathbf{X}$ vom Typ $(3 \cdot 1)$ sind. Dabei ist

$$\Delta_x = \begin{bmatrix} \Delta_{xa} \\ \Delta_{xb} \\ \Delta_{xN} \end{bmatrix} = \begin{bmatrix} \Delta_{x0} \\ \Delta_{xN} \end{bmatrix}; \quad \mathbf{X} = \begin{bmatrix} X_a \\ X_b \\ N_b \end{bmatrix} = \begin{bmatrix} \mathbf{X}_0 \\ \mathbf{N}_b \end{bmatrix}.$$

Wenn wir noch die Matrizen $\mathbf{S}_p$ und $\mathbf{S}_1$ in Untermatrizen, die den Untermatrizen $\mathbf{P}_M$, $\mathbf{P}_V$, $\mathbf{P}_U$ und $\mathbf{X}_0$, $\mathbf{N}_b$ entsprechen, zerlegen würden, dann kann man, mit Rücksicht auf die Schlußfolgerungen des 9. Kapitels, in Gl. (569a) den Einfluß der Momente und lotrechten Komponenten von dem der waagrechten Komponenten trennen. Unschwer kann man nachweisen, daß die erste der Matrizengleichungen, die durch Zerlegung der Gl. (569a) entstehen, mit Gl. (568) identisch ist; wir sind nun auf andere Weise zu dieser Gleichung gelangt. Dieses Vorgehen bestätigt die Richtigkeit der Überlegungen und der Einführung der Matrix ${}^1\mathbf{C}$ in Gl. (554).

Bemerkung: Da wir Gl. (569) auch für die Berechnung der Formänderung gekrümmter Stäbe aufstellen können, könnten wir zurückgehend auch Ausdrücke für die Berechnung der ideellen Lasten zur Bestimmung von Biegelinien gekrümmter Stäbe ableiten und auch weitere Schlüsse ziehen.

Gl. (565) können wir dann auch zur Berechnung der resultierenden inneren Kräfte in den Feldquerschnitten einzelner Stäbe einer allgemeinen, nach der Kraftgrößenmethode berechneten Rahmenkonstruktion benützen. Dann sind die Elemente der Matrizen $\mathbf{P}_M$ und $\mathbf{P}_V$ die wirkliche zwischen den Knoten angreifende Belastung; für $\mathbf{X}_0$ setzen wir die berechneten Werte der Biegemomente in den Endquerschnitten des Stabes $\overline{ab}$ ein, die bei der Berechnung der ganzen Konstruktion bei Knotenbelastung bestimmt wurden.

Bemerkung: Beachten wir stets, daß die mit $\mathbf{X}$ bezeichneten Größen in den Berechnungen statisch bestimmter Konstruktionen den Charakter bekannter, gegebener Momente oder Kräfte haben. Die Bezeichnung mit dem Symbol $\mathbf{X}$ wurde aus formalen Gründen beibehalten.

11. Differenzenmethode

11.1. Einleitung

In diesem Kapitel werden wir zeigen, wie man Beanspruchung und
Formänderung gerader, frei gelagerter oder beiderseits voll eingespannter
Stäbe nach der Differenzenmethode bestimmen kann. Dieses Rechen-
verfahren führen wir deshalb an, weil es sowohl auf einem Rechenauto-
maten gut verarbeitet werden kann als auch einen Vergleich mit der
Berechnung der Biegelinie nach den Mohrschen Sätzen ermöglicht.

11.2. Berechnung der Beanspruchung
und Formänderung frei aufliegender Träger

Zur Berechnung der Biegemomente in einzelnen Querschnitten eines
geraden, frei aufliegenden Trägers $\overline{ab}$, der stetig mit g belastet ist, können
wir die Differentialgleichung

$$\frac{\mathrm{d}^2 M}{\mathrm{d}x^2} = -g(x) \tag{570}$$

benützen.

Für die zahlenmäßige Auflösung dieser Gleichung verwenden wir die
Differenzenmethode. Wir zerlegen die Stabachse in m Teile gleicher
Länge d (Abb. 31). Ersetzen wir in allen inneren Punkten, d.i. in den
Punkten $1 \div (m - 1)$, die zweite Ableitung näherungsweise durch
den Ausdruck

$$\left(\frac{\mathrm{d}^2 M}{\mathrm{d}x^2}\right)_j = \frac{M_{j-1} - 2M_j + M_{j+1}}{d^2} \tag{571}$$

und beachten wir die aus der Lagerung des Stabes $\overline{ab}$ hervorgehenden

Randbedingungen, d.i.

$$\text{für } x = 0, \quad M_0 = 0; \quad \text{für } x = l, \quad M_m = 0,$$

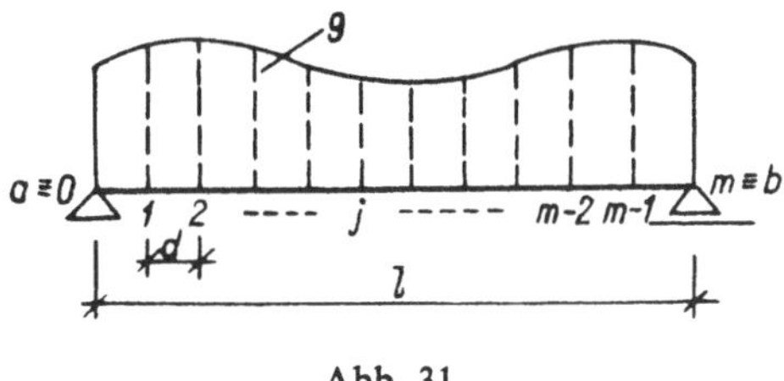

Abb. 31.

erhält man zur Berechnung der Biegemomente in den Querschnitten $1 \div (m - 1)$ nach Umformung ein System von $m - 1$ linearen Gleichungen

$$\begin{bmatrix} 2; & -1; & & & & \\ -1; & 2; & -1; & & & \\ & -1; & 2; & -1; & & \\ & & & \ddots & & \\ & & & -1; & 2; & -1 \\ & & & & -1; & 2 \end{bmatrix} \begin{bmatrix} M_1 \\ M_2 \\ \cdot \\ \cdot \\ \cdot \\ M_{m-2} \\ M_{m-1} \end{bmatrix} = d^2 \begin{bmatrix} g_1 \\ g_2 \\ \cdot \\ \cdot \\ \cdot \\ g_{m-2} \\ g_{m-1} \end{bmatrix} \quad (572)$$

oder in symbolischer Schreibweise

$$\Lambda \mathbf{M}_d = d^2 \mathbf{g}_d . \quad (572a)$$

Λ ist eine quadratische, symmetrische Matrix vom Typ $(m - 1).(m - 1)$, die Matrix $\mathbf{M}_d$ vom Typ $(m - 1).(1)$ enthält die gesuchten Werte der Biegemomente in den Querschnitten $1 \div (m - 1)$, die Matrix $\mathbf{g}_d$ vom Typ $(m - 1).(1)$ die Werte der stetigen Belastung in den Querschnitten $1 \div (m - 1)$. Den Index d verwenden wir zur Unterscheidung der Matrizen, die hier die gleiche Bedeutung haben, aber von anderem Typus sind als die mit gleichen Buchstaben bezeichneten Matrizen bei anderen Rechenverfahren. Matrix Λ ist regulär; wir können demnach Matrix Λ^{-1} ermitteln und berechnen

$$\mathbf{M}_d = d^2 \Lambda^{-1} \mathbf{g}_d . \quad (573)$$

Die zu Λ inverse Matrix bestimmen wir leicht in geschlossener Form

$$\Lambda^{-1} = \frac{1}{m} \Omega , \quad (574)$$

wo

$$\boldsymbol{\Omega} = \begin{bmatrix} (m-1); & (m-2); & (m-3); & \dots 3; & 2; & 1 \\ (m-2); & 2(m-2); & 2(m-3); & \dots 6; & 4; & 2 \\ (m-3); & 2(m-3); & 3(m-3); & \dots 9; & 6; & 3 \\ \vdots & & & & & \vdots \\ 2; & 4; & 6; & \dots & 2(m-2); & (m-2) \\ 1; & 2; & 3; & \dots & (m-2); & (m-1) \end{bmatrix} . \tag{575}$$

Matrix $\boldsymbol{\Omega}$ ist auch vom Typ $(m-1) \cdot (m-1)$. Durch Einsetzen aus Gl. (574) in Gl. (573) ist

$$\mathbf{M}_d = \frac{d^2}{m} \boldsymbol{\Omega} \mathbf{g}_d . \tag{576}$$

Wenn wir $\boldsymbol{\Omega}$ mit der Matrix $\mathbf{m}$ der Einflußordinaten in Kap. 10 vergleichen, stellen wir fest, daß $(d/m)\,\boldsymbol{\Omega}$ der innere, von null verschiedene Teil der Matrix $\mathbf{m}$ und $\mathbf{M}_d$ identisch ist mit Matrix $\mathbf{M}$ ohne die erste und letzte Zeile. Matrix $d \cdot \mathbf{g}_d$ stellt dann die Ersatzlasten dar, die aus der gegebenen stetigen Belastung unter der vereinfachenden Annahme berechnet sind, daß die Belastung in den einzelnen Teilen gleichförmig ist.

Wenn wir nun die Biegelinie des betrachteten Stabes $\overline{ab}$ bestimmen wollen, lösen wir nach der Differenzenmethode die Gleichung

$$\frac{d^2 v}{dx^2} = - \frac{M}{EJ} . \tag{577}$$

Lösen wir die letzte Gleichung wieder mit Ersatzdifferenzen als ein System von $(m-1)$ Gleichungen auf, in denen die lotrechten Verschiebungen in den Teilgrenzen Unbekannte sind, können wir dieses Gleichungssystem wie folgt in Matrizenform schreiben:

$$\boldsymbol{\Lambda} \mathbf{v}_d = d^2 \mathbf{J}_d \mathbf{M}_d , \tag{578}$$

wobei $\mathbf{v}_d$ die Matrix der gesuchten Durchbiegungen in den Punkten $1 \div (m-1)$ vom Typ $(m-1) \cdot (1)$ ist und $\mathbf{J}_d$ Diagonalmatrix vom Typ $(m-1) \cdot (m-1)$, deren Elemente die Werte $(1/EJ_j)$ oder $(1/EJ_v)\,(J_v/J_j)$ sind.

Da wir die zu $\boldsymbol{\Lambda}$ inverse Matrix bereits bestimmt haben, können wir berechnen

$$\mathbf{v}_d = \frac{d^2}{m} \boldsymbol{\Omega} \mathbf{J}_d \mathbf{M}_d . \tag{579}$$

Wollen wir die Durchbiegungen unmittelbar aus der Belastung ermitteln, können wir in die letzte Gleichung den Wert für $\mathbf{M}_d$ aus Gl. (576) einsetzen; dann ist

$$\mathbf{v}_d = \frac{d^4}{m^2}\,\Omega\mathbf{J}_d\Omega\mathbf{g}_d\,.\tag{580}$$

Nach dieser Gleichung berechnen wir die Durchbiegungen in den einzelnen Punkten $j = 1 \div (m - 1)$, jedoch unter der Annahme, daß wir die Funktion $M(x)/[E\,J(x)]$ durch die Werte in den Teilgrenzen ersetzt haben, d.h. den tatsächlichen Verlauf der Funktion in den Teillängen durch einen geradlinigen. Aus dem Vergleich von Gl. (580) mit Gl. (562) oder (563) ergibt sich, insbesondere für $EJ = $ konst., was bei der Berechnung der Biegelinien nach beiden Arten gleich und was verschieden ist. Für $EJ = $ konst. $= EJ_0$ können wir Gl. (580) anders schreiben in der Form

$$\mathbf{v}_d = \frac{1}{EJ_0}\,\frac{d^3}{m^2}\,\Omega^2 d\,.\,\mathbf{g}_d\,.\tag{581}$$

Unter der gleichen Bedingung erhält Gl. (562) die Form

$$\mathbf{v} = \frac{1}{EJ_0}\,\mathbf{mamag}\,.\tag{582}$$

Die Teile der Matrix $\mathbf{m}$, die ungleich null sind, sind identisch mit der Matrix $(d/m)\,\Omega$. Bei der Berechnung nach den Mohrschen Sätzen erfassen wir also den Verlauf der Biegemomente besser durch Transformation von $\mathbf{am}$ als durch bloßes Einsetzen der Funktionswerte. Ebenso erfassen wir auch den Verlauf der stetigen Belastung besser durch Transformation von $\mathbf{ag}$.

Diese Berechnungsweise der Biegelinie mittels der Differenzenmethode hat M. L. Pei abgeleitet und in [47] veröffentlicht.

Bemerkung: Gl. (581) können wir auch so erhalten, daß wir die für die Durchbiegungsberechnung der Träger konstanten Querschnitts unmittelbar aus der Belastung geltende Differentialgleichung

$$\frac{d^4v}{dx^4} = \frac{g(x)}{EJ_0}\tag{583}$$

mit Hilfe von Differenzen in ein Gleichungssystem überführen, das wir nach Umformung in Gestalt von

$$\Lambda^2\mathbf{v}_d = \frac{d^4}{EJ_0}\,\mathbf{g}_d\tag{584}$$

schreiben können. Die zu $\boldsymbol{\Lambda}$ inverse Matrix bestimmen wir nach der Gleichung

$$(\boldsymbol{\Lambda}^2)^{-1} = \boldsymbol{\Lambda}^{-1}\boldsymbol{\Lambda}^{-1} = \frac{1}{m^2}\boldsymbol{\Omega}^2 \tag{585}$$

und dann

$$\mathbf{v}_d = \frac{1}{EJ_0}\frac{d^4}{m^2}\boldsymbol{\Omega}^2\mathbf{g}_d . \tag{586}$$

11.3. Berechnung eingespannter gerader Stäbe

Ähnlich, wie wir die Differenzenmethode zur Berechnung des frei aufliegenden Trägers verwendet haben, können wir auch den beiderseits eingespannten Träger nach der gleichen Methode behandeln. Hier müssen wir aber die Berechnung von Stäben konstanten und veränderlichen Querschnitts auseinanderhalten.

Stäbe konstanten Querschnitts

Wir gehen von der Differentialgleichung

$$EJ_0\frac{\mathrm{d}^4v}{\mathrm{d}x^4} = g(x) \tag{587}$$

aus, die wir zahlenmäßig nach der Differenzenmethode lösen wollen. Diese Gleichung führen wir über in ein System von $(m-1)$ linearen Gleichungen (unter Berücksichtigung der Randbedingungen) mit $(m-1)$ Unbekannten, wenn wir die Stabachse in m Teile gleicher Länge zerlegen.

Das Gleichungssystem hat dann in Matrizenschreibweise die Form

$$\boldsymbol{\Pi}\mathbf{v}_d = \mathbf{g}_d \tag{588}$$

und ausgeschrieben:

$$\begin{bmatrix} 7; & -4; & 1; & & & & \\ -4; & 6; & -4; & 1; & & & \\ 1; & -4; & 6; & -4; & 1; & & \\ & & \ddots & \ddots & \ddots & & \\ & & & 1; & -4; & 6; & -4; & 1 \\ & & & & 1; & -4; & 6; & -4 \\ & & & & & 1; & -4; & 7 \end{bmatrix} \begin{bmatrix} v_1 \\ v_2 \\ v_3 \\ \vdots \\ \vdots \\ v_{m-3} \\ v_{m-2} \\ v_{m-1} \end{bmatrix} = \begin{bmatrix} \dfrac{d^4}{EJ_0}g_1 \\ \cdot \\ \cdot \\ \cdot \\ \\ \cdot \\ \cdot \\ \dfrac{d^4}{EJ_0}g_{m-1} \end{bmatrix}$$

$$\tag{589}$$

Matrix $\mathbf{\Pi}$ ist vom Typ $(m - 1) \cdot (m - 1)$, die Matrizen $\mathbf{v}_d$ und $\mathbf{g}_d$ sind vom Typ $(m - 1) \cdot (1)$.

Wenn wir berücksichtigen, daß $\mathbf{\Pi}$ eine reguläre Matrix ist, können wir

$$\mathbf{v}_d = \mathbf{\Pi}^{-1}\mathbf{g}_d \tag{590}$$

bestimmen. Weiters ist entsprechend den Randbedingungen $v_0 = 0$ und $v_m = 0$. Die Biegemomente berechnen wir in üblicher Weise aus den Beziehungen:

$$M_j = - \frac{EJ_0}{d^2}\left(v_{j-1} - 2v_j + v_{j+1}\right). \tag{591}$$

Wenn wir Gl. (591) für jeden der m Teilungspunkte anschreiben, dann hat das System der $(m + 1)$ Gleichungen die Form

$$\begin{bmatrix} M_0 \\ M_1 \\ M_2 \\ \vdots \\ M_{m-1} \\ M_m \end{bmatrix} = \frac{EJ_0}{d^2} \begin{bmatrix} -2; & & & & & \\ 2; & -1; & & & & \\ -1; & 2; & -1; & & & \\ & & \ddots & & & \\ & & & -1; & 2; & -1 \\ & & & & & -2 \end{bmatrix} \begin{bmatrix} v_1 \\ v_2 \\ v_3 \\ \vdots \\ \vdots \\ v_{m-1} \end{bmatrix} \tag{592}$$

oder

$$\mathbf{M} = \mathbf{\Lambda}\mathbf{v}_d . \tag{592a}$$

Matrix $\mathbf{M}$ ist vom Typ $(m + 1) \cdot (1)$, Matrix $\overline{\mathbf{\Lambda}}$ vom Typ $(m + 1) \cdot (m + 1)$. Falls wir die Werte der Momente M_0 und M_m für sich berechnen, können wir Gl. (592a) auf die folgende vereinfachte Form bringen:

$$\mathbf{M}_d = \frac{EJ_0}{d_2}\mathbf{\Lambda}\mathbf{v}_d . \tag{593}$$

Die Berechnung in der angegebenen Weise ist übersichtlich; bei Verwendung von Rechenautomaten, wobei wir die Achse in eine genügend große Anzahl von Teilen zerlegen können, bereitet die Genauigkeit keine Schwierigkeiten.

Betrachten wir aber Matrix $\mathbf{\Pi}$ näher, kann das ganze Verfahren noch vereinfacht und Matrix $\mathbf{\Pi}^{-1}$ leichter als durch direkte Inversion ermittelt werden.

Matrix $\mathbf{\Pi}$ unterscheidet sich nämlich nur unmerklich von den Matrizen der Differenzengleichungen, die für die Berechnung der Biegelinie aus der Belastung des geraden Stabes gelten, wenn dieser frei gelagert ist

[Gl. (584)]. In der Matrix Λ^2 haben in der ersten und letzten Zeile die Diagonalglieder den Wert 5, in der Matrix Π den Wert 7.

$$\Lambda^2 = \begin{bmatrix} 5; & -4; & 1; & & & & \\ -4; & 6; & -4; & 1; & & & \\ 1; & -4; & 6; & -4; & 1; & & \\ & & \ddots & \ddots & \ddots & & \\ & & & & 1; & -4; & 6; & -4 \\ & & & & & 1; & 4; & 5 \end{bmatrix}. \tag{594}$$

In diesem einzigen Element unterscheiden sich die beiden Matrizen.

Zur Bestimmung der zu Λ^2 inversen Matrix haben wir die Beziehung

$$\left(\Lambda^2\right)^{-1} = \frac{1}{m^2}\,\Omega^2 \tag{595}$$

abgeleitet; ihre Elemente bestimmen wir leicht.

Da die Matrizen Λ^2 und Π sich nur geringfügig unterscheiden, können wir Matrix $\left(\Lambda^2\right)^{-1}$ als Näherung der inversen Matrix Π^{-1} ansehen und diese mit Hilfe der Matrix $\left(\Lambda^2\right)^{-1}$ auf irgendeine bekannte Art ermitteln.

Sonst können wir Matrix Π als Matrix betrachten, die durch Änderung einiger Elemente aus der Matrix Λ^2 entstanden ist, und nachher Π^{-1} durch Zerlegung der Matrizen Π und Λ^2 in Felder bestimmen.

Aus der Beziehung

$$\Pi = \Lambda^2 - \Pi_0 \tag{596}$$

bestimmen wir die Korrekturmatrix Π_0 und die Differenz

$$\left[\mathsf{I} - \Pi_0\left(\Lambda^2\right)^{-1}\right]. \tag{597}$$

In dieser Matrix sind im allgemeinen die erste und letzte Zeile ungleich null, in den übrigen Reihen sind nur die Diagonalelemente ungleich null, und zwar eins.

Zerlegen wir die letzte Matrix in neun Felder so, daß wir die ersten und letzten Spalten und Zeilen abtrennen:

$$\left[\mathsf{I} - \Pi_0\left(\Lambda^2\right)^{-1}\right] = \begin{bmatrix} k_{11}; & \overline{\mathsf{k}}_{12}; & k_{13} \\ \mathsf{O}; & \mathsf{I}; & \mathsf{O} \\ k_{31}; & \overline{\mathsf{k}}_{32}; & k_{33} \end{bmatrix}. \tag{598}$$

k_{11}, k_{13}, k_{31}, k_{33} sind Punktmatrizen — die Matrizen $\mathbf{O}$ sind vom Typ $(m-3)\,.\,(1)$, die Einheitsmatrix ist vom Typ $(m-3)\,.\,(m-3)$, und die Matrizen $\overline{\mathbf{k}}_{12}$ und $\overline{\mathbf{k}}_{32}$ sind vom Typ $(1)\,.\,(m-3)$.

Wenn wir die Elemente der inversen Matrix mit

$$\left[\mathbf{I} - \mathbf{\Pi}_0(\Lambda^2)^{-1}\right]^{-1} = \begin{bmatrix} h_{11}; & \mathbf{h}_{12}; & h_{13} \\ \mathbf{O}; & \mathbf{I}; & \mathbf{O} \\ h_{31}; & \mathbf{h}_{32}; & h_{33} \end{bmatrix} \tag{599}$$

bezeichnen, gelten zu ihrer Bestimmung die Gleichungen

$$h_{11} = \frac{k_{33}}{k_{11}k_{33} - k_{13}k_{31}}\,; \qquad h_{13} = \frac{k_{13}}{k_{11}k_{33} - k_{31}k_{13}}\,,$$

$$h_{31} = \frac{k_{31}}{k_{11}k_{33} - k_{13}k_{31}}\,; \qquad h_{33} = \frac{k_{11}}{k_{11}k_{33} - k_{31}k_{13}}\,,$$

$$\mathbf{h}_{12} = -k_{11}\overline{\mathbf{k}}_{12} - k_{13}\overline{\mathbf{k}}_{32}\,, \qquad \mathbf{h}_{32} = -k_{31}\overline{\mathbf{k}}_{12} - k_{33}\overline{\mathbf{k}}_{32}\,. \tag{600}$$

Die inverse Matrix $\mathbf{\Pi}^{-1}$ bestimmen wir dann aus der Beziehung

$$\mathbf{\Pi}^{-1} = (\Lambda^2)^{-1}\left[\mathbf{I} - \mathbf{\Pi}_0(\Lambda^2)^{-1}\right]^{-1}\,. \tag{601}$$

Auf diese Weise kann Matrix $\mathbf{\Pi}^{-1}$ leichter ermittelt werden als durch direkte Inversion.

Stäbe veränderlichen Querschnitts

Bei Stäben veränderlichen Querschnitts, die beiderseits vollkommen eingespannt sind, können wir von Gleichung

$$EJ_v \frac{\mathrm{d}^2}{\mathrm{d}x^2}\left(\frac{J_j}{J_v}\frac{\mathrm{d}^2v}{\mathrm{d}x^2}\right) = g(x)$$

ausgehen, die wir mit Ersatzdifferenzen (bei Berücksichtigung der Randbedingungen) als ein System von $(m-1)$ linearen Gleichungen mit $(m-1)$ Unbekannten lösen (bei Zerlegung der Stabachse in m Teile). Das ist wieder ein System von fünfgliedrigen Gleichungen, bezüglich dessen Vereinfachung aber keine allgemeinen Schlüsse gezogen werden können. Die Inversion der Matrix $\mathbf{\Pi}_p$ muß fallweise auf irgendeine übliche Art vorgenommen werden. Die einzige mögliche Vereinfachung beruht gerade nur in der Fünfgliedrigkeit der einzelnen Gleichungen.

12. Räumliche Konstruktionen

12.1. Grundfragen der Matrizenrechnung
der räumlichen Konstruktionen

Bei allen Erwägungen, die wir angestellt haben, setzten wir voraus, daß wir eine ebene Konstruktion berechnen und die Belastung in dieser Ebene wirkt.

Es erhebt sich die Frage, ob und wie es möglich wäre, auch räumliche Konstruktionen in Matrizenform zu berechnen.

Von den üblichen Berechnungsarten der Konstruktionen her ist bekannt, daß die Berechnung räumlicher Konstruktionen sich grundsätzlich nicht von der ebener Konstruktionen unterscheidet, die Rechnung aber weit umfangreicher wird, die Anzahl der Unbekannten in den Bedingungsgleichungen sich erhöht und auch die Anzahl der gesuchten statischen und Formänderungsgrößen zunimmt. Man muß Verdrehen in Betracht ziehen. Eine weitere Erschwernis liegt auch darin, daß in der Konstruktion auch räumlich gekrümmte Elemente vorkommen können. Wichtig ist es, zweckmäßig die Achsensysteme und die Vorzeichenregeln zu wählen.

Da sich beim Übergang von den ebenen Konstruktionen zu räumlichen am Prinzip der Methode nichts ändert, bleibt also formal die Mehrzahl der Matrizen-Algorithmen, die für ebene Konstruktionen abgeleitet wurden, auch für räumliche Konstruktionen in Geltung; die Typen der einzelnen Matrizen und deren Struktur aber ändern sich. Natürlich müssen auch für räumliche Konstruktionen ähnliche Ausgangsvoraussetzungen getroffen werden, wie wir sie bei ebenen eingeführt haben. Besonders wichtig ist es, die Matrizen der Nachgiebigkeit und Steifigkeit für räumlich gekrümmte Stäbe so zu definieren, daß sie den bei der Erörterung ebener Konstruktionen eingeführten entsprechen.

Deshalb zielen wir im weiteren auf die Definition der neuen Typen von früher abgeleiteten Matrizen hin, leiten die Steifigkeits- und Nachgiebigkeitsmatrizen für räumlich gekrümmte Stäbe ab und führen einige wichtigere Beziehungen an. Die Bezeichnung der einzelnen für die Ebene eingeführten Matrizen belassen wir; die einzelnen Symbole werden wir hier nicht mehr erläutern. Zuerst behandeln wir die Matrizen, die sich bei der Matrizenschreibweise der Deformationsmethode ergeben, dann einige Matrizen der Kraftgrößenmethode.

Wir wollen eine allgemeine räumliche Rahmenkonstruktion annehmen, die aus räumlich und eben gekrümmten oder geraden Stäben veränderlichen Querschnitts zusammengesetzt ist. Die Belastung greift in den Knoten an, sämtliche Verbindungen sind fest. Für die allgemeine Bezeichnung der Anzahl der Knoten, der Stäbe, der Stützen, der statischen Unbestimmtheit belassen wir dieselben Symbole wie in der Ebene. Eine solche Konstruktion beziehen wir auf ein Hauptkoordinatensystem X, Y, Z.

Die verallgemeinerte Knotenbelastung und die verallgemeinerten Knotenverschiebungen zerlegen wir in Komponenten parallel zu den Achsen des Hauptkoordinatensystems. Für die Knoten sind die positiven

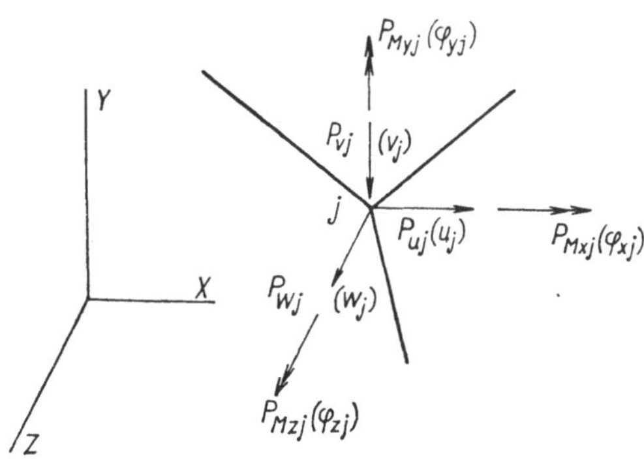

Abb. 32.

Sinne dieser Größen in Abb. 32 eingetragen. (Die Vektoren der Momentekomponenten und Verdrehungen sind mit Doppelpfeil bezeichnet. Der positive Drehsinn ist der Uhrzeigersinn.) Die Matrizen $\mathbf{P}_j$ und $\mathbf{\Phi}_j$ sind vom Typ (6 . 1).

$$\mathbf{P}_j = \begin{bmatrix} P_{Mx\,j} \\ P_{My\,j} \\ P_{Mz\,j} \\ P_{u\,j} \\ P_{v\,j} \\ P_{w\,j} \end{bmatrix} ; \quad \mathbf{\Phi}_j = \begin{bmatrix} \varphi_{x\,j} \\ \varphi_{y\,j} \\ \varphi_{z\,j} \\ u_j \\ v_j \\ w_j \end{bmatrix} . \tag{602}$$

Die Endquerschnitte jedes Stabes bezeichnen wir mit a_i, b_i. Die Stabmittellinie ist in der Richtung $a_i \to b_i$ orientiert. An jeden Stab gebunden, setzen wir ein eigenes Stabkoordinatensystem X_i, Y_i, Z_i voraus. Die Achse X_i ist identisch mit der Verbindungslinie $\overline{a_i b_i}$, der Ursprung mit dem Punkte a_i. Die Lage der Y_i- und Z_i-Achsen wählen wir nach der Stabform. Bei einem eben gekrümmten Stabe identifizieren wir die Stabebene mit der Ebene $X_i - Y_i$; bei einem räumlich gekrümmten Stabe wählen wir dann die Lage der Achsen Y_i, Z_i entweder beliebig oder so, daß die Achse Z_i senkrecht steht zur Achse Y. Beim geraden Stab stimmen Y_i, Z_i mit den Hauptzentralachsen des Querschnitts a_i überein. Die Lage des eigenen Koordinatensystems in bezug auf das Hauptsystem ist bestimmt durch die Koordinaten des Ursprungs und die Richtungscosinus, von denen wir voraussetzen, daß sie gegeben sind. Die positiven Richtungen der verallgemeinerten inneren Kräfte in den Endquerschnitten des betrachteten Stabes und die den Komponenten der inneren Kräfte entsprechenden Verschiebungskomponenten der Endquerschnitte sind in Abb. 33 bezeichnet.

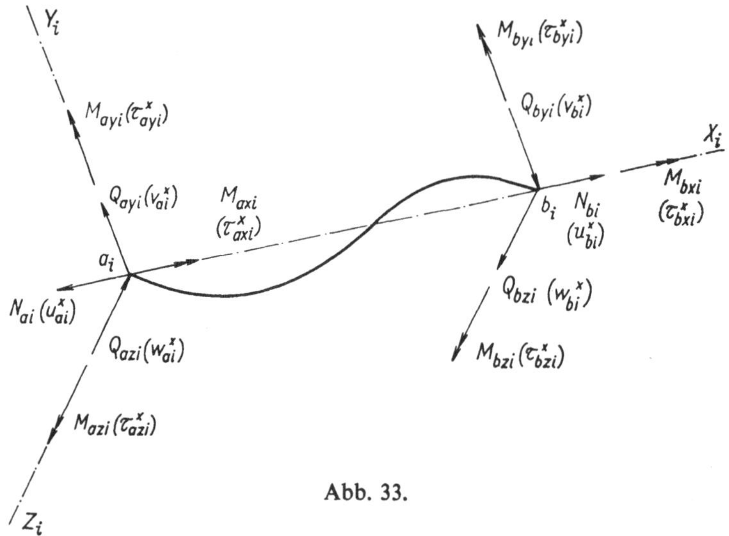

Abb. 33.

Bemerkung: Zur Vergleichsmöglichkeit ist die in der Ebene benützte Bezeichnungsart beibehalten, obwohl es hier zweckmäßiger wäre, eine andere einzuführen.

Die Matrix $\mathbf{S}_i^x$ aller Komponenten der inneren Kräfte in den Endquerschnitten ist dann vom Typ (12.1); wir können sie in zwei Untermatrizen $\mathbf{S}_{ai}^x$, $\mathbf{S}_{bi}^x$ vom Typ (6.1) zerlegen.

$$\mathbf{S}_i^\times = \begin{bmatrix} \mathbf{S}_{ai}^\times \\ \mathbf{S}_{bi}^\times \end{bmatrix}, \quad \mathbf{S}_{ai}^\times = \begin{bmatrix} M_{axi} \\ M_{ayi} \\ M_{axi} \\ N_{ai} \\ Q_{ayi} \\ Q_{azi} \end{bmatrix}; \quad \mathbf{S}_{bi}^\times = \begin{bmatrix} M_{bxi} \\ M_{byi} \\ M_{bzi} \\ N_{bi} \\ Q_{byi} \\ Q_{bzi} \end{bmatrix}. \tag{603}$$

Die Matrix $\Theta_i^\times$ aller Verschiebungskomponenten der Endquerschnitte ist vom Typ (12 . 1); wir können sie auch in zwei Untermatrizen $\Theta_{ai}^\times$, $\Theta_{bi}^\times$ vom Typ (6 . 1) zerlegen.

$$\Theta_i^\times = \begin{bmatrix} \Theta_{ai}^\times \\ \Theta_{bi}^\times \end{bmatrix}, \quad \Theta_{ai}^\times = \begin{bmatrix} \tau_{axi}^\times \\ \tau_{ayi}^\times \\ \tau_{azi}^\times \\ u_{ai}^\times \\ v_{ai}^\times \\ w_{ai}^\times \end{bmatrix}; \quad \Theta_{bi}^\times = \begin{bmatrix} \tau_{bxi}^\times \\ \tau_{byi}^\times \\ \tau_{bzi}^\times \\ u_{bi}^\times \\ v_{bi}^\times \\ w_{bi}^\times \end{bmatrix}. \tag{604}$$

Wie gesagt wurde, muß man — um die früher abgeleiteten Beziehungen auch für räumliche Konstruktionen verwenden zu können — die Nachgiebigkeits- und Steifigkeitsmatrizen der räumlichen Stäbe in ähnlicher Form einführen wie bei den Erörterungen von ebenen Konstruktionen. Es müssen also zwei gegenseitig inverse Matrizen gleichen Typs sein. Daher gehen wir folgendermaßen vor. Aus zwölf Komponenten der inneren Kräfte in den Endquerschnitten des Stabes

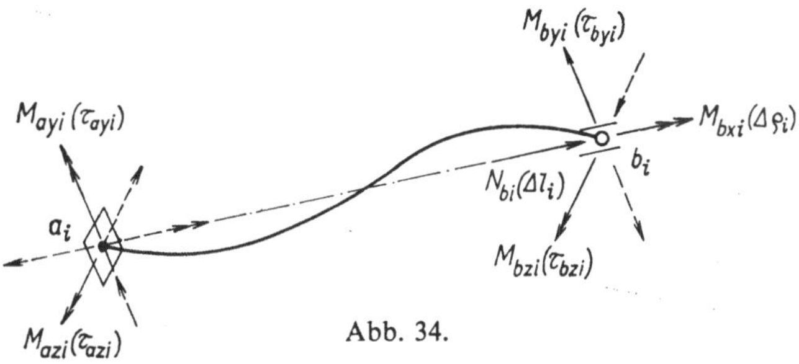

Abb. 34.

$\widetilde{a_i b_i}$ (Abb. 33), die ein Gleichgewichtssystem von Kräften und Momenten bilden, wählen wir passend sechs Komponenten aus, und zwar M_{azi}, M_{bzi}, N_{bi}, M_{ayi}, M_{byi}, M_{bxi}. Diese Komponenten können wir als unabhängig ansehen, die übrigen sechs berechnen wir dann aus den Gleichgewichtsbedingungen. Daher können wir — analog wie in der Ebene —

den Stab $\widetilde{a_i b_i}$ als statisch bestimmt unterstützten Körper betrachten, die Komponenten Q_{ayi}, Q_{azi}, N_{ai}, Q_{byi}, Q_{bzi}, M_{axi} dann als Stützenreaktionen ansehen, die die Stabbelastung durch die ausgewählten Größen hervorruft (Abb. 34). Sechs ausgesuchte, unabhängige Komponenten stellen wir in der Matrix $\mathbf{S}_i$ vom Typ (6 . 1) zusammen. In Hinsicht auf die angenommene Unterstützung des Stabes $\widetilde{a_i b_i}$ können wir dann sechs Verschiebungskomponenten der Angriffspunkte der Kräfte, die in Matrix $\mathbf{S}_i$ enthalten sind, mit τ_{azi}, τ_{bzi}, $\varDelta l_i$, τ_{ayi}, τ_{byi}, $\varDelta\varrho_i$ bezeichnen und zur Matrix $\mathbf{\Theta}_i$ vom Typ (6 . 1) zusammenstellen.

$$\mathbf{S}_i = \begin{bmatrix} M_{azi} \\ M_{bzi} \\ N_{bi} \\ M_{ayi} \\ M_{byi} \\ M_{bxi} \end{bmatrix}; \quad \mathbf{\Theta}_i = \begin{bmatrix} \tau_{axi} \\ \tau_{bxi} \\ \varDelta l_i \\ \tau_{ayi} \\ \tau_{byi} \\ \varDelta\varrho_i \end{bmatrix}.$$

Wenn wir die Abhängigkeit der verallgemeinerten Verschiebung $\mathbf{\Theta}_i$ von der verallgemeinerten Kraft $\mathbf{S}_i$ bestimmen, dann definiert die Gleichung

$$\mathbf{\Theta}_i = \mathbf{C}_i \mathbf{S}_i \tag{605}$$

die Nachgiebigkeitsmatrix des Stabes $\widetilde{a_i b_i}$, die vom Typ (6 . 6) ist.

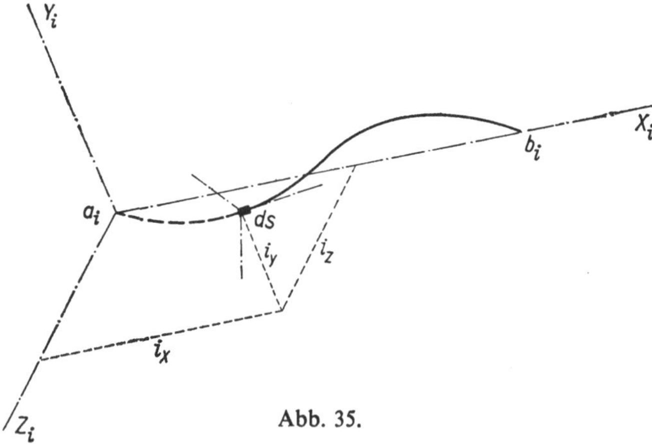

Abb. 35.

Wir wollen angeben, wie wir die Elemente dieser Matrix bei einem ganz allgemeinen Stabe bestimmen. Zuerst bestimmen wir die Werte der inneren Kräfte in einem allgemeinen Querschnitte des betrachteten Stabes als Funktion der verallgemeinerten Kraft $\mathbf{S}_i$. Die Koordinaten dieses Querschnittes bezeichnen wir mit ${}^ix$, ${}^iy$, ${}^iz$ (Abb. 35); die Richtungs-cosinus, die die Lage des Elementes ds in bezug auf das eigene Stab-system beschreiben, bezeichnen wir kurz mit λ_{1i}; μ_{1i}; ν_{1i}; λ_{2i}; μ_{2i}; ν_{2i}; λ_{3i}; μ_{3i}; ν_{3i}. Die aus den Komponenten der inneren Kräfte in einem allgemeinen Querschnitt zusammengestellte Matrix bezeichnen wir mit ${}^i\mathbf{s}$; sie ist vom Typ (6 . 1). Die Berechnung der inneren Kräfte wird dann durch die Gleichung

$$ {}^i\mathbf{s} = ({}^i\mathbf{s}_R)\,({}^i\mathbf{s}_T)\,\mathbf{S}_i = ({}^i\mathbf{s}_S)\,\mathbf{S}_i \tag{606} $$

beschrieben, wobei ${}^i\mathbf{s}_R$, ${}^i\mathbf{s}_T$ und ${}^i\mathbf{s}_S$ Matrizen vom Typ (6 . 6) sind. Ihre Elemente sind durch die Gl. (607) und (607a) gegeben.

$$ {}^i\mathbf{s}_R = \begin{bmatrix} \nu_{3i}; & 0; & 0; & \mu_{3i}; & \lambda_{3i}; & 0 \\ 0; & \lambda_{1i}; & -\mu_{1i}; & 0; & 0; & \nu_{1i} \\ 0; & -\lambda_{2i}; & \mu_{2i}; & 0; & 0; & -\nu_{2i} \\ \nu_{2i}; & 0; & 0; & \mu_{2i}; & \lambda_{2i}; & 0 \\ \nu_{1i}; & 0; & 0; & \mu_{1i}; & \lambda_{1i}; & 0 \\ 0; & \lambda_{3i}; & -\mu_{3i}; & 0; & 0; & \nu_{3i} \end{bmatrix}; $$

$$ {}^i\mathbf{s}_T = \begin{bmatrix} \frac{1}{l_i}(l_i - {}^ix); & -\frac{1}{l_i}\,{}^ix; & -{}^iy; & 0 & ; & 0 & ; & 0 \\[2mm] 0 & ; & 0; & 1; & 0 & ; & 0 & ; & 0 \\[2mm] -\frac{1}{l_i} & ; & -\frac{1}{l_i}; & 0; & 0 & ; & 0 & ; & 0 \\[2mm] 0 & ; & 0; & -{}^iz; & \frac{1}{l_i}(l_i - {}^ix); & -\frac{1}{l_i}\,{}^ix; & 0 \\[2mm] +\frac{1}{l_i}\,{}^iz & ; & +\frac{1}{l_i}\,{}^iz; & 0; & \frac{1}{l_i}\,{}^iy & ; & \frac{1}{l_i}\,{}^iy; & -1 \\[2mm] 0 & ; & 0 & ; & 0; & -\frac{1}{l_i} & ; & -\frac{1}{l_i} & ; & 0 \end{bmatrix} \tag{607} $$

$${}^i\mathbf{s}_S = \begin{bmatrix}
v_{3i} - \frac{1}{l_i}({}^ixv_{3i} - {}^iz\lambda_{3i}) \;;& -\frac{1}{l_i}({}^ixv_{3i} - {}^iz\lambda_{3i}) \;;& {}^iyv_{3i} - {}^iz\mu_{3i} \;;& \mu_{3i} - \frac{1}{l_i}({}^ix\mu_{3i} - {}^iy\lambda_{3i}) \;;& -\frac{1}{l_i}({}^ix\mu_{3i} - {}^iy\lambda_{3i}) \;;& -\lambda_{3i} \\[2ex]
+\frac{1}{l_i}\mu_{1i} \;;& +\frac{1}{l_i}\mu_{1i} \;;& +\lambda_{1i} \;;& -\frac{1}{l_i}v_{1i} \;;& -\frac{1}{l_i}v_{1i} \;;& 0 \\[2ex]
-\frac{1}{l_i}\mu_{2i} \;;& -\frac{1}{l_i}\mu_{2i} \;;& -\lambda_{2i} \;;& +\frac{1}{l_i}v_{2i} \;;& +\frac{1}{l_i}v_{2i} \;;& 0 \\[2ex]
v_{2i} - \frac{1}{l_i}({}^ixv_{2i} - {}^iz\lambda_{2i}) \;;& -\frac{1}{l_i}({}^ixv_{2i} - {}^iz\lambda_{2i}) \;;& {}^iyv_{2i} - {}^iz\mu_{2i} \;;& \mu_{2i} - \frac{1}{l_i}({}^ix\mu_{2i} - {}^iy\lambda_{2i}) \;;& -\frac{1}{l_i}({}^ix\mu_{2i} - {}^iy\lambda_{2i}) \;;& -\lambda_{2i} \\[2ex]
v_{1i} - \frac{1}{l_i}({}^ixv_{1i} - {}^iz\lambda_{1i}) \;;& -\frac{1}{l_i}({}^ixv_{1i} - {}^iz\lambda_{1i}) \;;& {}^iyv_{1i} - {}^iz\mu_{1i} \;;& \mu_{1i} - \frac{1}{l_i}({}^ix\mu_{1i} - {}^iy\lambda_{1i}) \;;& -\frac{1}{l_i}({}^ix\mu_{1i} - {}^iy\lambda_{1i}) \;;& -\lambda_{1i} \\[2ex]
+\frac{1}{l_i}\mu_{3i} \;;& +\frac{1}{l_i}\mu_{3i} \;;& +\lambda_{3i} \;;& -\frac{1}{l_i}v_{3i} \;;& -\frac{1}{l_i}v_{3i} \;;& 0
\end{bmatrix} . \quad (607a)$$

Das verallgemeinerte elastische Gewicht eines allgemeinen Elementes ds wird durch die Diagonalmatrix ${}^i\mathbf{C}_{dw}$ vom Typ $(6\,.\,6)$ beschrieben.

$$
{}^i\mathbf{C}_{dw} = \begin{bmatrix} dw_z & & & & & \\ & dw' & & & & \\ & & dw_y'' & & & \\ & & & dw_y & & \\ & & & & dw_x & \\ & & & & & dw_z'' \end{bmatrix}
\qquad
\begin{aligned}
dw_z &= \frac{ds}{EJ_z} \\[4pt]
dw' &= \frac{ds}{EF} \\[4pt]
dw_y'' &= \frac{\varkappa_1\,ds}{GF} \\[4pt]
dw_y &= \frac{ds}{EJ_y} \\[4pt]
dw_x &= \frac{ds}{GJ_x} \\[4pt]
dw_z'' &= \frac{\varkappa_2\,ds}{GF}\,.
\end{aligned}
\tag{608}
$$

Wie aus dem Prinzip der virtuellen Arbeiten hervorgeht, kann die Abhängigkeit der verallgemeinerten Verschiebung $\boldsymbol{\Theta}_i$ von der verallgemeinerten Kraft $\mathbf{S}_i$ aus der Gleichung

$$
\boldsymbol{\Theta}_i = \left[\int_{a_i}^{b_i} ({}^i\mathbf{s}_s)^T \, ({}^i\mathbf{C}_{dw})^T \, ({}^i\mathbf{s}_s)\right] \mathbf{S}_i
\tag{609}
$$

bestimmt werden oder nach Einsetzen aus

$$
\boldsymbol{\Theta}_i = \left[\int_{a_i}^{b_i} ({}^i\mathbf{s}_T)^T \, ({}^i\mathbf{s}_R)^T \, ({}^i\mathbf{C}_{dw}) \, ({}^i\mathbf{s}_R) \, ({}^i\mathbf{s}_T)\right] \mathbf{S}_i \,.
\tag{609a}
$$

Aus dem Vergleich der Gl. (605) mit Gl. (609a) folgt

$$
\mathbf{C}_i = \int_{a_i}^{b_i} ({}^i\mathbf{s}_s)^T \, ({}^i\mathbf{C}_{dw}) \, ({}^i\mathbf{s}_s)
\tag{610}
$$

oder

$$
\mathbf{C}_i = \int_{a_i}^{b_i} ({}^i\mathbf{s}_s)^T \, ({}^i\mathbf{s}_R)^T \, ({}^i\mathbf{C}_{dw}) \, ({}^i\mathbf{s}_R) \, ({}^i\mathbf{s}_T) \,.
\tag{610a}
$$

Durch Ausmultiplizieren und Integration berechnen wir dann aus Gl. (610a) für den räumlich gekrümmten Stab veränderlichen Querschnitts bei Berücksichtigung aller Wirkungen sämtliche Elemente der Matrix $\mathbf{C}_i$.

Bei eben gekrümmten und geraden Stäben vereinfacht sich — bei der eingeführten Reihung der Elemente der Matrizen S_i und Θ_i — die Matrix C_i. Die Verteilung der Elemente, die in dieser Matrix ungleich null sind, ist für einfachere Fälle in Abb. 36 angedeutet.

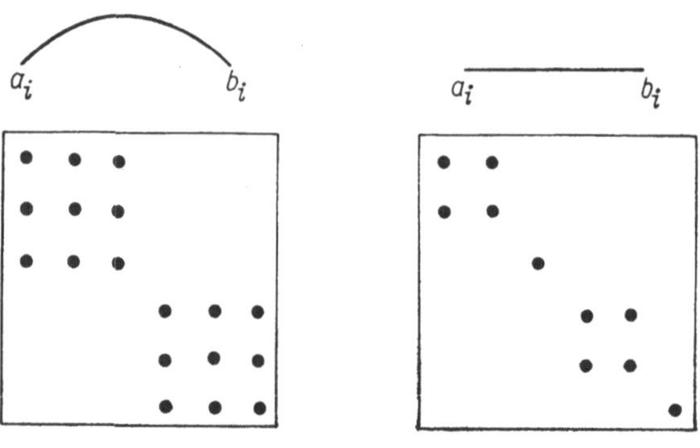

Abb. 36.

Wie leicht zu beweisen, ist Matrix C_i regulär; es existiert somit die inverse Matrix C_i^{-1}, die wir mit $\overline{C}_i$ bezeichnen. Aus Gl. (605) bestimmen wir dann auch die Beziehung

$$S_i = \overline{C}_i \Theta_i . \tag{611}$$

Diese Gleichung definiert die Matrix $\overline{C}_i$, die Steifigkeitsmatrix des Stabes $\widetilde{a_i b_i}$, die auch vom Typ (6 . 6) ist. Im allgemeinen Falle bestimmen wir die Elemente der Matrix $\overline{C}_i$ durch Inversion der Matrix C_i. Für gerade und eben gekrümmte Stäbe sind das dann von früher her bekannte Werte. Die Elemente dieser beiden Matrizen kann man auch — mit einer gewissen Näherung — ähnlich berechnen, wie es für gerade Stäbe in Kap. 9 beschrieben wurde.

Es ist uns also gelungen, auch für räumliche Konstruktionen Nachgiebigkeits- und Steifigkeitsmatrizen in ähnlicher Form wie bei ebenen Konstruktionen einzuführen, womit wir auch die formale Gültigkeit der früher abgeleiteten Gleichungen sichergestellt haben. Zum Unterschied von verschiedentlich anders eingeführten Steifigkeits- und Nachgiebigkeitsmatrizen des Stabes seien diese, in Hinsicht auf ihre Bedeutung, universelle benannt.

Behandeln wir noch kurz einige weitere Matrizen, die wir in den Kap. 4 und 5 eingeführt haben.

Matrix ^3A_i in Gleichung

$$S_i^{\times} = {}^3A_i S_i \tag{612}$$

ist bei räumlichen Konstruktionen vom Typ (12.6); wir können sie in zwei Untermatrizen $^3\mathbf{A}_{ai}$ und $^3\mathbf{A}_{bi}$ vom Typ (6.6) zerlegen:

$$\begin{bmatrix} \mathbf{S}_{ai}^{\times} \\ \mathbf{S}_{bi}^{\times} \end{bmatrix} = \begin{bmatrix} ^3\mathbf{A}_{ai} \\ ^3\mathbf{A}_{bi} \end{bmatrix} [\mathbf{S}_i] \tag{613}$$

$^3\mathbf{A}_{ai}$	M_{azi}	M_{bzi}	N_{bi}	M_{ayi}	M_{byi}	M_{bxi}
M_{axi}						-1
M_{ayi}				1		
M_{azi}	1					
N_{ai}			1			
Q_{ayi}	$-\dfrac{1}{l_i}$	$-\dfrac{1}{l_i}$				
Q_{azi}				$-\dfrac{1}{l_i}$	$-\dfrac{1}{l_i}$	

$^3\mathbf{A}_{bi}$	M_{azi}	M_{bzi}	N_{bi}	M_{ayi}	M_{byi}	M_{bxi}
M_{bxi}						1
M_{byi}					1	
M_{bzi}		1				
N_{bi}			1			
Q_{byi}	$-\dfrac{1}{l_i}$	$-\dfrac{1}{l_i}$				
Q_{bzi}				$-\dfrac{1}{l_i}$	$-\dfrac{1}{l_i}$	

$$\tag{614}$$

Die Matrix $^2\mathbf{A}_i$, die die Komponenten der verallgemeinerten Kraft $\mathbf{S}_i^\times$ in Komponenten parallel zu den Koordinatenachsen transformiert, ist hier vom Typ (12.12). (Abb. 37.) Die Matrix der transformierten

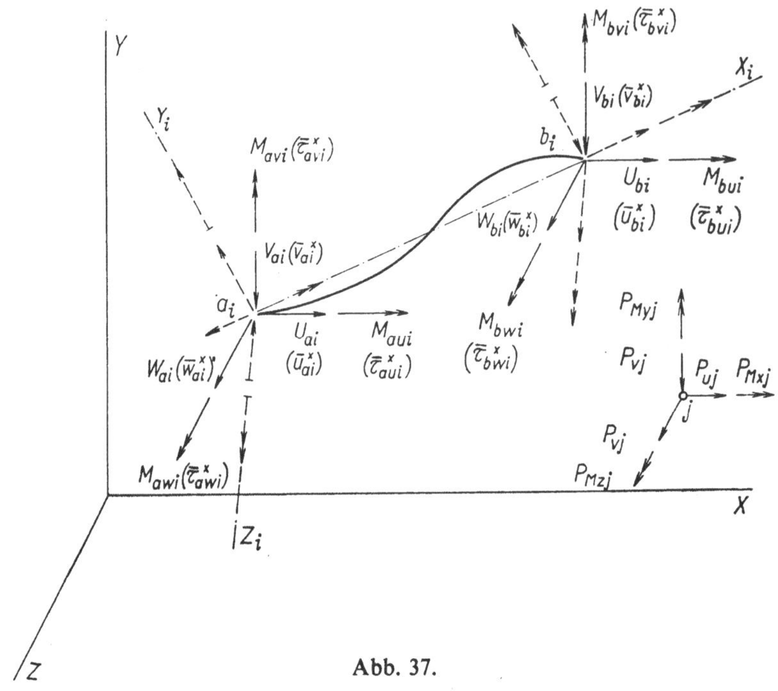

Abb. 37.

Komponenten $\overline{\mathbf{S}}_i^\times$ ist vom Typ (12.1). Beide Matrizen können wir, wie es Gl. (615) zeigt, in Untermatrizen zerlegen.

$$\overline{\mathbf{S}}_i^\times = {}^2\mathbf{A}_i \mathbf{S}_i^\times , \tag{615}$$

$$\begin{bmatrix} \overline{\mathbf{S}}_{ai}^\times \\ \overline{\mathbf{S}}_{bi}^\times \end{bmatrix} = \begin{bmatrix} {}^2\mathbf{A}_{ai}; & \mathbf{O} \\ \mathbf{O}; & {}^2\mathbf{A}_{bi} \end{bmatrix} \begin{bmatrix} \mathbf{S}_{ai}^\times \\ \mathbf{S}_{bi}^\times \end{bmatrix}.$$

Die Matrizen $\overline{\mathbf{S}}_{ai}^\times$, $\overline{\mathbf{S}}_{bi}^\times$ sind vom Typ (6.1), die Matrizen $\mathbf{O}$ und $^2\mathbf{A}_{ai}$, $^2\mathbf{A}_{bi}$ vom Typ (6.6). Die Elemente der Matrizen $^2\mathbf{A}_{ai}$ und $^2\mathbf{A}_{bi}$ sind in Gl. (616) angegeben.

$^1\mathbf{A}_{ai}$	M_{axi}	M_{ayi}	M_{azi}	N_{ai}	Q_{ayi}	Q_{azi}
M_{aui}	α_{1i}	α_{2i}	α_{3i}			
M_{avi}	β_{1i}	β_{2i}	β_{3i}			
M_{awi}	γ_{1i}	γ_{2i}	γ_{3i}			
U_{ai}				$-\alpha_{1i}$	α_{2i}	$-\alpha_{3i}$
V_{ai}				β_{1i}	$-\beta_{2i}$	β_{3i}
W_{ai}				$-\gamma_{1i}$	γ_{2i}	$-\gamma_{3i}$

$^2\mathbf{A}_{bi}$	M_{bxi}	M_{byi}	M_{bzi}	N_{bi}	Q_{byi}	Q_{bzi}
M_{bui}	α_{1i}	α_{2i}	α_{3i}			
M_{bvi}	β_{1i}	β_{2i}	β_{3i}			
M_{bwi}	γ_{1i}	γ_{2i}	γ_{3i}			
U_{bi}				α_{1i}	$-\alpha_{2i}$	α_{3i}
V_{bi}				$-\beta_{1i}$	β_{2i}	$-\beta_{3i}$
W_{bi}				γ_{1i}	$-\gamma_{2i}$	γ_{3i}

$$(616)$$

Bemerkung: Der Kürze wegen bezeichnen wir auch hier die Richtungscosinus nur durch die Symbole α, β, γ mit zugehörigem Index.

Wie aus Gl. (616) ersichtlich, können bei der gewählten Reihung der Elemente die Matrizen $^2\mathbf{A}_{ai}$ und $^2\mathbf{A}_{bi}$ weiter in Untermatrizen vom Typ $(3 \cdot 3)$ zerlegt werden.

Aus den angegebenen Typen der Untermatrizen folgen dann die Typen auch der anderen Matrizen, die bei der Matrizenform der Deformationsmethode verwendet werden. So sind z.B. die Matrizen $\mathbf{P}$ und $\boldsymbol{\Phi}$ vom Typ $(6n \cdot 1)$, $\overline{\mathbf{C}}$ vom Typ $(6m \cdot 6m)$, $\mathbf{A}$ vom Typ $(6n \cdot 6m)$ usw.

Von weiteren Grundmatrizen sind dann $\mathbf{R}_k$ vom Typ $(6 \cdot 1)$, $\mathbf{R}$ vom Typ $(6r \cdot 1)$. Ist s der Grad der statischen Unbestimmtheit der betrachteten Konstruktion, dann sind die bei der Kraftgrößenmethode verwendeten Matrizen $\mathbf{X}$ vom Typ $(s \cdot 1)$, $\mathbf{S}_1$ vom Typ $(6m \cdot s)$, $\mathbf{S}_p$ vom Typ $(6m \cdot 6n)$. Die Typen der übrigen bei Berechnung räumlicher Konstruktionen geltenden Matrizen bestimmen wir bereits leicht.

Da zur Bestimmung des Grades der statischen Unbestimmtheit einer räumlichen Konstruktion mit nur festen Verbindungen die Beziehung gilt

$$s = 6m - 6n\,, \tag{617}$$

ist demnach

$$6m = s + 6n\,, \tag{618}$$

und auch für räumliche Konstruktionen gelten die in Kap. 6 abgeleiteten Gleichungen, allerdings nach entsprechenden Änderungen der Typen der einzelnen Matrizen.

Die angeführte kurze Analyse beweist, was eingangs bereits gesagt wurde. Bei Einführung der universellen Steifigkeits- und Nachgiebigkeitsmatrizen eines allgemeinen räumlichen Stabes und Definierung neuer Typen von Ausgangsmatrizen bleibt formal die Mehrzahl der früher angegebenen Beziehungen in Geltung. Die Verallgemeinerung jeder von ihnen ist dann bereits eine einfache Angelegenheit.

Bemerkung 1: Die Universalität der Matrizenschreibweise wäre bei folgerichtiger Einführung von Ober- und Untermatrizen noch besser ersichtlich. Jede für die ganze Konstruktion gültige Matrix kann als Obermatrix angesehen werden, die aus Untermatrizen der zugehörigen Stäbe oder Knoten zusammengesetzt ist. Wenn wir den Begriff Matrizentyp der Obermatrix einführen, dann ist z.B. die Obermatrix $\mathbf{P}$ vom Matrizentyp $\{n\xi \cdot 1\}$, d.h. sie ist aus n Untermatrizen zusammengesetzt; die Obermatrix $\mathbf{A}$ ist dann vom Matrizentyp $\{n\xi \cdot m\xi\}$ u.ä. Wenn wir ähnlich die Matrizentypen auch der anderen Obermatrizen definieren, dann gelten diese Matrizentypen sowohl für ebene als auch räumliche Konstruktionen, und lediglich die Typen der Untermatrizen ändern sich; dabei gilt für ebene Konstruktionen $\xi = 3$, für räumliche $\xi = 6$. Die Verwendung der Untermatrizensymbolik ermöglicht dann auch weitere formale Umänderungen und Vereinfachungen.

Bemerkung 2: Wir haben vorausgesetzt, daß die Richtungscosinus des eigenen Stabkoordinatensystems in bezug auf das Hauptkoordinatensystem gegeben sind. Diese Richtungscosinus können auch im Raum — ähnlich wie in der Ebene — aus den Koordinaten der Stabendquerschnitte errechnet werden, die wir durch leichte Transformation aus den Koordinaten der Knoten und Stützpunkte bestimmen. (Dazu kann Matrix $\mathbf{A}_\Delta$ benützt werden.)

Wenn wir beim räumlich oder eben gekrümmten Stab neben den Koordinaten der Endquerschnitte noch die eines beliebigen dritten Punktes der Mittellinie im Hauptkoordinatensystem kennen, dann berechnen wir sämtliche Richtungscosinus aus den unter (619) angegebenen Gleichungen.

$$l_{xi} = x_{bi} - x_{ai}, \quad \alpha_{1i} = \frac{l_{xi}}{l_i},$$

$$l_{yi} = y_{bi} - y_{ai}, \quad \beta_{1i} = \frac{l_{yi}}{l_i},$$

$$l_{zi} = z_{bi} - z_{ai}, \quad \gamma_{1i} = \frac{l_{zi}}{l_i},$$

$$l_i = + \sqrt{(l_{xi}^2 + l_{yi}^2 + l_{zi}^2)},$$

$$A = \det \begin{vmatrix} y_{ai}; & z_{ai}; & 1 \\ y_{bi}; & z_{bi}; & 1 \\ y_{ci}; & z_{ci}; & 1 \end{vmatrix}; \quad C = \det \begin{vmatrix} x_{ai}; & y_{ai}; & 1 \\ x_{bi}; & y_{bi}; & 1 \\ x_{ci}; & y_{ci}; & 1 \end{vmatrix};$$

$$B = \det \begin{vmatrix} z_{ai}; & x_{ai}; & 1 \\ z_{bi}; & x_{bi}; & 1 \\ z_{ci}; & x_{ci}; & 1 \end{vmatrix}; \quad D = -\det \begin{vmatrix} x_{ai}; & y_{ai}; & z_{ai} \\ x_{bi}; & y_{bi}; & z_{bi} \\ x_{ci}; & y_{ci}; & z_{ci} \end{vmatrix}; \quad (619)$$

$$\alpha_{3i} = \frac{A}{\sqrt{(A^2 + B^2 + C^2)}}, \quad \beta_{3i} = \frac{B}{\sqrt{(A^2 + B^2 + C^2)}},$$

$$\gamma_{3i} = \frac{C}{\sqrt{(A^2 + B^2 + C^2)}},$$

$$\alpha_{2i} = \det \begin{vmatrix} \gamma_{1i}; & \alpha_{1i} \\ \gamma_{3i}; & \alpha_{3i} \end{vmatrix}; \quad \beta_{2i} = \det \begin{vmatrix} \alpha_{1i}; & \gamma_{1i} \\ \alpha_{3i}; & \gamma_{3i} \end{vmatrix}; \quad \gamma_{2i} = \det \begin{vmatrix} \beta_{1i}; & \alpha_{1i} \\ \beta_{3i}; & \alpha_{3i} \end{vmatrix}.$$

Wurde bei jedwedem beliebigen Stabe das eigene Koordinatensystem so gewählt, daß $Z_i \perp Y$, dann ist $\beta_{3i} = 0$, und α_{1i}, β_{1i}, γ_{1i} bestimmen wir aus den Koordinaten der Endquerschnitte [Gl. (619)]; die Beziehungen zur Berechnung der übrigen Richtungscosinus sind in Gleichung (620) gegeben.

$$\mathbf{r}_i = \begin{bmatrix} \alpha_{1i}; & \beta_{1i}; & \gamma_{1i} \\[2ex] -\dfrac{\alpha_{1i}\beta_{1i}}{\sqrt{(1-\beta_{1i}^2)}}; & \dfrac{1-\beta_{1i}^2}{\sqrt{(1-\beta_{1i}^2)}}; & -\dfrac{\beta_{1i}\gamma_{1i}}{\sqrt{(1-\beta_{1i}^2)}} \\[2ex] -\dfrac{\gamma_{1i}}{\sqrt{(1-\beta_{1i}^2)}}; & 0; & \dfrac{\alpha_{1i}}{\sqrt{(1-\beta_{1i}^2)}} \end{bmatrix}. \tag{620}$$

Wenn z.B. beim geraden Stab neben den Koordinaten der Endquerschnitte noch die Werte $\cos\beta_{2i}$, $\cos\beta_{3i}$ gegeben sind, ist die Berechnung der Richtungscosinus α_{2i}, γ_{2i}, α_{3i}, γ_{3i} durch Gl. (621) beschrieben.

$$\mathbf{r}_i = \begin{bmatrix} \alpha_{1i}; & \beta_{1i}; & \gamma_{1i} \\[2ex] \dfrac{\beta_{3i}\gamma_{1i}-\alpha_{1i}\beta_{1i}\beta_{2i}}{1-\beta_{1i}^2}; & \beta_{2i}; & \dfrac{-\alpha_{1i}\beta_{3i}-\beta_{1i}\beta_{2i}\gamma_{1i}}{1-\beta_{2i}^2} \\[2ex] \dfrac{-\beta_{2i}\gamma_{1i}-\alpha_{1i}\beta_{1i}\beta_{3i}}{1-\beta_{1i}^2}; & \beta_{3i}; & \dfrac{\alpha_{1i}\beta_{2i}-\beta_{1i}\beta_{3i}\gamma_{1i}}{1-\beta_{1i}^2} \end{bmatrix}. \tag{621}$$

13. Vergleich der Matrizenrechnungsmethoden und ihre Bewertung hinsichtlich der Möglichkeiten des Programmierens für Rechenautomaten

Wie aus den Schlußfolgerungen der vorhergehenden Kapitel hervorgeht, können wir, vom Standpunkte der Matrizenrechnungsmethoden aus, nur zwei Methoden als grundlegende ansehen, die Kraftgrößen- und die Deformationsmethode. Beide haben wir aus dem Satz vom Minimum der Formänderungsarbeit abgeleitet. Selbstverständlich ist es auch möglich, die Matrizengleichungen, die die Berechnung der betrachteten Konstruktion nach der Kraftgrößen- oder Deformationsmethode beschreiben, entweder direkt oder aus dem Prinzip der virtuellen Arbeiten aufzustellen. Alle weiteren Methoden, d.s. die Kräfte- und Momenteverteilung, die Deformationsfortleitung und die Methode nach Kani, sind im Wesen rechnungsmäßige Umformungen der Gleichungen der Deformationsmethode zwecks leichterer Berechnung der zu D inversen Matrix.

Bei der Rechnung „von Hand", wo bei diesen Methoden auch die Erfahrung des Rechners einen beträchtlichen Einfluß auf die Geschwindigkeit des Rechnens hat, sind das selbständige, für die Berechnung gewisser Konstruktionsarten sehr vorteilhafte Methoden.

Von dieser Einteilung können wir auch bei der Bewertung der Eignung der einzelnen Methoden für die Matrizenrechnung der Konstruktionen ausgehen.

Daß Programme zur Berechnung einiger Typen von Baukonstruktionen auf Rechenautomaten sowohl nach der Kraftgrößen- und Deformationsmethode als auch nach Methoden der schrittweisen Annäherung aufgestellt wurden, zeigt, daß auch bei Automatisierung der Rechnung weiterhin die Erfahrung des Rechners „von Hand" ihren Wert behält und daß man je nach Typ und Charakter der Konstruktion eine Methode oder deren mehrere aus den bisherigen auswählen kann, die für den betreffenden Fall am vorteilhaftesten sind.

Die für einen bestimmten Konstruktionstyp aufgestellten Programme sind bis zu einem gewissen Grade universell, jedoch nur für die betrachtete Kategorie von Konstruktionen. Wenn wir aber ein Programm aufstellen wollen, nach dem die Berechnung einer beliebigen allgemeinen ebenen Rahmenkonstruktion möglich ist, dann ermöglichen gerade die Matrizenformulierungen der Berechnung nach der Kraftgrößen- oder Deformationsmethode die Aufstellung eines derartigen Programms; der Anwendungsbereich ist dann praktisch nur durch die Stellenkapazität im Speicher der Maschine begrenzt.

Stellen wir uns also die Frage, ob es nicht besser wäre, ein universelles Programm für die Berechnung einer beliebig belasteten allgemeinen Rahmenkonstruktion aufzustellen und dieses für die Berechnung jeder Konstruktion zu benützen. Antwort auf diese Frage gibt der Schluß des letzten Satzes im vorhergehenden Absatz. Sicher wäre die Verwendung eines solchen universellen Programms möglich, aber wahrscheinlich nicht in allen Fällen ökonomisch. Die Berechnung sich oft wiederholender üblicher Konstruktionstypen kann — unter Berücksichtigung der möglichen Vereinfachungen (Orthogonalität der Konstruktionen, Vernachlässigung des Einflusses der Normalkräfte, Berechnung allein der Beanspruchung, ohne die Verformung bestimmen zu müssen, nur ständige lotrechte oder waagrechte Belastung u.ä.) — so programmiert werden, daß die Kapazität des Speichers am wirtschaftlichsten ausgenützt wird. Jedoch für die Berechnung atypischer und sehr komplizierter Konstruktionen ist ein universelles Programm von unschätzbarem Wert.

Die Benützung von Matrizenformulierungen ist für den Ingenieur, der bei der Berechnung Rechenautomaten verwenden will, heute eine Notwendigkeit, die ihm die Arbeit beträchtlich erleichtert. Praktisch haben bereits alle modernen Rechenmaschinen Unterprogramme für die Matrizenrechnung; es genügt also, die mathematische Formulierung der Rechnung in Matrizengleichungen, allenfalls ein grobes Flußdiagramm aufzustellen und in dieser Form dem Programmator und Rechner zu übergeben. Wenn aber der Ingenieur auch irgendeine der Programmierungssprachen, z.B. Algol 60, beherrscht, dann ist selbst die Aufstellung des Programms — besonders bei Benützung der symbolischen Matrizenschreibweise — nicht schwierig und insbesondere wesentlich kürzer als beim schrittweisen Programmieren. Fragen, die mit dem Programmieren der Rechnung zusammenhängen, behandelt z.B. das Buch von Prof. Servít: Automatisation statischer Berechnungen. Deshalb werden wir uns hier mit den Fragen des Programmierens nicht weiter befassen.

Die Bedeutung und die Vorteile der Matrizenformulierungen von Berechnungsmethoden sind unbestreitbar. Allgemein kann aber die Frage, welche Methode am vorteilhaftesten ist, nur sehr schwer beantwortet werden. Wie bereits festgestellt wurde, ist diese Entscheidung vom Konstruktionstyp abhängig. Es wäre möglich und vorteilhaft, die Berechnung verschiedener Konstruktionstypen auf die für den gegebenen Fall vorteilhafteste Art in Matrizenform auszuarbeiten. Dann kann man weitere Vereinfachungen durchführen und die ganze Berechnung so gestalten, daß sie durch die geringste Anzahl von Matrizenbeziehungen beschrieben wird. Derartige Untersuchungen würden aber ein ganzes umfangreiches Buch füllen. Dabei ist die Ausarbeitung allgemeiner Beziehungen für konkrete Fälle bereits keine irgendwie schwierige Aufgabe; sie fällt mit Rücksicht auf die Besonderheiten der Probleme in das Gebiet der Vorbereitung konkreter Programme.

Bemühen wir uns aber zu beurteilen, welche der angegebenen Methoden zur Berechnung allgemeiner Rahmenkonstruktionen am vorteilhaftesten ist.

Wie bereits aus der oben angeführten Analyse hervorgeht, kommt für die Matrizenformulierung der Berechnung einer allgemeinen Rahmenkonstruktion irgendeine der grundlegenden Methoden in Betracht, d.i. die Kraftgrößen- oder Deformationsmethode.

Wie wir gezeigt haben, bestehen zwischen beiden Methoden enge Beziehungen; der Übergang von einer zur andern ist möglich.

Um zu entscheiden, welche der beiden Methoden vorteilhafter ist, benützen wir als Kriterium die Menge an „Handarbeit", die zur Vorbereitung der Eingangswerte aufgewendet werden muß.

Die Aufstellung der Matrix $\mathbf{P}$ der Komponenten der Knotenbelastung ist in beiden Fällen gleich aufwendig. Entweder wir berechnen sie „von Hand", oder wir benützen, wie es in Kap. 9 gezeigt wurde, das Hauptprogramm zur Berechnung der einzelnen Stäbe unter Annahme vollkommener Einspannung; aus den ermittelten Werten der inneren Kräfte in den Endquerschnitten der Stäbe berechnen wir die Komponenten der Knotenbelastung. In beiden Fällen müssen wir hier aber die Matrix $\mathbf{A}$ aus der Deformationsmethode verwenden. Die Steifigkeitsmatrix $\overline{\mathbf{C}}$ oder die Nachgiebigkeitsmatrix $\mathbf{C}$ stellen wir wieder mit praktisch gleichem Anteil von „Handarbeit" zusammen, ob wir sie direkt bestimmen oder wieder, wie in Kap. 9 angegeben, das Hauptprogramm zur Bestimmung ihrer Elemente benützen.

Die Wahl der Unbekannten ist wieder in beiden Fällen annähernd gleich aufwendig. Die Deformationsmethode hat aber den Vorzug, daß wir kein statisch bestimmtes Grundsystem bilden müssen. Wenn jedoch in der Konstruktion andere als feste Verbindungen vorkommen, bringt das bei der Berechnung nach der Deformationsmethode mehr Komplikationen mit sich als nach der Kraftgrößenmethode.

Weiters müssen Matrix **A** oder die Matrizen $\mathbf{S}_1$, $\mathbf{S}_p$ vorbereitet werden. Hier besteht aber ein markanter Unterschied im Arbeitsaufwand. Matrix **A** stellen wir, insbesondere bei ihrem Ersatz durch das Produkt $^1\mathbf{A}\,^2\mathbf{A}\,^3\mathbf{A}$, für eine beliebige Konstruktion wesentlich leichter zusammen als die Matrizen $\mathbf{S}_1$, $\mathbf{S}_p$. Zur Bestimmung der Elemente der Matrizen $\mathbf{S}_1$, $\mathbf{S}_p$ müssen wir im Grundsystem den Verlauf der Momente und Normalkräfte für alle $X_t = 1$ und $P_j = 1$ berechnen. Auch wenn es möglich wäre, ein Unterprogramm für die Berechnung dieser Werte aufzustellen, ist in einem solchen Falle die Vorbereitung der Matrizen $\mathbf{S}_1$ und $\mathbf{S}_p$ entschieden aufwendiger und außerdem auch von der Wahl des Grundsystems abhängig. Ein weiterer Vorteil der Deformationsmethode ist, daß die Matrizen $^1\mathbf{A}$, $^2\mathbf{A}$, $^3\mathbf{A}$ auch in der weiteren Rechnung verwendet werden können.

Aus diesen Tatsachen kann geschlossen werden, daß zur Berechnung einer allgemeinen Rahmenkonstruktion die Deformationsmethode vorteilhafter ist als die Kraftgrößenmethode. Natürlich kann auch der Fall eintreten, daß die Berechnung nach der Deformationsmethode zur Inversion der Matrix **D** führt, die von höherem Typ ist als Matrix **F**, die bei der Berechnung nach der Kraftgrößenmethode invertiert werden müßte. Bei Verwendung von Rechenautomaten ist jedoch dieser Tatbestand bereits kein Hindernis mehr. Außerdem müssen wir bei der Berechnung auch der Formänderung der Konstruktion nach der Kraftgrößenmethode neben der Inversion der Matrix **F** auch zahlreiche weitere Rechenoperationen vornehmen, die bei der Deformationsmethode nicht mehr nötig sind. Wenn wir auch die Berechnung der Einflußlinien berücksichtigen, ist das Verfahren nach der Deformationsmethode etwas einfacher.

Wenn wir jedoch zu dem Schluß gelangt sind, daß die Berechnung einer allgemeinen Konstruktion sich vorteilhafter nach der Matrizenform der allgemeinen Deformationsmethode durchführen läßt, und da wir gezeigt haben, daß die üblichen Methoden der schrittweisen Annäherung nichts anderes sind als eine Berechnungsform der inversen Matrix **D**, kann gefolgert werden, daß das Matrizenrechenverfahren nach der Deformationsmethode auch in dem Falle geeignet ist, in dem wir die Konstruktion nach irgendeiner dieser Iterationsmethoden berechnen wollen. Die Deformationsmethode bietet uns in jedem Falle einfach erreichbare Unterlagen, von denen wir bei der annähernden Berechnung der inversen Matrix $\mathbf{D}^{-1}$ ausgehen können. Und die Algorithmen der einzelnen Methoden ermöglichen uns dann in der Regel verschiedene Wege zur Programmierung dieser Verfahren.

Diese Folgerungen gelten für eine allgemeine Konstruktion. Man kann jedoch erkennen, daß sie auch für einfachere übliche Typen gültig sind.

Neben den Methoden, mit denen wir uns näher befaßt haben, besteht aber noch eine ganze Reihe weiterer Methoden, von denen einige sich auch sehr gut für die Verwendung von Rechenautomaten eignen. Hieher gehört vor allem die Reduktionsmethode. Über ihre Verwendung zur Berechnung verschiedener Konstruktionsarten handelt das Buch von Kersten: Das Reduktionsverfahren der Baustatik [31]. Weiters die Methode der Stabtensoren, die von Dašek ausgearbeitet wurde [10]. Die Möglichkeiten des Programmierens dieser Methode behandelt Servít [52].

Auf welchem Wege und nach welcher Methode wir auch immer an die baumechanischen Berechnungen herantreten, immer ist die Matrizenschreibweise des Berechnungsalgorithmus die vorteilhafteste Grundlage für das Programmieren der Konstruktionsberechnung auf Rechenautomaten.

Außerdem ist die symbolische und übersichtliche Niederschrift aller Zusammenhänge auch ein guter Weg zur Ableitung der in der Theorie der Berechnung von Baukonstruktionen zu ziehenden Schlüsse.

14. Weitere Möglichkeiten der Verwendung von Matrizenrechnungen

In den vorhergehenden Abschnitten haben wir die Berechnung ebener Stabsysteme behandelt und gezeigt, daß auch der Übergang zur Berechnung räumlicher Stabkonstruktionen ganz leicht möglich ist.

Das aber sind bei weitem nicht alle Möglichkeiten der Verwendung von Matrizenrechnungen. Wir sind bei den Berechnungen vom Stab als Grundelement ausgegangen. Man kann jedoch die Ableitung ganz allgemein durchführen, die Beziehungen der Formänderungsarbeit (evtl. der virtuellen Arbeit) am Differentialelement ausdrücken (s. [58]) und erst davon zum Stab als einem möglichen Element übergehen. Bei einem derart allgemeinen Ausdruck können wir auch zu anderen Elementen, z.B. Platten, Wänden, elastischen Federn, übergehen und die ganze weitere Matrizenrechnung auf Konstruktionen ausrichten, die aus diesen Elementen oder Kombinationen verschiedener Elemente zusammengesetzt sind. Wir können demgegenüber z.B. bei der Berechnung von Wänden und Platten diese als Konstruktionen ansehen, die aus einfacheren, in den sogenannten „Knotenlinien" verbundenen Elementen zusammengesetzt sind, was der verallgemeinerte Begriff des Knotens ist; auf dieser Vorstellung können die Matrizenformen der Rechnung aufgebaut werden.

Bei unseren Betrachtungen sind wir von der Formänderungsarbeit ausgegangen und haben die einzelnen Methoden der Rahmenberechnung aus diesem Grundtheorem abgeleitet. Man kann jedoch auch einen anderen Weg gehen, den Falk eingeschlagen hat, als er die Grundlagen zur sogenannten Reduktionsmethode schuf, deren Bearbeitung durch Kersten in [31] veröffentlicht ist. Den Ausgangspunkt dieser Methode bildet die Integration der Differentialgleichung

$$\frac{\mathrm{d}^2}{\mathrm{d}x^2}\left(EJ\,\frac{\mathrm{d}^2v}{\mathrm{d}x^2}\right) = q(x)\,, \tag{622}$$

die einzelnen Integrationsschritte werden in der Feldmatrix vom Typ (5.5) zusammengestellt. Weiters werden die Punkt- und Leitmatrix definiert; aus diesen Grundlagen leitet sich die Matrizenmethode zur Berechnung von Stabkonstruktionen ab, die sich grundsätzlich von den üblichen Berechnungsmethoden unterscheidet. Man kann sie auch zur Berechnung räumlicher Konstruktionen (z.B. Rosten) verwenden. Der Vorteil dieser Methode ist, daß sie auch bei sehr komplizierten Konstruktionen zu einer kleinen Anzahl von Gleichungen zur Berechnung der Unbekannten führt. Die Methode eignet sich besonders als Grundlage für das Programmieren von Konstruktionsberechnungen auf Rechenautomaten.

Auch bei der Berechnung von Flächentragwerken kann man von Differentialgleichungen ausgehen; durch Überführung in Systeme von Differenzengleichungen und deren Lösung kann man die ganze Rechnung auch folgerichtig in Matrizenform ausführen (s. z.B. [52]). Wie wir gezeigt haben, kann die Differenzenmethode auch zur Berechnung frei aufliegender und eingespannter Träger benützt werden. In diesen Fällen zeigt sich der Vorzug der matrizenförmigen Berechnung besonders bei der Bestimmung der zu den Matrizen der Beiwerte der Differenzengleichungen inversen Matrizen, da es hier möglich ist, entweder die Bestimmung der inversen Matrix in geschlossener Form (z.B. beim frei aufliegenden Träger) auszunützen oder aus der regelmäßigen Verteilung der Elemente in den Matrizen (den quasi-Diagonalmatrizen) mit Hilfe der Eigenwerte leicht die inversen Matrizen zu ermitteln (s. [52] und [58]).

Ferner können wir die Matrizen- und Vektorenrechnung auch in der theoretischen Mechanik verwenden, insbesondere in der Punkt-, System- und Konstruktionsdynamik. Sehr gut bewährt sich die Matrizenrechnung bei Schwingungsberechnungen von Stäben und Konstruktionen (s. z.B. [57]).

Wie aus der kurzen Übersicht hervorgeht, macht die Anwendung der Matrizenrechnung eine ganze Reihe verschiedener baumechanischer Rechnungen übersichtlicher und gibt damit auch eine gute Grundlage für das Programmieren dieser Berechnungen.

Ferner können die übersichtliche Niederschrift der Berechnung und deren leichte Programmiermöglichkeit auch auf weiteren Gebieten benützt werden. Mit der Berechnung z.B. einer Rahmenkonstruktion kann auch der Spannungsnachweis in einzelnen Querschnitten verbunden werden, wobei wir die zugehörigen Beziehungen in Matrizenform anschreiben. Mit Rücksicht auf die Schnelligkeit der Rechenautomaten können wir bei jedem Stab eine ganze Reihe von Querschnitten untersuchen und feststellen, wo die Konstruktion überdimensioniert und wo sie zu schwach ist. Da im Algorithmus der Matrizenrechnung die Querschnittsabmessungen der Stäbe nur in den Matrizen $\mathbf{C}$ oder $\overline{\mathbf{C}}$ vorkommen, können die Vorteile der Rechenautomaten bei der Berechnung in Zyklen nach Vornahme von Dimensionsänderungen zur raschen Nachrechnung der Konstruktion benützt werden. Da auch Unterprogramme für die Bemessung der Stäbe aufgestellt wurden, können wir diese zur Berechnung der Änderungen in den Elementen der Matrizen $\mathbf{C}$ oder $\overline{\mathbf{C}}$ verwenden. Fügen wir weitere Bedingungen hinzu, kann die ganze Rechnung so gestaltet werden, daß das Ergebnis eine optimale Konstruktion ist, die nicht nur die vorgeschriebenen Festigkeitskriterien erfüllt, sondern auch die ökonomischen. Diese Fragen der Optimalisierung sind gegenwärtig in einem Stadium stürmischer Entwicklung; vorläufig muß eher von der Möglichkeit derartiger Rechnungen gesprochen werden als von deren Durchführung. Bei der Optimalisierung der Konstruktionen ist natürlich die Matrizenformulierung allein nicht das Wesentliche, aber die übersichtliche und symbolische Schreibweise der einzelnen Rechenoperationen und die leichte Programmierbarkeit ermöglichen ökonomische Erwägungen und vielfach wiederholte Berechnungen.

Die Matrizenrechnung dringt sehr intensiv in alle Gebiete baumechanischer Berechnungen ein, macht sie übersichtlich und liefert neue Möglichkeiten theoretischer Schlußfolgerungen sowie — bei Benützung von Rechenmaschinen — leichterer und rascherer Berechnungen.

In den vorstehenden Kapiteln haben wir die Anwendungsmöglichkeiten der Matrizenrechnung in einem Hauptabschnitte der Baumechanik gezeigt. Die angegebene Ableitung sollte nicht nur zeigen, wie Rahmenkonstruktionen in Matrizenform berechnet werden können, sie sollte auch ein Muster sein, wie man an die Matrizenrechnung von Konstruktionen herangeht, und auch als Einführung zum Studium weiterer Matrizenrechnungen dienen.

Literaturverzeichnis

[1] ARGYRIS, J. H.: Die Matrizentheorie der Statik. — „*Ing.-Arch.*“, Nr. 25, 1957, S. 174—192.

[2] ARGYRIS, J. H.: Recent Advances in Matrix Methods of Structural Analysis. Pergamon Press, 1964, 187 S.

[3] ARCHER, J.: Digital Computation for Stiffness Matrix Analysis. — „*Proceedings of ASCE.*“ October 1958. (Proc. Paper 1814), S. 1—16.

[4] ASPLUND, S. O.: A Unified Analysis of Indeterminate Structures. Chalmers Tekniska Högskolas Handlingar, Göteborg 1961, 36 S.

[5] BALDAUF, H.: Hochgradig statisch unbestimmte Tragwerke. Hirzel-Verlag, Leipzig 1956, 212 S.

[6] BERMAN, F. R.: Some Basic Concepts in Matrix Structural Analysis. — „*Proceedings of ASCE.*“ Structural Division. August 1960, S. 59—85.

[7] BODEWIG, E.: Matrix Calculus. North-Holland Publishing Company, Amsterdam 1956, 334 S.

[8] CLOUGH, R. W.: Matrix Analysis of Beams. — „*Proceedings of ASCE.*“ Engineering Mechanics Division. January 1958. (Proc. Paper 1494.) S. 1—24.

[9] CLOUGH, R. W.: Use of Modern Computers in Structural Analysis. — „*Proceedings of ASCE.*“ Structural Division. May 1958. (Proc. Paper 1936.) S. 1—20.

[10] DAŠEK, V.: Výpočet rámových konstrukcí pomocí tensorů a elips deformačních. Masarykova akademie práce, Praha 1930, 117 S.

[11] DAŠEK, V.: Výpočet rámových konstrukcí rozdělováním sil a momentů. TVV, Praha 1951, 118 S.

[12] DAŠEK, V.: Statika rámových konstrukcí. NČSAV, Praha 1959, 549 S.

[13] DEMIDOVIČ, B. P.: Osnovy vyčislitelnoj matematiky. Gosudarstvennoe izdatelstvo fiziko-matematičeskoj literatury, Moskva 1963, 659 S.

[14] DRAHOŇOVSKÝ, Z.: Vybrané stati z teorie rámových konstrukcí. (Skriptum.) SNTL, Praha 1962, 127 S.

[15] EISEMANN, K. — LIN WOO-NAMY: Space Frame Analysis by Matrices and Computer. — „*Proceedings of ASCE.*“ Structural Division. December 1962. (Proc. Pap. 3365.) S. 245—277.

[16] FADDEEV, D. K. — FADDEEVA, V. N.: Numerické metody lineární algebry. (Übersetzung aus dem Russischen.) SNTL, Praha 1964, 682 S.

[17] FRAZER, R. A. — DUNCAN, W. J. — COLLAR, A. R.: Základy maticového počtu. (Übersetzung aus dem Englischen.) SNTL, Praha 1958, 435 S.

[18] Gantmacher, F. R.: Matrizenrechnung. VEB Deutscher Verlag der Wissenschaften, Berlin 1958, 324 S.

[19] Hall, A. S. — Woodhead, R. W.: Frame Analysis. Wiley, New York—London 1961, 247 S.

[20] Hiba: Beitrag zur Gewölbereihen-Berechnung. — „Bauingenieur" 3/1959, S. 89—91.

[21] Chobot, K.: Použití maticového počtu ve stavební mechanice. — In: „Sborník 24" ČVUT, Fakulta inženýrského stavitelství, SPN, Praha, 1961, S. 125—146.

[22] Chobot, K.: Maticová forma metody rozdělování. — In: „Práce ČVUT." Reihe I — Bauwesen, Nr. 2. SPN, Praha 1963, S. 33—44.

[23] Chobot, K.: Vztahy mezi silovou a deformační metodou. — „Aplikace matematiky." Bd. 9, Nr. 6. 1964, S. 443—454.

[24] Chobot, K.: Stavební mechanika. (Skriptum.) SNTL, Praha 1963, 388 S.

[25] Chobot, K.: Vereinfachung der komplexen Matrizenberechnung eines allgemeinen ebenen Stabsystems durch Zerlegung der Matrix **A**. — „Reports of the III. IKM", Weimar 1965. VEB Verlag für Bauwesen, Berlin 1966, S. 111—115.

[26] Chu-Kia-Wang: Matrix Formulation of Slope-Deflection Equations. — „Proceedings of ASCE." Structural Division. October 1958. (Proc. Paper 1818.) S. 1—19.

[27] Jelínek, O.: Výpočet patrového rámu na počítači Ural I. — „Inženýrské stavby" 1960, Nr. 12, S. 450—453.

[28] Jelínek, O.: Výpočet obecných staticky neurčitých ortogonálních soustav prutových. — In: „Sborník SAV." Bratislava 1966, S. 76—86.

[29] Jílek, A. — Novák, V. — Skrbek, A.: Skeletové a výškové stavby. SNTL, Praha 1965, 296 S.

[30] Kani: Die Berechnung mehrstöckiger Rahmen. Stuttgart 1953, 99 S.

[31] Kersten, R.: Das Reduktionsverfahren der Baustatik. Springer-Verlag, Berlin—Göttingen—Heidelberg 1962, 247 S.

[32] Klouček, C.: Rozvod deformace I. Řivnáč, Praha 1940, 351 S.

[33] Klouček, C.: Rozvod deformace II. Státní nakladatelství, Praha 1947, 338 S.

[34] Kolář, V. — Sobota, J.: Stavební mechanika IIb. SNTL-SVTL, Praha 1965, 444 S.

[35] Krohn, R.: Berechnung statisch unbestimmter Fachwerkträger. — „Zeitschrift Arch.- und Ing.-Ver.", Hannover 1884, S. 869.

[36] Kron, G.: Tensorial Analysis and Equivalent Circuit of Elastic Structures. — „Journal of the Franklin Institute." Vol. 238. No. 6 (1944).

[37] Kuzmin, N. L.: Sbírka vybraných úloh ze stavebné mechaniky. (Übersetzung aus dem Russischen.) SNTL, Praha 1967, 509 S.

[38] Livesley, R. K.: The Application of an Electronic Digital Computer to Some Problems of Structural Analysis. — „The Structural Engineer." Vol. XXXIV. No. 1, January 1956, S. 1—12.

[39] Livesley, R. K.: The Automatic Design of Structural Frames. — „The Quarterly Journal of Mechanics and Applied Mathematics." Vol. IX., part 3, Sept. 1956.

[40] Matheson, J. A. L.: Hyperstatic Structures I., II. Butterworths, London 1959, 474 und 282 S.

[41] Mejzlík, L.: Stavební mechanika II C. SNTL—SVTL, Praha 1965, 312 S.

[42] MÜLLER, H.: Die Anwendung der Matrizenrechnung in der Stabstatik. — In: *„Ingenieur-Taschenbuch für Bauwesen"*, Band 1. Teubner-Verlagsgesellschaft, Leipzig 1963, S. 645—735.

[43] MÜLLER, H.: Anwendung der Reduktionsmethode auf Stabwerke mit gekrümmten Stäben. — *„Bauplanung-Bautechnik"*, Heft 12. Dezember 1965, S. 588—595.

[44] NOVÁK, O.: Stavebná mechanika I. SNTL, Praha 1955, 536 S.

[45] NOVÁK, O. und Mitarbeiter: Stavební mechanika I. SNTL-SVTL, Praha 1965, 376 S.

[46] PACHOVÁ, Zs. — FREY, T.: Vektorová a tenzorová analýza. (Übersetzung aus dem Ungarischen.) SNTL-SVTL, Praha 1964, 728 S.

[47] PEI, M. L.: Matrix Solution of Beams with Variable Moments of Inertia. — *„Proceedings of ASCE."* October 1959.

[48] POKORNÁ, O.: Řešení soustav lineárních algebraických rovnic. — In: *„Stroje na zpracování informací III."* Sborník. NČSAV, Praha 1955, S. 139—195.

[49] PTÁČEK, M.: Spojité a rámové konstrukce. (Skriptum.) SNTL, Praha 1956.

[50] RABINOVIČ, J. M.: Kurs strojitelnoj mechaniki II. GILSA, Moskva 1954, 544 S.

[51] REKTORYS, K. und Mitarbeiter: Přehled užité matematiky. SNTL, Praha 1963, 1136 S.

[52] SERVÍT, R.: Automatizace statických výpočtů. SNTL, Praha 1967, 181 S.

[53] SERVÍT, R.: Programování metody prutových tensorů pro výpočet mnohonásobně staticky neurčitých konstrukcí. — In: Sborník: *„Použitie samočinných počítačov pre výpočet stavebných konštrukcií."* SAV, Bratislava 1966, S. 127—149.

[54] SCHMIDTMAYER, J.: Základy maticového počtu. TVV, Praha 1952, 156 S.

[55] SCHMIDTMAYER, J.: Maticový počet. SNTL, Praha 1954, 242 S.

[56] SLAVÍČEK und Koll.: Základní numerické metody. SNTL, Praha 1964, 344 S.

[57] SMIRNOV, A.: Rasčet sooruženij s primeneniem vyčislitelnych mašin. Izdatelstvo literatury po strojitelstve, Moskva 1964, 379 S.

[58] Sovremennyje metody rasčeta složnych statičeski neopredelimych sistem. (Übersetzungen aus dem Englischen.) Sudpromgiz, Leningrad 1961, 875 S.

[59] SZABÓ, J.: A térbeli tartórács egyenlete. (Dissertation.) Épitéstudományi intézet. Budapest 1964, 239 S.

[60] TURECKÝ, A.: Stavebná mechanika I. SVTL, Bratislava 1959, 771 S.

[61] TURECKÝ, A. — SOBOTA, J.: Stavebná mechanika II. SVTL, Bratislava 1962, 621 S.

[62] ZURMÜHL, R.: Matrizen. Springer-Verlag, Berlin — Göttingen — Heidelberg 1961, 379 S.

[63] DAŠEK, V.: Das abgekürzte und verallgemeinerte Momenteverteilungsverfahren. — *„Beton und Eisen."* 1940, S. 286—290.

[64] DAŠEK, V.: Das allgemeine Kräfte- und Momenteverteilungsverfahren. — *„Beton und Eisen."* 1941, S. 202—205.

[65] DIETRICH, G.: Grundzüge der Matrizenrechnung. VEB Fachbuchverlag, Leipzig 1967, 265 S..

[66] GULDAN, R.: Rahmentragwerke und Durchlaufträger. Springer-Verlag, Wien 1949, 359 S.

[67] GULDAN, R.: Die Cross-Methode. Springer-Verlag, Wien 1955, 472 S.

[68] HIRSCHFELD, K.: Baustatik. Springer-Verlag. Berlin—Heidelberg—New York 1965, 1116 S.

[69] CHOBOT, K.: Analyse und Vergleich der Iterationsmethoden in Berechnungen von Baukonstruktionen. „*Acta Polytechnika 1-2.*" SPN, Praha 1967, S. 27—35.

[70] CHOBOT, K.: Berechnung der Fachwerke mit Hilfe der Deformationsmethode in Matrizenform. „*IV. IKM Weimar 1967. Berichte.*" Band 1. VEB Verlag für Bauwesen, Berlin, S. 51—55.

[71] CHOBOT, K.: Matrizenberechnungen der räumlichen Rahmenkonstruktionen. — „*Acta technica.*" Academia Praha. (Im Druck.)

[72] CHOBOT, K.: Universale Steifigkeitsmatrix des räumlich gekrümmten Stabes und ihre Transformationen. (Im Druck.)

[73] KAUFMANN, W.: Statik der Tragwerke. Springer-Verlag, Berlin—Göttingen—Heidelberg 1957.

[74] KOCHENDÖRFER, R.: Determinanten und Matrizen. Teubner-Verlag. Leipzig 1965, 148 S.

[75] OSTENFELD, A.: Die Deformationsmethode. Springer-Verlag, Berlin 1926, 118 S.

[76] ROTHE, A.: Stabstatik. VEB Verlag Technik, Berlin 1953, 155 S.

[77] ROTHE, A.: Statik der Stabtragwerke. VEB Verlag für Bauwesen, Berlin 1967, 416 und 456 S.

[78] ROTHE, A.: ZRA-1-Programme zur Berechnung von Stabtragwerken nach der verallgemeinerten Verrückungsmethode. „*Wiss. Zeitschr. d. Hochsch. f. Arch. u. Bauwesen.*" Weimar 1967, H. 3.

[79] SCHLEICHER, F.: Taschenbuch für Bauingenieure. Springer-Verlag, Berlin—Göttingen—Heidelberg 1955.

[80] WAGEMANN: Eine Matrizenformulierung für Gleichungen der Statik. VDI-Berichte 4.5, 1968.

Sachverzeichnis